海洋生命的传奇：海洋馆维生系统工程

THE LEGEND OF MARINE LIFE:
INTRODUCTION OF LIFE SUPPORT SYSTEM ENGINEERING TO AQUARIUM

杨旭年　编著

海洋出版社
2020年・北京

图书在版编目（CIP）数据

海洋生命的传奇：海洋馆维生系统工程／杨旭年编著.
—北京：海洋出版社，2020.1（2024.3重印）
ISBN 978-7-5210-0463-2

Ⅰ.①海… Ⅱ.①杨… Ⅲ.①海洋生物－水族馆－建筑设计
②海洋生物－水族馆－建筑施工 Ⅳ.①TU242.6

中国版本图书馆CIP数据核字(2019)第258888号

责任编辑：赵 武 黄新峰
责任印制：安 淼

海洋出版社 出版发行
http://www.oceanpress.com.cn
北京市海淀区大慧寺路 8 号 邮编：100081
侨友印刷（河北）有限公司印刷 新华书店经销
2020年1月第1版 2024年3月第2次印刷
开本：889 mm × 1194 mm 1／16 印张：27.25
字数：690千字 定价：328.00元
发行部：010-62100090 总编室：010-62100034

参与本书编写及审核人员

陆志宏　复星旅游文化集团合伙人，副总裁，太仓复游城总裁
邓华美　上海蓝湖水族工程有限公司总经理
孙士龙　上海煜洁桑拿泳池设备安装有限公司董事长
王西明　河南华晨建设集团有限公司总经理
沈　葵　中山市威德轻工机电制品有限公司（水族紫外线杀菌灯）总裁
李　超　恒尔沃（广州）会展服务有限公司营销部总监
万　勇　SPM 上海市建设工程监理咨询有限公司全咨事业部副总经理
王志祥　中国野生动物保护协会水生野生动物保护分会副秘书长
邢大宇　中国渔业协会海洋观赏生物分会常务副会长兼秘书长、中国渔业协会水族造景分会执行副会长、中国渔业协会海洋牧场分会副秘书长、北京市渔业协会休闲水族产业分会副会长兼秘书长
赖绍昌　意万仕（中山）泳池设备有限公司董事长
赵　芹　亚洲水族馆技术研究院（AAT）中国区顾问、原海昌水生哺乳动物驯养师（中级）、原海昌生物研究所研究员
白　明　北京绿水馨亭文化发展有限公司总经理
林志念　厦门海树海洋文化有限公司（防水及造景专业）总经理
刘建斌　江西鑫陶集团有限公司（脱气生物塔填料）董事长
陈　明　武夷山极地海洋世界董事长
师　哲　亚洲水族馆技术研究院（海洋动物养殖专业）院长
蒋黎君　广州珺海渔业设备有限公司董事长、厦门崇睿水产技术开发有限公司（蛋白质分离器专业供应商）董事长
林志发　厦门渔业协会（海洋动物养殖专业）副会长
杨季刚　卓毅新材料有限公司（FRP 玻璃钢型材）董事长
严富林　广西南宁信达惠建设监理有限责任公司注册监理工程师

赖绍坚　康　军　刘　鹏　覃　辉　孟　海　杨伦永　杨留义
梁生健　谢商阳

作者简介

杨旭年

2002—2011 年任日本奥加诺（苏州）水处理有限公司技术部主任；主要从事环保及水处理工程设计、安装、调试及售后技术保障等工作。

2011—2014 年任珠海长隆海洋王国工程设备部（维生系统）副经理；负责海洋王国维生系统、安装、调试及运营管理工作。

2014—2019 年任上海复星集团海南亚特兰蒂斯商旅发展有限公司工程部（维生系统）高级经理、水质设备部副总监；参与水族馆维生系统、海洋取水、医疗平台及水上乐园水处理等项目招标技术文件编写、设计图纸及方案审核；负责水族馆维生系统设备安装、调试、系统设备运营及水质管理工作。

2021 年至今任厦门海洋馆维生系统总工，负责维生系统深化设计及安装调试工作。

目前从事海洋馆维生系统设计、安装、运营管理及相关技术咨询。

部分参编及审核人员简介

陆志宏

复星旅游文化集团合伙人、副总裁、太仓复游城总裁。

1989年2月—1994年8月任浙江东阳市大联建筑工程有限公司任技术员。

1994年8月—1998年2月任浙江广联建筑集团任经营部经理。

1998年2月至今就职于上海复星集团。历任复地集团项目总经理助理、项目总经理、复地沪南区域副总经理、复地天津公司常务副总经理、商用总部副总经理、复地海南公司总经理、三亚亚特兰蒂斯商旅发展有限公司高级副总裁、总裁等职务。

邓华美

上海蓝湖水族工程有限公司总经理。

主持设计 / 施工安装项目：湖北恩施女儿城海洋馆、荆州小梅沙海洋馆、西双版纳湄公河水底世界、北京亚瑟海洋王国、三河富地海洋乐园、四川巴中海洋馆、国家海洋博物馆（天津）、厦门海上世界海洋馆、邢台天泽海洋馆、龙岩紫金山水族馆、郑州郑东商业中心水族馆、长沙旭辉铂悦湘江水族馆、三亚瑞德姆海洋餐厅等。

孙士龙

上海煜洁桑拿泳池设备安装有限公司董事长。

从事水处理设备设计、安装、调试20余年，参与多个知名水处理项目：上海世博会中心轴水景、泰国馆、宝钢大舞台水景，上海市静安体育中心，青浦实验中学、崇明实验中学，上海外滩万达瑞华酒店，苏州奥体中心、南京奥体中心、浏阳体育馆，马拉维总统府（中国援建非洲）景观水处理及会议中心泳池，扬州迎宾馆室内泳池（重要接待专用），南京市汤山世博园悦椿酒店水处理及温泉（获鲁班奖），江西省乐平市体育馆室内标准泳池，青岛中远海运企业大学室内跳水池及标准泳池、厦门海洋馆海豚机房维生系统等。

王西明

河南华晨建设集团有限公司总经理。

参与项目：长沙大王山欢乐海洋、南宁融茂极地海洋世界、横店梦幻谷海豚湾、深圳小梅沙海洋馆、荆州小梅沙海洋馆、日照海洋公园、石家庄极地海洋世界、菲律宾长滩岛海洋馆、郑州锦艺城海豚馆、银基动物王国、温州乐园海洋馆、石林海洋馆、鄂尔多斯野生动物园海洋馆、恩施女儿城海洋馆、扬州极地海洋世界、东京极地海洋世界、厦门海上世界海洋馆、南京金鹰海洋馆、长沙动物园海洋馆、平凉海洋馆、安阳万海海洋世界、徐州三包广场海洋馆、临沂海洋馆、洛阳中赫海豚湾、北京亚瑟海洋王国、燕郊亚瑟海洋王国、宿州三鲨海洋馆、菏泽海洋馆、保定科技海洋世界、兰州野生动物园海洋馆、天津文化中心海洋馆、合肥逍遥津海洋馆、宜兴龙背山海洋馆、嘉兴江南摩尔海洋馆、保定德轩海洋馆、宁乡海洋馆、绍兴新昌海洋馆、上海信泰海悦水族馆、邢台海洋馆、忻州海洋馆等。

沈　葵

Wonder – UV 总裁。

1994 年加入水处理行业，在紫外线领域服务 20 多年。

现任马来西亚 Wonder UV Purification (M) Sdn Bhd 总裁。

师从国际紫外线权威专家 James Bolton（IUVA 国际紫外线协会发起人）。获得多项国内和国际专利，在国际紫外线领域，被全球超过 50 个国家的用户认可（包括：海水净化杀菌、半导体芯片、光伏太阳能、GMP 制药厂等）。

参与过国内外水族馆和海洋生物工程的项目：珠海长隆海洋王国、马来西亚 Legoland 乐高乐园水族馆、香港中文大学海洋科学研究中心、新加坡国家科学院海洋生物工程。

李　超

恒尔沃（广州）会展服务有限公司营销部总监。

恒尔沃（广州）会展服务有限公司是一家服务于大型展览的组织招商机构，曾服务过广交会、建博会、环博会等大型展览会议活动，为众多国内外企业走向国际市场提供全方位、多角度、高标准的专业展览服务。在上海举办的 CATE CHINA 2023 上海国际海洋水族馆工程技术与产品展览会，探讨海洋馆未来的发展趋势与新产品、新技术、新工艺应用解决方案。

闻杨先生新书即将付梓出版，甚是感慨：中国海洋馆经历 30 多年的发展，数量越来越多，规模越来越大，技术却进步不大，在某些方面甚至存在倒退，为什么？有社会裹挟影响，也缺少像杨先生这样能沉下心，十年如一日刻苦钻研海洋馆维生系统的人。如今终成一果，值得尊敬，希望业者如斯，海洋馆行业便能高比昨天，如此，幸甚。

——亚洲水族馆技术研究院（AAT）

序

公共水族馆亦称海洋馆，是广受大众喜爱的休闲旅游场所。它以鲜活的方式向人们展示绚丽多彩的水生生物，使参观者沉浸在神秘的水下世界之中，从而得到愉悦的感官体验。同时，公共水族馆还承载着科普教育、文化传播、濒危动物保育等重要社会功能，对宣传生态保护理念，促进人与自然和谐发展起到了积极作用。有些公共水族馆还是所在城市的地标性建筑，起到了带动区域经济发展的作用，在水族馆周边的零售业、服务业、地产业和其他旅游企业都或多或少地受惠于水族馆所带来的大客流经济。

我国的公共水族馆最早诞生于 1932 年，即 1932 年 5 月 8 日开馆的青岛水族馆。但是在之后的 50 年里我国水族馆业的发展一直停滞不前，直至 20 世纪 90 年代中期，在北京、上海、大连、南京等地才开始陆续出现新的公共水族馆。谁也没有料到 50 年的沉寂之后，中国水族馆业却迎来了一个迅猛发展的新时代。从 1998 年到 2018 年的 20 年里中国水族馆数量飞速增长，各地水族馆如雨后春笋般拔地而起，建设速度居世界第一。到 2020 年我国已建成并开放的各种规模公共水族馆以及各种形式的水族馆概念性商业体达到 300 余座，位居世界前列，且目前仍以每年 5 ~ 10 座的建设速度持续壮大。今天在全国大多数一、二线城市中几乎都建设了公共水族馆，在一线城市中水族馆的数量均不止一座，一些发展较好的三线城市中也出现了不同规模的水族馆。水族馆业潮鸣电挚地发展起来，丰富了人们的休闲文化生活，给无数参观者带来了新知和欢乐。

但是我们也注意到，由于我国水族馆的建造速度太快，出现了许多基础建设不扎实、不过关的情况。尤其是公共水族馆的核心技术项目——维生系统的设计和建造方面，质量表现参差不齐。维生系统设计不合理，建造不过关，所用设备不符合生物生存条件，直接影响水生生物的存活和健康，从而使水族馆展览质量大幅下滑，降低了参观者的获得感。另外，因维生系统设计、安装及运营管理质量不过关，造成大量水生生物患病或死亡的情况，这与公共水族馆倡导的生态保护理念背道而驰，使水族馆的发展误入歧途。造成这一现象的原因是我国设计建造公共水族馆的专业团队非常稀缺，且很多不具备自主研发能力。

20世纪90年代，我国水族馆维生系统大多数由国外公司设计建造，为了保护核心技术，国外技术人员在施工进行到关键步骤时都会刻意避开中国技师再进行操作。这使得当时国内水族馆维生系统设计施工技术一直发展缓慢。直到最近十几年，投资量较大的水族馆依然需要聘请国外团队设计建造维生系统，投资量较小的水族馆迫于成本压力逐步自主设计施工。由于对维生系统原理和基本数据的理解模糊，一些水族馆在建造之初就埋下了不少隐患，有些造成生物大量损失的事故，有些造成水电设备重大事故，有些甚至威胁到了养殖员的人身安全。国内迫切需要一套系统化、完整化、数据化的水族馆维生系统设计建造参考资料，以满足蹑景追飞般发展的水族馆兴建事业。

2020年我收到杨旭年先生所著的本书的第一版，顿觉眼前一亮，一气读完，对其观点十分认同，对该书内容的全面性、系统性、实践性和数据性非常赞赏。旭年先生参与了国内知名的珠海长隆海洋王国以及三亚亚特兰蒂斯水族馆的设计、安装及运营全过程；有丰富的大型公共水族馆维生系统设计、建造及运营管理经验，他从实践出发，结合自己在工作中的思考和总结，从构思制图到施工工艺全方位地阐明了现代水族馆维生系统工程的设计建造技术。

本书是国内第一部水族馆维生系统的专业著作，书中所介绍的大量的设计参数，采用了数据化的标准，使得许多原来模棱两可的参数变得精准化，可以大幅提升水族馆运营的安全性，合理降低设备运行能耗，并使得我国水族馆建造技术能更好地与国际接轨。该书内容重视案例分析和细节说明，特别是在大型设备设计计算、设施安装、防水施工、管道压力测试等方面，除了提供数据支持外，还提供了大量施工现场照片，可以让读者身临其境地了解施工时的细节操作方法，对从事水族馆工程的工作人员具有很强的指导意义。

书中还提供了不同生物在饲养展示过程中所需的水质参数、空间要求、日常管理需求以及针对不同生物在设备使用、保养和维护方面的注意事项。可以作为公共水族馆养殖员、工程技术员的日常学习资料，帮助他们更好地了解维生系统设备，更科学有效地利用设备调控水质、水温等重要生物生存指标。同时，杨先生还将当前国内外常用的水族馆设备通过列表的方式整理在书中，详细说明了这些设备的工作效果和处理能力。这就使得本书可以作为水族馆馆长、工程部经理在日常设备更换、采购等工作方面的速查手册，为提高水族馆养殖管理效率提供了帮助。

书中还特别对水族馆工程项目投标文件编写进行了说明，这是非常贴心的一项举措。因为大多数水族馆工程企业在创业之初都会被大量的行业标准文件和复杂的标书格式搞得焦头烂额，许多企业因此而转行。以前很少有人能系统地介绍这些内容，从业者只能摸着石头过河边干边学。旭年先生能不吝金玉，将这些宝贵的经验以成文格式的方式贡献给读者，想必一定能为那些正在水族馆工程行业中艰苦创业的朋友们提供宝贵的帮助。

一个行业的发展需要所有从事这个行业的人们共同的努力，商业利益的扩大需要在竞争中谋求彼此的合作。在我国水族馆数量高速增长的今天，竞争必然会使更多的经营者去考虑成本的压缩。在合理控制成本的同时，又能给水生生物提供一个良好的生存环境，给参观者一次精彩的身心体验，是每一位水族馆经营者都希望达到的目标。我想科学合理地设计并建造维生系统是达到这个目的重要条件之一。希望杨旭年先生这本著作能为更多的从业者提供帮助，让我们共同创造中国水族馆业辉煌的明天。

白　明

2022 年 10 月

自序

21世纪是海洋的世纪，当今正是文旅建设高速发展的时期，我有幸参与了内地最大的海洋公园——珠海长隆海洋王国及采用天然海水最大的水族馆（三亚亚特兰蒂斯酒店水族馆）维生系统设备安装、调试及运营管理，2014年2月份珠海长隆海洋王国顺利开始试营业，紧接下来的是在春节、“五一”“十一”黄金周入园人数屡创新高。2016年6月16日上海迪士尼盛大开园，营运盛况空前。国内文旅行业成了投资的热点，各主题公园如玻璃栈道、欢乐世界、游乐园、水上乐园及海洋公园成了投资的重点，借此机会我把这些年在海洋公园维生系统设计、安装、调试及运营管理等方面的经验及体会做一个总结给大家分享。

本书从维生系统工程技术人员的角度，描述维生系统设计计算及设备安装前期的招投标配合工作：招标技术文件、设备材料品牌表、施工界面、技术标的评标等基础文件的编写、审核；预埋管制作、管道与设备安装技术、维生系统电气技术、维生系统设备调试技术以及维生系统设备材料选型规范等。编写过程立足以人为本、力求通俗易懂、增加了大量的现场施工图片及图表，希望对读者有一定的帮助。

本书内容丰富、叙述详细，书中系统设备的安装、调试、运营管理技术可供从事水族馆行业工作的科研、设计、安装及运营管理人员借鉴。

在编写过程中得到原珠海长隆海洋王国总经理陈铭安先生以及中国自然科学博物馆学会水族馆专业委员会秘书长王士琍女士大力支持，并提出了很多宝贵的意见。在此表示最深切的感谢！

编　者

2019年8月18日

目 录

第 1 篇 维生系统概述与设计计算

第 2 篇 维生系统设备安装及调试技术

第 3 篇　维生系统设备选型及安装技术规范

第 1 篇

维生系统概述与设计计算

第1章　维生系统概述

一、维生系统分类

海洋馆维生系统是维持海洋生物生长、繁殖所需要的仿海洋水体环境的一个循环水处理系统，它为海洋生物创造一个人造高仿海洋生活环境，这个系统包括物理过滤（多介质过滤）、接触氧化（添加臭氧把有机物氧化分解）、生物过滤（利用硝化细菌把海水中的氨氮转化成亚硝酸盐、硝酸盐；然后再通过反硝化细菌的作用将硝酸盐转化为氮气）、脱气等工艺过程。维生系统从水处理工艺角度划分，它属于污水处理中水回用的特例，维生系统按补水的方式不同可分为：开放式维生系统及封闭式维生系统。封闭式维生系统是通过人工化盐来补充海水，对系统反冲洗的污水进行收集处理后循环使用（这部分污水通过砂缸过滤截留大颗粒及悬浮物、通过蛋白分离器注入的臭氧氧化分解水中的有机物、同时对进水消毒杀菌、并通过浮上分离去除海水中的小颗粒悬浮物、当达到回用水质要求时送回维生系统循环使用）。开放式维生系统是补充天然海水，反冲洗水经过污水处理后排放。

维生系统按养殖用水不同又可分为海水维生系统与淡水维生系统，在处理工艺及方法上也略有不相同，请参见海水维生系统（图 1–1）及淡水维生系统工艺流程图（图 1–2）。

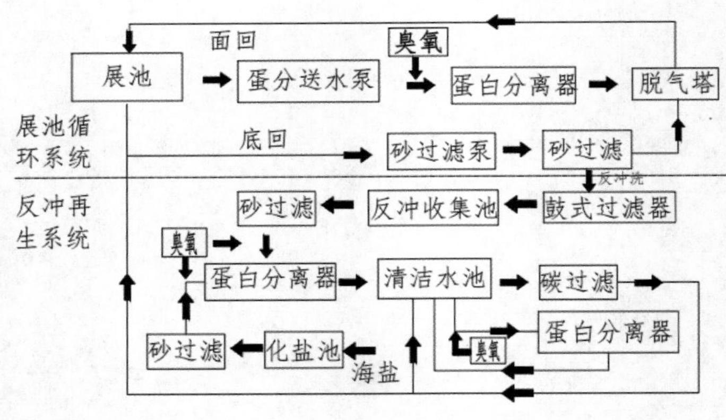

图1-1　海水维生系统工艺流程

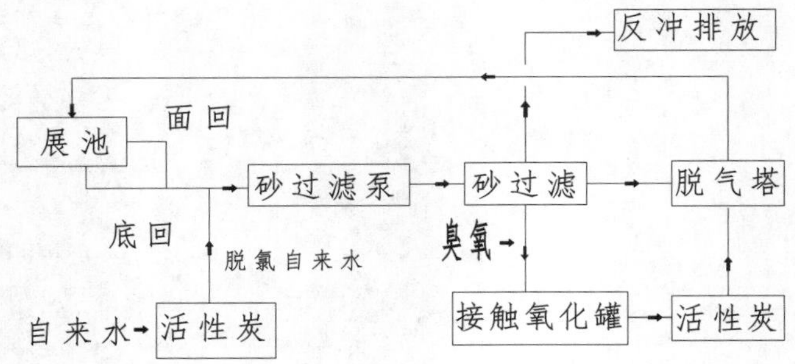

图1-2　淡水维生系统工艺流程

从上述工艺可以看到不同养殖用水的维生系统采用的处理工艺也不相同，淡水维生系统一般不宜采用蛋白分离器来分离水中的有机物，因为受淡水没有盐分的影响（表面活性比海水低）在淡水维生系统采用蛋白分离器时射流器注入的混合气体很难分散成致密的小气泡（高密度淡水养殖除外），最终导致气浮效果差，很难通过浮上分离法去除水中的悬浮物及有机物，淡水维生系统常用的做法是采用砂过滤去除进水中的悬浮物，砂过滤器产水注入臭氧后在接触氧化罐内充分的接触氧化分解并去除水中的有机物，多余的臭氧由活性炭过滤器进行吸收。

二、维生系统各设备单元的功能

维生系统根据不同的污染物的来源采取不同的处理方法（图 1–3），维生系统各设备单元的功能如下：

（1）篮式过滤器：去除鱼鳞、残饵以及残留在管道中的砖头、木块等施工垃圾。

（2）砂过滤器：去除动物粪便、鱼鳞、残饵、部分悬浮物、胶体及分泌物等，这些被截留的污染物通过砂缸反冲洗排出维生系统；砂过滤器同时也是硝化细菌生长繁殖的载体。

（3）蛋白分离器（接触氧化罐）：是维生系统注入臭氧的设备，注入的臭氧在蛋白分离器内氧化分解水中的蛋白质、脂肪、氨氮等还原性有机物，将大分子有机物氧化成小分子、部分氨氮被氧化成氮氧化合物，降低了氨氮的毒性，通过蛋白分离器浮上分离除去进水中的微小悬浮物及脂肪，蛋白分离器内的臭氧同时对进水进行杀菌灭藻，可以抑制展池藻类繁殖速度。

（4）脱气塔：在脱气塔内的填料层内通过气水相向对流接触可以进一步氧化水中的有机物、增加水的溶解氧、除去有害挥发性气体、稳定 pH。

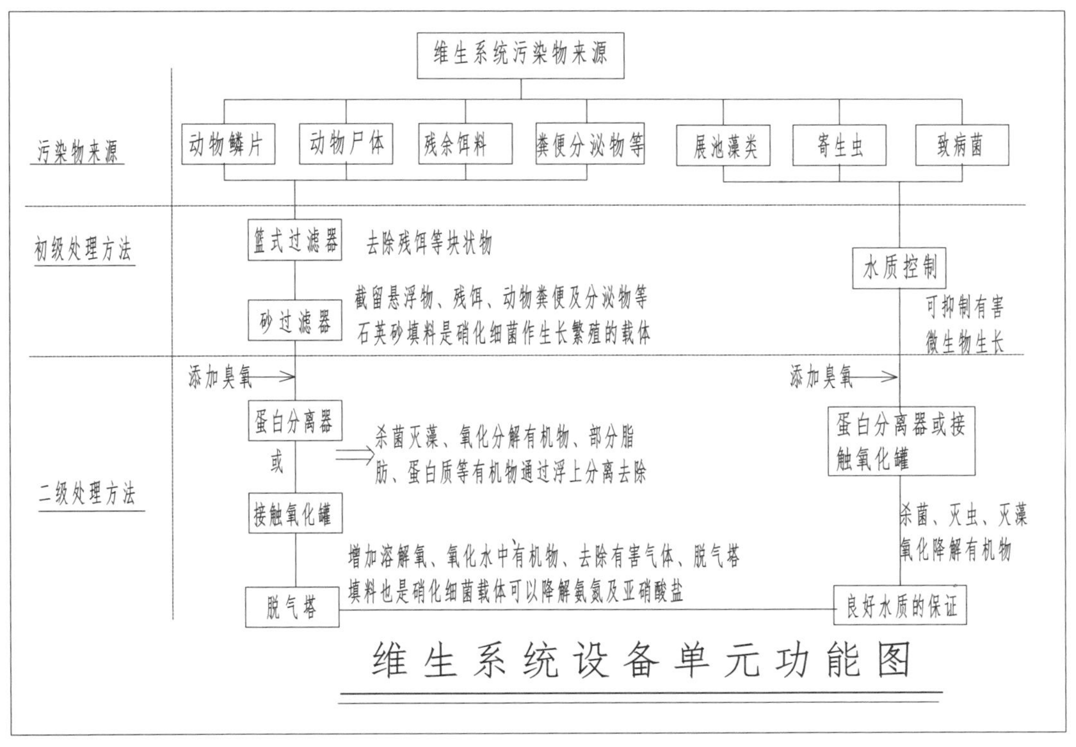

图1–3　维生系统设备功能

第2章　维生系统水质推荐标准

一、维生系统水质基本要求

（1）维生系统补水水质要求（生化部分指标，表 2–1）。

表2–1　维生系统补水生化指标

序号	项目	推荐标准值
1	BOD	$\leqslant 1.0\times10^{-6}$
2	COD	$\leqslant 2.0\times10^{-6}$
3	盐度	30 ~ 34
4	TSS	$\leqslant 1.0\times10^{-6}$
5	浊度	≤ 0.08 NTU
6	总氨氮	$\leqslant 0.08\times10^{-6}$
7	亚硝酸盐	$\leqslant 0.05\times10^{-6}$
8	硝酸盐	$\leqslant 30\times10^{-6}$
9	溶解氧	6×10^{-6} ~ 9×10^{-6}
10	温度	20 ~ 25℃
11	磷	$\leqslant 0.1\times10^{-6}$
12	细菌总数	≤ 2000 cfu/mL
13	大肠杆菌	≤ 1.0 cfu/mL
14	ORP	300 ~ 350 mV
15	溴酸盐	0.06×10^{-6} ~ 0.10×10^{-6}

（2）鱼类展池水质标准（表 2–2）。

表2–2　鱼类展池水质标准

序号	项目	推荐标准值
1	温度	25.5 ~ 26.5℃
2	ORP	250 ~ 350 mV
3	盐度	30 ~ 35
4	pH	7.5 ~ 8.5
5	浊度	≤ 0.08 NTU
6	氨氮	$\leqslant 0.08\times10^{-6}$
7	亚硝酸盐	$\leqslant 0.05\times10^{-6}$
8	硝酸盐	$\leqslant 30\times10^{-6}$
9	溶解氧	6.5 ~ 9.5 mg/L
10	细菌总数	≤ 2000 cfu/mL
11	大肠杆菌	≤ 10 cfu/mL
12	溴酸盐	0.03×10^{-6} ~ 0.06×10^{-6}

（3）海兽类（海豚）展池水质标准（表 2-3）。

表2-3　海豚展池水质标准

序号	项目	推荐标准值
1	温度	23.5 ～ 24.5℃
2	ORP	550 ～ 650 mV
3	溴酸盐	0.2×10^{-6} ～ 0.5×10^{-6}
4	盐度	29 ～ 35
5	pH	7.5 ～ 8.5
6	浊度	≤ 0.08 NTU
7	溶解氧	6.5×10^{-6} ～ 9.5×10^{-6}
8	细菌总数	≤ 500 cfu/mL
9	大肠杆菌	≤ 1.0 cfu/mL
10	总氯	0.1×10^{-6} ～ 0.2×10^{-6}
11	余氯	0.05 ～ 0.10

二、重点水质指标

不同的海洋动物对水质指标要求也各不相同，在这些指标中有些是关键指标；超过范围会导致生物死亡，有些水质指标对动物不是那么重要，但是对游客观赏来说是很重要的指标（表 2-4）。

表2-4　各动物关键重点水质指标

分类	指标	推荐标准值	异常的影响
补水水质	浊度	≤ 0.08 NTU	影响游客观赏效果
	总氨氮	≤ 100×10^{-6}	对展池动物有影响
	温度	20 ～ 25℃	对展池动物有影响
	溴酸盐	0.1×10^{-6} ～ 0.15×10^{-6}	对展池动物有影响
鱼类	浊度	≤ 0.08 NTU	影响游客观赏效果
	总氨氮	≤ 0.05×10^{-6}	过高鱼类会死亡
	温度	25 ～ 28℃	过高鱼类会死亡
	溴酸盐	0.03×10^{-6} ～ 0.06×10^{-6}	过高鱼类会死亡
	溶解氧	6.5 ～ 9.5 mg/L	过低鱼类会死亡
	pH	7.5 ～ 8.5	对动物生长有影响
海兽类	浊度	≤ 0.08 NTU	影响游客观赏效果
	温度	20 ～ 25℃	过高动物会死亡
	溴酸盐	0.06×10^{-6} ～ 0.10×10^{-6}	影响动物皮肤及眼睛
	余氯	0.05×10^{-6} ～ 0.10×10^{-6}	影响动物皮肤及眼睛

水质指标对动物来说是十分重要的，保持稳定水质得从维生系统设计、设备及材料选型开始；系统设计合理，设备及材料选型得当，设备安装布置合理、美观、大方、方便操作、方便维护保养、使系统保持经济稳定运行，设备的故障率低、水质容易保持稳定。

水质指标控制的最适范围与可忍受范围：不同的海洋生物的水质指标有不同的最适范围、可忍受范围及致死范围，如何控制好水质指标在最适范围内是维生系统管理工作的主要任务。以温度为例说明两者间的关系（图 2–1）。

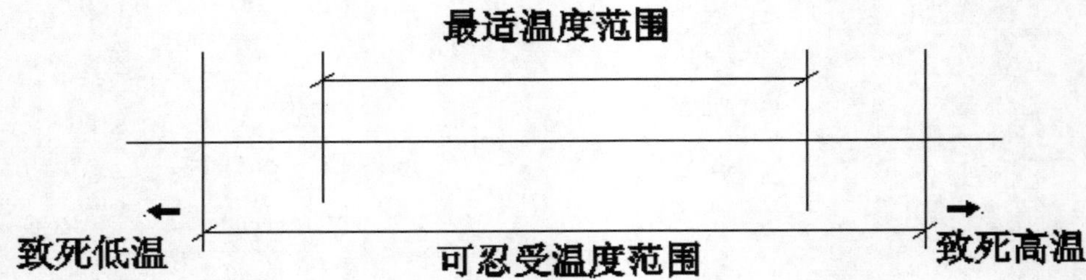

图2–1　温度范围

第3章　维生系统设计与计算

一、维生系统设计相关的参数

维生系统设计提资（需要向设计单位提交的相关参数及要求）（表 3–1）。

表3–1　设计前确认参数

编号	参数名称	单位	设计值
1	展池的容量	m^3	由业主提供
2	循环周期	小时	由设计咨询公司提出业主同意
3	养殖动物类型	–	由业主提供
4	养殖动物量	–	由业主提供
5	系统类型		开放式 / 封闭式

维生系统主要设计参数，如展池循环时间等（表 3–2）。

表3–2　展池循环时间

编号	主要展示生物	循环时间（分钟）
1	龙虾	45 ~ 60
2	巨型鲶鱼	30 ~ 40
3	水虎鱼	40 ~ 50
4	巨石斑鱼	30 ~ 40
5	狮子鱼	20 ~ 30
6	荧光海葵	60 ~ 70
7	活珊瑚	40 ~ 50
8	宝石（鱼类）	20 ~ 30
9	电池（鱼类）	40 ~ 50
10	鳐鱼	60 ~ 80
11	海荨麻水母	60 ~ 80
12	海月水母	60 ~ 80
13	荧光珊瑚	60 ~ 80
14	海鳗	20 ~ 30
15	巨型乌贼	20 ~ 30
16	海葵	40 ~ 50
17	鲎	20 ~ 30
18	巨骨舌鱼	40 ~ 50
19	大鱼缸	90 ~ 120
20	海豚	90 ~ 100
21	白鲸	90 ~ 100
22	鲨鱼池	60 ~ 90
23	海狮	30 ~ 60

二、设备选型计算

以 15000 m^3 大鱼缸为例来说明维生系统设计的计算，设循环时间 90 分钟。设系统底部回水流量为 70%、溢流回水流量 30%（表 3–3）。

表3–3　大鱼缸计算表

编号	参数名称	计算公式	计算值	单位
1	总水量 G	–	15000	m^3
2	循环时间 T	T = 总水量 $G(m^3)$ / 循环量 (m^3/h)	1.5	h
3	总循环流量 Q	Q = 总水量 $G(m^3)$ / 循环时间 (h)	10000	m^3/h
4	底部回水流量 Q_1	Q_1 = 总循环量 $G(m^3)$ × 70%	7000	m^3/h
5	水面回水流量 Q_2	Q_2 = 总循环量 $G(m^3)$ × 30%	3000	m^3/h

1. 砂过滤器部分设备及管道计算

砂过滤器流速选 30 m/h。

设选取直径 2500 mm，长 5000 mm 的砂过滤器，过滤面积为 12.5 m^2。

砂过滤器的数量为 7000/(30 × 12.5) = 18.6 台，选 19 台。

泵流量 = 7000/19 = 368 m^3/h。

砂缸泵选型参数：流量 375m^3/h 扬程 18mH。

管道流速的选择可参考生活给水管道的水流速度（摘自《建筑给排水设计规范》GB50015—2003，表 3–4），给水泵进出水管流速（摘自《室外给水规范》GB50013—2006，表 3–5），排水泵进出水流速（摘自《室外给水规范》GB50014—2006，表 3–6）。

表3–4　生活给水管道的水流速度

公称直径（mm）	15 ~ 20	25 ~ 40	50 ~ 70	≥ 80
水流速度（m/s）	≤ 1.0	≤ 1.2	≤ 1.5	≤ 1.8

表3–5　水泵进出水管流速

管道	直径	流速	管道	直径	流速
吸水管	小于 250 mm	1.0 ~ 1.2 m/s	出水管	小于 250 mm	1.2 ~ 1.5 m/s
	250 ~ 1000 mm	1.2 ~ 1.6 m/s		250 ~ 1000 mm	2.0 ~ 2.5 m/s
	大于 250 mm	1.5 ~ 2.0 m/s		大于 250 mm	2.0 ~ 3.0 m/s

表3-6 排水泵进出水流速

名称	流速	名称	流速
水泵吸水管设计流速	0.7 ~ 1.5 m/s	水泵出水管设计流速	0.8 ~ 2.5 m/s
排水管渠流速（污水管）	0.6 m/s	排水管渠流速（雨污合流水管）	0.75 m/s
明渠流速	0.4 m/s		

维生系统是低压力管道系统，为了减少水流压力、降低水流噪音及振动对动物的影响，在进行管道直径计算时流速选取按以下取值范围的偏下限值选取。

DN300–DN400 流速取 1.8 ~ 2.5 m/s

DN200–DN250 流速取 1.8 ~ 2.5m/s

DN125–DN150 流速取 1.4 ~ 2.0 m/s

DN50–DN100 流速取 0.9 ~ 1.6 m/s

DN25–DN40 流速取 0.8 ~ 1.0 m/s

DN25 以下流速取 0.5 ~ 0.9 m/s。

管径 $= 1000 \times (Q_3/((\pi/4) \times 2 \times 3600))^{1/2} = 257$ mm。

管径选择：选用内径大于 300 mm（选 De300）的管道就可以了。

2. 蛋白分离器

溢流回水流量为 3000 m^3/h 根据设备厂商的产品型号进行选择，如佛山八达顺的产品流量是 75 m^3/h 以下，富尔斯特的蛋白分离器处理水量在 200 m^3/h 以下等（表 3-7 ~ 表 3-10）。

表3-7 广州珺海渔业设备有限公司蛋白质分离器规格型号

序号	名称	型号	尺寸	处理量	功率	备注
1	蛋白质分离器	CAT–PS5	Φ250 mm × 1500 mm	5 m^3/h	370 W	
2	蛋白质分离器	CAT–PS10	Φ400 mm × 2100 mm	10 m^3/h	550 W	含射流泵
3	蛋白质分离器	CAT–PS15	Φ500 mm × 2100 mm	15 m^3/h	550 W	含射流泵
4	蛋白质分离器	CAT–PS20	Φ600 mm × 2100 mm	20 m^3/h	550 W	含射流泵
5	蛋白质分离器	CAT–PS30	Φ600 mm × 2500 mm	25 m^3/h	900 W	含射流泵和清洗装置
6	蛋白质分离器	CAT–PS40	Φ700 mm × 2800 mm	40 m^3/h	1100 W	含射流泵和清洗装置
7	蛋白质分离器	CAT–PS50	Φ700 mm × 3000 mm	50 m^3/h	1100 W	含射流泵和清洗装置
8	蛋白质分离器	CAT–PS60	Φ800 mm × 3000 mm	60 m^3/h	1500 W	含射流泵和清洗装置
9	蛋白质分离器	CAT–PS70	Φ900 mm × 3200 mm	70 m^3/h	1500 W	含射流泵和清洗装置
10	蛋白质分离器	CAT–PS80	Φ1000 mm × 3000 mm	80 m^3/h	1500 W	含射流泵和清洗装置
11	蛋白质分离器	CAT–PS100	Φ1100 mm × 3200 mm	90 m^3/h	1500 W	含射流泵和清洗装置
12	蛋白质分离器	CAT–PS120	Φ1200 mm × 3200 mm	120 m^3/h	3000 W	含射流泵和清洗装置
13	蛋白质分离器	CAT–PS150	Φ1500 mm × 3200 mm	150 m^3/h	3000 W	含射流泵和清洗装置
14	蛋白质分离器	CAT–PS200	Φ2000 mm × 3200 mm	200 m^3/h	4500 W	含射流泵和清洗装置

表3-8　意万仕蛋白分离器选型规格表

型号 Model	15 min 滞留时间流量（m^3/h）	2 min 滞留时间流量（m^3/h）	文丘里工作压力（m）	射流泵规格	射流泵型号
NPS410	9.6	7.2	16.5	1585 × 1	SR10 × 1
NPS600	24	18	15.5	1584 × 1	SR10 × 1
NPS800	45.6	34.2	13.5	2081 × 1	SR10 × 1
NPS1000	74	55.5	16.5	2081 × 1	SR15 × 1
NPS1200	107.6	80.7	13.5	2081 × 2	SR10 × 2
NPS1400	152.4	114.3	16.5	2081 × 2	SR15 × 2
NPS1600	220	165	18.5	2081 × 2	SR20 × 2
NPS2000	460	345	16.5	2081 × 3	SR15 × 3

表3-9　富尔斯特节能环保型蛋白质分离器选型规格表

编号 P/N	型号	直径（mm）	总高（mm）	进出水（mm）	出水口（mm）	处理量（m^3/h）	停留时间（min）	功率（W）	进气量（m^3/h）	容积（m^3）
601101	FD4018	400	1800	50	75	10	1.5	370	3	0.22
601102	FD5018	500	1800	50	75	14	1.5	370	5	0.35
601103	FD6020	600	2000	63	90	20	1.5	370	6	0.4
601104	FD6030	600	3000	63	90	30	1.5	750	7	0.6
601105	FD7025	700	2500	63	90	35	1.5	1100	8	0.7
601106	FD7030	700	3000	63	90	50	1.5	1500	9	0.85
601107	FD8025	800	2500	90	110	50	1.5	1500	9	0.9
601108	FD8030	800	3000	90	110	55	1.5	1500	9	1.1
601109	FD9025	900	2500	110	160	55	1.5	1500	9	1.2
601110	FD9030	900	3000	110	160	58	1.5	1500	12	1.4
601111	FD1025	1000	2500	110	160	65	1.5	2200	19	1.6
601112	FD1030	1000	3000	110	160	65	1.5	2200	19	1.8
601113	FD1035	1000	3500	110	160	75	1.5	2200	19	1.9
601114	FD1228	1200	2800	110	160	90	1.5	3000	24	2.2
601115	FD1230	1200	3000	140	160	100	1.5	3000	24	2.5
601116	FD1235	1200	3500	140	160	110	1.5	3000	24	3
601117	FD1430	1400	3000	160	200	125	1.5	3700	30	3.3
601118	FD1435	1400	3500	160	200	135	1.5	3700	30	4
601119	FD1632	1600	3200	160	200	160	1.5	3700	40	5.8
601120	FD1835	1800	3500	160	200	180	1.5	3700	40	6.2
601122	FD2052	2000	5200	250	300	230	1.5	6600	60	12.1

表3-10　佛山八达顺蛋白质分离器参数表

大型外置蛋白质分离器技术参数					
型号	水泵	流量	最大吸气量	试用水	占地尺寸
D-10T	16T/H 针刷泵	16T/H	1200 L/H	10t	$530\times380\times1400$ mm^3
D-50T	25T/H 针刷泵	25T/H	2100 L/H	50t	$750\times750\times2100$ mm^3
D-100T	25T/H 针刷泵 ×2	50T/H	2100 L/H×2	100t	$850\times850\times2300$ mm^3
D-150T	25T/H 针刷泵 ×2	50T/H	2100 L/H×2	150t	$950\times950\times2300$ mm^3
D-200T	25T/H 针刷泵 ×3	75T/H	2100 L/H×3	200t	$1200\times1200\times2300$ mm^3

根据上述资料中产品规格选取蛋白分离器，如选意万仕处理能力为 460 m^3/h 的蛋白分离器时：

蛋白分离器数量：3000/460 = 6.5 台，取 7 台。

蛋白分离器送水泵参数：460 m^3/h，15 mH，7 台

如选广州珺海渔业处理能力为 200 m^3/h 的蛋白分离器时：

蛋白分离器数量：3000/200 = 15 台。

3. 臭氧机产量计算

臭氧量的计算：一般鱼类展池按水量的 0.05 ～ 0.1 ppm 进行选取（表 3-11）。

15000×0.05 g/h = 750 g/h, 因考虑到反冲再生使用需要有一定的余量，臭氧选 1200 g/h（见反冲部分的计算）。

表3-11　不同动物的维生系统臭氧需求

编号	系统	展池臭氧量 ppm	再生系统臭氧量 ppm
1	海水鱼类	0.05 ～ 0.08	0.1
2	淡水鱼	0.05 ～ 0.08	0
3	海豚、白鲸	0.1 ～ 0.3	0.1
4	海狮	0.3 ～ 1.0	0.2

臭氧量与动物种类及饲养量有关，海兽类臭氧量比鱼类用量大，鳍足类臭氧量比普通海兽类用量要大，同时还受养殖密度的影响，饲养密度高臭氧量宜适当加大。

4. 脱气塔的设计与计算

脱气塔截面流速 40 ～ 60 m/h

脱气塔底部与展池平齐，顶部比展池高出约 5 m

脱气塔平面积 10000/50 m^2 = 200 m^2（循环流量 / 截面流速 ）。

5. 脱气塔到展池管道计算

脱气塔到展池管道流速按 1.0 m/s 选取

管道通水面积：A=10000/(1.0×3600) m^2=2.78 m^2

选用直径 900 的 HDPE 管道数量：N=2.78 /（0.83×0.83×0.785）=5.1，选 6 根（外径 900 的管道内径是 830 mm）。

6. 反冲再生部分计算

反冲排水量的计算，按 3 天反冲一次，一次反冲洗时间为 5 分钟计算：

$19 \times 375 \times 5 / (60 \times 3)\,m^3/d = 197\,m^3/d$

考虑到余量，反冲再生按 300 m^3/d 进行设计，反冲收集池容量 300 m^3，清洁水池 300 m^3。

（1）初级处理。

砂过滤器的选型。

选 1 台立式缸直径 1800 mm，单台过滤面积是 2.5 m^2，设计滤速 30 m/H，则过滤流量为：

$2.5 \times (\pi/4) \times 30\ m^3/h = 76\,m^3/h$

4 台砂缸处理能力是 300 m^3/h（24 小时过滤 24 次可满足要求）。

蛋白分离器选型。

蛋白分离器处理流量按砂缸处理量进行计算，单套规格选择应与初级砂过滤送水泵流量相匹配：

可以选 2 台处理能力 75 m^3/h 的蛋白分离器。

（2）清洁池计算。

活性炭过滤器选型。

选 2 台立式缸直径 1800 mm，单台过滤面积是 2.5 m^2，设计流速 30 m/h，则过滤流量为：$2.5 \times 30 = 76\ m^3/h$，2 台处理能力是 150 m^3/h（24 小时过滤 12 次可满足要求）。

蛋白分离器选型计算。

处理能力选择可以选 1 台处理能力 75 m^3/h 的蛋白分离器，处理能力 75 m^3/h。

7. 臭氧量计算

反冲再生部分处理水量：初级反冲收集池及清洁池水量合计 600 m^3；臭氧投加量 1.0 ppm，投加：600 × 0.1 g/h = 60 g/h。

总臭氧量：展池 + 反冲再生 = 750 + 60 = 810 g/h，选 2 台 400 g/h，1 台 50 g/h 。

8. 臭氧机的选型

所需臭氧量为 850 g/h 根据设备厂商的产品型号进行选择，如广州大环臭氧设备有限公司的选型资料如下（表 3–12、表 3–13）。可选择 2 台产量是 400 g/h 的臭氧机（型号 SOZ–YW–400G–F)。加上一台 50g/h SOZ–YW–50G–F)。

表3–12　BNP负压干燥机设备选型表

型号	供气量（m^3/h）	供气露点	电压	功率（kW）	输出接口	尺寸（mm^3）	质量（kg）
ADW–500–F	5	–70℃	220 V	0.45	DN15 内丝	680 × 590 × 1500	85
ADW–700–F	7			0.45	DN15 内丝	680 × 590 × 1500	95
ADW–1000–F	10			0.55	DN25 内丝	800 × 750 × 1500	125
ADW–1500–F	15			0.65	DN25 内丝	800 × 750 × 1900	145
ADW–2000–F	20			0.65	DN25 内丝	800 × 750 × 1900	155

表3-13　BNP负压臭氧机设备选型表

型号	产量（g/h）	电压	功率（kW）	冷却水量（L/h）	输出接口	尺寸（mm^3）	质量（kg）
SOZ-YW-20G-F	20	220 V	0.5	200	DN15 内丝	850 × 400 × 1250	58
SOZ-YW-30G-F	30		0.75	200	DN15 内丝		65
SOZ-YW-50G-F	50		1.0	300	DN15 内丝		75
SOZ-YW-100G-F	100	3 × 380 V	2.0	400	DN15 内丝	1000 × 500 × 1550	85
SOZ-YW-150G-F	150		3.0	600	DN15 内丝		95
SOZ-YW-200G-F	200		4.0	800	DN25 内丝	1100 × 800 × 1550	150
SOZ-YW-300G-F	300		6.0	1000	DN25 内丝		170
SOZ-YW-400G-F	400		8.0	1200	DN25 内丝	1200 × 800 × 1900	350

9. 泵水力核算

循环水泵水力计算（表 3-14）。

表3-14　循环水泵水力计算

展池名称	展池体积（m^3）	总流量（CMH）	周转时间	进水管流量（CMH）	溢流排水流量	底部回水流量 70%	表层溢流 30%	回水总流量（CMH）	
主池	15000		74.2	1000.0	0.0	7000.0	3000.0	1000.0	
过滤水泵：Q=375 m^3/h，H=18 m（19 组） HDPE 水力计算表									
前节点	后节点	管段编号	流量（L/s）	公称直径（mm）	计算内径（mm）	流速（m/s）	水力坡降（1000 i）	管段长度（m）	沿程水阻（m）
1	2	1 ~ 2	102.34	630	555.2	0.42	2.91	64.00	0.02
2	3	2 ~ 3	104.17	630	555.2	0.43	3.01	1.00	0.00
3	4	3 ~ 4	104.17	315	277.6	1.72	87.94	4.80	0.04
4	5	4 ~ 5	104.17	315	277.6	1.72	87.94	41.00	0.36
5	6	5 ~ 6	52.08	250	198.2	1.69	125.85	10.00	0.13
6	7	6 ~ 7	208.33	450	380.0	1.84	68.71	81.00	0.56
7	8	7 ~ 8	104.17	315	277.6	1.72	87.94	7.00	0.06
合计									1.17

沿程水阻	1.17 m	单台水泵：沿程水阻合计
局部阻力	0.47 m	局部阻力按经验系数 0.4 沿程水阻计算
换热器阻力	3.5 m	一个系统中每 2 台水泵配 1 台板换（1 台板换 3.5）
砂滤器阻力	5 m	每台水泵配 2 个砂缸，砂缸阻力 5
静扬程	5 m	脱气塔进水管标高与主池水面标高
富余水头	3 m	脱气塔上方进水管流出水头
计算扬程	14.13 m	
选型水泵扬程	18.00 m	

第 2 篇 维生系统设备安装及调试技术

第4章 维生系统设备安装前期工作

第1节 招标技术文件的编写

在维生系统设备采购及安装招投标前，发包方招标采购部门需要设计及工程技术部门提供以下技术文件：一是可供招投标使用的工艺管道仪表流程图纸（PID图）、设备平面布置图、管道安装图等，二是清晰的施工界面、明确的设备清单及设备材料品牌，三是提供设备安装技术要求、工期等技术文件。以下介绍这些技术文件的编写方法。

一、施工界面及品牌推荐表编写

施工界面与PID等相关设计图纸结合才能确定投标报价的工程量，清楚明确的施工界面，防止出现施工空白区域，避免产生不必要的工程费用的追加。

为了确保参与投标单位的报价是选用同一档次的设备及材料，具有可比性，招标前需确定设备及材料的品牌，选择设备及材料的品牌的档次可根据投资的规模、业主实力及设计要求等因素进行选择。设备材料的品牌的档次可分为：国产知名品牌、国产通用品牌、合资品牌、外资品牌、外资知名品牌等；在选择品牌时还要注意品牌在同类行业的工程案例。

1. 施工界面

施工界面是明确本专业承包合同需要完成的工程内容，施工界面列表栏目包括以下内容：工程类别、施工的单位、工程界面、与相关单位及界面对接等。

（1）工程类别在这里指承包合同中所涉及与各个专业对接的界面，如维生系统设备安装合同涉及设计、安装、预埋件、土建、消防封堵、给排水、管道铺设、施工用电、冷热媒、管道设备支架、漏水测试等内容。

（2）负责施工的单位，即合同承包方。

（3）工程界面内容，是对界面内施工内容作详细说明描述，哪些范围是本合同需要完成的，哪些不是本合同范围。

（4）相关单位及所对接的界面，与相关专业交叉接触界面分别说明各专业负责的范围，防止出现空白。

2. 设备材料品牌推荐表

设备材料品牌推荐表栏目包括编号、设备材料名称、设计材质要求、推荐品牌等，品牌一般要求3～5个质量同一档次的品牌，以便于在同一质量水平上进行合同商务标的评审。如有特别

要求的需要在推荐表内写清楚。

二、施工界面及品牌推荐表起草及审定

施工界面及品牌推荐表由工程部对应专业的工程师或经理以维生系统招标图纸及设计技术规范为依据进行起草、然后会同项目部相关专业及部门如：工程机电专业、给排水专业、土建专业、设计部、营运部、成本部、总经办等部门开会讨论审核，形成统一意见后会签，会签文件作为招标的基础文件之一（图 4–1、表 4–1、表 4–2）。

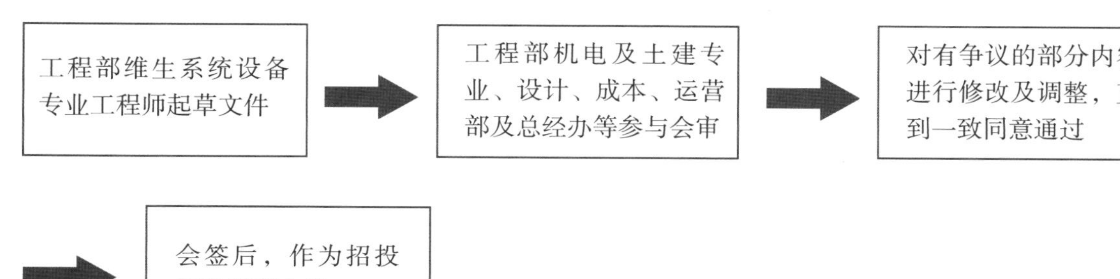

图4–1　起草会签流程图

表4–1　维生系统设备材料品牌推荐表

编号	设备名称	材质要求	会审确定品牌（例）
1	海水泵	FRP	意万仕、艾格尔等
2	淡水泵（砂滤泵、射流泵）	FRP	意万仕、艾格尔等
3	小型塑料泵	工程塑料	意万仕、艾格尔等
4	泵电机		东元、西门子、ABB
5	钙加药装置		丰冀、崇睿 CAT、佛山八达顺
6	加药泵		日机装、易威奇、米顿罗
7	加氯器		丰冀、广州博洋
8	FRP 砂、碳过滤器		意万仕、法思乐、士为水等
9	FRP 池及结构		南通卓毅、广州博洋
10	篮式过滤器	FRP、PVC	南通卓毅
11	Y 型过滤器（双法兰式）		环琪、华生
12	蛋白分离器		意万仕、富尔斯特、红海星、CAT 崇睿、BULEFINAQUA、法思乐、佛山八达顺
13	板式换热器	钛合金	阿法拉伐
14	风冷热泵机组	钛合金	深圳保利德
15	空压机（臭氧机用）		德斯兰、德耐尔、德蒙
16	冷干机		德斯兰、德耐尔、德蒙
17	制氧机		无锡市中瑞空分、广州工业制氧机厂
18	臭氧机设备		Del、广州大环臭氧、watertec

续表

<table>
<tr><th>编号</th><th>设备名称</th><th>材质要求</th><th>会审确定品牌（例）</th></tr>
<tr><td>19</td><td>臭氧监控报警器</td><td></td><td>Del、广州大环臭氧、watertec</td></tr>
<tr><td>20</td><td>面板式流量计</td><td></td><td>GF</td></tr>
<tr><td>21</td><td>温度计（数显式）</td><td></td><td>GF</td></tr>
<tr><td>22</td><td>压力表</td><td></td><td>派尔耐</td></tr>
<tr><td>23</td><td>温度、ORP、PH 水质传感器及表头</td><td></td><td>GF</td></tr>
<tr><td>24</td><td>液位计</td><td></td><td>GF</td></tr>
<tr><td>25</td><td>流量计仪表</td><td></td><td>GF</td></tr>
<tr><td>26</td><td>射流器</td><td></td><td>Mazzei 、CAT 崇睿</td></tr>
<tr><td>27</td><td>活性炭</td><td></td><td>广州清宇活性炭、广州博洋</td></tr>
<tr><td>28</td><td>生物槽填料</td><td></td><td>鑫陶、广州博洋</td></tr>
<tr><td>29</td><td>HDPE 管道</td><td>压力 10Bar</td><td>枫叶</td></tr>
<tr><td>30</td><td>UPVC 管道</td><td>SCH80</td><td>GF、环琪、华生</td></tr>
<tr><td>31</td><td>PVC 手动阀门</td><td>SCH80</td><td>GF、环琪、华生</td></tr>
<tr><td>32</td><td>PVC 自动排气阀</td><td>PVC</td><td>合肥方胜、秦皇岛通达塑料、秦皇岛宏亚塑胶</td></tr>
<tr><td>33</td><td>臭氧管道单向阀（不得带弹簧）</td><td></td><td>上海博球、天津塘美瓦特斯、温州科宝</td></tr>
<tr><td>34</td><td>空气单向阀</td><td>UPVC</td><td>GF、环琪</td></tr>
<tr><td>35</td><td>不锈钢针阀</td><td rowspan="2">PTFE 衬垫
+SUS316</td><td rowspan="2">上海希耐气体、上海昊可</td></tr>
<tr><td>36</td><td>手动涡轮蝶阀</td></tr>
<tr><td>37</td><td>单向阀（盘片摇摆型）</td><td></td><td rowspan="4">郑州海世鸿、上海标一、中阀控股</td></tr>
<tr><td>38</td><td>涡轮蝶阀、手柄蝶阀、电动阀</td><td></td></tr>
<tr><td>39</td><td>闸阀</td><td></td></tr>
<tr><td>40</td><td>电动阀执行器 SUS316 阀门</td><td></td></tr>
<tr><td>41</td><td>PVC 隔膜阀</td><td></td><td>环琪、GF、华生</td></tr>
<tr><td>42</td><td>PVC 法兰</td><td rowspan="2">压力 10Bar、法兰
螺栓 SUS316</td><td>GF、环琪、华生</td></tr>
<tr><td>43</td><td>不锈钢法兰 /SUS316</td><td>广州快扣五金、安徽浙康</td></tr>
<tr><td>44</td><td>电磁阀</td><td>PVC</td><td>GF</td></tr>
<tr><td>45</td><td>维生系统成套设备（小系统）</td><td></td><td>广州博洋水族科技</td></tr>
<tr><td>46</td><td>电气部分柜内元件</td><td></td><td>西门子 / 施耐德</td></tr>
<tr><td>47</td><td>紫外线杀菌灯</td><td></td><td>中山威德</td></tr>
<tr><td>48</td><td>耐海水风机</td><td></td><td>苏州京唐</td></tr>
<tr><td>49</td><td>医疗平台、密封门、推拉门</td><td>FRP 材质</td><td>南通卓毅</td></tr>
<tr><td>50</td><td>FRP 暂养桶、维修马道</td><td>FRP 材质</td><td>南通卓毅</td></tr>
<tr><td>51</td><td>脱气塔填料</td><td>PVC</td><td>江西鑫陶</td></tr>
<tr><td>52</td><td>展池防水</td><td>FRP、聚脲等</td><td>恒克建设</td></tr>
<tr><td>53</td><td>人工海水用盐</td><td></td><td>青岛海科、天津中盐、江西盐通</td></tr>
</table>

表4-2　海洋馆海洋维生系统施工界面划分表

序号	工程类别	界面	维生系统施工界面		维生系统与其他相关标段工程界面	
			完成单位	工作内容	相关单位	工作内容
1	施工图纸深化设计	水族馆维生系统施工图纸综合深化设计	维生系统安装承包单位	根据甲方提供的维生系统招标图纸完成本项目范围内所有维生系统工艺、生物照明、管线、设备布置及所需的自控系统、节点大样等施工图设计、并出具相应施工图纸报甲方审批。协助设计院完成室外管线综合设计。	造景承包单位	造景景观及展示照明深化设计及施工。
2	设备安装	水族馆维生系统工艺设备安装界面	维生系统安装承包单位	1. 所有维生系统设备、仪表仪器、管道及其自控系统设备的供应、安装及调试等工作。 2. 所有维生系统池体进水、回水口（回水集水坑）及溢流管（溢流口）格栅的供应及安装、检修平台马道等安装。	–	–
3	预埋件	水族馆维生系统工艺预埋件界面	维生系统安装承包单位	本专业涉及所有工艺管道预埋件采购（包括支吊架、管道套管）、加工制作、现场定位预埋施工、半成品、成品保护。	土建总包	1. 常规机电预埋件施工。 2. 协助维生系统专业公司的管道预埋件预埋及安装。
4	管线铺设	水族馆维生系统管线铺设界面	维生系统安装承包单位	1. 负责本专业所有架空管线铺设、管道铺设、机房内综合支吊架安装。 2. 负责本专业所有埋设于地下管线所必需的管沟开挖、回填、垫层处理、管沟砌筑、支架及防腐、盖板、管道试压等。 3. 过路套管预埋。	机电总包	常规机电部分管线预埋、管道铺设。
					土建总包	配合专业公司地下管线埋设施工。
5	土建	水族馆维生系统土建界面	维生系统安装承包单位	1. 设备混凝土基础设计条件提供并配合土建总包完成设备混凝土基础设计、设备基脚螺栓预留孔与灌浆、设备底座灌浆。 2. 检查、督促土建部分预埋件施工。	土建总包	设备混凝土基础施工；工艺管道孔洞预留与封堵（包括孔洞填堵后的专业防水）；药品区域防溢堤建造及防腐处理；水槽检修口盖板、扶梯；混凝土台阶以及附属扶梯，排水沟及盖板；水池防水前、后垃圾清理及试漏；维生系统机房照明、开关、插座。
6	用电施工	水族馆维生系统用电施工界面	维生系统安装承包单位	从区域配电柜（箱）输出端到维生系统主电源柜及主电柜到各控制柜、盘、箱、电缆、桥架、支架及相应的管线；设备等电位连接。	机电总包	1. 提供区域主配电柜及机房等电位箱（板）。 2. 通风空调工程。

续表

序号	工程类别	界面	维生系统施工界面		维生系统与其他相关标段工程界面	
			完成单位	工作内容	相关单位	工作内容
7	冷、热（媒）水	水族馆维生系统冷、热（媒）水界面	维生系统安装承包单位	包括板式换热器安装及其二次侧工艺水管道、阀门及相应配件（包括室外管道防紫外线保护）、仪表、温度自动控制系统（包括电缆、桥架、线管、控制柜等）、支吊架、保温、安装和调试。	机电总包	冷却水自冷站加压到维生系统板式换热器一次侧，包括自冷站到板换一次侧供水、回水所有管道、阀门和相应配件、仪表、支吊架及保温、安装和调试。
8	给水、排水	水族馆维生系统给水、排水界面	维生系统安装承包单位	从机房供水阀门到用水点管道安装；工艺排水管到室内地沟或室外集水井。	机电总包	自给水系统管网敷设至维生系统设备房的第一个阀门，所需的管道、阀门和相应配件、支吊架的安装、管道冲洗及调试；机房室内地沟或室外集水井排水至市政管网。
9	消防封堵	水族馆维生系统防火封堵	维生系统安装承包单位	本专业分包负责的穿过墙体、楼板的水、电管线防火封堵（套管内、电缆桥架内的防火封堵）。	土建总包	本专业分包负责所有的穿过墙体与套管之间、楼板与套管之间的水、电管线防火封堵。
10	管道支架	水族馆维生系统管道支架施工界面	维生系统安装承包单位	1. 包括本专业所有管道（包括埋管）支架、吊架、明管支架、管道支墩安装施工；设备及管道保温（白鲸、日本海豚）、室外臭氧管道保温；室外 UPVC 管道防紫外线处理；水族馆室外第一个海水供水阀门井送水到水族馆维生系统管道及支架安装、所有支架防腐处理。 2. 应符合机电总包管道支架标准（包括制作、安装、色标等）。	海洋取水工程承包单位	1. 海洋取水、排水管道、提升泵站及控制、所有支架防腐处理。 2. 应符合机电总包管道支架标准（包括制作、安装、色标等）。
11	水池漏水测试	水族馆维生系统水池漏水测试及水池清洗	维生系统安装承包单位	协助其他承包商对水族馆水池漏水测试及水池清洗。	土建总包	池体土建施工完成后池内垃圾、杂物清理，水池墙面、地面砂浆找平。
					防水单位	池体防水施工完成后池内垃圾、杂物清理，水池入水试漏、漏水处修复、试漏后排水及水池清洗。
					主题造景承包单位	池体主题造景施工完成后池内垃圾、杂物清理，水池入浸泡、浸泡完成后排水及水池清洗。

第 2 节　设备安装招标文件

下面举例分述招标相关文件的编写方法。

一、承包范围

（1）负责本次招标范围内所有图纸深化设计，并出具深化设计施工图。

（2）负责水族馆维生系统所有设备（包括配套电气控制系统）、填料、管道及配套的管件、阀门、支吊架等采购供应（除合同中注明甲方提供的除外）、管道敷设、设备及填料安装、调试及竣工移交。

（3）操作培训及竣工资料整理移交。

（4）对甲方供应设备除负责安装之外，还需负责其卸车（甲方运至工程现场）、场内运输、保管及配合调试。

二、主要技术参数

参见设计施工图的设备清单。

三、施工单位资质要求

（1）具有独立法人资格、注册资金 600 万元以上。

（2）机电设备安装工程二级或以上安装资质。

（3）业绩：近三年内有两项以上单项工程合同额 1000 万元以上同类工程（或环保、水处理）安装业绩，工程质量合格。

（4）项目经理要求：具有环保、水处理、机电或化工等专业中级以上工程师职称、机电工程一级建造师资格，近五年内有一项以上同岗位单项工程合同额 1000 万元以上同类工程（或环保、水处理）安装业绩，工程质量合格。

（5）技术总工要求：具有环保、水处理或化工等专业中级以上工程师职称、机电工程一级建造师资格，近五年内有两项以上单项工程合同额 1000 万元以上同类工程（或环保、水处理）安装业绩，工程质量合格。

四、施工工期

制定施工工期计划（表 4–3）。

表4–3　施工工期计划表

编号	内容	大展池	海豚池	海狮表演池	备注
1	人员进场	XX 年 X 月 X 日	XX 年 X 月 X 日	XX 年 X 月 X 日	
2	材料进场	XX 年 X 月 X 日	XX 年 X 月 X 日	XX 年 X 月 X 日	
3	安装开始时间	XX 年 X 月 X 日	XX 年 X 月 X 日	XX 年 X 月 X 日	包括预埋管

续表

编号	内容	大展池	海豚池	海狮表演池	备注
4	安装完成时间	XX 年 X 月 X 日	XX 年 X 月 X 日	XX 年 X 月 X 日	
5	调试开始时间	XX 年 X 月 X 日	XX 年 X 月 X 日	XX 年 X 月 X 日	
6	调试完成时间	XX 年 X 月 X 日	XX 年 X 月 X 日	XX 年 X 月 X 日	
7	设备安装工期	A 天	B 天	C 天	

实际操作过程中，业主专业工程师随时要求更新及调整工程进度节点，但是承包单位将控制总工期不变（表 4–4）。

表4–4　维生系统进度节点控制表

序号	展馆	水体	安装完成	第一次进水	包装进场	第二次进水	电柜通电	单机调试	联动调试	试运行
1	大型南美河鱼	3721	5.24	6.10	6.25	10.15	9.25	10.16	10.20	10.30
2	海狮馆	745	5.6	6.30	7.15	11.5	10.20	11.6	11.10	11.30
3	海象	1876	6.16	6.30	7.18	12.1	11.20	11.21	12.2	12.5
4	鳍足类	1805	7.1	7.5	8.1	12.10	11.25	12.5	12.10	12.15

五、界面划分

施工界面划分（表 4–5），内容与表 4–2 表述界面内容一致。

表4–5　施工界面划分表

序号	工程界面内容	安装包商	土建总包	机电总包	包装造景
一、冷、热水界面					
1	冷、热交换器机组一次侧管道安装			●	
2	冷、热交换器机组二次侧（包括换热器、管道安装）	●			
3	冷、热交换器水温自动控制	●		■	
4	室外管道防紫外线保护措施	●			
5	一次侧冷、热水保温			●	
6	二次侧冷、热水保温	●			
二、自来水给水、排水界面					
1	自来水供应配管到机房内第一个阀门	■		●	
2	从机房供水阀门到用水点管道	●			
3	工艺排水管道地沟或集水井（包括室内外集水井）	●	■		
4	地沟或集水井排水到市政管网	■	■	●	
5	水池试漏进水、排水配管	■	●		
6	水池排水到小市政管井	●		■	
三、用电施工界面					
1	水处理主电源（包括主电缆、动力柜、桥架、预埋管线）			●	
2	水处理主电源柜到各控制柜、盘、箱、电缆、桥架、支架及相应的管线	●			

序号	工程界面内容	安装包商	土建总包	机电总包	包装造景
3	机房内、外照明设备			●	
4	设备接地（设备到等电位箱连接）	●			
5	等电位箱安装			●	
四、消防封堵					
1	机电总包负责的穿过墙体、楼板的水电管线防火封堵（套管内）			●	
2	土建总包负责的穿过墙体、楼板的水电管线防火封堵（套管外）		●		
3	本专业分包负责的穿过墙体、楼板的水电管线防火封堵（套管内）	●			
4	本专业分包负责的穿过墙体、楼板的水、电管线防火封堵（套管外）		●		
五、管道支架					
1	本专业所有管道（包括埋管）支架、吊架、明管支架安装、管道支墩	●			
2	机电总包所有管道（包括埋管）支架、吊架、明管支架安装、管道支墩			●	
六、土建界面					
1	设备基础设计条件提供	●			
2	设备基础施工图深化设计、施工	■	●		
3	建筑墙体工艺管道孔洞预留、补充开孔与填塞	■	●		
4	有防水要求混凝土墙体工艺管道孔洞预留、补充开孔与填塞	■	●		
5	设备基脚螺栓预留孔与灌浆	●	■		
6	设备底座灌浆	●	■		
7	药品区域防溢堤建造及防腐处理	■	●		
8	水处理机房使用交付	■	●	■	
9	水槽检修口盖板、扶梯	■	●	■	
10	混凝土台阶以及附属扶梯	■	●		
11	排水沟盖板	■	●		
12	水池防水前、后垃圾清理及试漏		●		■
13	水池防水	■	●		■
七、包装造景界面					
1	水池包装后垃圾清理、水池清洗、试漏		■		●
2	水池包装后水池浸泡、排水、再清洗				●
八、水处理机房空调及抽湿					
1	电房通风			●	
2	臭氧机房空调及抽湿	■		●	

●负责工程施工单位；■工程施工配合单位

六、施工技术要求

（1）本工程竣工须满足国家规范、行业标准及技术规范；专业承包单位安装的支吊架标准和总包单位订样标准保持高度一致，并严格按深化后甲方认可的施工图进行施工。

（2）设备安装前需进行必要的管线及设备的深化排布设计，经监理、甲方、机电总包方共同认可同意后实施安装；设备安装要求布置合理、有足够的人行、操作和检修空间；管道安装要求横平竖直、美观标准、支吊架及色标标准统一牢固、满足应有的机械强度要求和相应的荷载要求。

（3）所有支架、桥架、线管的材质满足各个不同环境下的防腐要求，材质选择需根据维生系统设计及安装技术规范进行选择，并须送样、封样经监理及甲方认可。

（4）需回填地下管道金属支架须做环氧沥青防腐处理。

（5）施工样品递交：施工前所有的管、线等主要材料须提交封样、施工组织设计提交报审；经甲方代表认可后才能使用。

（6）与海水接触的管道支架要求使用 SUS316 或 FRP 材料，其他场所使用热浸锌型材外涂环氧沥青漆防腐处理。

（7）法兰垫片、止回阀密封垫片需选取用耐海水的材质如：EPDM。不能选用天然橡胶和氯丁橡胶垫片。

（8）管道开口必须掩盖（封盲板）确保施工中没有杂物进入管道。

（9）仪表的安装方向要方便观看。

（10）加药泵与药品接触部分要选用耐腐蚀的 PTFE、EPDM 类材质垫片 。

（11）地下管道必须进行压力测试经三方确认（施工方、监理、业主代表）合格后才能回填，压力测试采用水压试验（38℃以下可采用以上方法测试），PVC、PE 管测试压力 6.0 kgf/cm^2，保压时间 3 小时以上。

（12）FRP 砂过滤器工作压力按 5 kgf/cm^2 选择，试压要求 7.5 kgf/cm^2 持续 4 小时，最小爆破压力 4 倍设计压力；负压能力 125 mm 汞柱。

（13）FRP 过滤器材质聚酯或乙烯树脂制作、内部涂 2 层加强碳素玻璃富脂层；总厚度 0.25 ~ 0.5 mm。外表用罩面漆处理。

（14）砂填料、活性炭、脱气塔填料请参照设计公司提供维生系统设计及安装技术规范选型。

（15）蛋白罐进水阀、产水阀要求选用能准确调节流量的阀门如：涡轮蝶阀 。

（16）压力表要求充油型、外壳 SUS316。

（17）液位计要求采用压力变送器。

（18）砂碳缸进水、产水管道、蛋白罐进出水管要求安装取样阀。

（19）现场机电设备防护等级要求 IP55 以上。

（20）其他详细请参见维生系统设计及安装技术规范。

七、工程安装及验收规范要求

执行施工及验收规范应符合现行国家、行业及省等相关技术标准及规范，包括但不仅限于下

列规范：

（1）建筑电气工程施工质量验收规范（GB50303-2002）。

（2）建筑给排水工程施工质量验收规范（GB50242-2002）。

（3）民用建筑电气设计规范 (JGJ/T 16-92)。

（4）建筑给排水设计规范 (GB50015-2003)。

（5）给排水管道工程施工及验收规范 (GB 50268-97)。

当以上规范标准不一致时，以高的要求为准。

八、竣工图纸

（1）所有竣工图纸必须于缺陷保修期开始六周内呈交。承包单位应于施工期间按实际安装情况，逐步对有关施工图进行修改，最后将施工图作总体缮正提交。所有图纸资料及编号均需详列于一份统一的图纸目录上，而此目录将纳入操作和维修保养手册内，竣工图的深度必须达到当地的标准要求。

（2）竣工图需采用计算机绘制，并应符合国家有关制图标准。所有图例亦应严格地遵照有关国家标准的规定。除获得建筑师同意外，所有图纸须采用 A0、A1、A2、A3 或 A4 的标准规格。

（3）竣工图除展示出所有的设备和装置外，亦应包括全部管道、电缆、线管等敷设和全部弱电系统装置和其他配合装置的接点分析图表，清楚说明每一主要设备的运转、操作、保养或对日后系统的修改有关的一切资料，无论是否曾在施工图上表示过的，亦应加以标注。控制器、装备或任何部件的有关参考号码或字母，以及设备和装置铭牌上列示的字母和号数等均应加以综合摘引。

（4）所有系统竣工图及控制线路竣工图应采用铝制框架装挂于机房的墙壁上。框架的具体要求须提交建筑师作审核决定。

（5）移交文件中应包含系统操作手册，手册出版时应按各个系统制作，图文并茂、通俗易懂。

（6）除上述各项外，承包单位还需提交全部竣工图纸计算机软件档案并采用只读光盘储存。

九、管理人员资质

项目管理人员资质要求（表 4-6）。

表4-6　项目管理人员资质要求

编号	项目管理人员	专　业	资　质	工作年限	行业经验要求
1	项目负责人	理工类专科以上	一级建造师	10 年以上	大型机电及工业管道设备安装
2	技术总工	理工类专科以上	一级建造师	10 年以上	大型机电及工业管道设备安装
3	工艺工程师	理工类专科	工程师	8 年以上	机电及工业管道安装
4	安全员	中专以上	安全员以上证书	5 年以上	机电及工业管道安装
5	资料员	中专以上	资料员证书	5 年	有材料报审等相关工作经验
6	管道工长	中专以上	管道工	5 年	大型工业管道设备安装经验

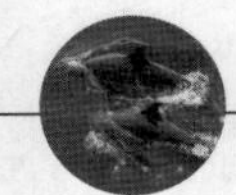

续表

编号	项目管理人员	专 业	资 质	工作年限	行业经验要求
7	机电工长	中专以上	机电相关专业	5年	大型机电设备安装经验
8	机电工程师	机电类本科	工程师	8年	有大型机电安装经验
9	自控工程师	自动化本科	工程师	10年以上	有5年以上水处理行业经验
10	焊工	中专以上	焊工证	5年以上	
11	电工	机电类中专以上	电工证	5年以上	
12	管道工	中专	管道工证	5年以上	

第3节　设备安装的招投标与评标

一、技术标评标

评标分为技术标及商务标，商务标是不需要工程人员参与，技术标是投标单位根据招标文件、招标图纸及技术规范为依据，提交相应的施工方案、工艺说明、工程案例等技术资料及企业方面资料，如：资质、注册资金、企业信用、财务状况及项目人员简历等。由招标采购部门组织工程、设计、成本等部门对投标单位技术标进行评审，并对投标单位的技术标进行评分，然后对所有评分进行整合出一个综合分数，技术标需要评出一定数量的投标单位作为下一轮商务标的投标人。

另外，在技术标评标时还要求对项目经理进行面试，项目经理面试也列入技术标的评审的内容。请参见以下技术标的评分表（表4–8）。

二、维生系统技术标评标报告编写

经过技术标评标综合评分后，按得分由高到低选取一定数量的公司进入下一轮商务标的投标，在技术标结束后需编写技术标评标报告。

1. 投标过程简述

简要回顾该项招标投标及技术标评标经过，内容包括：发标时间、回标时间、参加开标人员名单、评委名单（含指定委托评标人员）、投标单位名单等。

本次XX公司YY项目动物医疗平台、推拉门、连接平台设计及施工工程的发标时间为2011年11月28日，回标时间为2011年12月14日。其中技术标开标时间为2011年12月15日，技术标开标人员为张三、赵四、李六，技术标评委为张三（组长）、赵四、谢七等7人。参与本次投标的单位有三家，分别为江苏A工程有限公司、广东省B工程有限公司、河南C工程有限公司。

2. 投标文件审查

审查各投标单位技术投标文件的完整性，对于技术投标文件不完整部分通过《澄清函》要求补充的，说明回复情况。

三个投标单的技术标书基本完整，但是仍有以下问题（表 4–7）。

表4–7 技术标书存在问题

编号	河南 C 公司	江苏 A 公司	广东 B 公司	备注
1	连接平台图纸有待进一步深化	没有按业主要求进行提供施工方案、方案不合理	完整	
2		欠缺相关图纸		

3. 综合评价（技术标评价）

根据各投标单位的答辩情况、技术投标文件、工期、服务、质量、技术以及评委的意见汇总等综合评价（表 4–8、表 4–9）。

表4–8 综合技术标的整体情况

编号	项目	河南 C 公司	江苏 A 公司	广东 B 公司	备注
1	技术投标文件	完整	不完整	完整	
2	工期	400 天	450 天	380 天	
3	方案可行性	可行	不合理	可行	
4	服务	良	不合格	优良	
5	质量	良	合格	优良	
	综合评价	良	不合格	优	

4. 建议技术标入围名单

河南 C 公司、广东 B 公司。

5. 风险提示及建议

（1）由于医疗平台是浸没于海水中，平台的材质必须能耐海水腐蚀、耐臭氧氧化同时还需要满足使用受力荷载的要求，所以需要投标单位提供医疗平台的受力计算书。

（2）预埋件安装考虑预留池内构件打硅胶防水施工的空间（与周边间距要求大于 20 mm）。

（3）所有设备及施工材料需要在施工前报审。

（4）电动葫芦考虑防水、绝缘及漏电问题。

（5）滑轮、缆绳防腐及防氧化。

（6）预埋方案报审（推拉门、医疗平台）。

（7）推拉门的样式统一。

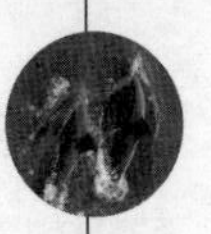

表4-9 维生系统设备材料供货及安装工程招标技术标评分表

序号	项目	分项内容		分数		基准分			评分说明	评分					
						不合格	合格	良好		A 公司	B 公司	C 公司	D 公司	E 公司	F 公司
1	投标文件	投标文件的响应		5	5	0 ~ 2.9	3.0–3.9	4.0 ~ 5	文字清晰工整、内容完整、是否满足招标文件的要求为合格。						
2	施工方案	技术方案	深化设计能力	25	10	0 ~ 5.9	6 ~ 7.9	8 ~ 10	可操作程度，以深化设计方案能适合我司实情为合格。配置相应技术人员学历及资历与要求相符程度。						
3			深化设计计算书		8	0 ~ 4.7	4.8–6.3	6.4 ~ 8	是否与立项要求符合，计算是否准确。						
4			可操作性		7	0 ~ 4.1	4.2–5.5	5.6 ~ 7	技术方案全面、有系统性，使系统水质满足营运要求、且无重大的漏项为合格。						
5		安全生产文明施工方案		37	3	0 ~ 1.7	1.8 ~ 2.3	2.4 ~ 3	方案合理为合格。						
6		施工进度计划及工期			4	0 ~ 2.3	2.4 ~ 3.1	3.2 ~ 4	计划是否合理、工期是否满足要求。						
7		进度计划保证措施			4	0 ~ 2.3	2.4 ~ 3.1	3.2 ~ 4	所采取的措施是否能使工程按期完成。采取措施合理性。						
8		工程质量保证措施			6	0 ~ 3.5	3.6 ~ 4.7	4.8 ~ 6	能否保证工程质量达到设计要求。						
9		项目经理及管理人员配备情况			10	0 ~ 5.9	6 ~ 7.9	8 ~ 10	项目经理的级别、同类项目经验以及所承担工程的获奖情况综合判定。						
10		主要施工机具			5	0 ~ 2.9	3.0–3.9	4.0 ~ 5	是否能满足工程的质量、进度、投资的要求。						
11		劳动力安排情况			5	0 ~ 2.9	3.0–3.9	4.0 ~ 5	所采取的安排的人力是否能满足工程按期完成。						
12	企业业绩	近三年同类工程完成情况		10	10	0 ~ 5.9	6 ~ 7.9	8 ~ 10	根据投标资料及调查情况如实评定。有 1 个水量 5000 m^3 水体以上维生系统安装的用户为合格。						
13	企业供货实力	企业注册资金		7	7	0 ~ 4.1	4.2–5.5	5.6 ~ 7	具备与本项目相对应的资金实力、安装及供货能力为合格、根据投标资料及调查情况如实评定。						
14	企业信誉	企业资质		8	8	0 ~ 4.7	4.8–6.3	6.4 ~ 8	满足招标要求为合格。						
15	售后服务	售后服务承诺、保修期、售后团队实力及售后响应时间		8	8	0 ~ 4.7	4.8–6.3	6.4 ~ 8	满足招标要求为合格。						
16	得分合计			100	以上评分乃假定技术标标书内容真实，且仅依据技术标评分得分，如经考察事实与标书内容不符，则直接判为不合格。										
17	技术标综合评定	1. 60 分以上（含 60 分）为合格，60 分以下为不合格。对技术标不合格的单位，不能参加商务标的评定。													
		2. 个人评分偏离平均分超过 30% 为无效评分。													

评分人：　　　　　　　　　　日期：

第 4 节　维生系统设计图纸

维生系统设计一般由有多年维生系统设计经验、有多个大型海洋馆（水体在 20 000 m^3 以上）成功案例的专业的设计公司来完成，设计单位依据业主及专业设计顾问公司要求的池体形状、水体容量、展池展示的鱼类或海兽的品种及数量等条件进行相应的设计及计算。

设计通常分为三个阶段：方案设计、初步设计、施工图设计。

一、方案设计（概念设计）

在投资决策之后，设计咨询单位根据可行性研究与业主协商后提出的具体展开的设计文件、其深度应当满足编制初步设计文件和控制概算的需要。

二、初步设计（基础设计）

初步设计是项目的宏观设计即项目的总体设计、布局设计、主要的工艺流程、设备的选型和安装图纸设计及费用的估算等。初步设计文件应当满足编制施工招标文件（包括主要设备材料采购订货和编制施工图设计文件）的需要，是下一阶段深化施工图设计的基础。

在设计单位提交初步设计成果前，需要将设计成果提交给业主对应的专业工程师进行审核及技术交底，对有争议部分应及时作出说明或调整。

三、施工图设计（详细设计）

施工图设计的主要内容是根据业主批准的初步设计图纸，绘制出正确、完整和尽可能详细的 PID 图、设备平面布局图、管道安装图、设备基础及设备安装详图、电气接线图、电柜制作图纸、电气桥架施工图、安装三维图，包括项目部分工程的详图、节点大样、零部件结构明细表、验收标准、施工方法、施工图预算等。此外设计文件应当满足设备材料采购、非标准设备制作和施工的需要。

深化施工图设计可以由设计单位完成，也可以由施工单位完成，所以有些业主在招标时要求施工承包单位具有施工图设计及深化能力。

在设计单位提供初步设计图纸后，再结合前面完成的施工界面、设备及材料品牌推荐表及招标技术文件便可进入招标流程，发布招投标信息。根据投标响应单位提交的资料进行技术标评标，技术标入围的单位数量需要满足一定的法定数量（如大型项目要求 5 至 7 家，小项目是 2 至 5 家），技术标通过后，再进行商务标的投标。通常按合理低价或低价中标。

第 5 节　招标文件范例

一、封面页

广东省XXX项目水族馆海水取水工程

招 标 文 件

发包人：广东省A有限公司

二〇一一 年 五 月

二、招标文件编列

序号	名称	编列内容
1	项目名称	广东省 XXX 项目水族馆海水取水工程
	建设地点	广东省 XX 市海岸线中部，海滨路和海港路交界处南侧
	招标范围	水族馆项目海水取水工程设备、管材等内容的采购、制作、安装、清洗及调试工程。具体详见界面划分表。
	合同名称	广东省 XXX 项目水族馆海水取水工程
2	投标单位资质要求	具备 5 年以上海（河）水取水、排放等海底管道工程施工经验；持水利工程、航道工程、港口河海工程、市政公用工程、岩土工程或机电工程三级以上资质，持有建设行政主管部门颁发的企业资质证书及安全生产许可证；还需满足如下要求：* 注册资本金 1000 万元人民币及以上；* 近三年内至少具有一个类似项目案例（附合同或验收报告或中标通知书复印件）。 应标项目团队人员要求：①项目负责人（经理）：具有大专或以上学历，工程师或以上职称、有同类工程 10 年以上工作经验；②技术负责人：具有大专或以上学历，工程师或以上职称、有同类工程 10 年以上工作经验。
3	承包方式	本签约合同采用以合约条件、承包范围、合同清单、工作界面划分表及技术规范为依据、招标图及其深化图纸、系统功能完善且达到满足发包人要求的总价包干方式；措施费属于总价包干性质。具体详见合同协议书。
4	质量要求	工程质量标准：按国家验收规范一次性验收合格 文明卫生目标：施工现场必须符合文明施工统一标准、争创“鲁班奖”
5	工期要求	预计开工日期为：(以开工令下达日期为准) 预计竣工日期为：2012 年 10 月 31 日
6	网上发布招标文件	时间：2011 年 05 月 29 日
7	现场踏勘时间	投标单位自行组织
8	投标保证金	人民币伍拾万元整（中标单位将在发包人与之签订合同协议书后的 30 日历天内无息退还，未中标单位将在发出未中标通知书后的 15 个日历天内无息退还）收取投标保证金截止时间：2011 年 6 月 12 日 15 时前 收取银行信息： 户名：广东省 A 有限公司 账号：略 开户行：工商银行广州市分行
9	投标补偿金	无
10	提交疑问截止日期	2011 年 6 月 3 日前（招标疑问在招标平台上传，为纸质版盖章扫描的 pdf 文件和对应文件的 office 或 word 版本）
11	招标文件答疑澄清会议	时间：如有，则另行通知；地点：如有，则另行通知
12	发补充招标文件	时间：如有，则另行通知；地点：如有，则另行通知

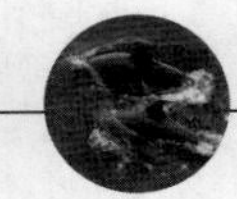

13	投标文件	纸质商务标、技术标文件各两套（其中正本一套，副本一套），商务标、技术标应分开密封装订，并在封套封口处加盖投标人单位公章和法定代表人印鉴，在封套上标记“广东省 XXX 项目水族馆海水取水工程商务标投标文件”“广东省 XXX 项目水族馆海水取水工程技术标投标文件”字样以及投标单位名称。在封套封口处加盖投标人单位公章和法定代表人印鉴。上传电子版投标文件，技术标文件格式不限制；如出现系统上传电子版文件价格与纸质存在差异，以技术要求较高较严格为准，电子版投标文件可提前上传并回标，在投标截止时间前可修改完善投标报价和上传的投标文件，所有填报报价和上传投标文件在开标前为保密状态。
14	投标文件装订	按照附件【投标文件编制及封装要求】进行装订，否则按废标处理。
15	投标有效期	自回标截止日期后的 180 个日历天内
16	投标时间及方式	技术标回标时间：2011 年 6 月 14 日下午 15：00 前，投标文件邮寄至下述地址（快递单号以邮件形式发送至……）。地点：广州市 D 区 Z 路 XXX 项目业主办公楼采购部李 A 处（使用顺丰快递），上述时间为纸质投标文件寄出时间和电子投标文件在 A 公司采招平台上传并回标时间。
17	付款方式	付款方式详见合同协议书约定的付款方式。 投标单位须接受本项目的付款方式，因付款方式导致投标单位所发生的相关财务费用需包含于投标总价中（包括到年底因确保民工工资发放所产生的相关费用）。
18	招标联系方式	联系人：李 X　　联系电话：
19	其他要求	本工程不接受联合体投标

三、总则

1. 总体项目概况

本项目占地 65 公顷，东部面海，地理位置优越。整体项目包括两大部分：水族馆及高层星级酒店等。项目建成后将成为粤西最大的酒店及娱乐、休闲、游玩之场所。

2. 招标项目概况

（1）工程名称：广东省 XXX 项目水族馆海水取水工程。

（2）工程地点：广东省 XX 市海岸线中部，海滨路和海港路交界处南侧。

（3）承包范围：广东省 XXX 项目水族馆海水取水工程设备、管材的采购、制作、安装及调试工程。根据发包人所提供的招标方案：图纸、图纸变更洽商、施工方案、技术交底等技术资料范围内所含的全部工程的劳务用工、材料、机具机械等。对承包范围内容按包工包料、包设计、包资料、包安全、包文明施工、包水电、包质量、包工期、包验收合格，具体详见界面划分表所述。

（4）工期：本工程预计开工日期为 2011 年 7 月，预计竣工日期为 2012 年 1 月。工期包括完成合同约定的全部工作范围，并通过项目竣工验收。

（5）工程规模：项目用地面积约 650 325 m^2，主要建设内容包括：酒店区域（包含水族馆）建筑面积约为 187 920 m^2，拥有约 XXXX 间客房。本次涉及内容为水族馆项目的海洋取水工程。

3. 方式

本工程签约合同价格形式：本签约合同采用以合约条件、承包范围、合同清单、工作界面划分表及技术规范为依据、招标图及其深化图纸、系统功能完善且达到满足发包人要求的总价包干方式。施工措施费属于一次性总价包干性质。具体详见合同协议。

4. 质量要求

详见投标须知前附表。

5. 其他要求

详见投标须知前附表。

6. 材料

本项目乙供材料、暂定单价的设备、材料，承包人除根据合同规定所承担的责任外，还须提供现场所必需的配合工作（包括根据发包人甲供材料装卸、验收、二次场地驳运、照管、仓储、配合、协调等）。承包人在施工中使用甲供材料时超出定额及相关规定的损耗，由承包人向发包人指定的供应商购买，所需费用由承包人承担。

四、招标材料

本项目所发出的招标材料由以下几个部分组成：招标文件、合同文件、技术规范、工程量清单及综合总计、合同图纸目录及此目录所罗列出的图纸、技术方案其他与本工程有关的图纸及资料可在日常办公时间内预约后前往发包人办事处查阅。

1. 招标文件

本招标文件是用以向投标单位介绍和说明本项目的投标方法、要求及过程，是构成正式合同的一部分，并作为签订承包合同的解释依据，具有一定的法律效力。

投标函是投标单位向发包人表明其意愿的一份要约，一旦发包人对要约作出了承诺，招投标行为就具有法律效力。其他的投标文件格式供投标单位填报使用。

2. 合同文件

合同协议书是合同文件的最基本条款，主要阐明工程的施工范围、合同承包金额、施工工期等内容。合同条件阐明合同双方在合同履行期间所能享受的各种权利以及所须承担的各项义务，另外，合同条件也对各种因素进行了定义与分类。

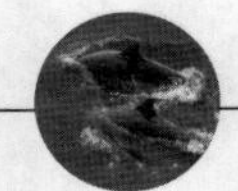

3. 工程规范

本合同文件内工程规范一词即指本合同文件内的措施费、技术规范、中华人民共和国现行的有关国家标准与规范，以及在工程进行期间，由发包人提供的详细工程技术规范与要求。

4. 工程量清单及工程量计量规则

工程量清单作为合同文件的一部分，其功能是列出本承包工程的所有项目以便所有投标单位能在一个统一的标准基础上作出报价并计算出总投标价。

5. 合同图纸目录及此目录所罗列出的图纸及方案

本工程招标图纸及方案是指本招标文件中所列名称的图纸及方案。

五、投标报价

1. 报价填写须知

（1）投标前的检查。

投标单位在投标前须事先检查投标文件的内容，核对页数。一旦发现招标文件中（包括图纸、规范、工程量清单等）有异议、模糊、不明确、相互不统一或相互间矛盾之处应在规定时间内以书面形式通知发包人。

（2）发包人的指令。

在整个招标期间，发包人及其授权代表有权对招标文件的内容进行调整或删减，并可以向投标单位发出进一步的书面指令，投标单位必须依令执行，不得异议。

（3）措施费项目之价款说明。

措施费是根据项目工程的概况及各专业分包工程的基本要求，让投标单位对整个项目以及各种影响单价因素有充分的了解。在投标及后续实施过程中注意所发生的费用需按本部分的综合要求执行，措施费明细包括担保手续费、保险、环保费、安全文明措施、夜间施工、赶工、二次搬运、模板及支架、脚手架、垂直运输、大型机械进退场等项目的费用。

（4）投标报价。

（a）投标函填写：投标单位须用不褪色的深色笔填写工程量清单或打印方式并在工程量清单上全面填上单价、复核量及总价。并由投标单位法人代表或授权代表签名、见证人加签、加盖公司章及填上日期，投标函内的投标总价必须与工程量清单的总价及综合总计内的总价相符。

（b）投标人需按照工程量计算规则及单价说明进行投标报价，必须在商务标回标前提交所有工程量清单及对应项目的综合单价分析表，并填报材料品牌（材料品牌必须严格按照招标文件规定的品牌进行投标报价），单价分析表需详细列明各项目的主材、各种辅料、安装、机械及管理费、利润、税金等一切组成单价。

（c）投标人需要填写工程量清单中选择性单价中所列项目，这部分报价格须为综合单价，综合单价作为后续施工过程中出现变更时计价的依据。选择性单价中的所有项目（除劳务及机械设

备部分）必须按附件所示的要求来填写。

（d）所有综合单价分析表中涉及相同的材料单价、人工费、机械费及管理费利润税金的比例均应保持一致。

（e）投标人还应填写投标须知附件——计日工表，该计日工单价应包括计日工特别说明中应包含的所有单价，且作为日后零星点工计价的依据。

2. 注意事项

（1）投标文件须以密封袋按投标须知附表中的要求加以标记，并备齐份数，按表中规定的时间地点交回。逾期者，发包人有权取消其投标资格。

（2）所有发出的纸质招标文件及图纸投标人须在定标后全部交回。

（3）招标文件未经发包人及其授权代表授权不可改动。若投标单位擅自改动，投标无效。

（4）投标单位必须具有相应资质并经广东省建筑主管部门及有关部门审查合格的，有能力在广东省承接同类工程的施工单位。

（5）投标单位应自行检查投标文件页数是否齐全。若有遗漏、重复或不清楚或内容有不明确或疏漏之处，须立即书面通知发包人，以便在截止回标前予以澄清，如发现错误没有与发包人确认更正的，其导致投标错误的责任，由投标单位承担。

（6）所有工程项目须按工程内容分项分别填上报价。

（7）工程量清单内的任何项目若未填上单价，有关费用被视作已包括在其他项目的单价或投标总价内。一旦这些未报价的项目发生了工程变更，要确定新的综合单价审批很麻烦。

（8）当发包人发现投标文件有错误或有疑问时，可以书面向投标单位提出询问。

（9）发包人有权对本次招标的工程范围做部分改动，改动工程的计价则按照工程量清单内相应的单价或双方另行协商。

（10）在施工期间，若发包人设计变更，工程量及品质有所改变，增减费用按合同单价或采取合同单价（或利率）为换算基础计算；若没有换算基础，则由承包人报价，发包人根据市场的情况批价。

六、投标文件

按照商务标及技术标所要求文件、资料组成的投标文件放入密封信袋中，正副本扉页应各自加盖投标单位公章和企业法人代表或法人代表委托的代理人的签名，并且在外包装封口处各自加盖投标单位公章。并在指定时间内以指定方法送到或寄到指定的地点。逾期交回，投标文件将可能不获考虑或接纳。

投标文件应包括下列文件正本（一份）及副本（一份）：

1. 商务标

（1）投标函按要求填写、签字并盖公章。

（2）投标函综合说明。

（3）法人代表授权书及身份证复印件。

（4）付款方式。

（5）商务标偏离表。

（6）工程量清单报价及综合总计。

2. 技术标

（1）投标企业名称、注册地点、法人代表姓名、指定联系人及联系方式，包括传真、电子邮件地址、移动电话号码等。

（2）营业执照、专业承包资质、安全生产许可证等证书复印件（并加盖公司公章）和企业相关证明文件。

（3）法人授权委托书及身份证复印件（并加盖公司公章）。

（4）投标单位的所有制性质及隶属关系。

（5）过去 5 年是否有仲裁 / 诉讼情况，如有请提供。

（6）过去 5 年由会计师审核之财务报表。

（7）过去 5 年类似项目及目前在建项目清单（须提供中标通知书 / 协议书 / 竣工报告等相关证明）。

（8）投标人对本工程准备选用主要分包单位及详细资料，包括资历表。

（9）一套初步进度计划表。

（10）一套阐明施工工艺及技术措施的施工组织计划书（格式自拟）。包括但不限于以下内容：

（a）确保工程质量的技术组织措施、安全生产的技术组织措施；

（b）确保文明施工的技术组织措施及环境保护措施；

（c）确保工期的技术组织措施；

（d）施工方案（不限于海底施工方案）和项目经理部组成人员；

（e）施工机械配备和材料投入计划；

（f）施工进度表或施工网络图；

（g）劳动力安排计划及劳务分包情况表；

（h）施工总平面图及现场设施设置图；

（i）新技术、新产品、新工艺、新材料应用。

（11）其他辅助说明资料：

（a）技术规格偏差表；

（b）技术规格一览表；

（c）一套负责本工程施工的组织架构表；

（d）主要施工人员如项目经理、各工程的专业工程师、质检员、安全员等均为本项目工程施工的专职人员，不可在其他工程或本项目工程中兼有其他职务；

（e）获授权签署及履行所有合同文件及函件的人员的授权书及签名；

（f）质保期内承诺书（格式自拟）；

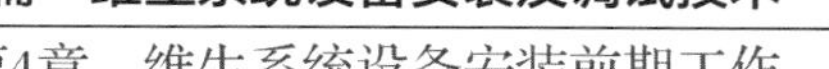

（g）其他内容；

（h）如投标人未能提供上述资料或提供的资料不完整，其投标将可能不被考虑。包括上述内容的商务标和技术标电子版各一份。

3. 投标保证金

投标单位应按投标须知附表内的规定时间及方式办理交纳投标保证金。投标保证金未按此规定提交的，其投标文件将作废标处理。

七、投标文件的修正

（1）在招标文件中发现有错误没有更正的，导致投标错误的责任，由投标单位承担。

（2）若投标单位在递交投标文件后发现存有错误，只要在投标文件递交截止前对该错误做出书面更正，便可获得接纳。

（3）若审核回标时发现投标单位的报价内有加减乘除的算术错误，对于错误部分发包人的工料测量师将有权选择按以下任何一种方法更正：

（a）投标总价维持不变；

（b）工程量 × 综合单价<合价的，按工程量 × 综合单价结果修正合价；

（c）工程量 × 综合单价>合价的，按合价 ÷ 工程量结果修正综合单价；

（d）计算每页小计，把小计由某页抄往另一页的错或遗漏将予以更正；

（e）如果用数字表示的数额与用文字表示的数额不一致时，以文字表示的数额为准；

（f）对于分部分项工程清单中不合理单价，投标人按照招标人要求进行处理。

a）对于投标偏高的单价，投标人需要进行价格调整，并相应修正总价，并在询标时要求投标人书面确认承诺。

b）对于投标偏低的单价，招标方提示该报价低，要求投标人确认该单价是否已经详细考虑该项目包含的工程规范、技术标准、施工照管配合、图纸等要求。

c）对于工程量清单列项出现漏报价（或填写“已包含”等字眼的），要求投标人指明该项报价被包含哪个科目中，并要求其承诺已包含在投标总价中。

八、废标

开标时出现下列情形之一的投标文件，经招标单位认定后，应作为无效投标并不再进行后续的投标文件详细评审。

（1）递交投标文件的时间晚于规定的投标文件截止时间或修改招标文件规定的修订投标文件递交截止时间。

（2）投标文件在规定时间内未送达指定地点的（或未按招标要求上传投标文件电子版）。

（3）投标文件的装订和密封不符合本须知的相关规定。

（4）投标单位未执行本须知条款规定，法定代表人或其授权委托人没有签署相关投标文件及加盖投标单位公章；或授权委托人有效的“授权委托书”原件未随投标文件一并提交。

九、其他

有关招标文件内项目的询问，投标人必须指定时间向发包人提出。只有由发包人向所有投标人发出的书面答复，才被视为对招标文件具有影响力。

（1）如投标函被接纳，该等信函应与合同文件一起订装，并成为合同文件的一部分。

（2）当投标人对招标文件中任何项目或数字的确切含义产生疑问，必须根据上述的说明提出询问。

（3）在呈交投标函前，投标人必须派员到工地视察工作空间、进出通道及现场实际情况。投标人不能因忽视或误解工地情况而获得额外索偿或延长工期。

（4）投标截止后，在投标函有效期内，招标单位将进行评标、定标，评标定标期间，招标单位有权要求有关投标单位补充提供与本次招标相关的各种资料和答复招标单位认为有必要澄清的问题，投标单位有义务及时对此作出响应，对招标单位要求澄清的问题投标单位必须作出书面答复。

（5）中标单位收到中标通知书后，若没有在中标通知书中规定的期限内到指定的地点洽谈与签订工程承包协议书或未能在规定期限内提交履约保证金，招标单位有权取消其中标承包资格，并没收其投标保证金。

（6）投标人应确认，一旦向发包人递交投标文件之后，即被视为认可招标文件中的所有条款和内容，投标人不得在中标之后对其中的条款提出异议，并以此为理由不签署中标通知书及合同协议书，否则，投标人将被视为违约处理，发包人有权取消其中标资格，并没收投标保证金。

十、技术标

广东省XXX项目水族馆海水取水工程

投标文件

技术标

投标人：湖南省 B 有限公司

2011 年 6 月 5 日

1. 投标人基本情况表

<table>
<tr><td>投标人名称</td><td colspan="6"></td></tr>
<tr><td>注册地址</td><td colspan="3"></td><td colspan="2">邮政编码</td><td></td></tr>
<tr><td rowspan="2">联系方式</td><td>投标联系人</td><td colspan="2"></td><td colspan="2">电话</td><td></td></tr>
<tr><td>手机</td><td colspan="2"></td><td colspan="2">电子邮箱</td><td></td></tr>
<tr><td>法定代表人</td><td></td><td colspan="2">技术职称</td><td colspan="3"></td></tr>
<tr><td>技术负责人</td><td></td><td colspan="2">技术职称</td><td colspan="3"></td></tr>
<tr><td>成立时间</td><td></td><td colspan="5">员工总人数：</td></tr>
<tr><td>安装维护企业资质等级</td><td></td><td rowspan="5">其中</td><td colspan="2">具备执业资格人员</td><td colspan="2"></td></tr>
<tr><td>组织机构代码证</td><td></td><td colspan="2">高级职称人员</td><td colspan="2"></td></tr>
<tr><td>注册资金</td><td></td><td colspan="2">中级职称人员</td><td colspan="2"></td></tr>
<tr><td>开户银行</td><td></td><td colspan="2">初级职称人员</td><td colspan="2"></td></tr>
<tr><td>账号</td><td></td><td colspan="2">技工</td><td colspan="2"></td></tr>
<tr><td>经营范围</td><td colspan="6"></td></tr>
<tr><td>备注</td><td colspan="6"></td></tr>
</table>

2. 营业执照、承包资质、安全生产许可证等企业证明文件技术标法人授权委托书

法人授权委托书

授权委托书声明：张三（姓名）系（投标单位）的法定代表人，现授权委托李四（姓名）为我公司代理人，以本公司的名义参加广东省A有限公司（招标单位）的工程的投标活动。代理人在开标、评标、合同谈判过程中所签署的一切文件和处理与之有关的一切事务，我均予以承认。

代理人无权委托，特此委托！

代理人：________性别：________年龄：________

单位：________部门：________职务：________

代理人身份证
（复印件）粘贴处

投标单位（章）：

法定代表人：　　（签字/盖章）

日期：

3. 投标单位的所有制性质及隶属关系

（格式略）

4. 过去 5 年是否有仲裁 / 诉讼情况

（如有）（格式略）

5. 近五年的财务报表

投标申请人企业名称：________________

项目	财务年度				
	2007	2008	2009	2010	2011
资产总额					
其中：					
– 流动资产					
– 固定资产					
负债总额					
其中：					
– 流动负债					
– 长期负债					
公司权益					
其中：					
– 实收资本					
– 留存收益					
营业收入					
息税前利润					
利润总额					
所得税					
净利润					
是否有对外担保？					
是否有未决诉讼？					

6. 资信情况

资信情况

1. 资信情况

资信等级：________________________________

评估机构：________________________________

注：

投标申请人请附企业信用等级证书复印件（国外公司如有）。

日期：________年__________月__________日

2. 近五年无诉讼承诺函

致：广东省A有限公司

我司承诺近五年在国内外无任何诉讼记录。

申请人：（盖章）

法定代表人：（签字、盖章）

日期：________年__________月__________日

7. 工程业绩表

(a) 近年已完成的类似项目的一览表

	项目一	项目二
项目名称		
项目所在地		
发包人名称		
发包人地址		
发包人电话		
签约合同价		
开工日期		
竣工日期		
承担的工作		
工程质量		
项目经理		
技术负责人		
总监理工程师及电话		
项目描述		
备注		

(b) 近年施工中的类似项目情况表

	项目一	项目二
项目名称		
项目所在地		
发包人名称		
发包人地址		
发包人电话		
签约合同价		
开工日期		
竣工日期		
承担的工作		
工程质量		
项目经理		
技术负责人		
总监理工程师及电话		
项目描述		
备注		

(c) 详细工程业绩列表主要包括以下方面：

中标通知书；工程承包合同（盖章页扫描件）；工程验收证明（针对已完成工程）；使用单位评价等。

8. 投标人对本工程准备选用主要分包单位及详细资料

9. 初步进度计划表

（格式自拟）

10. 施工组织计划书

（格式自拟）

11. 技术标偏离表

序号	招标文件条目号	招标规格	投标规格	响应 / 偏差	说明

投标人：(盖单位章) ____________

法定代表人或其委托代理人：____________ (签字)

____________ 年 ____________ 月 __________ 日

____________ 年 ____________ 月 __________ 日

12. 技术规格一览表

序号	主要设备 / 材料	规格	型号	品牌	备注

13. 组织架构表及履历表

项目组织架构表

职务	姓名	职称	执业或职业资格证明			备注	
			证书名称	级别	证号	专业	

一旦我单位中标，将实行项目经理负责制，我方保证并配备上述项目管理机构。上述填报内容真实，若不真实，愿按有关规定接受处理。项目管理班子机构设置、职责分工等情况另附资料说明。

a）主要人员履历表

“主要人员履历表”包括项目负责人、现场项目经理、技术负责人，项目经理应附上类似项目工程经验证明、身份证，管理过的项目业绩须提供应安装工程合同书复印件；技术负责人应附身份证、职称证；其他主要人员应附职称证（执业证或上岗证书）。

<table>
<tr><td>姓名</td><td></td><td>年龄</td><td></td><td>学历</td><td></td></tr>
<tr><td>职称</td><td></td><td>职务</td><td></td><td>拟在本合同任职</td><td></td></tr>
<tr><td>毕业学校</td><td colspan="5">年　毕业于　学校　专业</td></tr>
<tr><td colspan="6">主要工作经历</td></tr>
<tr><td>时间</td><td colspan="2">参加过的类似项目</td><td>担任职务</td><td colspan="2">发包人及联系电话</td></tr>
<tr><td></td><td colspan="2"></td><td></td><td colspan="2"></td></tr>
<tr><td></td><td colspan="2"></td><td></td><td colspan="2"></td></tr>
<tr><td></td><td colspan="2"></td><td></td><td colspan="2"></td></tr>
<tr><td></td><td colspan="2"></td><td></td><td colspan="2"></td></tr>
<tr><td></td><td colspan="2"></td><td></td><td colspan="2"></td></tr>
<tr><td></td><td colspan="2"></td><td></td><td colspan="2"></td></tr>
<tr><td></td><td colspan="2"></td><td></td><td colspan="2"></td></tr>
<tr><td></td><td colspan="2"></td><td></td><td colspan="2"></td></tr>
</table>

b）主要施工人员的专职情况说明（格式自拟）

14. 获授权签署及履行所有合同文件及函件的人士之授权书及签名

15. 质保期内承诺书

（格式自拟）

16. 其他内容

十一、商务标

广东省 XXX 项目水族馆海水取水工程

投标文件

商务标

投标人：湖南省 B 有限公司
2011 年 6 月 5 日

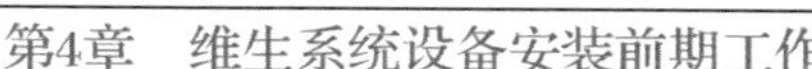

1. 投标函封面页

广东省XXX项目水族馆海水取水工程

投标函

投标单位：______________________________

____

日　　期：______________________________

注：

1. 若投标函由合伙人公司或多个单位联合提交，投标单位必须在后页预留空间填写每个合伙人或单位的名称与地址，并附有相应的资料。

2. 在任何情况下，投标单位必须在此填写其营业执照的编号，签发日期以及注册地区。

编　　号：____________________

签发日期：____________________

注册地区：____________________

2. 承诺函

致：广东省A有限公司（招标单位）

1. 经视察广东省XXX项目水族馆海水取水工程现场，以及审查本承包合同协议书、专用条款、通用条款、投标须知、招标图纸/方案、界面划分表、工程规范及有关招标文件之后，我/我们愿按照上述招标文件之要求，以人民币(大写)________________的金额承接本工程（具体组成详见工程量清单），完成上述整个工程的施工图纸深化设计、供应、安装、检测、验收及维护保养等，保证达到招标文件中的工程质量要求和验收标准，并在自开工之日起计________个日历天内竣工并通过竣工验收。

2. 如果我/我们的投标书被接纳，我/我们保证于合同所定的合同工期内完成并交付合同中规定的整个工程。如超过合同工期，违约金标准为合同金额的万分之一/日历天。

3. 我/我们承诺本工程的质量等级为一次性验收合格，若未满足合同要求的质量等级，则我单位愿承担不低于工程合同金额的百分之二/次作为违约金；

4. 我/我们同意在从规定的截标日期起的180天内遵守本投标书。在此期限届满前，本投标书对我/我们具有约束力，并可随时被接纳。

5. 直到制订并签署了一项正式协议书前，如根据上述第3条本投标函被接纳，本投标函连同与投标的书面接纳文件，将成为具有约束力的合同。

6. 我/我们同意发包人不一定要接纳最低投标报价或被认为不合理的任何投标书，同时不需作出任何解释。

7. 我/我们确认我/我们已完全按招标文件填妥并提交一切所需的资料。

8. 一旦我/我们的投标书被接纳，我/我们会按发包人要求积极配合办理有关政府部门的招标手续及有关的施工许可证、照等。

9. 一旦我/我们的投标书被接纳，我/我们将在收到中标通知书后的30个日历天内与发包人签订承包工程合同。

投标单位名称：________________________________

地址：________________________________

电话：________________ 传真：________________

盖章

法人代表或获授权代表签署：

姓名：____________职位：____________日期：____________

营业执照号码：________________施工执照号码：________________

见证人签署：

姓名：________________职位：________________

见证人仅作为见证投标单位代表签署本投标书，并不包含其他身份或责任。

加盖公司印章。

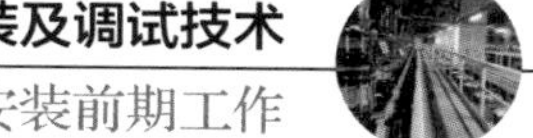

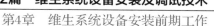

3. 商务标法人授权委托书

法人授权委托书

授权委托书声明：张三（姓名）系（投标单位）的法定代表人，现授权委托李四（姓名）为我公司代理人，以本公司的名义参加广东省A有限公司（招标单位）的工程的投标活动。代理人在开标、评标、合同谈判过程中所签署的一切文件和处理与之有关的一切事务，我均予以承认。

代理人无权委托，特此委托！

代理人：________ 性别：________ 年龄：________

单位：________ 部门：________ 职务：________

代理人身份证

（复印件）粘贴处

投标单位（章）：

法定代表人：　　（签字 / 盖章）

日期：

4. 商务标偏离表

商务标偏离表

序号	招标文件条目号	招标文件要求	投标单位要求	响应/偏差	说明

投标人：（盖单位章）____________

法定代表人或其委托代理人：____________（签字）

5. 工程量清单报价及综合总计

（格式略）

第5章　维生系统管道预埋

第1节　维生系统预埋管及其制作

一、维生系统预埋管预留及预埋

1. 维生系统预埋管的预留及预埋

业主项目工程部门在项目进入施工阶段前需要组织各专业工程师对各专业施工图纸进行会审，互相熟悉各专业的相关技术要求。维生、给排水、机电以及消防等相关专业预埋需要与主体土建施工同时进行，各专业承包单位由专人负责与土建对接并配合预埋施工，确保预埋套管安装位置、型号、数量准确无误，安装牢固可靠，严禁事后凿墙打洞。

（1）穿线套管埋设需要密切配合土建作预埋施工。

（2）梁柱、楼板中的预埋管线与钢筋绑扎同步进行。

（3）墙内管线在砌筑时埋入。

（4）所有隐蔽工程均需及时做好隐蔽工程记录。

（5）加强与其他各专业工种配合协作，相互做好技术交底，防止打乱仗。

2. 套管通常分类

（1）普通套管：套管内径比要使用的管道大 2 ～ 4 cm 固定在墙或板内，管道从套管中间通过。

（2）柔性防水套管：就是在套管与管道之间用柔性材料封堵起到密封效果。

（3）刚性防水套管：就是套管与管道间用刚性材料封堵以达到密封效果。

如果穿越的部位无防水要求，预埋的是一般套管，如有防水要求，则要预埋防水套管。

普通套管：多数是采用钢管焊接制成，套管两端应机械裁口，对壁厚要求不严。

防水套管：穿越有防水要求的建筑物、构筑物时，需要制作特殊的套管。

常用刚性防水套管需在套管外焊接止水环翼，对套管的壁厚、环翼的壁厚都有严格的要求。

3. 预埋管与预埋套管

预埋套管是管子穿过砖墙、混凝土梁、混凝土墙等构件时预留的孔洞，避免管道（有压管道，如给水、暖气等）对建筑物造成扰动而设置的，并且便于管道的安装与维修，预埋套管内径比要穿越构件的管子的管径大两个规格，材质与长度需要符合设计要求。预埋套管还有刚性防水套管和柔性防水套管之分。预埋管是指在结构中留设的管道，常见的有钢管、铸铁管或 PVC 管等；在土建施工时埋设。

二、维生系统预埋管分类及制作

1. 维生系统的预埋管道分类

（1）按管道在池内水位的上下方不同位置主要分为两大类：

（a）水面上方穿越钢筋混凝土板、砖墙的预埋管道；

（b）池内水位以下穿越钢筋混凝土池壁、池底的预埋管道如：展池或鱼缸进、出水管道及溢流管道。

（2）预埋管按使用材料不同可分为：

（a）金属预埋管；

（b）非金属预埋管，维生系统水下通常采用 UPVC 预埋管。

2. 干区预埋套管

普通干区预埋套管，在套管中间设置止水环，一端设置法兰。安装时根据设计标高及水平位置确定预埋套管的定位，就位后把预埋套管与钢筋焊接固定（图 5-1 ~图 5-4）。

图5-1　防水预埋套管安装

图5-2　防水预埋套管

图5-3　普通干区预埋套管

图5-4　维生机房干区预埋套管（HDPE管）

3. 成品 PVC 预埋套管

通常用于泳池穿池壁预埋套管或维生系统小缸穿池壁预埋套管（图 5-5）。

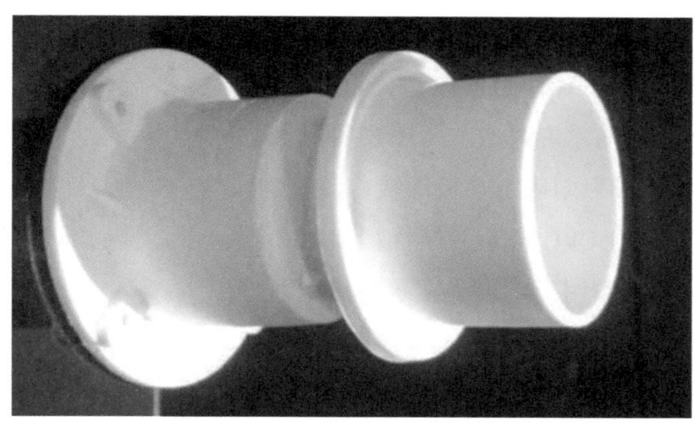

图5-5 PVC预埋管

4. 维生系统预埋管

维生系统预埋管常用的有 HDPE 预埋管、FRP 预埋管等（图 5-6、图 5-7）。

图5-6 HDPE预埋管

图5-7 FRP预埋管

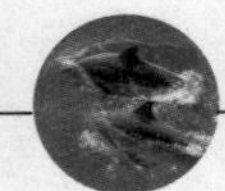

针对 HDPE 预埋管在使用过程中因水力作用脱出的问题（图 5–8），预埋管可以采用 SCH80 PVC 管进行预埋（图 5–9），PVC 作为预埋管有如下优点：

（1）在展池内侧打硅胶防水时硅胶与 UPVC 管黏结良好。

（2）预埋管中间的止水环采用 PVC 板焊接比较牢固。

（3）UPVC 预埋管采用 UPVC 直通两端插接 UPVC 管制作，直通与管道间的卡位在浇注混凝土后对预埋管有良好的固定作用，不容易在水力作用下移位。

图5–8　HDPE预埋管因水力作用下脱出

图5–9　SCH80 PVC制作完成的预埋管

预埋管制作：在预埋管中间焊接止水板，止水板采用 20 mm 厚 PVC 板制作（PVC 板材要求用新料生产，不能用回收再生料制作），止水板直径通常比管道大 100 mm，加工时先焊接固定止水板，再在止水板两侧焊接加强板，增加止水板的强度，为了防止止水板漏水，还要在止水板的两侧打硅胶防水。预埋管的做法及预埋施工（图 5–10 ~ 图 5–16）。

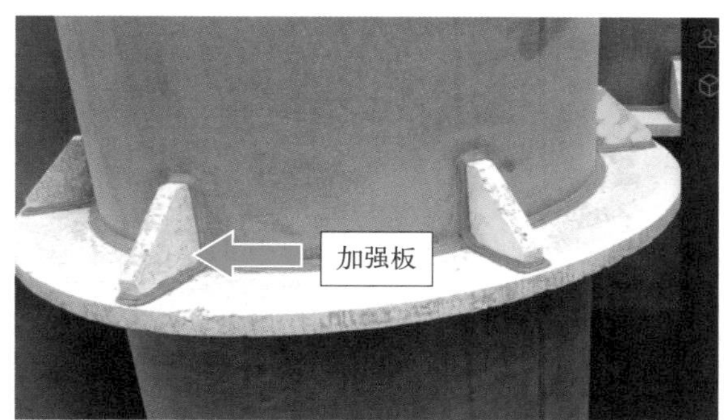

图5-10　预埋管设置加强板

图5-11　穿池壁的预埋管安装定位

图5-12　预埋管施工

图5-13　斜穿池壁的预埋管做法及安装

图5-14　HDPE 预埋管安装定位

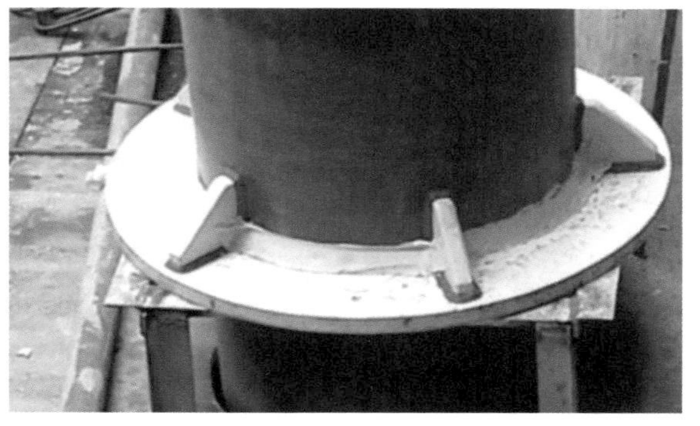

图5-15　预埋管安装定位

图5-16　穿池壁的预埋管安装定位

三、维生系统预埋管型式及做法

维生系统管道通常是选用 PVC 管道，但是大于 300 mm 的 PVC 管配件比较少，所以在管径大于 300 mm 时通常采用 HDPE 管。

预埋管的型式需要结合池壁厚度、管径规格等因素进行考虑。通常预埋管中间设置一个或两个直通，再在直通上焊接止水环，目的是直通与管道连接后 PVC 管的整体厚度增加，同时直通两端有卡位与钢筋混凝土结合更牢固，保证预埋管道在水力或外力作用下不会移位或变形（图 5–17）。

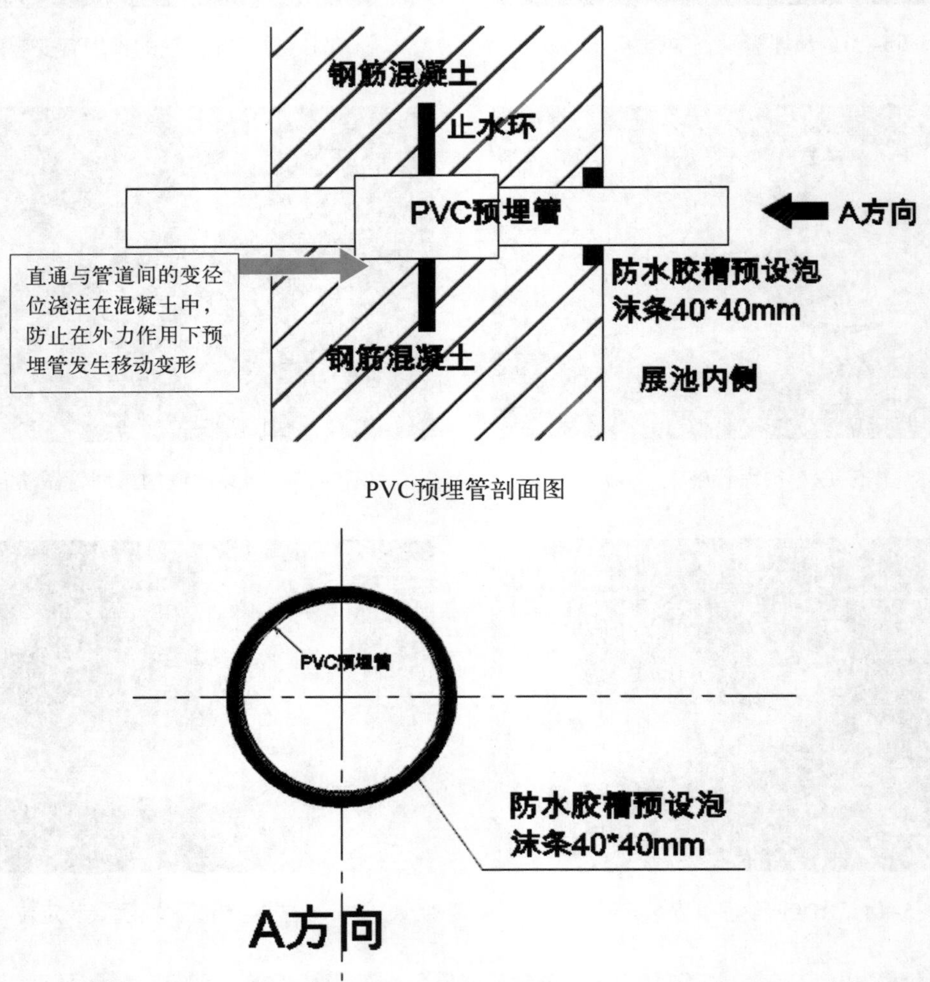

图5–17　PVC预埋管打胶槽预设泡沫条示意图

按预埋管所设置的止水环不同分为 A 型及 B 型，A 型是设置二道止水环，B 型设置一道止水环，通常 A 型适用于较厚池体的预埋管，B 型适用于较薄池壁的预埋管。

1. 止水环的做法

止水环通常采用 20 mm 厚 的 PVC 板制作。止水环比管道外径大 100 mm，中心开孔，然后对中心孔双面打 45 度坡口，主要是增加焊接的深度。以保证把止水环与管道焊接充分，并保证焊缝的厚度。焊接后打磨平整后再打硅胶（图 5–18、图 5–19）。

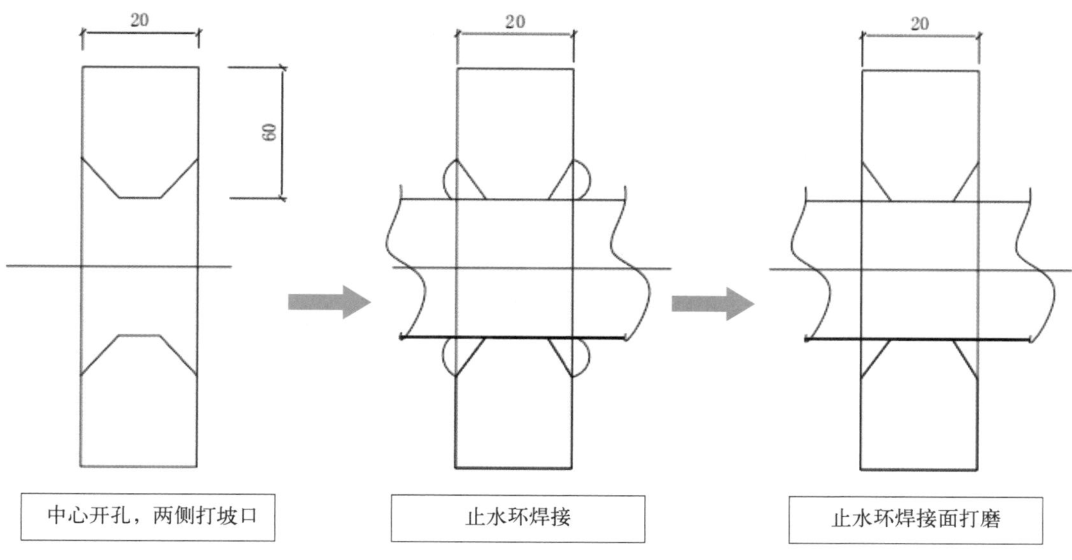

图5-18　止水环加工过程

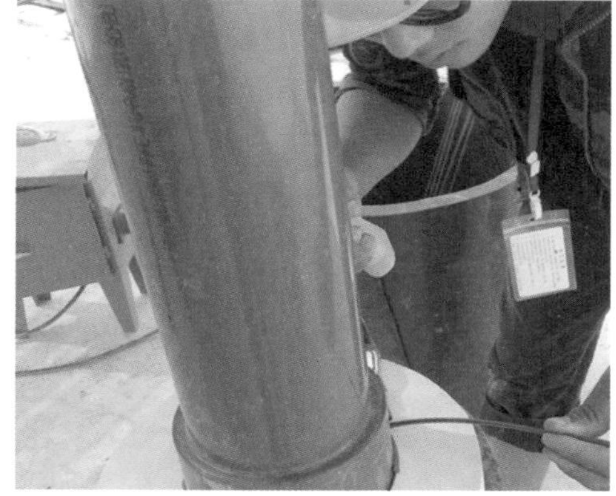

图5-19　预埋管加工焊接

2. A 型预埋管的做法

适用于池壁较厚（≥ 500 mm）的预埋管，设两道止水环（图 5-20、图 5-21）。

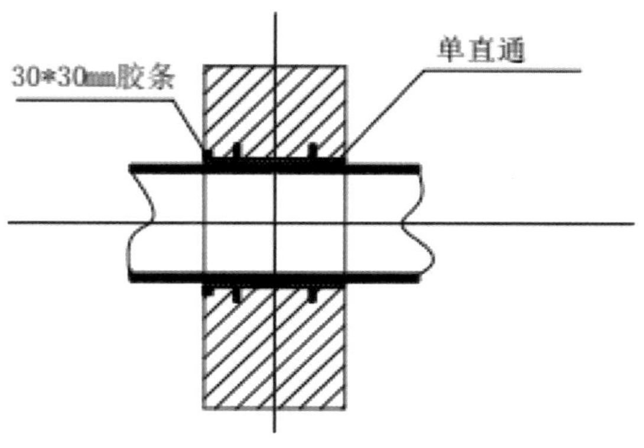

图5-20　A型预埋管示意图

图5-21　DN450–DN600 A型预埋管现场制作的成品

A 型预埋管技术要求：

（1）材料采用 SCH80 的 UPVC 管制作。

（2）止水环焊接在直通中间位置后再打防水胶。

（3）止水板厚度 20 mm，直径 60 ～ 100 mm。

（4）预埋管两端伸出墙面的管道长度为 300 mm，在埋设施工时要求做好防护措施防止杂物落入管内。

（5）预埋管加工制作完成后需要做压力测试，试验压力 6 kgf/cm^2，保压时间为 30 分钟，并出具压力测试报告。

（6）池壁厚度大于 500 mm 时，采用 A 型预埋管的做法；PVC 直通不够长时需要采用双直通。

3. B 型预埋管的做法

适用于池壁较薄（小于 500 mm）的预埋管，只能设一道止水环（图 5–22）。

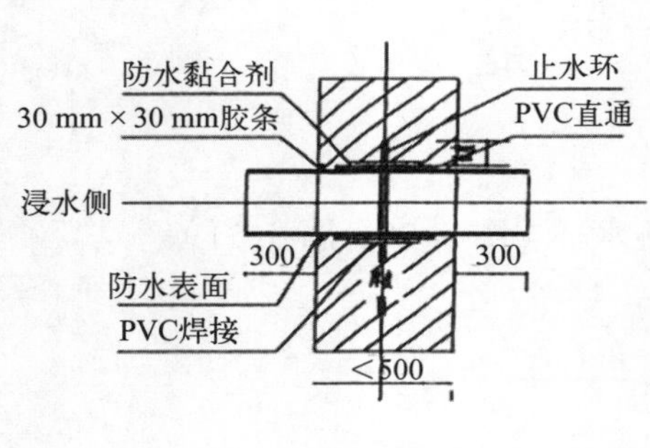

图5–22　B型预埋管制作方法与现场制作的成品

预埋管在展池内侧需要对管道打胶防水，在预埋管道上绑扎一条 40 mm × 40 mm 的胶条拆模后拆除胶条形成一条打胶槽，如果没有绑扎胶条预留打胶槽，就需要人工开打胶槽，一个是工程量大，二是开槽施工的震动会导致预埋管松动有漏水的风险（图 5–23、图 5–24）。

图5-23　展池内管道打胶的方法

图5-24　B型预埋件现场埋设情况

四、预埋管试压

（1）预埋套管安装完成后是不需要压力测试的。

（2）但预埋管制作完成需要做试压，试验压力是 6 kgf/cm^2，保压 30 分钟不漏水视为合格。

（3）测试合格的预埋管才能进行预埋安装，试压装置请参见图 5-25。

图5-25　预埋管道试压装置

第 2 节　维生系统埋地管道安装

一、施工前期的准备

（1）熟悉埋地管道施工图纸、结合图纸到现场了解工程的基本全貌，比如管线长度，管线走向，管材直径，检查井位数量等，了解其设计意图，不明处向设计方提出答疑。

（2）对埋地管道的规格型号及压力测试结果进行确认；审核图纸确认埋地管道的工程量，以及安装所用材料工具的种类和数量，提前做好物资计划。

（3）施工进度确认、与钢筋、土建等相关专业协调。

（4）安装前每百米左右设置一个水准高程参照点，建立起准确的水准高程控制网，便于对管道施工标高进行测量。

二、地下管道的施工

在管道沟开挖、垫层铺设完成后根据施工图纸中埋地管道的纵、横向标高，确定埋地管道的安装位置，然后开始铺设管道，将埋地管道中心线安装在坐标点上，加支墩固定然后试压回填（图 5–26 ~ 图 5–28）。

图5–26　外围管网埋管施工

图5–27　外围管网埋管基础施工

土建基础结构承台下的埋地管道安装完毕后需要进行水压测试，试压完成后卸压到 2 kgf/cm^2 然后保压，每天定期检查发现如压力下降时需要检查管道是否损坏，隐蔽后的预埋管如果受损坏将无法修复。

图5-28　机房底板下的埋管施工

三、预埋管的安装

1. 预埋管的定位及固定

预埋管制作完成并经过压力测试合格后，按照预埋施工图纸进行预埋点定位，如有遇到有钢筋需要切断的地方需要设计部门对预埋点的钢筋进行切割后再补配筋。为了在后续施工中保证预埋件不产生位移，需要对每个预埋管进行 3 点固定（即管内有 3 个受力点让预埋管固定），定位要点：

（1）要注意预埋件中心点在水平、竖直方向的坐标与设计要求相符合。

（2）前后端面要求在同一水平面上，伸出墙面的距离一致（图 5–29、图 5–30）。

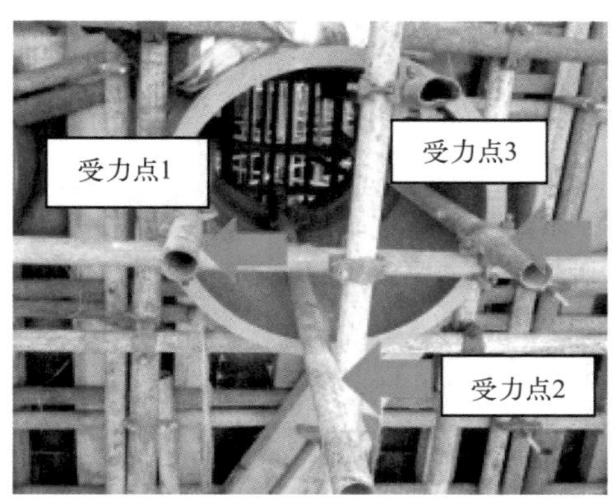

图5–29　预埋管有3点固定

图5–30　预埋管的定位

（3）掌握预埋管预留预埋时机：穿越楼板预埋管是土建模板安装完成后，配合土建进行预埋点定位及模板开孔，当钢筋开始施工时专业安装单位再配合现场进行预埋管预留预埋；预埋管安装尽量避免损坏或切断钢筋（图 5–31）。

图5-31　预埋管施工与钢筋施工配合

2. 预埋管安装要点

（1）防水对预埋管件的要求。穿墙管靠水面打胶槽的位置需要大于 40 mm × 40 mm，才能进行防水施工（图 5-32）。

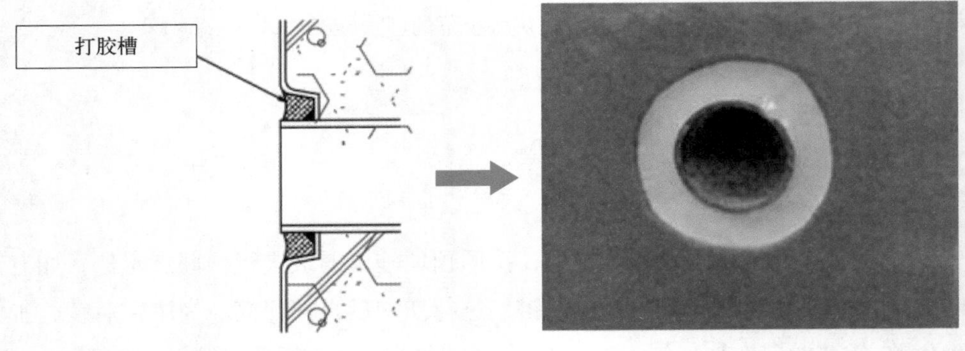

图5-32　管道与池壁间防水打胶

（2）预埋管封堵。预埋管安装就位后还需对预埋管口两端进行封塞，防止后续施工的混凝土或其他杂物落入管内（图 5-33）。

图5-33　预埋管封堵

（3）预埋管埋设时要固定牢固，防止浇筑混凝土时预埋管发生移位。穿楼板预埋管可用铁丝、

铁钉固定；墙、梁预埋管须增加副筋绑扎固定。PVC 管采用焊接夹筋来固定。

（4）预埋管预留预埋必须严格控制纵向标高和水平位置，特别是重点部位如地下室外墙、水池外壁等。

（5）排水管道预埋管要注意预埋坡向，安装后的排水管不得出现倒坡。

（6）浇筑混凝土前，对预埋管进行复核；混凝土浇筑过程中派专人跟进监护，防止出现人为的拆除及错位，确保预埋管安装质量。

（7）预埋在池底的预埋管，向池内的管口通常做成堵头密封，除了防止异物落入管道内同时方便管道试压（图 5-34）。

图5-34　池底的预埋管封堵

（8）为了防止预埋管漏水，PVC 预埋管的内部连接处最好打满硅胶（图 5-35）。

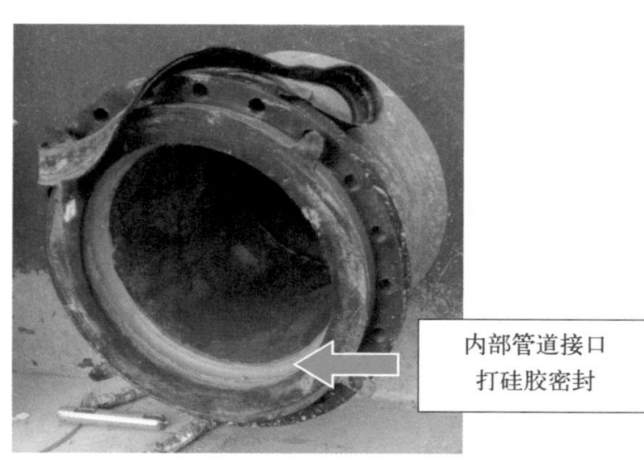

图5-35　预埋管内部接口打胶

（9）穿墙或池壁的预埋管两边伸出长度需要在 300mm 以上，如果是 HDPE 管则需要从夹具抓住的最短长度来考虑，HDPE 也可以考虑两边加焊法兰来解决连接的问题（图 5-36、图 5-37）。

图5–36　预埋管伸出池壁合适

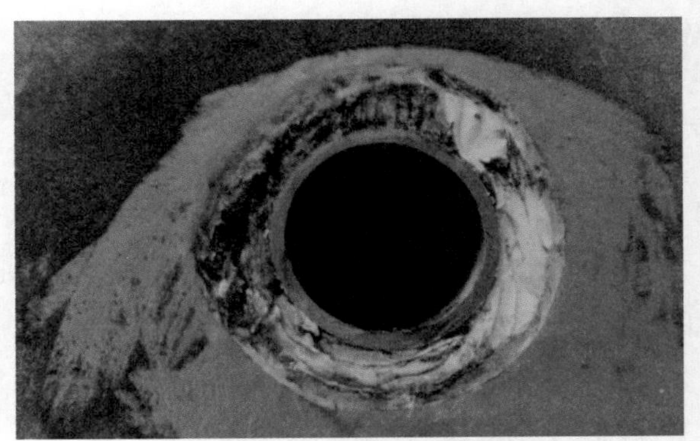
图5–37　预埋管伸出池壁过短

（10）展池回水坑的预埋管需要与钢筋、模板配合施工（图 5–38 ~ 图 5–40）。

图5–38　锚固法兰式预埋管

图5–39　加止水板预埋管

图5–40　预埋管与模板配合施工

四、其他专业的预埋管

1. 钢预埋管加工

（1）根据设计要求对钢套管进行加工，套管尺寸的允许偏差为：± 2 mm。

（2）一般套管内径比穿过套管管道的外径大两号（图 5–41、图 5–42）。

图5-41　结构预留洞方式

图5-42　结构预留洞套管标明用途

2. 刚性防水套管制作要求

（1）套管管口平整，管边无飞边毛刺。

（2）止水环焊接焊缝饱满平整，焊接牢固。

（3）焊后及时清理焊渣及表面污物。

3. 刚性防水套管安装要求

（1）套管安装标高和定位准确。

（2）增设加固钢筋并采用焊接加固套管，固定牢固。

（3）成品保护，封堵端口，防止杂物落入导致堵塞（图 5-43）。

4. 穿墙刚性防水套管安装要求

（1）标高一致，固定牢固。

（2）成品封堵良好。

（3）两端与饰面齐平。

图5-43　预埋管施工时要注意保护

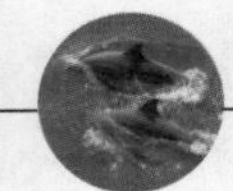

5. 楼板刚性防水套管预埋要求

（1）套管排列整齐，固定牢固。

（2）管口封堵保护良好。

（3）下部与楼板平齐，上部套管应高出地面 20 mm，卫生间和厨房应高出楼地面 50 mm（图 5-44）。

图5-44　预埋管高出地面

6. 大型套管（管径大于 500mm）的安装要求

（1）套管安装前进行除锈处理，内部刷防腐漆。

（2）套管埋设安装准确定位后需要复核定位坐标。

（3）用钢筋夹紧加固并焊接，不得歪斜、变形。

（4）大套管内部采用三点加固，防止套管受力移位、变形（内部加固主要针对非金属套管、金属套管是与钢筋直接焊接不会变形移位）。

7. 柔性防水套管安装要求

（1）配合土建在墙体或楼面钢筋捆扎过程中进行安装。

（2）套管标高、轴线定位准确，套管必须与侧面模板垂直。

（3）套管采用焊接或夹筋安装加固。

第6章　维生系统管道安装

第1节　安装前准备

从理想的角度，设备安装单位在完成维生系统预埋管道安装后马上开始设备安装，但是土建承包商往往不能提交可以供设备安装的工作面，同时维生系统专业设备采购供货一般需要3～6个月甚至更长的供货周期；为了不影响施工进度，通常是先进行管道安装：包括地下管道安装、外围给排水管道的安装及设备间连接管道的安装。

一、管道安装前图纸及材料报批

施工单位在进行管道安装前先对招投标图纸进行深化，出具深化设计施工图纸后报监理及业主审批。管道施工所用到的材料品牌要与《维生系统设备材料品牌推荐表》一致，并填写《材料设备报审会签》表提交监理及业主审批。

材料设备报审会签单

<table>
<tr><td>报审类型</td><td colspan="2">□材料、设备报审　　　　□方案图纸报审</td></tr>
<tr><td>文件内容</td><td colspan="2">XX安装公司上报电气部分材料及施工方案审核。请相关部门会签。
经办人　　　　　日期：</td></tr>
<tr><td>工程部</td><td colspan="2">签意见

维生系统专业工程师　　专业总监　　工程总监</td></tr>
<tr><td rowspan="3">相关部门</td><td>□设计部</td><td>签意见

经办人　　部门负责人　　　日期</td></tr>
<tr><td>□成本部</td><td>签意见

经办人　　部门负责人　　　日期</td></tr>
<tr><td>□运营部</td><td>签意见

经办人　　部门负责人　　　日期</td></tr>
<tr><td colspan="2">签发（工程总经理）</td><td>签意见

签名　　　　日期</td></tr>
</table>

二、维生系统设备、材料及构配件等品牌报审

1. 报审资料的提交

（1）提交设备及材料的规格、型号及数量清单；

（2）设备、材料生产厂商型录（样册）；

（3）质量性能证明文件：性能参数、材质证明、合格证、检测报告、复检报告、国家或行业强制认证；

（4）供应商的营业执照、税务登记等；

（5）工程案例（提供案例合同资料）。

2. 进场验收

（1）首先检查进场材料、构配件、设备的品牌是否通过业主审核批准；

（2）质量证明文件与进场实物要对照，要求资料与实物相一致；

（3）进场材料、设备品牌、规格、型号是否与报审清单一致；

（4）登记表内容与质量证明文件一致，符合逻辑关系。

第 2 节　管道安装支架受力计算

经过深化后的施工图纸、设备、管件阀门、支架、膨胀螺栓等材料需向业主提交资料报审，并且经过业主审批同意后才能采购使用，施工单位还需要提交管道施工专项施工组织方案供监理及业主审批，管道施工专项方案主要包括设备管道平面布置图、立面图、支吊架模型图、支吊架受力计算、支吊架防腐处理、管道压力测试等内容。在编写管道专项施工方案中支吊架受力计算的难度比较大，下面重点介绍管道支架受力计算。

一、维生系统管道支架计算书

1. 维生系统管道支架受力计算模型 1

模型见图 6–1。

（1）DN500mmPE 管详细安装及说明。

（a）管子直径 500 mm，内径 440 mm，壁厚 30 mm。

（b）支架上面摆放 4 根管子，管子的间距为 400 mm。

（c）支架长度为 4 000 mm，间距为 2500 mm。

（d）支架铁板 300 mm × 300 mm × 12 mm，SUS304 不锈钢膨胀螺丝 4 × Φ14 × 100 mm。

（2）开孔及焊缝防腐技术要求。

（a）开孔处在安装前涂环氧树脂漆。

（b）焊缝，先去掉焊渣，把焊接面打磨后再涂上环氧树脂漆。

（c）管箍采用焊接方法加工制作时，丝杆和镀锌管卡搭接长度 ≥ 30 mm，焊接处采用环氧树脂处理。

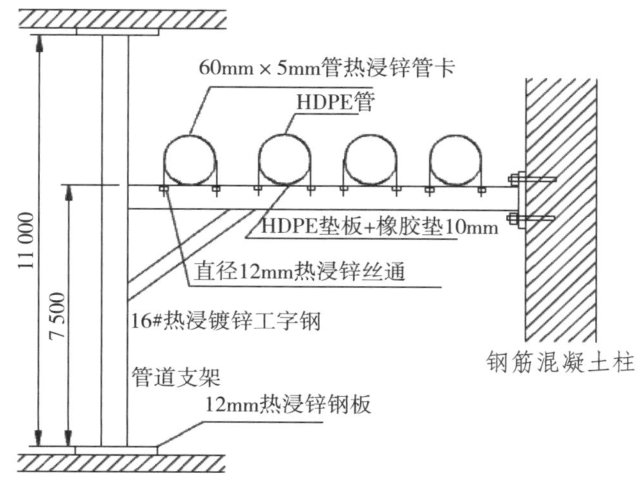

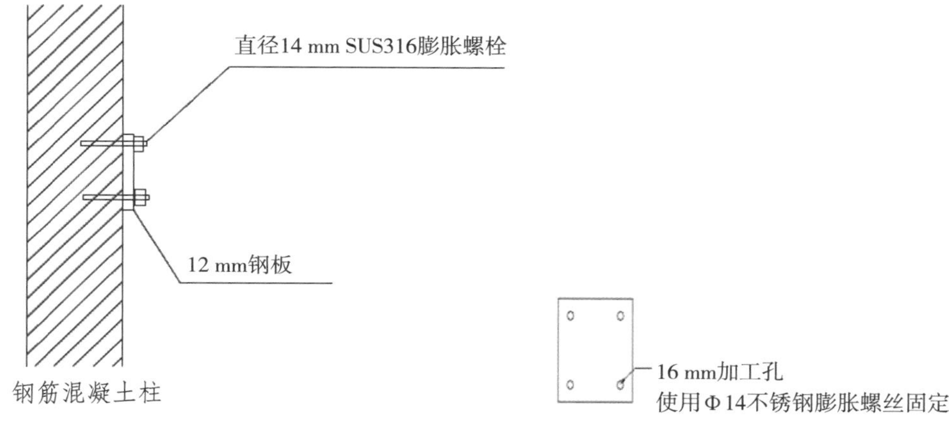

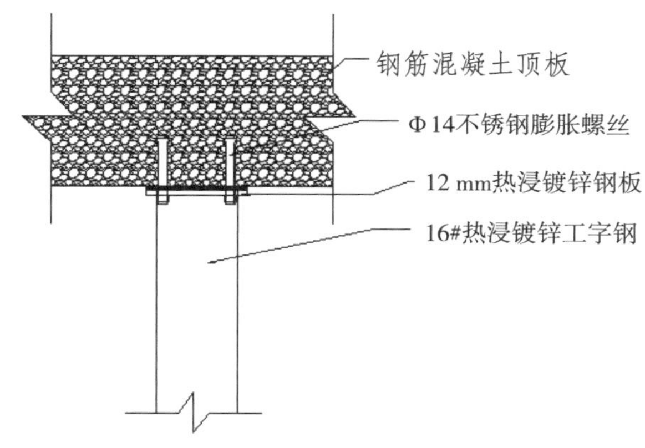

图6–1　管道支架模型1

（d）海水区，潮湿的空间采用的支架，管卡材质是 SUS316，支架按技术规范要求选用材质。

（3）计算参数及受力分析（图 6–2）。

（a）计算参数。

①立柱和横梁均采用 16# 热浸镀锌工字钢，截面面积 $A = 26.13\ \mathrm{cm}^2$，抗弯截面模数

$W_X = 141\ \text{cm}^3$。

②横梁跨度 4 m，支架间距 2.5 m，横梁上面放 4 根管子，管子的间距 0.4 m。

③管子直径 500 mm，内径 440 mm，壁厚 30 mm，满水管重 198.15 kgf/m。

（b）受力分析。

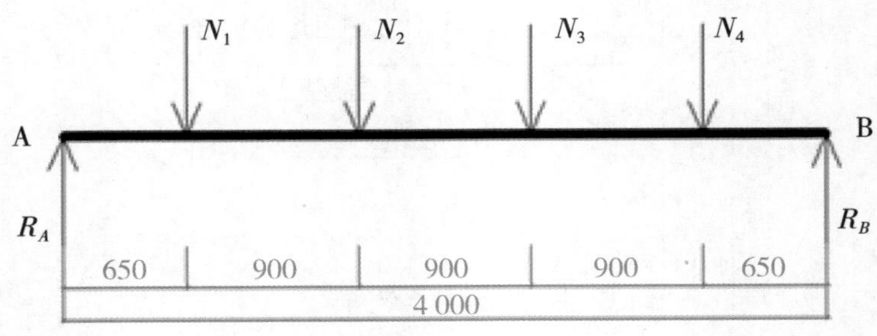

图6–2　计算简图1

①为了满足安全条件和计算简便，根据受力分析可利用对称性，按单跨简支梁计算：

②计算支反力 R_A、R_B：

$N = N_1 = N_2 = N_3 = N_4 = 198.15 \times 2.5\ \text{kgf} = 495.38\ \text{kgf}$

利用对称性求支反力：$R_A = R_B = R$

$\sum Y = 0 \quad 2 \times R - 4 \times N = 0 \quad R = 2 \times N = 990.76\ \text{kgf}$

③计算跨中（$L/2$ 处）最大弯矩 $M\max$，校核横梁抗弯性能 $[\sigma] = M\max/Wx$，取横梁（Q235）的屈服强度（$\sigma = 235$ Mpa），并取安全系数为 2，即：

$M\max = R \times 2 - N \times (1.35 + 0.45) = 1\,089.84\ \text{kgf·m}$

$Wx = M\max/\sigma = 10\,898.4/235 \times 2\ \text{cm}^3 = 92.75\ \text{cm}^3$

16# 工字钢抗弯截面模数 $Wx = 141\ \text{cm}^3 > 92.75\ \text{cm}^3$，横梁满足抗弯要求。

④校核横梁两端抗剪性能（A 端焊缝部位、B 端型钢与锚座板焊缝部位、B 端锚座板与混凝土构件螺栓连接部位），这里忽略了横梁两端斜撑的作用出于安全考虑。

a）焊缝抗剪：本项目型钢采用 J422 焊条，抗拉强度 420 Mpa，焊缝面积 $A = 26.13\ \text{cm}^2$，取安全系数 0.7，抗剪强度取值：$[\tau] = [\sigma]/2$

$[\tau] = 4\,200 \times 26.13 \times 0.7/2\ \text{kgf} = 38\,411.1\ \text{kgf} > Q = R = 990.76\ \text{kgf}$，焊缝满足抗剪要求。

b）螺栓抗剪：4 × M14 螺栓，单根螺栓抗拉允许值 1 250 kgf，取安全系数 0.7，抗剪取值 $[\tau] = [\sigma]/2$

$[\tau] = 4 \times 1\,250 \times 0.7/2\ \text{kgf} = 1\,750\ \text{kgf} > Q = R = 990.76\ \text{kgf}$，螺栓满足抗剪要求。

⑤支架立杆截面校核，支架立杆上（受拉）、下端（受压），仅考虑下端受压，受压面积即型钢面积 $A = 26.13\ \text{cm}^2$，取（Q235）的屈服强度（$\sigma = 235$ Mpa），并取安全系数为 2，即：

$[\sigma] = F/A$

F（压）$= 235 \times 26.13/2\ \text{kgf} = 3\,070.28\ \text{kgf} > R = 990.76\ \text{kgf}$，支架立杆满足抗压要求。

2. 维生系统管道支架受力计算模型 2

模型见图 6-3。

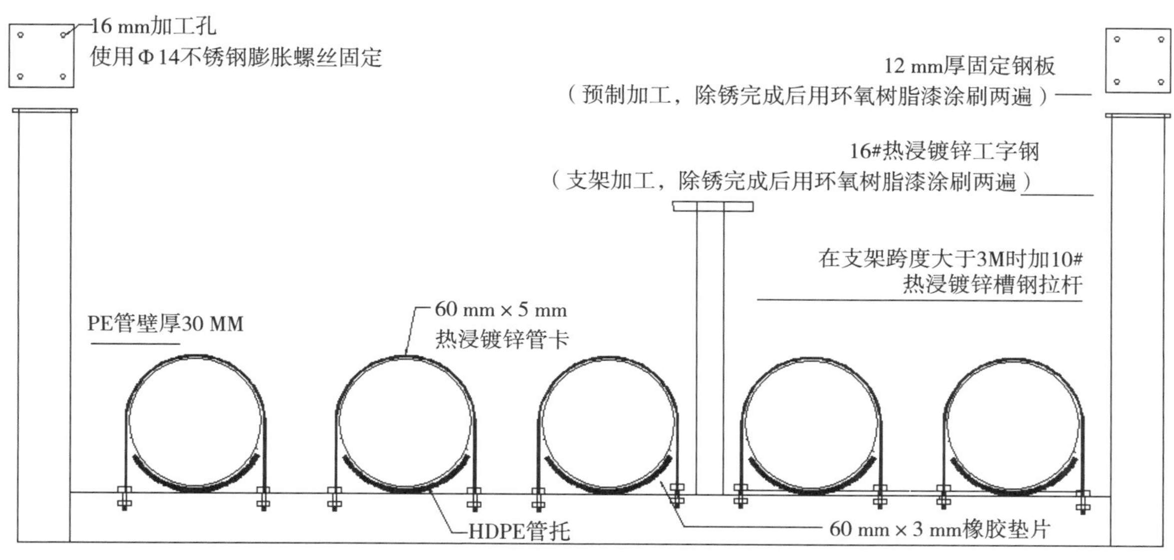

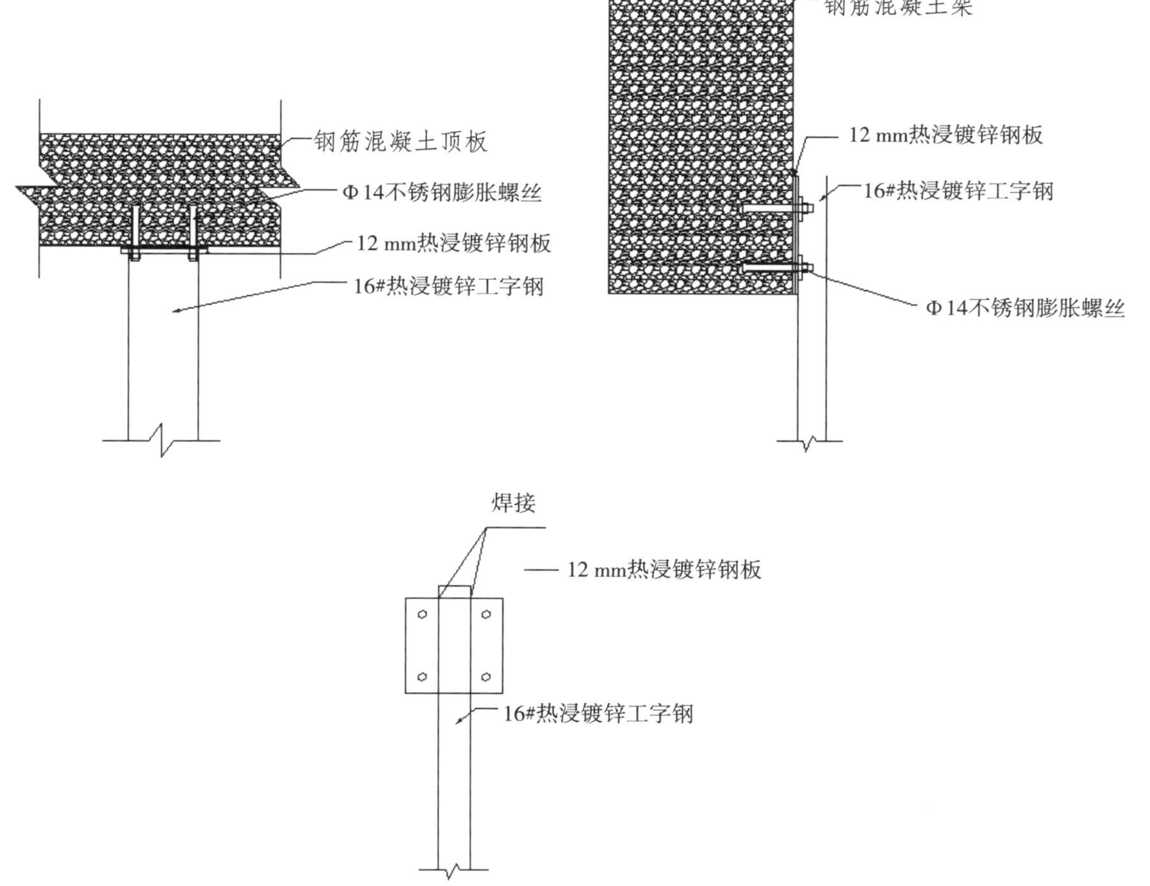

图6-3 管道支架模型2

（1）DN500mmPE 管详细安装及说明。

（a）管子直径 500 mm，内径 440 mm，壁厚 30 mm。

（b）支架上面摆放 5 根管子，管子的间距为 400 mm。

（c）支架采用 16# 热浸镀锌工字钢，支架长度为 4 700 mm，间距为 2 500 mm。

（d）支架铁板 300 mm × 300 mm × 12 mm，SUS304 不锈钢膨胀螺丝 4 × Φ14 × 100 mm。

（2）开孔及焊缝防腐技术要求（同模型 1 说明）。

（3）计算参数及受力分析（图 6–4）。

（a）计算参数。

①立柱和横梁均采用 16# 热浸镀锌工字钢，截面面积 $A = 26.13\ cm^2$，抗弯截面模数 $W_X = 141\ cm^3$。

②横梁跨度 4.7 m，支架间距 2.5 m，横梁上面放 4 根管子，管子的间距 0.4 m。

③管子直径 500 mm，内径 440 mm，壁厚 30 mm，满水管重 198.15 kgf/m。

（b）受力分析。

①为了满足安全条件和计算简便，根据受力分析可利用对称性按单跨简支梁计算：

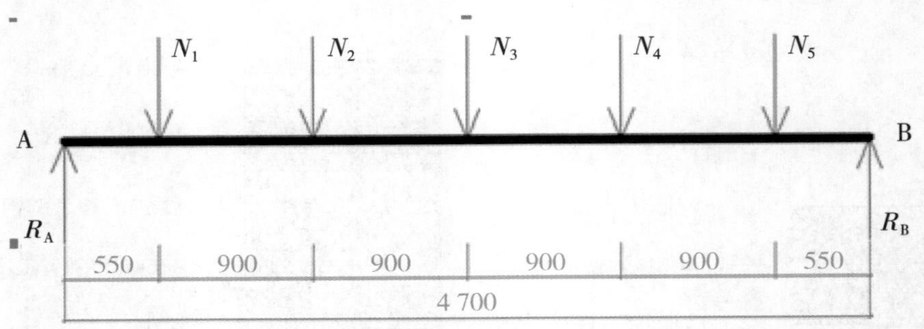

图6–4　计算简图2

②计算支反力 R_A、R_B

$N = N_1 = N_2 = N_3 = N_4 = N_5 = 198.15 \times 2.5\ m = 495.38\ kgf$

[如支架间距 3m 时：$N=198.15 \times 3\ m = 594.45\ kgf$]

利用对称性：$R_A = R_B = R$

$\Sigma Y=0 \quad 2 \times R - 5 \times N = 0 \quad R = 2.5 \times N = 1238.45\ kgf$

[如支架间距 3m 时：$R = 2.5 \times N = 1486.12\ kgf$]

③计算跨中（L/2 处）最大弯矩 Mmax，校核横梁抗弯性能 [σ]= Mmax/Wx，取横梁（Q235）的屈服强度（σ=235 Mpa），并取安全系数为 2，即：

$M\max = R \times 2.35 - N \times (1.8 + 0.9) = 1\ 572.83\ kgf\cdot m$

[如支架间距 3 m 时：$M\max = R \times 2.35 - N \times (1.8 + 0.9) = 1\ 887.38\ kgf\cdot m$]

$W_X = M\max/\sigma = 15\ 728.3/235 \times 2 = 133.86\ cm^3$

[如支架间距 3 m 时：$W_X = M\max/\sigma = 18\ 873.8/235 \times 2 = 160.63\ cm^3$]

16# 热浸镀锌工字钢抗弯截面模数 $W_X = 141\ cm^3 > 133.86\ cm^3$，横梁满足抗弯要求。

[如支架间距 3 m 时：$W_X = 141\ cm^3 \ngtr 160.63\ cm^3$，横梁不能满足抗弯要求，必须增加支

架立杆。]

④校核横梁两端焊缝部位抗剪：

本项目型钢采用 J422 焊条，抗拉强度 420 Mpa，焊缝面积 $A = 26.13\ \text{cm}^2$，取安全系数 0.7，抗剪强度取值：$[\tau] = [\sigma]/2$

$[\tau] = 4200 \times 26.13 \times 0.7/2\ \text{kgf} = 38411.1\ \text{kgf} > Q = R = 1\,238.45\ \text{kgf}$，横梁焊缝满足抗剪要求。

⑤支架立杆抗拉截面校核：

支架立杆受拉面积即 16# 热浸镀锌工字钢面积 $A = 26.13\ \text{cm}^2$，取立杆（Q235）的屈服强度（$\sigma = 235$ Mpa），并取安全系数为 2，即：

$[\sigma] = F/A$

$F = 235 \times 26.13/2\ \text{kgf} = 3\,070.28\ \text{kgf} > R = 1\,238.45\ \text{kgf}$，支架立杆满足抗拉要求。

⑥校核支架与混凝土梁构件的连接：

a）焊缝抗剪：本项目型钢采用 J422 焊条，抗拉强度 420 Mpa，焊缝面积 $A = 26.13\ \text{cm}^2$，取安全系数 0.7，抗剪强度取值：$[\tau] = [\sigma]/2$

$[\tau] = 4\,200 \times 26.13 \times 0.7/2\ \text{kgf} = 38411.1\ \text{kgf} > Q = R = 1\,238.45\ \text{kgf}$，支架焊缝满足抗剪要求。

b）螺栓抗剪：4 × M14 螺栓，单根螺栓抗拉允许值 1 250 kgf，取安全系数 0.7，抗剪取值 $[\tau] = [\sigma]/2$

$[\tau] = 4 \times 1250 \times 0.7/2\ \text{kgf} = 1\,750\ \text{kgf} > Q = R = 1\,238.45\ \text{kgf}$，螺栓满足抗剪要求。

⑦校核支架与混凝土板构件的连接：

a）焊缝抗拉：本项目型钢采用 J422 焊条，抗拉强度 420 Mpa，焊缝面积 $A = 26.13\ \text{cm}^2$，取安全系数 0.7

$[\tau] = 4\,200 \times 26.13 \times 0.7\ \text{kgf} = 76\,822.2\ \text{kgf} > Q = R = 1\,238.45\ \text{kgf}$，焊缝满足抗拉要求。

b）螺栓抗拉：4 × M14 螺栓，单根螺栓抗拉允许值 1 250 kgf，取安全系数 0.7

$[\tau] = 4 \times 1\,250 \times 0.7\ \text{kgf} = 3\,500\ \text{kgf} > Q = R = 1\,238.45\ \text{kgf}$，螺栓满足抗拉要求。

3. 维生系统管道支架受力计算模型 3

模型见图 6–5。

（1）DN500mmPE 管详细安装及说明。

（a）管子直径 500 mm，内径 440 mm，壁厚 30 mm。

（b）支架上面分两排管子，每排 5 根，管子的间距为 400 mm。

（c）支架采用 20a# 热浸镀锌工字钢，支架长度为 4 500 mm，间距为 2 500 mm。

（d）支架铁板 300 mm × 300 mm × 12 mm，SUS304 不锈钢膨胀螺丝 6 × Φ14 × 100 mm。

（2）开孔及焊缝防腐技术要求（同模型 1 说明）。

（3）计算参数及受力分析（图 6–6）。

（a）计算参数。

①立柱和双排横梁均采用 20a# 热浸镀锌工字钢，截面面积 $A = 35.58\ \text{cm}^2$，抗弯截面模数 $W_X = 237\ \text{cm}^3$。

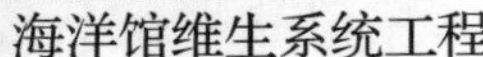

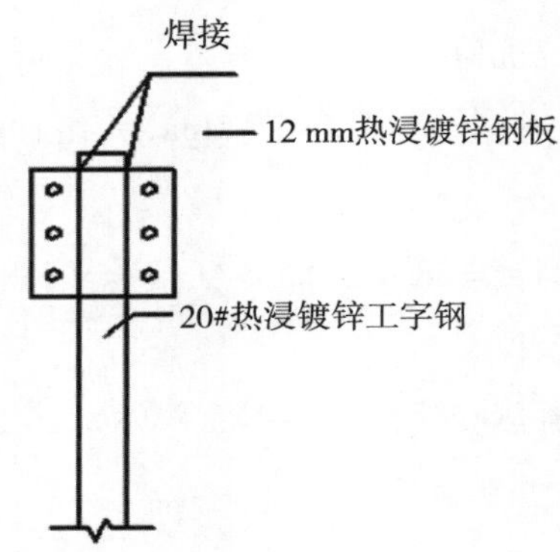

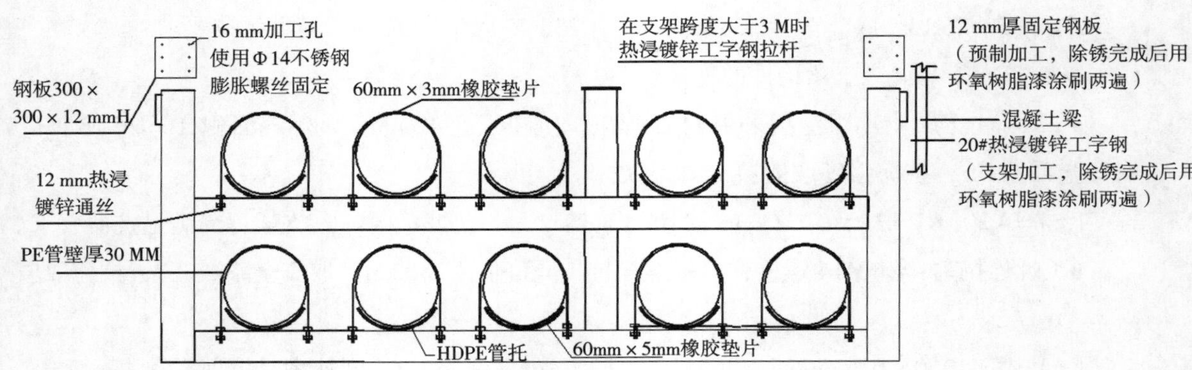

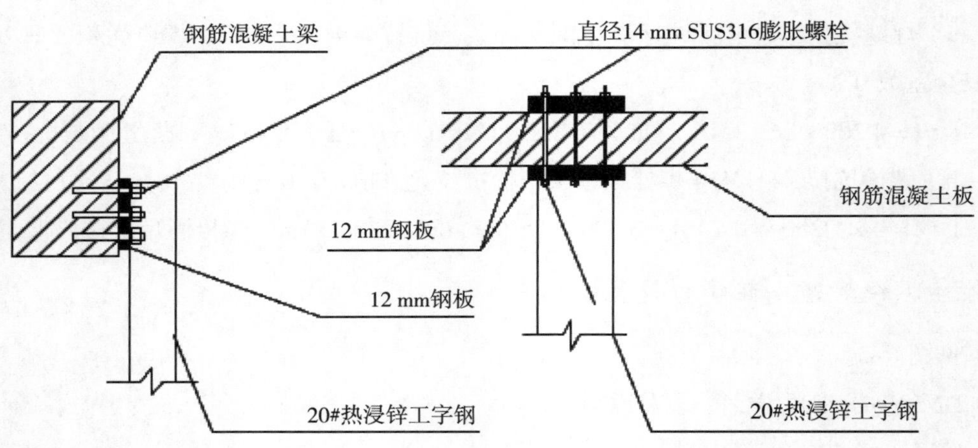

图6–5 管道支架模型3

②横梁跨度 4.5 m，支架间距 2.5 m，横梁上面放 5 根管子，管子的间距 0.4 m。

③管子直径 500 mm，内径 440 mm，壁厚 30 mm，满水管重 198.15 kgf/m。

（b）受力分析。

①为了满足安全条件和计算简便，根据受力分析可利用对称性，按单跨简支梁计算：

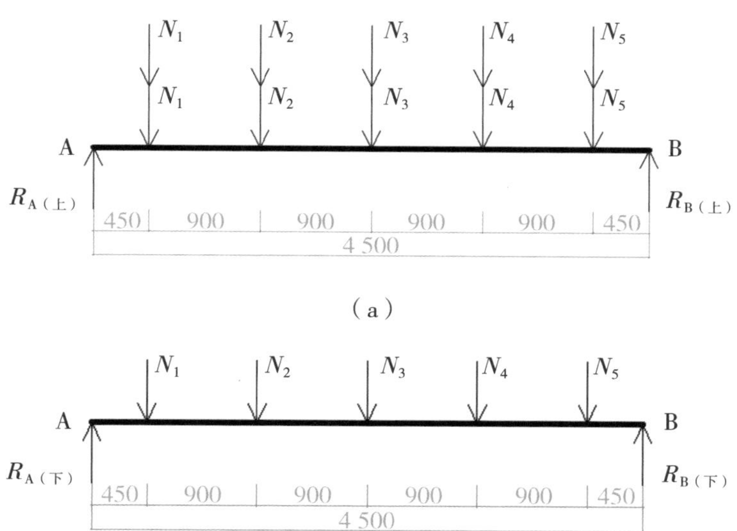

图6-6　计算简图3

②计算支反力 R_A、R_B

支架立杆的受力分两段，上段受力有 10 个 N，下段受力仅 5 个 N。

$N = N_1 = N_2 = N_3 = N_4 = N_5 = 198.15 \times 2.5$ kgf = 495.38 kgf

[如支架间距 3m 时：N=198.15 × 3 kgf = 594.45 kgf]

利用对称性：$R_{A(下)}=R_{B(下)}=R_{(下)}$

$\Sigma Y=0 \quad 2 \times R_{(下)} - 5 \times N=0$

$R_{(下)} = 2.5 \times N$ =1238.45 kgf

[如支架间距 3 m 时：R=2.5 × N=1486.13 kgf]

$R_{(上)} = R_{(下)} \times 2$=2476.9 kgf

[如支架间距 3 m 时：$R_{(上)}=R_{(下)} \times 2$ = 2972.25 kgf]

③计算横梁截面抗弯和横梁两端焊缝抗剪

a）计算跨中（$L/2$ 处）最大弯矩 Mmax，校核横梁抗弯性能 [σ]= Mmax/W_X，取横梁（Q235）的屈服强度（ σ =235 Mpa），并取安全系数为 2，即：

Mmax = R × 2.25 – N × (1.8+0.9) = 1448.98 kgf·m

[如支架间距 3m 时：Mmax = R × 2.25 – N × (1.8+0.9) = 1738.76 kgf·m]

W_X = Mmax/σ = 14 489.8/235 × 2 cm^3 = 123.32 cm^3

[如支架间距 3 m 时：W_X = Mmax / σ = 17 387.6/235 × 2 cm^3 = 147.98 cm^3]

20a# 热浸镀锌工字钢 W_X = 237 cm^3>123.32 cm^3，满足抗弯要求，上、下排横梁同理。

[如支架间距 3m 时：20a# 热浸镀锌工字钢 W_X = 237 cm^3>123.32 cm^3，满足抗弯要求，上、下排横梁同理]。

b）校核横梁两端焊缝部位抗剪

本项目型钢采用J422焊条，抗拉强度420 Mpa，焊缝面积$A = 35.58\ cm^2$，取安全系数0.7，抗剪强度取值：$[\tau]=[\sigma]/2$

$[\tau] = 4\,200 \times 35.58 \times 0.7/2$ kgf = 52 302.6 kgf > $Q = R$ = 1 238.45 kgf（2 476.9 kgf）

[如支架间距3m时：$[\tau]$= 52 302.6 kgf > $Q = R$ = 1 486.13 kgf（2 972.25 kgf）]

横梁两端焊缝满足抗剪要求。

④校核支架立杆的抗拉性能，截面面积$A = 35.58\ cm^2$，抗拉强度420 Mpa，安全系数取0.7。

上段抗拉力：$F=\sigma \times A = 4\,200 \times 35.58 \times 0.7$ kgf = 104 605.2 kgf > $R_{(上)}$ = 2 476.9 kgf

[如支架间距3 m时上段抗拉力：F = 104 605.2 kgf > $R_{(上)}$ = 2 972.25 kgf]

下段抗拉力：F > $R_{(下)}$ = 1 238.45 kgf

[如支架间距3m时下段抗拉力：F= 104 605.2 kgf > $R_{(下)}$ = 1 486.12 kgf]

支架立杆的抗拉性能满足要求。

⑤校核支架端部与混凝土板连接（型钢与锚座板焊缝部位受拉、锚座板与混凝土构件螺栓连接部位受拉）

a）采用J422焊条，抗拉强度420 Mpa，焊缝面积A=35.58 cm^2，取安全系数0.7，$F = \sigma \times A$= 4 200 × 35.58 × 0.7 kgf = 104 605.2 kgf > $R_{(上)}$=2 476.9 kgf，

[如支架间距3 m时：F = 104 605.2 kgf > $R_{(上)}$ = 2 972.25 kgf]

支架立杆的抗拉性能满足要求。

b）螺栓抗拉：6 × M14螺栓，单根螺栓抗拉允许值1 250 kgf，取安全系数0.7，F = 6 × 1 250 × 0.7 kgf = 5 250 kgf > $R_{(上)}$ = 2 476.9 kgf

[如支架间距3 m时：F = 5 250 kgf > $R_{(上)}$ = 2 972.25 kgf] 6 × M14

螺栓抗拉性能满足要求。

⑥校核支架端部与混凝土梁连接（型钢与锚座板焊缝部位受剪、锚座板与混凝土构件螺栓连接部位受剪）。

a）焊缝抗剪：本项目型钢采用J422焊条，抗拉强度420 Mpa，焊缝面积$A = 35.58\ cm^2$，取安全系数0.7，抗剪强度取值：$[\tau]=[\sigma]/2$

$[\tau]$= 4 200 × 35.58 × 0.7/2 kgf = 52 302.6 kgf > $Q = R$ = 2 476.9 kgf

[如支架间距3m时：$[\tau]$= 52302.6 kgf > Q = R = 2972.25 kgf]

焊缝满足抗剪要求。

b）螺栓抗剪：6 × M14螺栓，单根螺栓抗拉允许值1 250 kgf，取安全系数0.7，抗剪取值$[\tau]=[\sigma]/2$，$[\tau]$=6 × 1250 × 0.7/2 kgf =2625 kgf > $Q = R$ = 2476.9 kgf，螺栓满足抗剪要求。

[如支架间距3m时：$[\tau]$= 2 625 kgf ≯ $Q = R$ = 2 972.25 kgf，螺栓不满足抗剪要求，必须增加支架立杆。]

4. 维生系统管道支架受力计算模型 4

模型见 6–7。

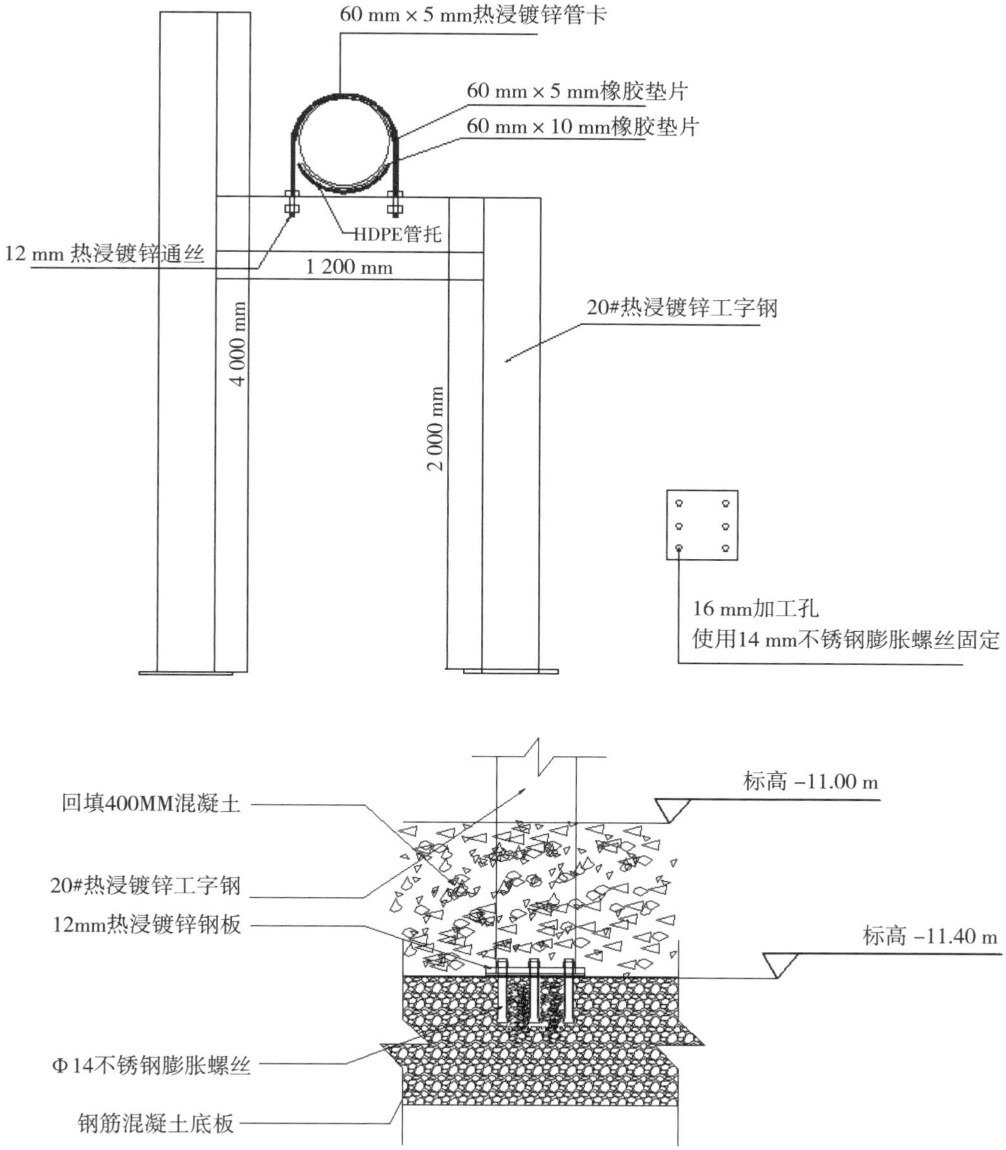

图6–7　管道支架模型4

（1）DN800PE 管详细安装说明。

（a）PE 管子直径 800 mm，内径 705.2 mm，壁厚 47.4 mm，重量 120.82 kgf/m。

（b）支架使用 20a# 热浸镀锌工字钢，支架宽度 1 200 mm，间距为 2 500 mm。

（c）膨胀螺丝使用 6 × 14Φ 不锈钢膨胀螺丝，钢板 300 mm × 300 mm × 12 mm。

（d）支架上方摆放 1 根 DN800 管线。

（2）开孔及焊缝防腐技术要求（同模型 1 说明）

（3）计算参数及受力分析（图 6–8）。

（a）计算参数。

①立柱和横梁均采用20a#热浸镀锌工字钢，截面面积 A = 35.58 cm^2，抗弯截面模数 W_X = 237 cm^3。

②横梁长度1.2 m，支架间距2.5 m，横梁上面放1根管子。

③管子直径800 mm，内径705 mm，壁厚47.4 mm，满水管重511.21 kgf/m。

（b）受力分析。

①为了满足安全条件和计算简便，根据受力分析可利用对称性按单跨简支梁计算：

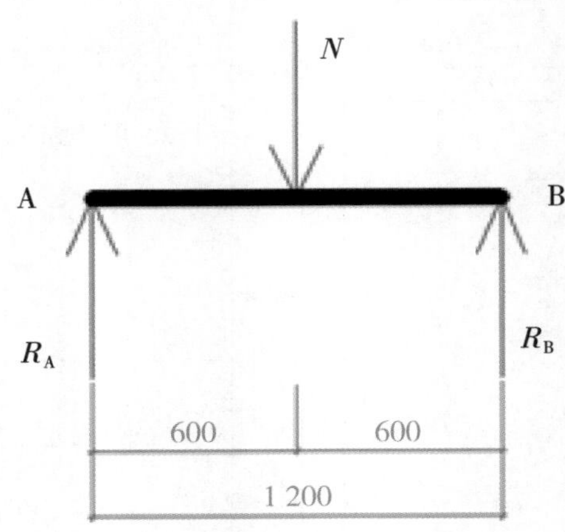

图6–8　计算简图4

②计算支反力 R_A、R_B

$N = 511.21 \times 2.5$ kgf = 1278.02 kgf

利用对称性支反力：$R_A = R_B = R$

$\Sigma Y = 0 \quad 2 \times R - N = 0 \quad R = N/2 = 639.01$ kgf

③计算跨中（L/2处）最大弯矩 Mmax，校核横梁抗弯性能 [σ]= Mmax/W_X，取横梁（Q235）的屈服强度（σ = 235Mpa），并取安全系数为2，即：

$M\text{max} = R \times 0.6 = 383.41$ kgf·m

$W_X = M\text{max} / \sigma = 3\,834.1/235 \times 2$ cm^3 = 32.63 cm^3

20a#热浸镀锌工字钢 W_X= 237 cm^3> 32.63 cm^3，满足抗弯要求。

④校核横梁两端抗剪性能（A端、B端焊缝部位）

采用J422焊条，抗拉强度420 Mpa，焊缝面积 A = 35.58 cm^2，取安全系数0.7，抗剪强度取值：[τ]= [σ] / 2

[τ] = 4 200 × 35.58 × 0.7/2 kgf = 52 302.6 kgf > $Q = R$ = 639.01 kgf，焊缝满足抗剪要求。

⑤支架立杆截面校核

支架立杆下端（受压），仅考虑下端受压，受压面积即20a#热浸镀锌工字钢面积 A = 35.58 cm^2，取横梁（Q235）的屈服强度（σ = 235 Mpa），并取安全系数为2，即：[σ] = F / A

$F_{(压)}$ = 235 × 35.58/2 = 4 180.65 kgf > R = 639.016 kgf，支架立杆满足抗压要求。

5. 维生系统管道支架受力计算模型 5

模型见 6–9。

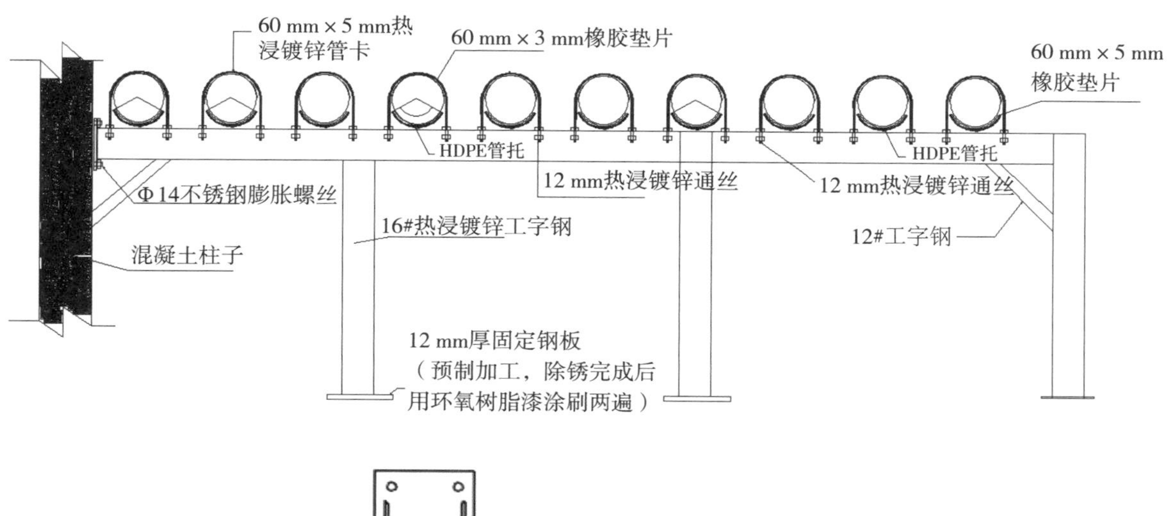

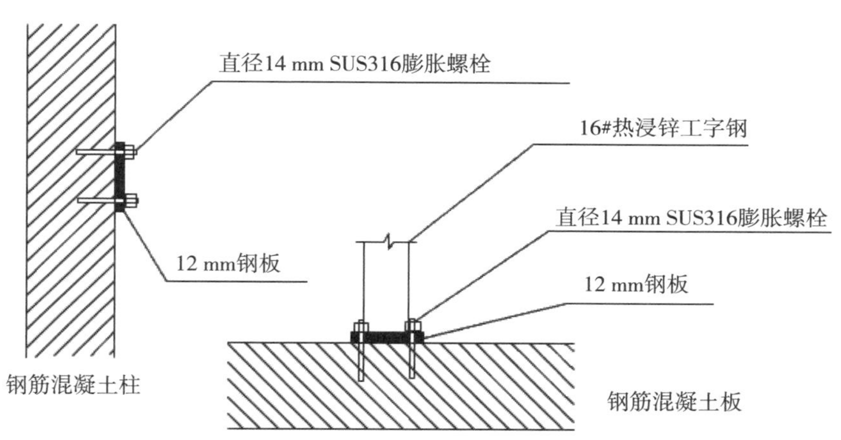

图6–9 管道支架模型5

（1）DN315PE 管详细安装及说明。

（a）DN315 管子，直径 315 mm，内径 268.6 mm，壁厚 23.2 mm。

（b）支架立杆使用 16# 热浸镀锌工字钢，横梁使用 20a# 热浸镀锌工字钢，支架宽度 7 000 mm，支架间距 2 500 mm。

（c）支架上方摆放 10 根管线，管线间距为 350 mm。

（d）支架铁板 300 mm × 300 mm × 12 mm，膨胀螺丝使用 4 × Φ14 不锈钢膨胀螺丝。

（2）开孔及焊缝防腐技术要求（同模型 1 说明）。

（3）计算参数及受力分析（图 6–10）。

（a）计算参数。

①立柱采用 16# 热浸镀锌工字钢，截面面积 A = 26.13 cm^2，横梁均采用 20a# 热浸镀锌工字钢，截面面积 A = 35.58 cm^2，抗弯截面模数 W_X = 237cm^3。

②横梁跨度 7 m，支架间距 2.5 m，横梁上面放 10 根管子，管子的间距 0.35 m。

③管子直径 315 mm，内径 268.6 mm，壁厚 23.2 mm，满水管重 79.01 kgf/m。

（b）受力分析。

①为了满足安全条件和计算简便，根据受力分析可分解为两个计算简图，图 5b 简化为一个单跨简支梁，用于计算 AB 段横梁的抗弯性能和 A、B 两端的抗剪性能；图 5c 简化为一个 T 型悬臂柱，用于校核立杆的抗压性能。

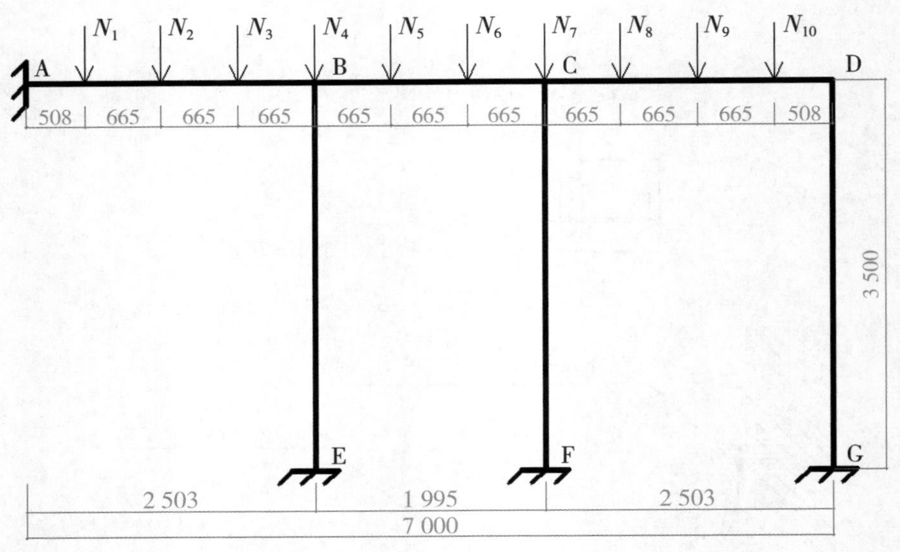

(a)

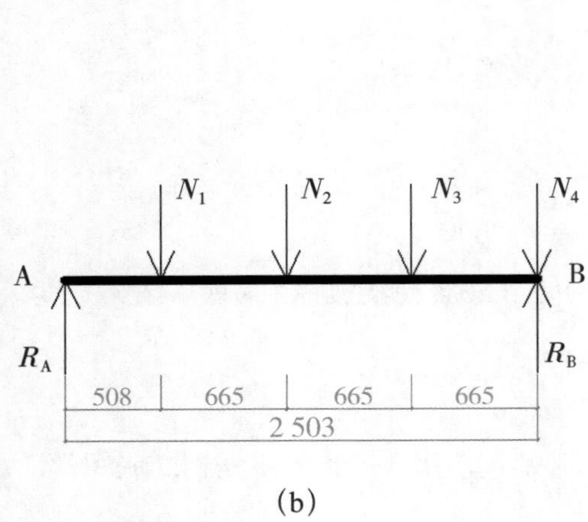

(b)

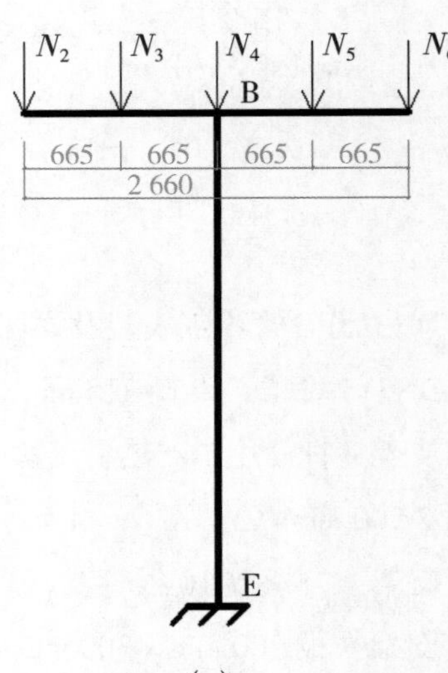

(c)

图6–10 计算简图5

②计算简图 5_b 的支反力 R_A、R_B

$N = N_1 = N_2 = N_3 = N4 = 79.01 \times 2.5$ kgf = 197.53 kgf

$\Sigma M_A = 0$ $R_B \times 2.502\ 5 - N \times$（2.502 5 + 1.837 5 + 1.172 5 + 0.507 5）= 0

$R_B = N \times 6.02/2.5025 = 475.18$ kgf

Σ Y=0 $R_A = 4 \times N - R_B =$（4 × 197.53 − 475.18）kgf = 314.94 kgf

③计算（计算简图 5b）跨中（$L/2$ 处）弯矩 M，校核 20a# 热浸镀锌工字钢横梁抗弯性能 $[\sigma] = M / Wx$，取横梁（Q235）的屈服强度（σ = 235 Mpa），并取安全系数为 2，即：

$M = R_B \times 1.251\ 25 - N \times (1.251\ 25 + 0.586\ 25) = 231.61$ kgf·m

$W_X = M/\sigma = 2316.1/235 \times 2 = 19.71\ cm^3$

20a# 热浸镀锌工字钢 $W_X = 237\ cm^3 > 19.71\ cm^3$，满足抗弯要求。

④校核横梁两端抗剪性能（A 端焊缝部位、A 端锚座板与混凝土构件螺栓连接部位，B 端假设为焊缝连接部位），这里忽略了横梁端部斜撑的作用出于安全考虑。

a）A 端焊缝抗剪：本项目型钢采用 J422 焊条，抗拉强度 420 Mpa，横梁均采用 20a# 热浸镀锌工字钢，焊缝面积 $A = 35.58\ cm^2$，取安全系数 0.7，抗剪强度取值：$[\tau]= [\sigma]/2$

$[\tau] = 4\ 200 \times 35.58 \times 0.7/2$ kgf = 5 2302.6 kgf > $Q = R_A$=314.94 kgf

A 端焊缝部位的焊缝满足抗剪要求。

b）A 端螺栓抗剪：4 × M14 螺栓，单根螺栓抗拉允许值 1 250 kgf，取安全系数 0.7，抗剪取值 $[\tau]= [\sigma]/2$

$[\tau\tau = 4 \times 1\ 250 \times 0.7/2$ kgf = 1 750 kgf > $Q= R_A$= 314.9 kgf，螺栓满足抗剪要求。

c）B 端焊缝抗剪：本项目型钢采用 J422 焊条，抗拉强度 420 Mpa，横梁均采用 20a# 热浸镀锌工字钢，焊缝面积 $A = 35.58\ cm^2$，取安全系数 0.7，抗剪强度取值：$[\tau] = [\sigma]/2$

$[\tau] = 4200 \times 35.58 \times 0.7/2$ kgf = 52302.6 kgf > $Q = R_B$ = 475.18 kgf

B 端焊缝部位的焊缝满足抗剪要求。

⑤支架立杆截面校核

计算图 5c 的支反力 R_E：

Σ Y= 0 $R_E = 5 \times N = 987.65$ kgf

支架立杆（受压），仅考虑下端受压，支架立杆采用 16# 热浸镀锌工字钢，受压面积即型钢面积 $A = 26.13\ cm^2$，取（Q235）的屈服强度（σ=235 Mpa），并取安全系数为 2，即：$[\sigma] = F / A$

$F_{(压)} = 235 \times 26.13/2$ kgf= 3 070.28 kgf > R_E = 987.65 kgf，支架立杆满足抗压要求。

第 3 节 维生系统管道安装

一、主要支架、锚固件、线槽材质要求

维生系统管道及支架通常与海水接触，海水对普通碳钢支架、膨胀螺栓、法兰及连接螺栓

都会产生腐蚀，为此，海洋公园维生系统所选择用的设备及材料会按浸没于海水中、海水池上方、海水机房吊顶及无海水的干区等进行划分，不同的区域所选择的材料材质有所不同。

1. 维生系统对安装材料材质的要求

主要支架、锚固件、线槽材质要求（表 6–1）。

表6–1　维生系统对安装材料材质的要求

编号	材料安装位置	支架材质	紧固件	备注
1	浸没于水中 /（海水、淡水）	非金属支架	SUS316L 不锈钢	水中锚固件需采用 SUS316 L 化学锚栓，并需要做防水处理（不允许使用膨胀螺栓）
2	有积水的地面	热浸镀锌碳钢	SUS316 不锈钢	地面到 1 米高做 PVC 混凝土护筒
3	无积水地面（干区）	热浸镀锌碳钢	SUS304 不锈钢	吊杆、角钢采用热浸锌、膨胀螺丝采用 SUS304 不锈钢
4	天花板	热浸镀锌碳钢	SUS304 不锈钢	吊杆、角钢采用热浸锌、膨胀螺丝采用 SUS304 不锈钢
5	水池上方支架	SUS316 不锈钢 /FRP	SUS316 不锈钢	吊杆、角钢、膨胀螺丝采用 SUS316 不锈钢
6	水池上方线槽（大于 200 宽度以上）	SUS316 不锈钢 /FRP/ PVC	SUS316 不锈钢	吊杆、角钢、膨胀螺丝采用 SUS316 不锈钢
7	水池上方线槽（小于 200 宽度以下）	PVC/FRP	SUS316 不锈钢	膨胀螺丝采用 SUS316 不锈钢，吊杆、角钢可采用 SUS316 或 FRP
8	其他区域的线槽	热浸镀锌碳钢	SUS304 不锈钢	吊杆、角钢采用热浸锌、膨胀螺丝采用 SUS304 不锈钢
9	海水区设备钢基础	SUS316 不锈钢 / 碳钢加 FRP 防腐处理或钢筋混凝土	SUS316 不锈钢	膨胀螺丝采用 SUS316 不锈钢
10	其他区域设备钢基础	热浸镀锌碳钢 / 钢筋混凝土	SUS304 不锈钢	膨胀螺丝采用 SUS304 不锈钢

2. 维生系统常见腐蚀

（1）管道及设备支架。

（2）混凝土展池钢筋腐蚀、小系统成套设备及展缸碳钢支架腐蚀。

（3）设备、法兰等连接件腐蚀。

（4）设备基础底座、泵、电缆桥架等腐蚀。

（a）设备腐蚀（图 6–11）。

图6-11　泵碳钢基础生锈

（b）管道支架腐蚀（图 6-12、图 6-13）。

图6-12　管道支架腐蚀

图6-13　海水区板式换热器螺栓腐蚀

（c）小鱼缸支架腐蚀（图 6–14、图 6–15）。

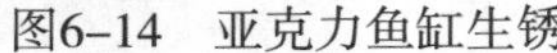

图6–14　亚克力鱼缸生锈

图6–15　亚克力鱼缸支架腐蚀

（d）海水池上方雨棚及支架腐蚀（图 6–16）。

图6–16　水池上方支架生锈

3. 维生系统使用材质的检测

（1）为了确保维生系统承包商采购进场的材料（支架、螺栓、法兰等）、电线、桥架等材料、配件的材质与使用环境及设计安装技术规范的要求相符合，需要对进场材料进行检查及测试。

（2）进场时材料的检验。进场检验有两种方法，一是进场材料资料的检查，包括：送货单、规格型号、技术参数、材料品牌、产品检测报告、合格证书等，材料进场交货时以上资料需要随货同时提交，另外还需要核对到货设备及材料品牌是否已经通过审批。二是对重要的材料进行现场快速检测或送有资质的单位检测。

（a）现场化学检测。

现场使用的材质除了需要承包商提供相应的检测报告之外，业主还需要试剂对材料进行检测（图 6–17）。

图6-17　SUS316材质现场快速测试

（b）物理检测。

对进场的 HDPE 管、PVC 管、不锈钢管及法兰等需抽样检查宽度、长度、厚度是否与报审的标准一致（图 6-18、图 6-19）。

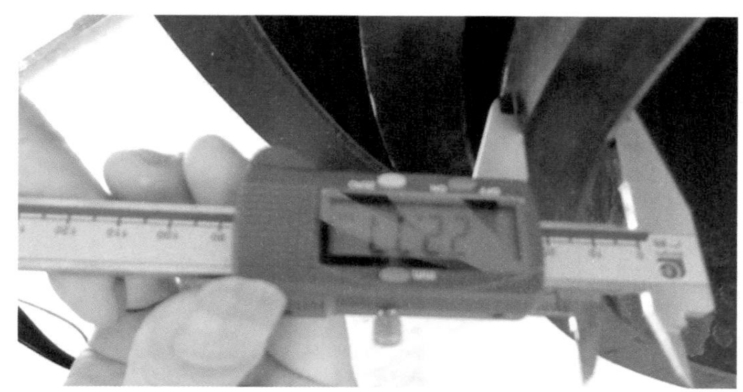

图6-18　管道厚度抽检1

图6-19　管道厚度抽检2

二、管道支架安装

1. 管道支架制作安装

在施工组织方案、支架材料品牌通过审批，并且进场检验合格、安装机具就位、施工用电具备、人员到场、具备安装工作面的情况下可以开始支架制作及安装。

（1）首先根据经业主批准的深化设计施工图纸结合现场情况确定支吊架的类型，再根据支架所在的区域选择相应的支架材质，然后开始支吊架的制作，包括开料、切割、焊接、防腐、安装、调整等工序（图 6–20）。

图6–20　管道支架及垫板均需防腐处理，没有防腐处理的垫板很容易被腐蚀（如右图）

（2）管道支架技术要求。

支架安装高度：4 米楼层以下支架离地面距离 1.8 米为宜。如超过 4 米楼层，则按比例均布。

（a）管道卡码螺栓处以 2 ~ 5 个螺距为宜，并应安装平介子，紧固螺母。

（b）支架必须先油漆后安装，支架表面外涂两遍富锌环氧防锈漆。

（c）支架所有螺丝孔必须采用钻孔，不得使用气割开孔。

（d）膨胀螺栓的深度应充分考虑到墙面批荡层的厚度。

（e）提倡使用共用支架。对大面积使用的一些支架宜先做样板，确认合格后开始全面施工。

（f）管道支架的水平度、垂直度以 ±1 毫米 / 米误差为宜。

（3）根据管道的材质、用途及管径确定管道支架间距（表 6–2、表 6–3）。

表6–2　U–PVC管的支吊架最大间距

公称直径（mm）		15	20	25	32	40	50	63	75	90	110	160
支吊架最大间距（m）	立管	0.8	0.9	1.0	1.1	1.3	1.6	1.8	2.0	2.2	2.4	2.6
	横管	0.5	0.6	0.7	0.8	0.9	1.0	1.1	1.2	1.35	1.55	1.7

表6–3　排水PVC管支吊架最大间距

管径（mm）	50	75	110	125	160
立管（m）	1.2	1.5	2.0	2.0	2.0
横管（m）	0.5	0.75	1.10	1.30	1.6

2.PVC 管道卡码安装标准（表 6-4）

表6-4　管道卡码安装技术要求　　单位：mm

卡码管径	超出支托长度	卡码螺丝长度	卡码螺栓直径
DN15	17	17	ϕ5
DN20	17	17	ϕ5
DN25	19	19	ϕ6
DN32	19	19	ϕ6
DN40	22	22	ϕ8
DN50	22	22	ϕ8
DN65	22	22	ϕ8
DN80	24	24	ϕ10
DN100	24	24	ϕ10
DN125	24	24	ϕ10
DN150	24	24	ϕ10
DN200	27	27	ϕ12
DN250	27	27	ϕ12
DN300	27	27	ϕ12
DN350	27	27	ϕ12
DN400	27	27	ϕ12

第 4 节　维生系统管道安装一般原则

一、先后原则

（1）先排水，后给水。

（2）先管井内侧，后管井外侧。

（3）先上部，后下部。

（4）先钢质管道，后塑料管道。

（5）先主管，后支管。

（6）先展池外、后展池内。

（7）先地下、后地上。

二、管道安装避让原则

（1）小管让大管。

（2）分支管让主干管。

（3）有压管让无压管。

（4）给水管让排水管。

（5）常温管让高（低）温管。

（6）低压管让高压管。

（7）金属管让非金属管。

（8）临时管线避让永久管线。

（9）新建管线避让已建成的管线。

第5节　维生系统管道安装技术

维生系统管道安装要求：横平竖直、美观大方、检查维修方便、通道布置合理。

一、维生系统管道安装常见问题与安装技巧

（1）维生系统机房经常积水，空气湿度大、盐分重，碳钢或热浸锌支架也会生锈，因此机房支架落地立柱防腐做法是从机房地面起至1.5m外套PVC套管，管内浇水泥砂浆。防止海水腐蚀（图6–21）。

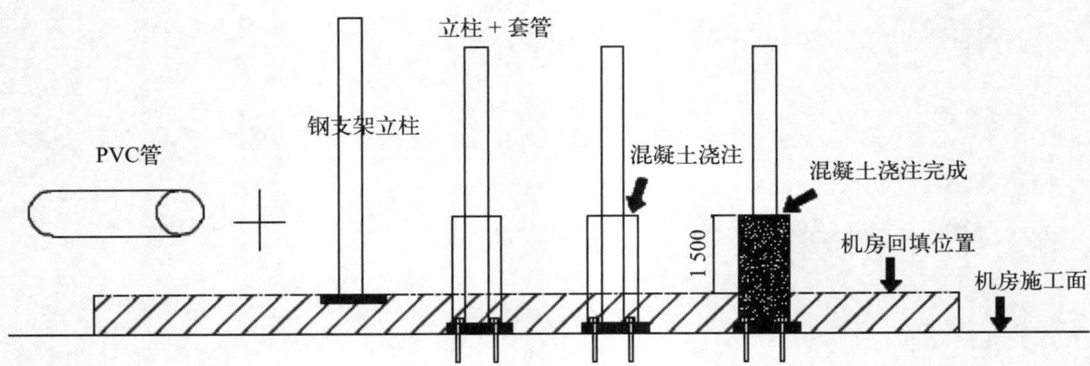

图6–21　维生机房镀锌碳钢支架立柱防腐的做法

（2）在 HDPE 管道上安装阀门时，HDPE 管法兰端口要比阀门的阀芯碟片小，需要对 HDPE 法兰端口用手磨机打一个坡口，然后将阀门与法兰组装连接测试阀门能顺利开关后再安装在管道上。如果安装时没有打磨坡口，阀门安装后是打不开的（图 6–22）。

图6–22 HDPE法兰端面打坡口

特别提示：

在安装埋地或连接展池底部的 HDPE 管道阀门时，阀门两端的 HDPE 法兰必须要打磨坡口，试连接并测试阀门可以灵活开关后才能安装，防止在调试或运行时才发现阀门打不开，到那时要对阀门进行修复的难度非常大 。

（3）设备配管时要考虑：施工顺序、管道走向、管道避让；布管要求美观大方、管道阀门安装方向及高度需要满足操作要求（图 6–23）。

（4）在线仪表安装要求考虑方便检查、方便观看及方便维护校正。

（5）砂缸反冲洗观察管法兰螺栓要求通长连接。观察管是采用透明亚克力管道与 PVC 法兰用胶水黏结，由于材质不同采用 UPVC 胶水黏结不牢固，需要用通丝将两端拉紧，防止在受压时法兰漏水或脱出（图 6–24）。

图6–23 泵及进出口法兰横竖方向对齐

加装通长丝杆

图6-24　反冲洗观察管加装通丝前后

（6）阀门安装时要注意手柄的安装位置，一要方便操作，二是要方便看到阀门的开关刻度（图 6-25）。

（7）展池底部回水管、溢流回水管及溢流排水管等无压力预埋管道设计管径要比理论计算值适当加大，留一定的富余量。

1.操作时看不到阀门开关位置的指示
2.巡查时看不到阀门的开关状态
安装角度调整

这种安装方法巡查时一眼就可以看到阀门的开关状态，操作时知道阀门开关的幅度

图6-25　阀门安装方式对运行操作带来影响

（8）管道与垫板及支架间需要安装弹性垫片（图 6–26）。

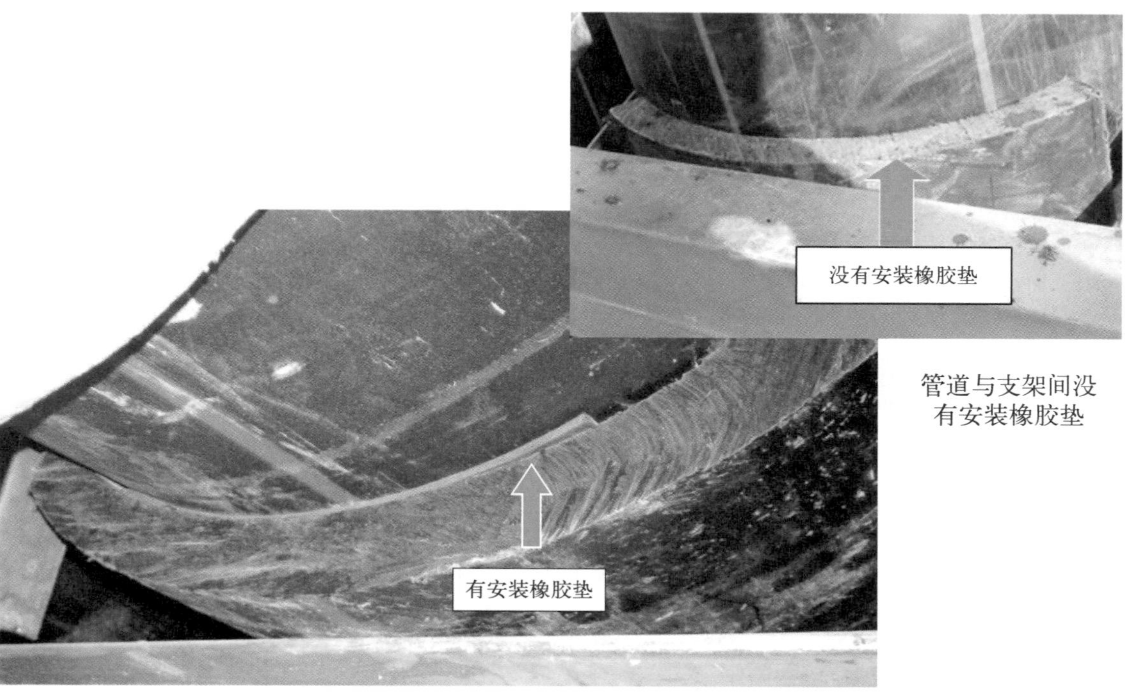

图6–26　管道与支架间需要安装橡胶减震垫

（9）海兽类展池进水管道格栅的做法（图 6–27）。

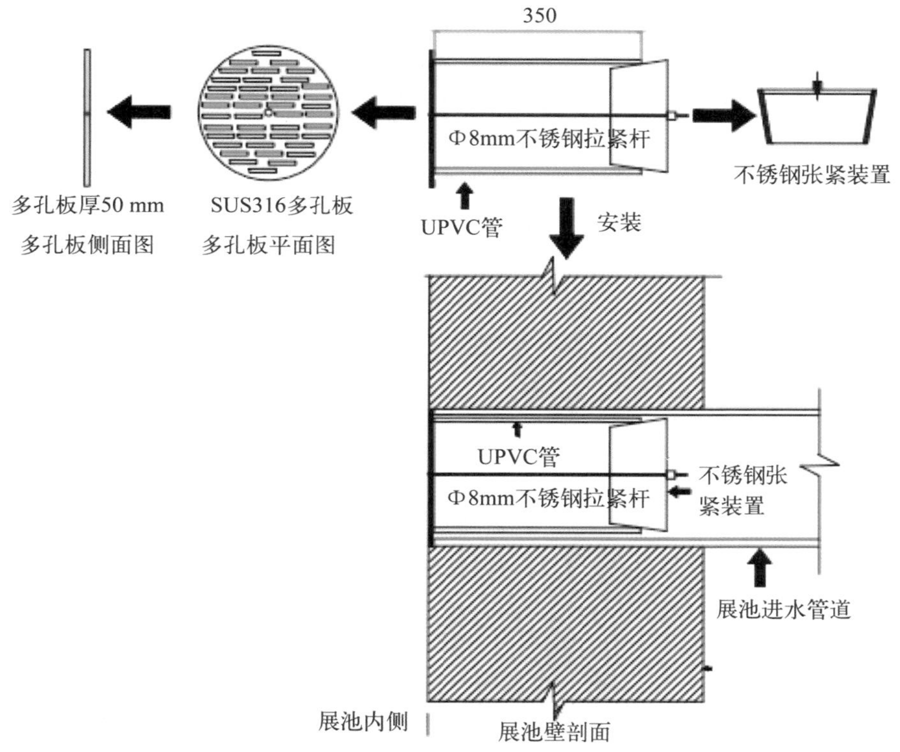

图6–27　展池进水管口格栅的做法

THE LEGEND OF MARINE LIFE:
INTRODUCTION OF LIFE SUPPORT SYSTEM
ENGINEERING TO AQUARIUM

（10）展池进水格栅尽量不要采用 PVC 板制作（图 6–28）。

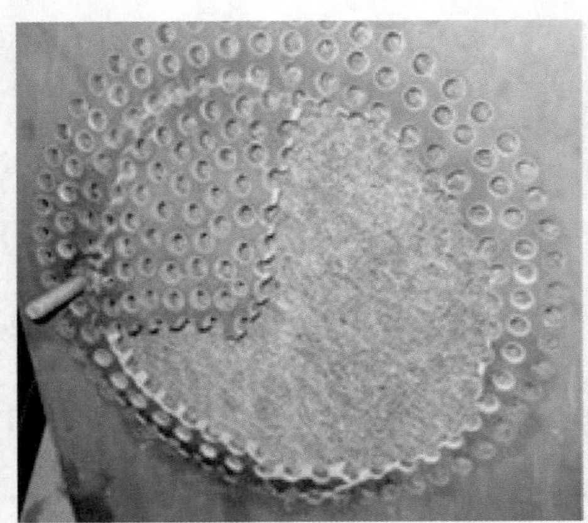
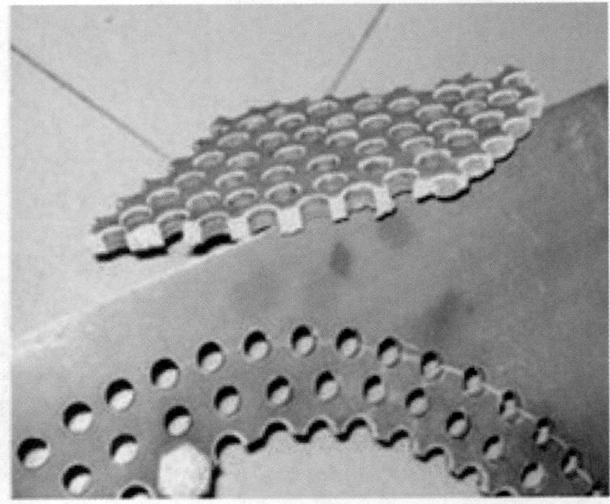

图6–28　PVC进水多孔板

有些场馆展池进水管道格栅采用 PVC 板打孔，打孔后 PVC 板整体强度下降，使用一段时间后多孔板老化容易损坏断裂成若干小块，被水冲到展池内有被动物吞食的风险。

（11）为了在管道压力测试时不需要对在展池内部有开口的管道进行封堵，在设计及安装时展池内进出水管道口需要安装堵头。这些管道包括：展池进水管道、回水管道、溢流回水管、吸污管道等（图 6–29 ～图 6–31）。

图6–29　展池进水管末端封堵

图6–30　预埋管道展池内开口封堵

图6-31　试水前展池内所有管道开口均需要封堵

（12）从展池到过滤系统的回水管道需要在池内末端安装法兰，主要是考虑在管道或设备维修时进行封堵（图 6-32、图 6-33）。

图6-32　展池集水坑内管道开口预留法兰并封堵

图6-33　展池集水坑出水管道末端预留SUS316法兰

（13）设备安装时需要考虑设备操作、维修及点检的通道（图 6-34 ~图 6-37）。

图6-34　设备安装没有留出维修通道

图6-35　没有留出维修通道

图6-36　砂缸操作及检查没有通道

图6-37　阀门操作及检查没有通道

（14）弹性接头安装时不允许对弹性接头的法兰进行错误焊接，这样破坏了弹性接头的防腐层、同时焊接后接头失去弹性作用（图 6–38）。

图6–38 弹性接头正确安装方法

（15）展池内部防水层的保护 。

展池防水施工完成后，在展池内部进行配管施工时需要在展池底部铺设木板及彩条布对地面进行保护，施工时禁止敲击展池内部的池壁及地面，禁止在池内焊接等动火操作（图 6–39）。

在已完成防水施工的展池内动火需要采取的防护措施：

（a）池底铺设防火毯。

（b）在防火毯上再浇上水。

（c）准备好灭火器及两桶清水。

（d）如果是池体上方动火焊接时，可以在池内蓄 20cm 深的水，防止焊渣烧坏池内地面防水层。

（e）如果还有高空落物时，展池地面需要铺设复合多层木板做防护。

（f）动火前必须办理动火许可。

（g）施工时有专人在现场看管。

图6-39 防水展池内部施工的保护

（16）展池进水、出水配管。

（a）大型展池进水、出水管道的三种安装方法：

①第一种方法是管道安装在展池结构底板以下，浇注池底板后这部分管道将被压在混凝土板下面；缺点是管道有渗漏或断裂时无法修补，同时漏出的海水将腐蚀底板混凝土内部的钢筋。

②第二种方法是在展池结构底板以下架空设置管廊，管道安装在管廊内；优点是如管道有渗漏可以在管廊内发现同时维修方便。

③第三种做法是展池防水及试漏施工完成后再在展池内部安装进水、出水管道，然后再在管道上面浇注轻质混凝土，这部分管道埋在池底结构板之上，如有渗漏对结构没有影响。

（b）池底结构以上（HDPE 管）配管施工工序：

展池防水完成、试漏合格——展池底部浇 300mm 泡沫混凝土垫层——保养 7 天——池内配管材料机具吊装进场——池内管道预制——管道支墩制作（砌筑）——管道放到支墩上——预制管道间连接——配管完成——管道试压——展池底回填到设计标高——面层浇注 FRP 筋混凝土结构层——包装造景进场施工。

以下附上施工图片作出说明（图 6-40 ~图 6-49）。

管道支墩用的
泡沫砖
泡沫混凝土地
面保养护完
成，可以进行
管道施工
图6-40 池底配管材料进场施工开始

图6-41 池底配管施工

图6-42 池底配管施工

图6-43 池底配管施工

图6-44　预制件定位的绳子在池边与防水层之间要加软垫防止损坏防水层

图6-45　池内配管上支墩固定（采用砖柱支墩）

图6-46　展池内管道支墩加固

图6–47　展池内管道安装完成

图6–48　展池内管道试压

图6–49　管道预埋配合模板施工

二、UPVC 管道安装

维生系统管道按材料不同分为金属管道、非金属管道。金属管道主要用于臭氧系统气体输送，其他工艺管道基本上是非金属管道。

非金属管道有 UPVC、ABS、FRP 及 HDPE 等管道。

1. UPVC 管道安装

UPVC 管道安装前准备：

施工流程：管道安装施工方案报审通过——管道支架、管卡制作——支架、管卡防腐处理——管道支架安装——管道上支架——管道连接——管卡安装固定——安装完成——管道试压。

（1）UPVC 工业管道可以采用粘接连接、法兰连接及螺纹连接等形式，最常用的粘接连接，适用管外径 15 ～ 300 mm 的管道的连接；法兰连接及螺纹连接是 UPVC 管与钢及铜等不同材质管件间的过渡转换连接。

（2）粘接连接 (TS 连接)。

（a）粘接连接的管道须将插口处倒小圆角，形成坡口后再进行连接。保证切断口平整且垂直管轴线。加工成的坡口应符合下列要求：坡口长度一般为 2 ～ 3 mm；坡口打磨完后，应将残屑清除干净。

（b）管材或管件在黏合前，应用棉纱或干布将承口内侧和插口外侧擦拭干净，使被黏结面保持清洁，无尘砂与水迹。当表面沾有油污时，须用棉纱蘸丙酮等清洁剂擦净。

（c）粘接前应将承插口试插一次（或度出承插口的深度），使插入深度符合要求，并在插入端表面划出插入承口深度的标线。管端插入承口深度应不小于厂商的规定。

（d）用毛刷将溶接剂迅速涂刷在插口外侧及承口内侧结合面上时，宜先涂承口，后涂插口，宜轴向涂刷，涂刷均匀适量。口径 DN ≥ 3" 管道粘接连接时选用 1/3—1/2 管径宽度的毛刷。

（e）承插口涂刷溶接剂后，应立即找正方向将管端插入承口，用力挤压，使管端插入的深度直至所划标线并到达承口根部，且保证承插接口的直度和接口位置正确，必须接合最少保持时间（直径小于 65 mm 的管道保持 30 s，在直径 65 mm 以上管道保持时间大于 60 s），以防止接口滑脱、插接过程中，可稍做旋转，但不得超过 1/4 圈。也不得插到底后进行旋转（表 6–4、表 6–5）。

（f）承插接口的养护：承插接口连接完毕后，应及时把挤出的溶解剂擦拭干净，粘接后，不得立即对接合部位强行加载（图 6–50）。

表6–4　管径、温度与固化时间的关系

直径	温度	静置固化时间
直径 65 mm 以下	18 ~ 40℃	20min
直径 65 ~ 110 mm 之间	18 ~ 40℃	45min
直径大于 110 mm	18 ~ 40℃	60min

表6–5　温度与固化时间的关系

环境	温度	静置固化时间
室内	10℃以上	2min
室内	0 ~ 10℃	5min
室内	0℃以下	15min

图6–50　管道支架立柱安装在池体中间布置不合理

2. UPVC 管的法兰连接

UPVC 管的法兰连接主要用于大口径管道之间的连接、UPVC 管与钢、铜等不同材质管道间过渡连接以及 UPVC 管与各种机械设备间的连接，连接时，先以冷接法将硬聚氯乙烯管与法兰承口粘接，再上垫圈以螺栓对角交替均匀锁紧法兰，法兰连接也可作为各种不同标准管道之间转接配件。

3. UPVC 管的螺纹连接

UPVC 管之间、UPVC 管与金属管配件之间采用螺纹连接的管道系统，采用 UPVC 管螺纹连接的管径不宜大于 63mm。

（1）螺纹连接适用于注塑成型的螺纹塑料管件，金属管件为内螺纹，塑料管件为外螺纹。

（2）注塑成型的螺纹塑料管件与金属管配件螺接，宜采用聚四氟乙烯生料带作为密封填充物，不宜使用厚白漆或麻丝。

4. UPVC 管道的埋地管敷设

（1）开挖沟槽时，其内底宽度一般为管外径加 0.5m，沟底设计标高以上 0.2 ~ 0.3m 的原状土应予保留。

（2）维生系统管道严禁直接穿过化粪池、厕所下方等会造成污染的地段。

（3）在管道安装与敷设完毕后尽快回填，回填的时间宜在一昼夜中气温最低的时候，回填土中不应含有砾石，冻土块及其他杂硬物体。

（4）回填一般分两次进行，一次回填高度宜为 0.1 ~ 0.15m，捣实后再回填第二层，直到回填到管顶以上至少 0.1m，管道下方空隙处必须填实，管道接口前后 0.2m 范围内不得回填，以便观察试压时管道接口情况。

（5）管道试压合格后在管道内充满水的情况下大面积回填，管顶 0.5m 以上部分可回填原土并夯实，采用机械回填时在管道的两侧同时回填，同时机械不得在管道上行驶。

图6-51　立管没有管道支架

三、维生系统 HDPE（PE100）管道安装

1. HDPE 管材特点

HDPE 管材比较适合用于维生系统，它的特点如下：

（1）连接可靠：聚乙烯管道系统之间采用电热熔方式连接，接头的强度高于管道本体强度。

（2）低温抗冲击性好：聚乙烯的低温脆化温度极低，可在 -60 ～ 60℃温度范围内安全使用。冬季施工时，因材料抗冲击性好，不会发生管子脆裂。

（3）抗应力开裂性好：HDPE 具有较低的缺口敏感性、较高的剪切强度和优异的抗刮痕能力，耐环境应力开裂性能也非常突出。

（4）耐化学腐蚀性好：HDPE 管道可耐多种化学介质的腐蚀，土壤中存在的化学物质不会对管道造成任何降解作用。

（5）耐老化，使用寿命长：含有 2% ～ 2.5% 的均匀分布的炭黑的聚乙烯管道能够在室外露天存放或使用 50 年，不会因遭受紫外线辐射而损坏。

（6）耐磨性好：HDPE 管道与钢管的耐磨性对比试验表明，HDPE 管道的耐磨性为钢管的 4 倍。

（7）水流阻力小：HDPE 管道具有光滑的内表面，其曼宁系数为 0.009。

（8）搬运方便：HDPE 管道比混凝土管道、镀锌管和钢管更轻，它容易搬运和安装，更低的人力和设备需求，意味着工程的安装费用大大降低。

2. 安装准备

（1）根据施工图纸检查核对管道标高及安装位置。

（2）按施工图纸所标注管道及配件的规格、尺寸及预留管口的位置，对管道预先进行排列哪些先做哪些后做（需要多层施工时根据管道位置、标高、施工难易、相互影响因素等排出施工顺序）。

（3）在优化管道安装施工方案时把管道放在草图支架上进行排布确定各管道走向、间距及尺寸都能达到设计要求后，方可下料，并根据管材及管件的预排尺寸做好标记，然后进行配管。

（4）管道支吊架应固定在承重结构上，位置应正确，连接牢固，高密度聚乙烯 (HDPE) 管宜采用钢支架固定。支架选型需经过受力计算，确保支架受力安全（图 6-52）。

3. 施工流程

管道支架方案报审并通过业主批准——管道支架、管卡制作——支架、管卡防腐处理——管道支架安装——管道放上支架——管道焊接施工——固定——安装完成——管道试压。

4. HDPE 管焊接方法

按管径大小不同采用不同的施工方法：

DN20–DN63mm 规格一般采用热熔承插安装，DN110–DN1600mm 规格一般采用热熔对接安装。电熔焊适用于小于 DN630mm 的管道。

（1）热熔承插安装：适用于 DN20–DN63mm 规格。

具体流程如下：

管材剪断——在管材待承插深度处标记号——将热熔机模头加温至220℃左右——同时加热管材、管件，然后承插——自然冷却——施工完毕经试压验收合格后投入使用。

（2）热熔对接安装：适用于DN110-DN1600mm规格。

具体操作流程如下：

（a）将需安装连接的两根HDPE管材同时放在热熔器夹具上（夹具可根据所要安装的管径大小更换夹瓦）。

（b）每根管材另一端用管支架托起至同一水平面。

（c）用电动铣刀分别将管材断面铣平整，确保两管材接触面能充分吻合。

（d）将电加热板升温到210℃，放置两管材端面中间，操作电动液压装置使两管材端面同时完全与电热板挤压接触加热。

（e）抽掉加热板，再次操作液压装置，使以熔融的两管材端面充分对接挤压并锁定液压装置（防止反弹）。

（f）保持一定冷却时间松开，操作完毕（操作完成后焊接内部翻边要挖掉）。

（g）施工完毕，经试压验收合格后，方可投入使用。

（h）管材在加热过程中做好防风措施，冷却过程中，应逐步降温，不宜急速降温。

（3）电熔连接：适用管径DN 630 mm以下管道。

具体操作流程如下：

（a）将HDPE管材完全插入电熔管件内。

（b）将专用电熔机两导线分别接通电熔管件正负两极。

（c）接通电源加热电热丝使内部接触处PE熔融。

（d）冷却完毕。

（e）施工完毕后需经试压验收合格后，方可投入使用。

图6-52　维生系统管道支架

5. HDPE 管的弯头、直通等焊缝内翻边需要挖掉，内翻边处管径突然变小对水流速及压力产生影响（图 6–53）。

图6–53　HDPE管的弯头、直通等焊缝内翻边需要挖掉

第 6 节　管道验收及压力测试

管道验收时必须对管道、接口、阀门管件、支架稳定性、管道减震固定等进行外观检查以及对管道的强度及严密性进行测试。

一、管道压力测试要求

（1）应符合现行国家标准《给水排水管道工程施工及验收规范 GB50268–2008》规定。

（2）压力管道应用水进行压力测试，缺水时可用空气进行压力测试，但需要有防护措施。

（3）压力管道试验按以下规定进行。

（a）明装管在外观检查合格后做压力测试。

（b）地下管道在管道检查合格回填前试压，试压完成后将管道压力降低到 0.2 Mpa，一直保压。目的是一旦发现压力为零时可以判断管道可能被损坏。及时对管道进行全面检查。

（c）对马上回填的管道，回填前对接口进行检查，回填前进行管道试压。

（d）尽可能不要在回填后做压力测试。

（4）试压管道长度不大于 1000 米，非金属管道长度不大于 500 米。

（5）管端事先加装堵头或盲板封堵并加临时支撑，试验前须要求把管段中的闸阀打开。

（6）管道内有压力时严禁维修管道松动的螺栓，检查管道不能用手锤打击管道和接口。

二、管道压力测试步骤

（1）管道进行压力测试前应排除管内空气。

（2）冬天试压时做好防冻措施，试压完成需要排出管内的积水，防止管内冰冻膨胀损坏管道。

（3）维生系统水压测试压力（承压管道测试）。

表6-6　维生系统水压测试压力

编号	管材	工作压力（Mpa）	试压压力（Mpa）
1	U-PVC 管	P	1.5P　P ≥ 0.6
2	HDPE 管	P	1.5P　P ≥ 0.6

（4）水压测试。

（a）预试验阶段：

①往管道内注水同时打开管道排气阀。

②排气完成后，关闭排气阀。

③启动增压泵往管道内注水，水压缓缓地升至试验压力时关闭进水阀、停泵并稳压 30 min。

④观察表压下降情况，期间如有压力下降可继续注水补压，但不得高于试验压力；检查管道及附件有无损坏，阀门接口是否有漏水。

（b）主试验阶段：

①停止注水补压，稳定 15 分钟；当 15 分钟后压力下降不超过下表中所列允许压力降数值（表 6-7）。

②将试验压力降至工作压力并保持恒压 30 分钟，进行外观检查若无漏水现象，则水压试验合格。

③如有漏水维修后再试、保压 1 小时，检查外观无漏水表明试验合格。

表6-7　维生系统水压测试允许压力降

编号	管材	试压压力（Mpa）	允许压力降（Mpa）
1	PVC 管	1.5P　P ≥ 0.6	0.02
2	HDPE 管	1.5P　P ≥ 0.6	0.02

（5）管道升压时，管道的气体应排除；升压过程中，发现压力计表针摆动，且升压较慢时，应重新排气后再加压。

（6）应分段升压，每升一段（1 段可以是 $2kgf/cm^2$）应检查后背、支墩、管身及接口，无异常现象时再继续升压。

（7）压力试验过程中，法兰及管道两端严禁站人。承压情况下禁止修补缺陷，应做出标记，卸压后修补。

（8）聚乙烯管、聚丙烯管及其复合管的水压试验结束后，迅速将管道泄水降压，降压量为试验压力的 20% ~ 30%然后关闭阀门（$2kgf/cm^2$）。

三、管道气压试验

维生系统管道有经过重要设备机房、配电房或仓库上方时，在进行管道水压测试前建议先做气压测试，避免水压测试出现管道断裂或漏水时淋到这些设备上造成重大损失；承压管道气压试验的规定。

（1）气压试验区域 10 米内设置防护区，在加压及保压期间，任何人不得在防护区内停留。

（2）气压测试验收标准：

将压力升至测试压力保压 30 分钟，检查损坏情况，然后将压力降至 0.2 Mpa 恒压 24 小时，检查无损后合格。

维生系统反冲、溢流排水等无压力管道因施工疏忽可能有部分接口没有上胶水或法兰螺丝没有拧紧（这部分非承压管道，通常不需要做压力测试），正常运营后反冲洗时这些接口随时可能会脱出导致水浸机房。建议对这部分接口做 4 kgf/cm^2 压力测试，确保管道完好，防止意外情况发生。

四、管道压力测试方法的选择

管道压力测试是采用增压泵对管道进行水压测试，如果是在已建成的厂房内对管道直接进行水压测试是有很大风险的，因为有些管道下方可能有贵重的设备、高低压配电机房、仓库、药品房或办公区域，水压测试时一旦有管道断裂或接口脱出时，管道内的水直接喷淋到设备、高低压电柜及仓库货物时将会造成重大损失，所以在进行水压测试前需要先确认管道下方有没有电房、仓库及重要设备等来判断直接采用水压测试一旦泄漏造成损失的风险，如果风险大则建议先采用压缩空气对管道进行压力初步测试，气压测试出现问题修复后需再次测试；测试合格后才采用水压进行测试。在管道压力测试实施前先分析测试方案存在的风险程度，再确定试压方案（图 6–54）。

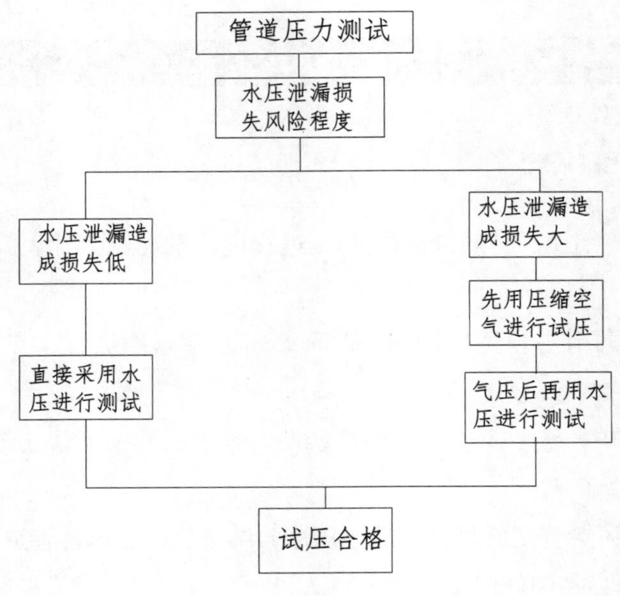

图6–54　管道试压流程

管道水压测试前要检查管道下方有没存放有机电设备、材料、物资等，需要对这些设备及物资做好覆盖防漏水保护，然后才开始试压。

（1）试压要求：管道试压为 0.6Mpa，保压时间为 30 分钟。

（2）试压过程中，做好记录和照片存档。

（3）根据设计流程和现场安装实际情况，进行分段试压。

五、维生系统管道分段试压

1. 养殖池到砂缸泵进水阀间管道试压

这部分管道试压的顺序如下：

（1）池底部回水口采用气囊封堵（如施工时有盲板或堵头封堵就不用再封堵）。

（2）溢流回水口采用气囊封堵，如管道开口已有堵头在封堵，则在标高较高的堵头上安装一个 DN20 的排气阀（溢流回水口没有封堵时，则留一个地势较高的管道暂时不要封堵，作为试压注水时排气使用）。

（3）底回阀门全部打开。

（4）砂缸泵进水阀关闭。

（5）试压管道的连接。

用 UPVC 管道把砂过滤水泵前面篮式过滤器的排污管与试压装置增压泵出口相连，增压泵出口安装 0 ~ 10 kgf/cm^2 压力表及手动球阀，增压泵参数为 220V 流量 3 ~ 5 m^3/h，增压泵前面配 100L 水箱 1 个，DN20 自来水补水管 1 根，在待试压管道上安装 0 ~ 10 kgf/cm^2 压力表 1 个（图 6-55、图 6-56）。

（6）以上（1）~（5）部分操作完成，增压泵部分管路安装完成、水箱注满水后，打开增压泵进、出口及压力表进口阀门，启动增压泵（启动前增压泵要先排气），对管道进行注水。

（7）待试压的管道内水位上升到溢流排水口时管道排气工作完成，停增压泵。用气囊封堵溢流排气管，再启动增压泵注水打压，观察压力表当压力达到 0.6 Mpa 时停泵保压 30 分钟。检查法兰及接口有无漏水并做好记号，如有漏水则需要在卸压后修复再试。

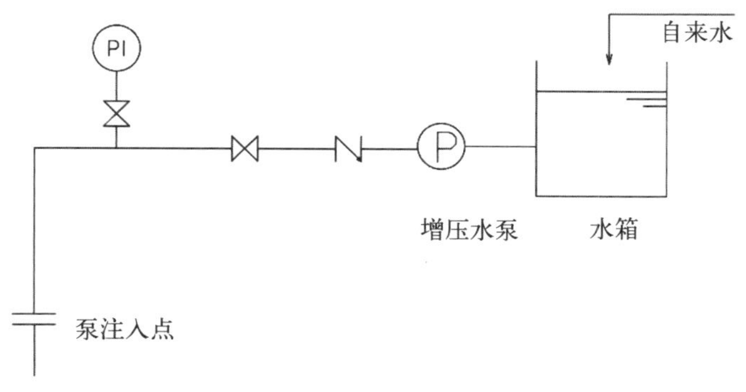

图6-55　管道试压加压部分工艺流程

图6-56　现场管道试压

2. 砂缸泵进水阀至展池进水口间管道试压

在对这部分管道进行压力测试前，先启动砂过滤泵对砂缸及管道灌满水，因为试压泵流量小，要注满水需要很长时间，可以提前用软管接自来水给砂缸注水。这部分管道试压的顺序如下：

（1）展池进水口采用气囊封堵（如设计时有盲板或堵头封堵就不用再封堵）、砂缸泵进水阀关闭。

（2）砂缸及接触氧化罐的阀门打到产水运行状态。

（3）板式换热器阀门处于产水状态。

（4）采用接触氧化罐排气阀在试压时排气；如果到展池的管道在高处时需要在展池进水封堵盲板安装排气阀，用于管道试压排气。

（5）增压泵注水连接：将砂缸泵后面压力表取下，将增压泵送水出口与压力表底座接口相连。

（6）以上（1）～（5）部分操作完成，增压泵与试压管道完成连接、水箱注满水。

（7）打开增压泵进、出口及压力表进口阀门，增压泵启动开始对管道注水（启动前增压泵要先排气）。同时打开接触罐的排气阀进行排气。

（8）接触罐排气管出水没有气泡时排气工作完成，关闭排气阀继续注水打压，观察压力表的压力值，达到 0.6Mpa 时停泵保压 30 分钟。

（9）检查漏水点做好记号，卸压后进行维修。

3. 吸污管道及放流管道试压

这部分管道试压的顺序如下：

（1）展池内吸污口采用 PVC 堵头封堵。

（2）溢流排水管用气囊封堵（留一个地势较高的气囊暂时不要封堵，作为试压注水时排气使用）。

（3）排水总管末端的污水井内采用安装 PVC 法兰及盲板封堵。在盲板上开孔安装增压泵注水接头。

（4）管道中间阀门全部打开。

（5）以上（1）~（4）部分操作完成，增压泵与试压管道完成连接、水箱注满水。

（6）打开增压泵进、出口及压力表进口阀门，增压泵启动开始对管道注水（启动前增压泵要先排气）。

（7）待试压的管道内水位上升到溢流排水口时管道排气工作完成，停增压泵，用气囊封堵管口。

（8）溢流排气管封堵完成后，启动增压泵注水打压，观察压力表的压力值，达到 0.6 Mpa 时停泵保压 30 分钟。

（9）检查法兰、接口有无漏水点，做好记号，卸压修复后再试。

试压完成后，把过程记录的图片整理做成相应的场馆管道压力测试报告书。报告书内容包括：试压开始压力图片、30 分钟后压力变化图片、漏水点统计、修复后再次测试的漏水情况等（图 6–57）。

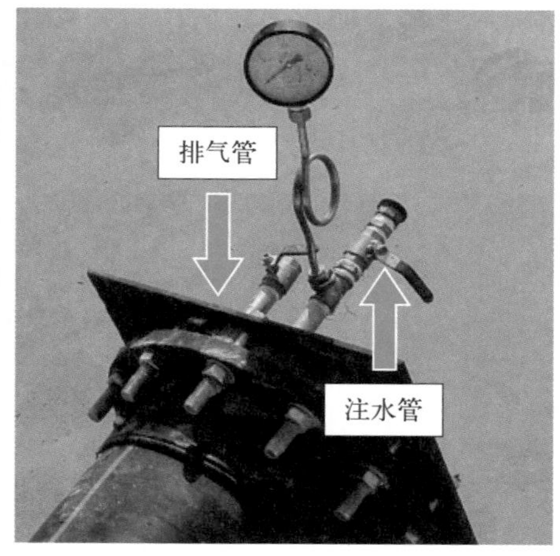

图6–57　管道压力测试

六、管道水压试验要点

（1）对于粘接连接的管道须在安装完成 24 h 后才能进行试压。

（2）试压管段上的三通、弯头特别是管端堵头的支撑要有足够的稳定性。若采用混凝土结构的止推块，试验前养护时间达到额定的抗压强度。

（3）试压时一边向管道注水一边要打开排气阀排掉管道内的空气，注水须慢慢进入管道，以防止发生气锤或水锤。

（4）试验压力应为管道系统工作压力的 1.5 倍，但不得小于 0.6 MPa。

（5）充满水后，进行水密性检查。

（a）加压宜采用手动泵缓慢升压，升压时间不能小于 10 min。

（b）升至规定试验压力后，停止加压，稳压 1 h。观察接头部位是否有漏水现象，稳压 1 h 后，出现压力降时，补压至规定的试验压力值，15 min 内的压力降不超过 0.05 MPa 为合格。

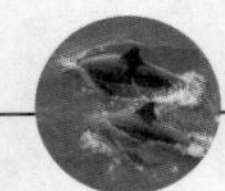

第7章　维生系统展池及鱼缸的防水施工

第1节　展池的腐蚀

展池结构型式需要结合水体容量、深度等因素来决定，常见的结构有钢筋混凝土、玻璃钢、亚克力玻璃、碳钢内衬 FRP、普通玻璃、钢化玻璃等结构，为了节省成本，大部分展池是采用钢筋混凝土结构，为了防止钢筋混凝土结构展池被海水腐蚀，展池内表面需要作防腐处理。

一、钢筋混凝土展池池体腐蚀的原因

（1）展池内表面没有作防水防腐处理，海水渗入混凝土并腐蚀内部的钢筋，钢筋被腐蚀后生锈膨胀，导致混凝土破裂（图 7–1）。

（2）展池没有作防水防腐层保护，使用中长期接触盐水混凝土中钢筋腐蚀生锈（图 7–2）。

图7–1　展池外壁钢筋腐蚀后混凝土脱落

图7–2　展池内壁钢筋腐蚀

（3）展池内结构柱的防水层脱落（图 7–3）。

图7–3　某海洋馆展池防水层脱落

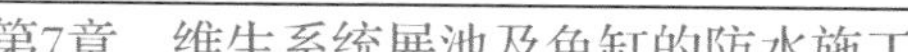
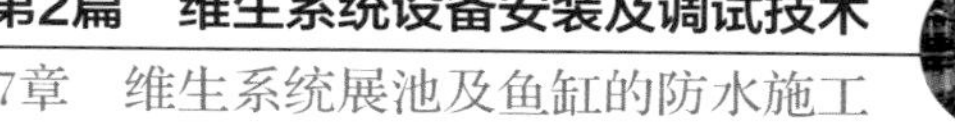

二、展池混凝土基面处理不良或涂料选型不当

基面处理是防水施工质量好坏的关键，展池防水施工前需要由监理组织业主、土建及相关施工单位等对钢筋混凝土结构池体的施工质量进行验收：

（1）包括基面清理、基面找平。

（2）确保其基面坚固、平整、干净，无灰尘、油腻、蜡、脱模剂等以及其他碎屑物质。

（3）如有孔隙、裂缝等缺陷的，须预先用水泥砂浆修补抹平。

（4）阴阳角处应抹成圆弧形。

（5）表面不得有尖锐的钢筋或金属否则要切割磨平；保持基面湿润但无明显积水。

展池基面常见质量问题：

（1）防水前没有对混凝土池表面进行清理及找平处理（图 7–4）。

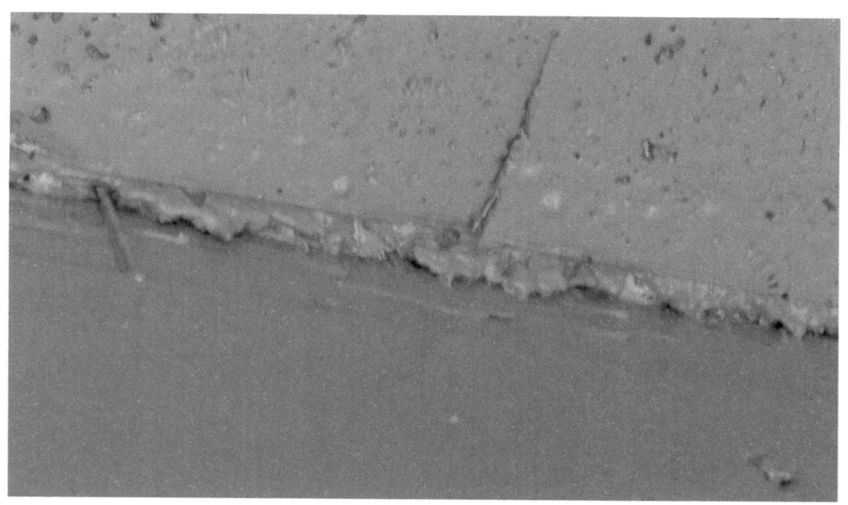

图7–4　防水前基面没有进行清理及找平处理

（2）展池表面缺陷没有做处理直接做防水（图 7–5）。

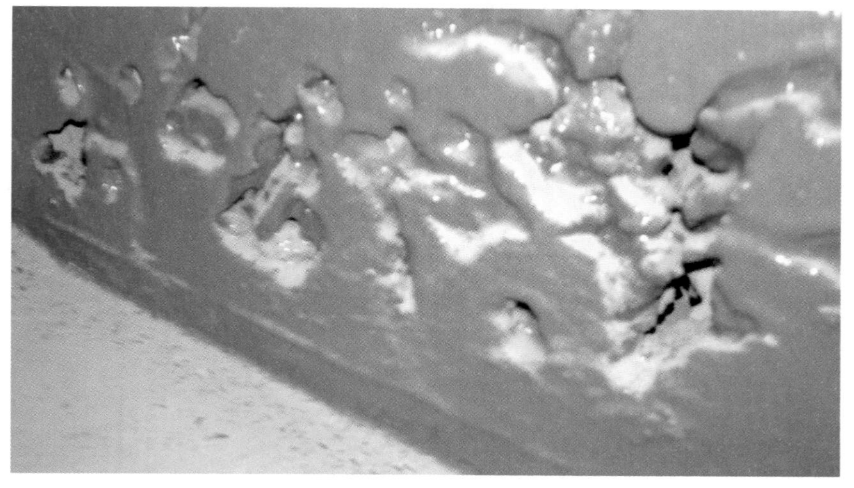

图7–5　防水前基面没有填缝处理，就直接施工

（3）展池表面防水层涂料选型不当，如涂料不耐氧化（图 7–6、图 7–7）。

图7–6　池面涂料用手可以划掉

图7–7　池面涂料脱落后

三、展池内支架防水

展池内所有支架的化学锚栓需要作防水处理后再与支架固定，焊接的不锈钢支架表面的焊缝需要酸洗打磨处理；安装的支架未做处理、锚栓没有做防水处理直接安装（图 7–8）。

图7–8　化学锚栓及支架需要处理后才能安装固定

小型的 FRP 缸体、亚克力缸体支架建议采用 SUS316 材质制作，如果采用碳钢支架在安装前需要对支架进行环氧防腐包裹处理，如果防腐层太薄施工时刷花遇到海水时会腐蚀生锈（图 7–9）。

图7-9　锈水从展池包装渗出来，此时修复是十分困难的

第 2 节　展池的防水施工

池体防水按所采用的材料不同可分为环氧树脂涂料、玻璃钢（环氧树脂加玻璃布）、聚脲等。重要的展池防水通常采用玻璃钢防水，玻璃钢防水有“一布三油，二布四油，三布五油”等，其中布指玻璃丝纤维布，油指环氧树脂。以下以聚脲为例说明展池防水流程。

一、展池防水施工工艺

防水基层质量检查——基面处理——拼接缝处理——聚脲底漆施工——喷涂聚脲加厚层——整体喷涂聚脲层——自检修补。

二、展池防水节点处理方案

聚脲的强度一般高于聚脲与底材间的粘接强度，在强外力作用下，聚脲涂层从底材上脱落，而聚脲涂层本身并不会出现损坏，这样就容易导致一旦聚脲涂层出现脱落，其范围就很容易扩大。这种现象常出现在边缘等应力较集中的节点处，所以对节点的地方应进行特殊处理。

1. 边缘处理

聚脲边缘是聚脲涂层在使用过程中最容易出现问题的地方，尤其是边角位置，所以必须对边缘进行收边处理。常用的收边方法有平滑过渡收边、平切收边、开槽收边和压条收边。

（1）平滑过渡收边。

平滑过渡收边是应用最多的收边方法，适用于各种基材的收边处理，只要把收边部位自然过渡到底材表面就可以了。

（2）平切收边。

平切收边也是一种经常使用的收边方法，适用于各种底材。使用平切收边可以得到平整的涂层边缘。做平切收边时，需在无须喷涂的一边做好遮蔽保护，喷涂聚脲后及时进行修边，切出平整的边缘，并用密封胶进行封边，形成平滑过渡。

（3）开槽收边。

对于应力比较集中，或车辆来往较多等对收边处强度要求较高的地方，可采用开槽收边处理。开槽收边一般只适用于混凝土底材。开槽收边的方法：先在混凝土上沿收边位置切出约 1cm 深的切线，用角磨机沿切线在收边侧打磨出约 3 cm 宽的斜面，形成"↘"状。槽内按正常基面进行底漆施工和聚脲喷涂。

（4）压条收边。

压条收边是一种强度较高的收边方法，操作相对麻烦，需另定制合适的金属压条，同时，需对压条做额外的保护，所以一般较少使用。

2. 阴阳角处理

对于一些耐磨防撞要求较高的场合，阴阳角需进行平滑处理，以提高聚脲涂层使用寿命。阳角用角磨机将其磨成平滑倒角；阴角用密封胶或砂浆将其修补成平滑倒角，后续施工按正常基面处理。

3. 根部处理

根是指烟囱、基础、池内部构件、预埋管道贯穿件等突出物的根部，是应力较集中的地方。根的结构分为贯穿件和非贯穿件两种，根部喷涂可按阴角处理（图 7–10）。

图7–10　机房地面防水时支架基础的处理方法

4. 孔的处理

孔的处理按直径大小分两种处理方法：

（1）当直径大于 20 cm 时，为防止其周围的涂层因受力而造成脱落，应先在孔内刷涂底漆，

从孔的顶部向底部涂 10 ~ 15 cm 底漆，然后调节喷枪角度，将聚脲喷涂到孔内。

（2）当直径小于 20cm 时，不能将聚脲直接喷涂到孔内，以免造成堵塞，因此在施工前应用硬质材料将孔遮盖起来，施工后及时用美工刀将涂层割断，切不可用力撕扯，以防涂层破坏，然后用密封胶将边缘密封。

5. 常见施工缝有变形缝和金属底材的连接缝

变形缝：是为了防止建筑物因温差变形、不同沉降度和地震造成的变形和破坏而采取的缓冲方法。变形缝的聚脲施工，可在变形缝中填充弹性密封胶后，按正常基面进行底漆施工和聚脲喷涂。

金属底材的连接缝：把定位螺栓和搭缝处用密封胶填补，使其平滑过渡到底材上，底漆施工完成后，先喷涂一道聚脲作为增强层，最后再按正常基面一样进行整体喷涂。

三、施工前的注意事项

（1）对池壁混凝土结构表面所含物质做结构测试。以判断是否需要配备相应达到黏结要求的底漆。

（2）观察基面的平整度，太光滑必须打磨粗糙；太粗糙，必须打磨平整，去除表面浮浆、油污、油脂、养护剂、散砂石；表面平整度要求：做好表面平整的相关测试。

（3）预制混凝土结构表面基面必须保持干燥（含水率少于 9%）。

（4）各种预埋管件、节点应按设计规范事先预埋固定，并作密封防水处理。

（5）防水施工前要求对展池构筑物尺寸进行复核（图 7-11 ~图 7-13）。

（a）溢流口标高水平复核，要求正负相差控制在 3 ~ 5 mm 范围之内。

（b）现浇结构垂直度允许偏差：

①层高≤ 5 m，垂直度允许偏差 8 mm；

②层高＞ 5 m，垂直度允许偏差 10 mm；

③全高垂直度允许偏差：H/1000 且≤ 30。

（c）复核穿墙管周边开槽的尺寸是否满足打胶防水施工要求。

溢流槽所有的槽口标高要
求在同一水平线上，否则
交付使用后溢流出水从溢
流槽低的地方流

图7-11　防水前展池溢流槽打磨及标高复核

图7-12　防水前展池垂直度复核

图7-13　防水施工前需要测量池壁垂直度，不平整的需要返工整改，重浇混凝土

四、施工前的准备

1. 材料准备

根据通过审批的施工方案、设计要求及总包工程进度，做好施工前材料采购、工具仪表仪器的准备（表 7-1）。

表7-1　防水施工主要材料

序号	产品名称	用途
1	聚脲搭接剂	新旧聚脲黏合剂
2	喷涂聚脲	防水，保护
3	聚脲专用配套底漆	封闭基面毛细孔

2. 设备工具和辅助设施准备

专用设备：发电机、喷涂机、空压机、打磨机、除尘器、手用电动钢丝磨头及其与上述设施配套的工具。

常用工具：滚筒、刮板、灰刀、尺子、彩条布、抹布等。

安全用品：灭火器、梯子、安全护栏、安全帽、安全服、安全鞋、手套等安全劳保用品。

运输设施：厢式货车、叉车或三轮车。

3. 施工人员准备

根据工程进度要求提前组织施工队伍，所有施工人员必须经培训考试合格后才能进行施工操作。

4. 现场准备

作业条件确认：现场有工作面、自来水、电、照明通风设施等。

5. 亚克力玻璃安装确认

在防水施工前要求展池的亚克力玻璃安装完成。如果展池完成防水后再安装亚克力玻璃的话在安装过程中可能会损坏防水层，所以在防水前需要确认亚克力玻璃是否安装完成。

亚克力玻璃安装流程如下：亚克力安装槽口打磨平整——测量复核槽口尺寸符合要求——槽口防水施工——亚克力玻璃安装就位——亚克力玻璃固定——亚克力玻璃周边打胶防水施工——施工完成（图 7–14 ~图 7–16）。

图7–14 亚克力安装槽口底涂防水施工

图7–15 亚克力安装槽口防水施工完成

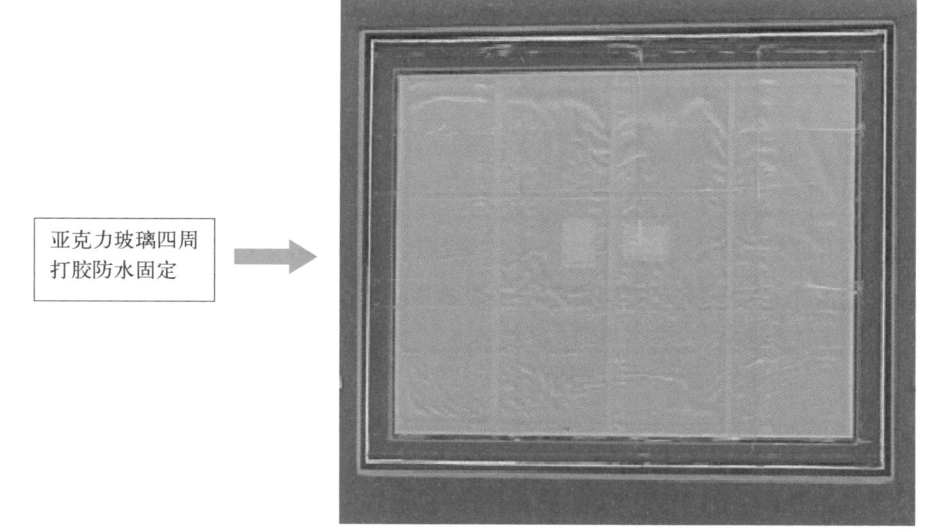

图7–16 亚克力安装完成后打胶防水完成

6. 医疗平台导轨垫板的防水

医疗平台导轨垫板防水可以单独对化学锚栓进行防水，也可以对化学锚栓与垫板固定后整体防水（图 7–17 ~ 图 7–18）。

图7–17　化学锚栓与垫板固定

图7–18　化学锚栓与垫板固定后整体防水

五、施工

1. 聚脲底漆施工

（1）底漆施工前，应确保基面清洁、干燥。

（2）大面积施工采用滚涂，细节部位应用毛刷刷涂，确保无漏涂。

（3）底漆未固化前应注意保护，避免渣子和杂物散落及人员踩踏。

2. 喷涂聚脲

（1）聚脲的喷涂施工应在底漆施工后 4 ~ 48 小时内进行，若超过 48 小时，应重新施工一次底漆。

（2）聚脲涂层的喷涂间隔应小于 24 小时，如超过 24 小时，应打磨已施工涂层表面，刷涂一道层间黏合剂，表面干后（约需 6 小时左右）施工聚脲涂层。

（3）高压喷涂机按体积比 1 ： 1 混合现场喷涂，料温 65 ~ 70℃（表 7–2）。

（4）加工成型条件：

（a）喷涂要求：每次喷涂厚度 1.0 ± 0.2mm。

（b）喷涂聚脲的施工环境温度不应低于 10℃，空气相对湿度宜小于 85%，风力不宜大于 5 级。严禁在雨天、海潮较大的时段施工。

表7-2　聚脲施工成型条件

机器	聚脲喷涂专用设备
压力	＞14MPa
A料	65 ~ 70℃
B料	65 ~ 70℃
凝胶时间	8 ~ 12秒
接触时间	＜1分
完全熟化时间	24小时

3. 施工条件

（1）基面要求：混凝土基面应清理干净、修补平整并打磨出一定的粗糙度。确保混凝土养护完成，强度达到C25或以上，且含水率低于6%。

（2）环境温湿度要求：施工环境温度在5 ~ 35℃之间，基面温度至少高于空气露点温度5℃以上；湿度范围应在30% ~ 80%之间。

（3）通风条件：施工时应保持通风，但有强风时不宜进行施工。

4. 涂装方法与要求

（1）涂料A、B组分在使用前分别搅拌均匀，条件允许的情况下建议边使用边搅拌。固化剂：色漆=1 ：1（体积比）。不允许加入稀释剂。喷涂时物料温度应控制在50 ~ 80℃之间。

（2）一般情况下，喷涂12小时后可进行下一道工序。若施工间隔时间超过24小时，需涂装一道改性聚氨酯搭接剂（HP-115）后方可施工。若涂装后遇雨水等恶劣天气，进行下一道工序前必须涂装一道改性聚氨酯搭接剂。

（3）正常情况下，漆膜在涂装完成后应养护7天以上，以确保漆膜性能达到最佳效果。

5. 建议用量

正常情况下，2 mm厚度漆膜的理论用量为2.4 kgf/m^2。

6. 施工管理

（1）现场围闭和设备覆盖保护。

（a）根据施工现场脚手架的搭设位置以及现有成品进行保护。

（b）做一个1 m×1.5 m挡风的板，适应风较大时喷涂施工（注意海风超过5 ~ 6级不能施工）。

（c）可根据施工计划布置喷涂机械，设置高空作业阶梯，同时结合加长设备管道，以满足高空作业需求。

（2）基面处理。

（a）用手动打磨机装上纤维磨头清理，保持表面清洁。

（b）打磨机打磨清理所有混凝土表面。

（c）气压枪、抹布清理表面的灰尘等杂物，干净达到聚脲施工要求。

（3）喷涂聚脲防水涂料。

（a）滚涂或涂刷聚脲专用配套封闭底漆，增强聚脲的附着力。

（b）按 A:B:C = 2:1:0.6 比例配制底漆，搅拌均匀。

（c）底漆配制后适用期约 30 分钟（25℃，温度越高适用期越短），应用小桶配制，现配现用。

（d）大面积施工采用滚涂，细节部位应用毛刷刷涂，并确保无漏涂。

（e）底漆未固化前应注意保护，避免渣子和杂物散落及人员踩踏。

（f）边角位置要注意聚脲搭接处理，采用平滑过渡处理。

（4）施工成品的保护。

（a）施工后，进行现场清理，保证工地干净和整洁。

（b）注意施工现场电线、设备的放置。注意防火防爆安全。

（c）注意成品的保护，在表面层覆盖物之前需完整无损。

（d）各工序施工过程中，如遇雨时应采取遮雨措施。

（e）防水层硬化前，严禁尖锐物品撞击扎伤防水层，以免破坏防水层。

（f）防水层施工完毕后，不能在防水层上开洞或钻孔安装机械设备。

（5）质量控制。

对完成后的涂层面按验收标准先进行自检，发现不足之处及时修补（表 7–3）。

表7–3　聚脲施工成型条件

编号	检查控制项目	检查办法
1	主材聚脲防水材料的质量性能指标是否符合设计和规范要求	检查出厂合格证，质量检验报告和现场材料抽检复检报告
2	喷涂防水层及其转角等细部构造做法必须符合设计要求	现场观察及检查防水工程验收记录
3	完工的喷涂防水层平整度符合要求	靠尺检查
4	喷涂防水层的基层应牢固、洁净、平整，不应有空鼓、松动、起砂、脱皮等现象	现场观察及检查防水工程验收记录
5	施工完的喷涂层应与基材粘贴牢固，严禁出现针孔、裂缝、起泡及翘边	现场观察及检查防水工程验收记录
6	施工完成的喷涂层厚度必须满足设计要求，最小厚度严禁小于设计厚度的 80%	针测法或割取 20mm × 20mm 试样用卡尺测量

（6）质量验收（图 7-19）。

防水工程施工完成后，竣工验收资料准备及提交。资料包括：

（a）防水防腐工程设计图，设计变更记录等。

（b）防水工程施工方案、技术及安全交底文件。

（c）材料备案及抽样检验报告。

（d）施工检验记录，防水工程验收记录等。

图7-19　防水面涂完前需要对防水层进行检查，不合格的需要返工

第 3 节　展池的防水试漏

展池完成防水施工后需要进行漏水测试，合格后才能进入下一步展池造景包装工序，展池常用自来水进行漏水测试，如果采用海水进行漏水测试一旦有渗漏，海水会通过漏点进入池壁的钢筋混凝土层，混凝土内的钢筋会有被腐蚀的风险。

池体漏水测试时展池进出水管道如未完成安装则需要采用临时措施对展池内的管道口进行封堵。

一、展池漏水测试的条件

（1）维生系统机房排水沟清理完成、集水坑排水泵安装完成。

（2）集水坑排水泵通电测试完成、排水管网安装完成。

（3）展池连接管道阀门安装完成或封堵完成。

（4）展池防水完成，保养期满、池内垃圾清理完成。

（5）试漏淡水供水管道安装完成，可以供水（图 7–20 ~ 图 7–22）。

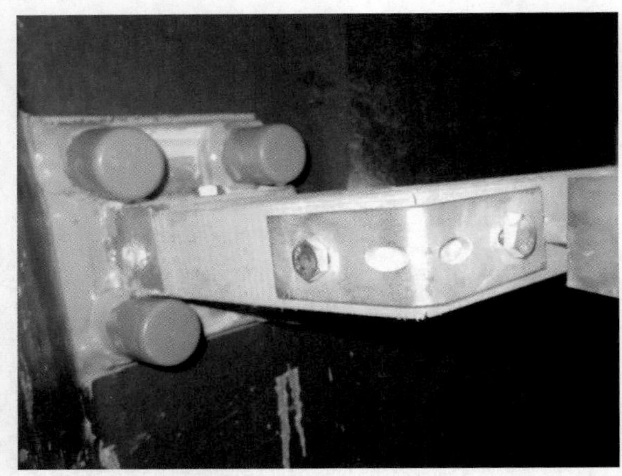

图7–20　漏水测试前展池内管件、锚栓防水打胶完成1

图7–21　漏水测试前展池内管件、锚栓防水打胶完成2

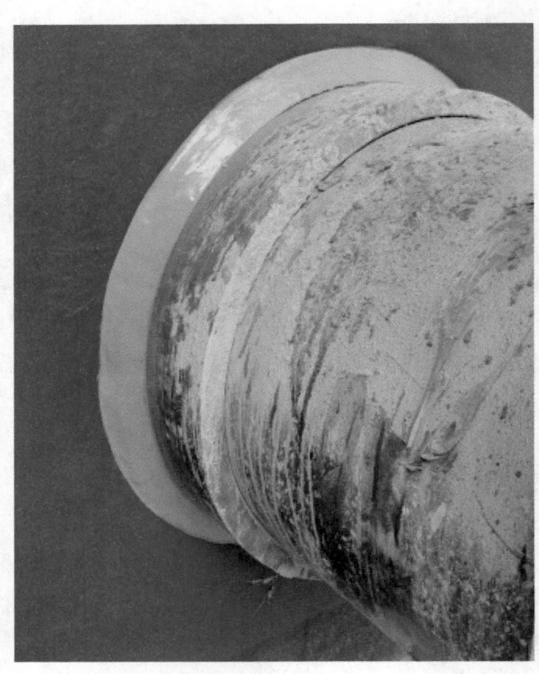

图7–22　漏水测试前展池内管件、锚栓防水打胶完成3

二、展池漏水测试工作准备

展池有大小，小展池水体容量小、展池深度较浅注水后危险性较小，若展池水体有 10 000 立方米，深度在 10 米或以上注水后就很危险了，因此大池进水前需要做好以下准备工作（图 7–23、图 7–24）。

（1）大池内壁贴水位深度标识。

（2）池周边进行安全围蔽、拉设警戒带。

（3）池面出、入口由专人值班管理。

（4）安全救生设备准备到位（救生圈、橡皮艇、竹竿、救生衣等）。

（5）安全警示标识悬挂完成。

（6）试水前召集所有承包商召开注水安全告知会议并要求所有包商在告知文件上签名。

（7）漏水检查、注水领导小组成立、相关人员微信组群完成。

（8）巡查排班表、紧急联系电话等已确认落实。

（9）试漏进水管需要伸到池底，并加装三通或弯头，防止进水直接冲击防水层。

图7–23　试漏进水管安装完成

图7–24　试水救生工具准备到位

三、试水盘的制作

试水过程时间较长，展池水位变化受气温、干湿度、风量及池壁、管道接头、亚克力玻璃周边防水渗漏及水分蒸发等因素影响，使水位下降。为了减少因水分蒸发影响到的水位下降值，在池水试漏时需要做试水盘蒸发量测验，目的是对水位下降测量值进行修正。

1. 工具

塑料长方盘规格：长 1000 mm，宽 600 mm，高 300 mm 试水盘一个，准备长 300 mm 的刻度标（可用单面不干胶制作）精度要求每个刻度是 1 mm。

2. 试水盘的使用方法

当大池注水到溢流口，停止注水、关闭大池注水阀门。试水盘内注水高度 280mm 左右，摆

放在展池地面适当的位置，每 4 小时记录一次大池及试水盘下降水位值。然后对大池实际下降水位进行修正（图 7–25）。

大池实际水位下降值 = 大池定时实测水位下降值 – 试水盘水位下降值

图7–25　测试水位下降的高度

四、展池漏水测试的操作

（1）展池进水条件具备、试水安全工作准备到位、试水盘准备完成；参与进水相关部门、分包项目负责人及值班人员到位，确认所有进水工作就绪，打开进水阀门，记录入水时间、进水流量及进水累计水量，检查进水管道有无漏水。

（2）每 2 小时报告一次水位上升的高度、进水量、进水流量、展池周边漏水检查的情况、亚克力玻璃变形量等。

（3）试漏浸泡时间为 10 天左右，每天定时专人检查池底、周边、管边是否有渗漏，做好拍照记录。漏点需要在排水后进行修复，修复后需要重新试漏。

（4）试漏合格后展池内部的造景包装施工开始进场（图 7–26、图 7–27）。

图7–26　试水检查发现的漏水点1

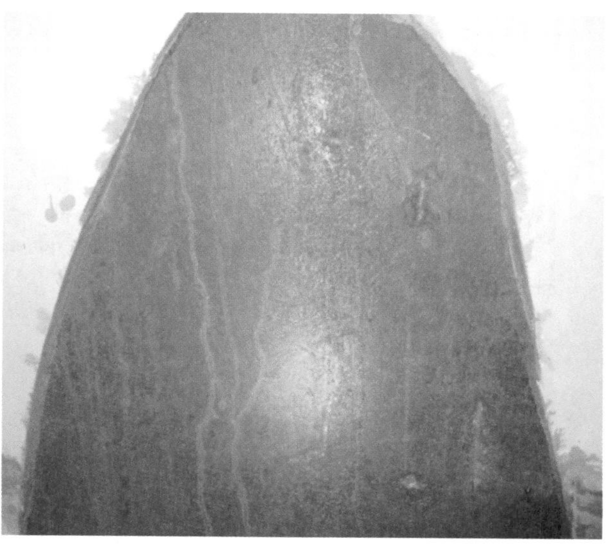

图7–27　试水检查发现的漏水点2

五、维生系统防水工程专业图样

防水工程图样

车库地面防水施工

漂流河水施工

车库地面防水施工

水上乐园防地面

水上乐园泳池地面防水施工

海豚表演池防水施工

海狮暂养池地面防水施工

海豚互动池地面防水工

造浪池地面防水施工

（以上图片由恒克建设工程有限公司提供）

第8章　维生系统设备安装

第1节　维生系统设备安装前的准备

一、深化施工图纸及施工组织方案

在进行设备安装前，完成以下图纸及资料报审：

（1）施工单位提交经监理单位及业主批准的施工组织方案。

（2）施工单位提交经监理单位及业主已批准深化施工图纸包括：设备工艺管道仪表流程图（PID图）、设备平面布置图、设备立面图、轴测图、节点大样图；设备配管图、电柜式样及图纸、电气接线图、缆桥架布置图等。

二、材料设备准备

在设备安装前，设备及材料的品牌报审及到货验收：

（1）所采购的主要材料及设备品牌必须经过监理单位及业主的审批。

（2）采购设备选型清单经监理单位及业主批准、采购设备及材料进场时经业主及监理检查验收合格。

三、施工前准备

（1）安装现场确认：可供施工的工作面、临时用电、临时照明、设备进场通道畅通、卸货点具备吊车停放及起吊条件。

（2）现场临时仓库搭设完成，施工机具到场，检查合格。

（3）设备、材料进场并检验合格。

（a）按供货清单核对设备的规格型号、品牌及数量，同时检查设备的外观是否有损坏和锈蚀。做好开箱拍照及记录，检查说明书、检测报告、出厂合格证是否齐全；

（b）主要材料进场时，必须有出厂合格证及检验报告。若出现材料代用，必须取得监理及业主认可后，方能投入使用。

（4）安装现场检查验收。

监理组织由业主、土建及相关专业的施工单位按照施工图纸对机房空间、设备基础、预埋件、预留孔等的标高、尺寸及坐标位置进行验收。

对预埋螺栓的标高、规格、螺栓长度、表面的清洁度、预埋地脚螺栓根部中心位置、垂直度等进行验收。

（5）施工人员进场安全培训及技术交底。

（a）进行三级安全教育（班组、分包单位、项目部三级）；

（b）安全教育考试及收集个人信息资料；

（c）项目安全员验收与发放个人劳保用品；

（d）进场安全技术交底；

（e）施工现场危险源告知；

（f）给安全教育考试合格的施工人员发放胸卡（安全教育考试不合格的施工人员，须进行再教育和重新考核；对三次考核不及格的人员作退场处理）。

四、设备平面布置图

设备安装流程：设备到货、检查验收、吊装卸货、搬入就位，设备就位是以设备平面布置图为依据，搬入设备在机房内进行就位。

设备平面布置很重要，它直接影响到设备的使用、操作、维修、填料安装及更换、日常维护点检等工作。设备布置图的设计要综合考虑以下几点：美观大方；横平竖直；方便操作、维修；方便巡查点检及应急处理（图 8–1、图 8–2）。

图8–1　设备安装要求横平竖直错落有致

图8–2　合理布置维修及操作平台

以下就砂缸布置的几个方案作说明：

图 8-3 布置方式砂缸平行间距太小，影响到填料安装及更换，另外泵与砂缸距离太近，安装接触氧化塔及加药泵拐弯太多。

图 8-4 布置方式缺点与图 8-3 大致相同，砂缸面管占的空间太大，在泵与砂缸之间不能布置接触氧化塔及加药泵。

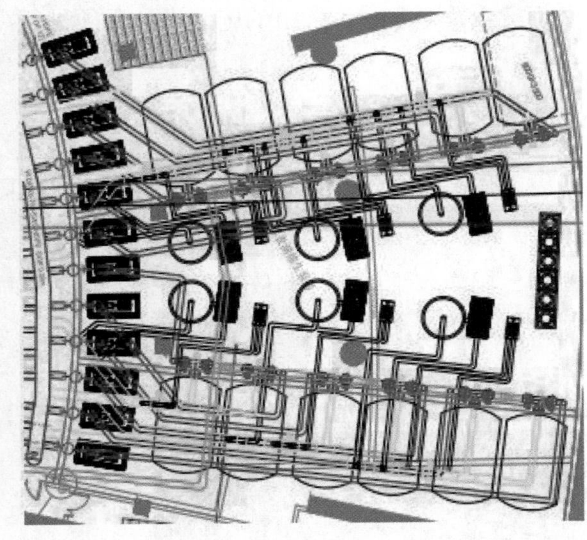

图8-3　砂缸布置方案1

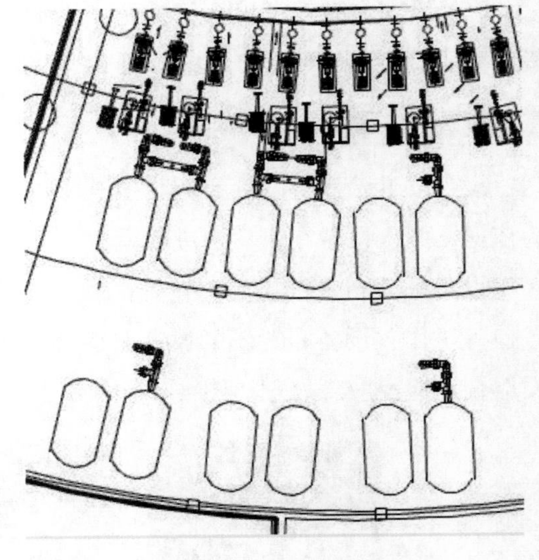

图8-4　砂缸布置方案2

图 8-5 布置方式综合调节砂缸间距及操作平台的距离，泵与砂缸之间适合布置接触氧化塔及加药装置。

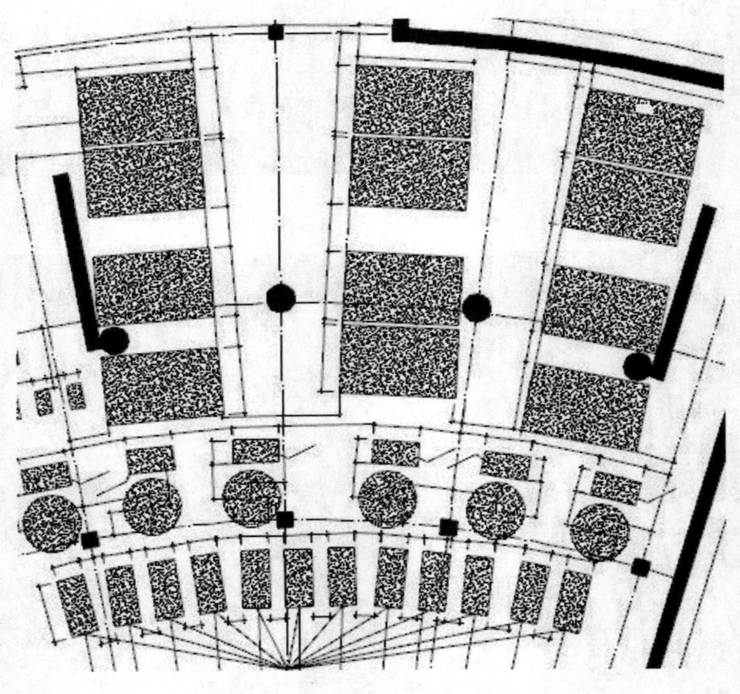

图8-5　砂缸布置方案3

第 2 节　维生系统设备安装技术

一、设备定位施工放线

设备基础是由维生系统专业承包公司提资，土建总包负责施工，专业公司需要对设备基础施工过程进行监督确保设备基础满足安装要求。设备安装首先是施工放线，把设备基础的中心线、边线放出来，完成放线后还需要对尺寸进行复核。

二、设备的定位及调整

（1）为了确保设备在基础上准确就位，设备吊装就位后应根据已设置基础的中心线、边线及挂设基准线对设备位置进行微调。

（2）基准线的挂设跨距不宜超过 40m。基准线应挂设在便于调整的线架上，用线锤对正中心点，当设备基本就位后还需要用激光水准仪进行复核。

（3）设备定位关键控制点（表 8–1）。

表8–1　设备安装控制值

项目	批量砂缸、泵、阀门、支架等同一平（竖直）面的法兰片前后误差	批量砂缸、泵、阀门等同一平（水平）面方向法兰片高差	批量砂缸、泵、阀门平行误差
安装控制值	≤ 5mm	≤ 5mm	≤ 5mm

（4）安装过程中的标高调整后还要用激光水准仪进行复核。

设备水平度按整体设备及分体设备采用不同方法进行调整。一般整体设备在设备的工作表面直接用水平仪测量调整，分体设备安装时可分别对分体部件进行找平。

设备安装就位复核完成后，可以打膨胀螺栓固定，然后进行设备配管（图 8–6）。

图8–6　叠式砂过滤器就位

三、安装技术

1. 高位阀安装

因受安装条件限制遇到高位安装的阀门时，为操作方便，可以选用链条阀，使得操作较方便（图 8–7、图 8–8）。

图8–7　高位链条阀1

图8–8　高位链条阀2

2. 互锁阀门

在同一台设备中遇上要打开这个阀门同时需要关闭另一个阀门（如砂缸反冲洗）时，可以采用以下的安装方式，简单方便、杜绝误操作。在打开一个阀门的时候通过互锁杆把另一个阀门关闭（图 8–9）。

图8–9　互锁阀门

3. 法兰螺栓

法兰螺栓长度等于两片法兰厚度 +1 个垫片厚度 + 螺帽厚度 + 多余的 2–3 扣 +5 ~ 6 mm(考虑螺栓平垫厚度)，螺栓突出螺帽 2 ~ 3 个外牙（约 10 mm 左右），不要超过 5 个外牙，要按照这种要求进行安装，过长或过短都不符合规范（图 8–10、图 8–11）。

图8–10 螺栓太短，没有露头

图8–11 螺栓太长露头多影响美观

4. 盖板安装

展池内的回水坑格栅盖板或其他突出池面的盖板或构筑物需要作圆滑过渡处理，不得留缝或尖锐的边角避免伤害到动物。（图 8–12）

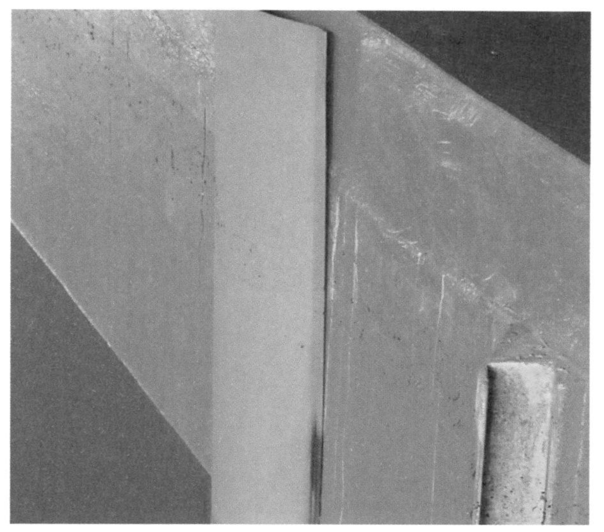

图8–12 盖板接口尖锐会危及动物安全

5. 篮式过滤器

篮式过滤器的盖板螺栓尽可能做成“T”型搭扣，不要采用普通螺栓连接，避免检查维修时需要扳手拆卸，增加检查员工的工作量，另外螺栓拆下来螺帽及垫片容易丢失（图 8–13、图 8–14）。

图8-13　篮式过滤器盖板固定方法，顶盖需求开孔预留视镜

图8-14　篮式过滤器盖板固定方法

第3节　维生系统单体设备安装

维生系统单体设备包括：泵、砂过滤器、接触氧化罐、脱气塔、蛋白分离器及臭氧系统设备等。

一、水泵的安装

1. 水泵的安装流程

基础设计提资——基础设计——基础施工——基础尺寸复核——水泵就位安装——定位微调及固定——管道连接——润滑与加油——电源接线——绝缘测试——通水、通电——正反转测试——试运转。

2. 基础设计及施工

水泵基础是由专业承包单位负责提资，由设计单位负责深化出具施工图纸。水泵基础提资包括：泵基础型式、基础平面布置、基础承重荷载以及有无减振要求等，土建总包凭设计单位出具

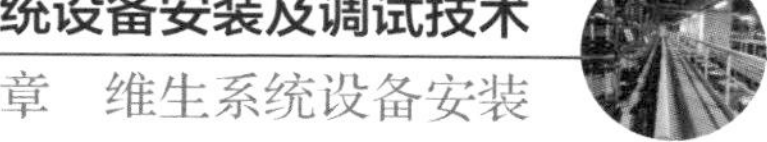

的泵基础施工图纸进行泵基础施工（图 8-15）。

图8-15　泵基础制作

3. 基础尺寸复核

泵基础施工完成交付使用前专业安装单位需要对设备基础尺寸进行复核，确认泵基础坐标、标高、尺寸、预留孔洞是否符合设计要求。

4. 泵基础安装要求

（1）基础表面平整，设备基础尺寸复核合格（图 8-16）。

（2）基础混凝土保养时间、强度满足设备安装要求。

（3）水泵基础表面和地脚螺栓预留孔的油污、碎石、泥土、积水等应清除干净；预埋地脚螺栓的螺纹和螺母应保护完好；放置垫铁部位表面应凿平。

（4）成品泵无基础座的泵安装。

（a）没有底座的水泵不能直接安装在混凝土基础上，水泵直接用膨胀螺栓把泵固定在混凝土基础上，泵震动会使螺栓松脱；在泵维修时膨胀螺栓拧开后会掉进安装孔内（图 8-17）。

图8-16　泵减振基础

图8-17　没有底座泵不能直接用膨胀螺栓固定

（b）无底座的泵正确做法（图 8–18 ～图 8–20）。

图8–18　没有底座的泵

图8–19　泵单独基础

图8–20　泵安装完成

5. 水泵基础安装尺寸要求

（1）无减振要求的基础平面尺寸应比水泵机组底座各宽出 100 ～ 150mm。

（2）有减振要求的基础平面尺寸应比水泵减振基座各宽 150mm。

（3）基础外围周边设有排水设施，便于维修时泄水或排除事故漏水。

（4）基础顶部标高，均要求高出泵房地面完成面 100mm 以上，最好能达到 300mm 以上更好，防止管道漏水浸没泵；且不得形成积水（图 8–21 ～图 8–24）。

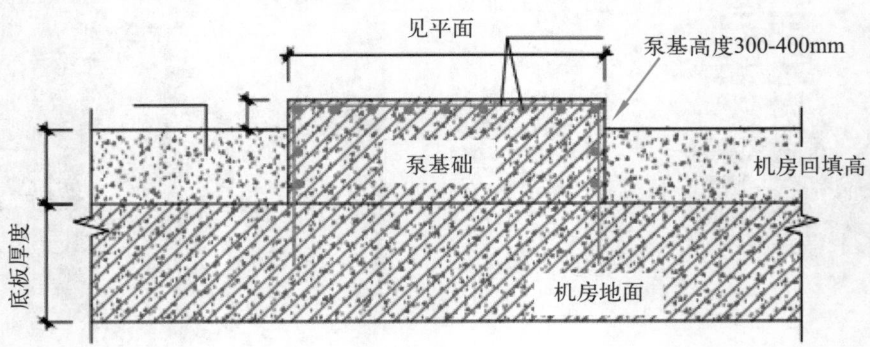

图8–21　无减振的泵基础

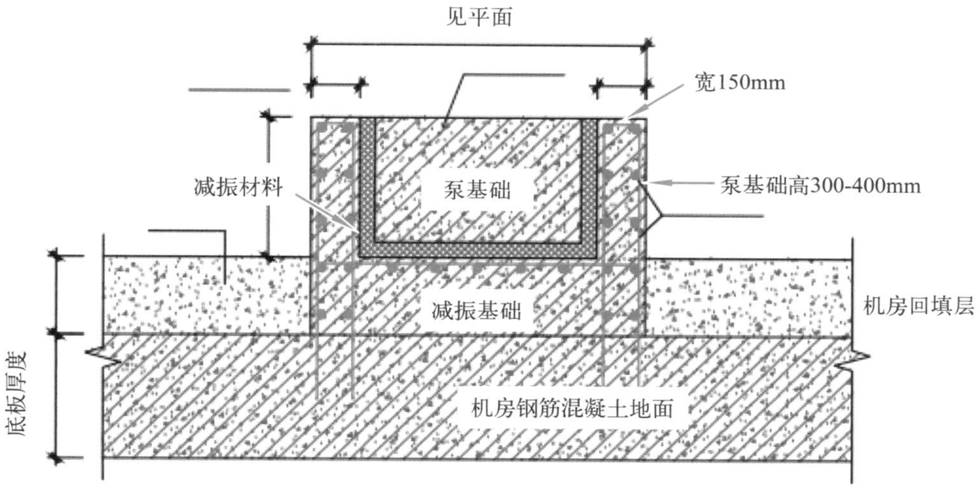

图8-22　减振泵基础

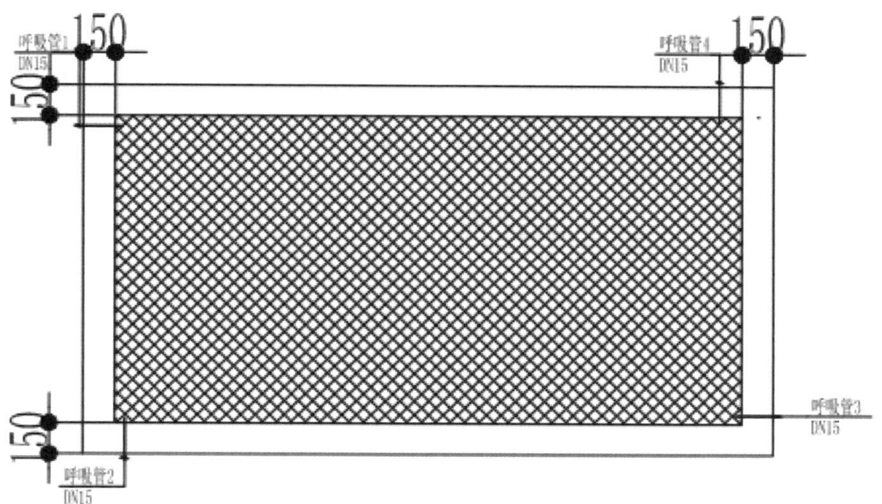

图8-23　减振泵基础平面图

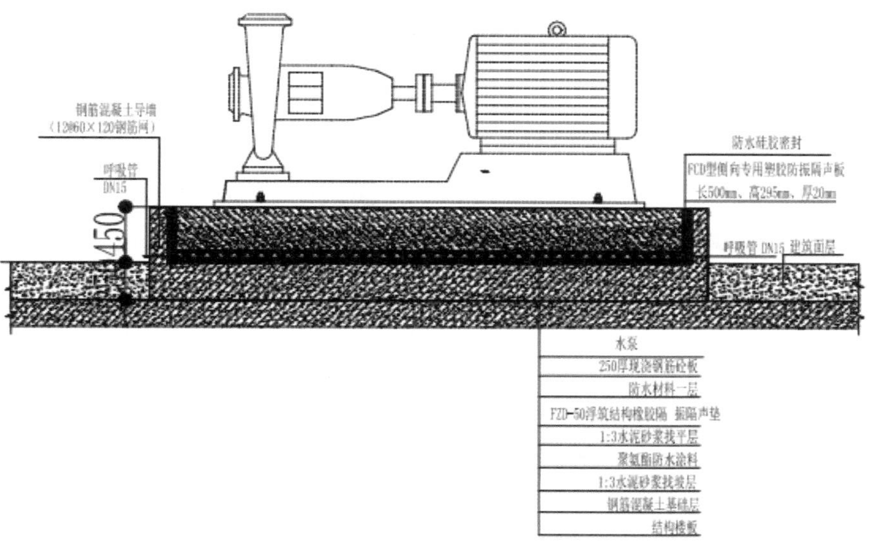

图8-24　减振泵基础节点图

（5）泵减振基础现场施工（图 8-25）。

减振基础混凝土基槽制作完成后垫防水膜

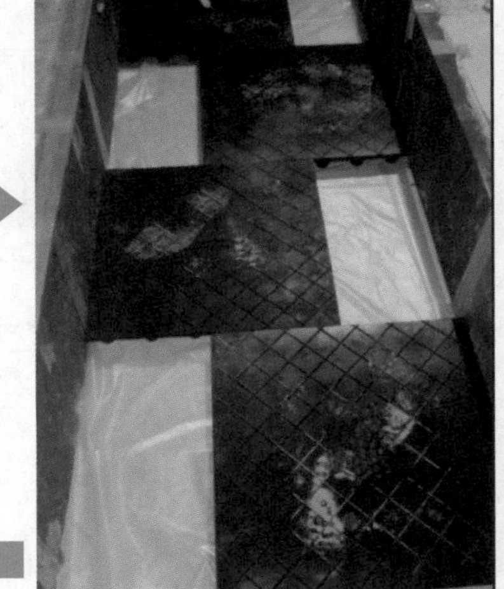

减振基础混凝土基槽安装减振橡胶

减振基础预埋机脚螺栓套管

减振基础浇筑完成

图8-25 减振基础施工过程

6. 水泵就位安装

（1）水泵到货检查。

到货进场检查：泵进场时应组织业主工程师代表、监理及供应商一起对泵进行抽样检查，发现有异常情况汇总后向供应商反馈，并要求供应商对质量问题作出整改并提交整改计划（图 8-26、图 8-27）。

图8-26 泵开箱抽样检查

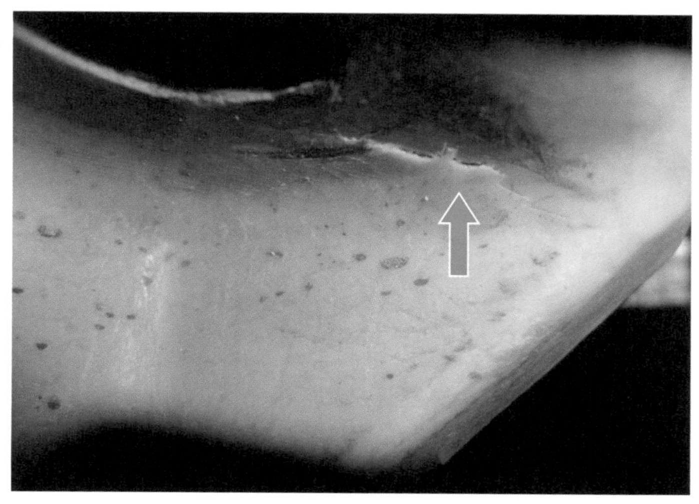

图8-27 泵检查发现有裂纹

（2）泵安装。

将水泵放置在基础上，泵进、出接口中心线、标高与施工图纸中管道或已安装管道接口中心线及标高一致，如有误差用垫铁对水泵进行调整。水泵安装定位后同一组垫铁应点焊在一起，以免受外力时松动。

（3）无减振基础水泵的安装。

水泵调平调直进出水口中心线与管道中心线对齐后，装上机脚螺栓，螺杆应垂直，螺杆超出螺母外露长度宜为 3 ~ 5 个螺牙。机脚螺栓二次灌浆混凝土的强度应比基础混凝土强度高 1 ~ 2 级，且不低于 C25；灌浆时应充分捣实。

（4）有减振基础水泵的安装（图 8-28）。

部分海洋哺乳类动物如海豚、白鲸等对声波（噪音）及振动比较敏感，维生机房的泵震动会通过混凝土基础、墙面、池壁、管道、水流等传到展池内，噪音及振动波会干扰这些动物的生活，为此有必要做好泵减振措施。

（a）卧式水泵隔振安装。卧式水泵机组的隔振措施是在钢筋混凝土基座或型钢基座下安装橡胶减振器(垫)或弹簧减振器。

（b）立式水泵隔振安装。立式水泵机组的隔振措施是在水泵机组底座或钢垫板下安装橡胶减振器(垫)。

（c）水泵机组底座和减振基座或钢垫板之间采用刚性连接。

（d）减振垫或减振器的型号规格、安装位置应符合设计要求。同一类型泵基座下的减振器(垫)应采用同一制造商生产的同一类型号减振器。

（e）水泵机组在安装减振器(垫)过程中必须采取措施防止水泵机组倾斜。当水泵机组减振器(垫)安装完成后，在安装水泵机组进出水管道、配件及附件时，需要采取措施防止水泵机组倾斜，以确保施工安全。

图8-28　有减振基础的泵安装

7. 水泵现场组装

大型水泵联轴器的泵头与电机分开发货在现场组装（通常做法是将泵头及电机安装到泵基座上，只是没有安装联轴器），需注意事项如下：

（1）把带有基础的泵及电机安放在混凝土基础上并对机架进行粗调平，然后用地脚螺栓把它固定在基础上。

（2）水泵与电机就位注意事项：

（a）电机轴芯检查应确保不要碰坏电机转子和定子绕组的漆包线皮；

（b）就位前检查定子槽内及泵头内有无异物；

（c）测试转子与定子间隙是否均匀；

（d）有无扫腰现象；

（e）电机轴承是否完好；

（f）添加润滑油。

在泵头和电机的联轴器安装前需要对泵的轴与电机轴调平调直，确保两条轴线在同一水平中心线上才能安装联轴器。

水泵安装就位时往往还没有连接出入口管道，要注意对泵出入口进行封堵，防止砖头、石块及建筑垃圾落入泵头内（图 8-29）。

图8-29　泵就位后进出口需要加盖保护

8. 安装定位及微调

（1）在泵与电机固定前需用水平仪和线坠对水泵进、出口法兰和底座加工面进行测量与复核，对泵水平度、垂直度进行精确调整，整体安装的卧式泵体水平度横向允许偏差不大于 0.10 mm，立式泵体垂直度纵向允许偏差不大于 0.10 mm。

（2）水泵与电机采用联轴器连接时，用百分表、塞尺等在联轴器的轴向和径向进行测量和调整，联轴器轴向倾斜不应大于 0.8/1000，径向位移不应大于 0.1 mm（图 8-30）。

图8-30　泵与电机联轴器安装

（3）调整水泵与电机同心度时，应松开联轴器上的螺栓以及泵头、电机和底座连接的螺栓，采用不同厚度的薄钢板或薄铜皮来调整角位移和径向位移。微微撬起电机或水泵的某一需调整的一角，用薄钢板或薄铜皮垫在螺栓处。检测合格后，拧紧原松开的螺栓即可（图 8-31）。

图8-31　泵调平调直

9. 润滑与加油

检查水泵的油杯并加油，转动联轴器，水泵盘车应灵活，无异常现象。

10. 管道连接

在泵调平调直安装固定后，可以进行泵进出口管道安装连接。

11. 电机通电前绝缘测试

电机正式通电前测试电机接线进行绝缘，绝缘测试合格后再进水测试泵正反转。

12. 试运转

（1）打开进水阀门、水泵排气阀，使水泵灌满水，将水泵出水管上阀门关闭。

（2）先点动水泵测试水泵转动情况，检查有无异常、电动机的转向是否正确。

（3）然后启动水泵，慢慢打开泵出水管上阀门，检查水泵运转情况、电机及轴承温升、压力表和真空表的指示数值、管道连接（漏水）情况。

13. 水锤防护

开泵、停泵、阀门开关过快或配电系统故障，使压力管道内的水流状态急剧变化，引起压力交替升降的水力冲击现象，严重时水锤现象可破坏水泵、阀门及管道，以致系统不能正常工作。

（1）阀门开关过快水锤防止措施：

（a）延长阀门开关时间（开关时间为 4 ~ 6 秒）。

（b）离心泵和混流泵应在阀门关到 15% ~ 30% 时停泵，轴流泵出口一般不宜设阀门。

（2）停泵过快水锤防止措施：

（a）排除管道内空气，管道满水后再开泵。

（b）停泵水锤主要因为止回阀关闭过快引起，因此取消止回阀可以消除水锤的危害。一般一级泵房可以取消止回阀。

（c）采取缓冲止回蝶阀，这种阀适宜安装在大于 700mm 的管道上，可以消除水锤。

（d）紧靠止回阀并在下游安装水锤消除器。

14. 篮式过滤器

篮式过滤器是安装在泵前面，用来除去进水中的残饵，池内脱落的涂料及残留在管道中的石块及杂物，避免对泵叶轮造成损坏。篮式过滤器常见有不锈钢、FRP 及塑料材质的篮式过滤器（图 8–32、图 8–33）。

篮式过滤器常见的缺陷：

（1）顶部盖板没有视镜，内部垃圾堆积情况需要拆开盖子才能看到（参见图中不锈钢篮式过滤器）。

（2）虽然部分顶部有视镜，但是视镜设置在顶盖的高位导致视镜下面有空气累积，通过排气阀也排不干净，影响篮式过滤器视镜的观察。

（3）顶部有视镜的篮式过滤器用手电筒一照就可以看清楚过滤器内部堵塞的情况，不需要停机打开顶盖（如图），非常方便操作人员的巡查。

图8–32　不锈钢篮式过滤器

图8–33　FRP篮式过滤器

篮式过滤器改进方案（图 8–34）。

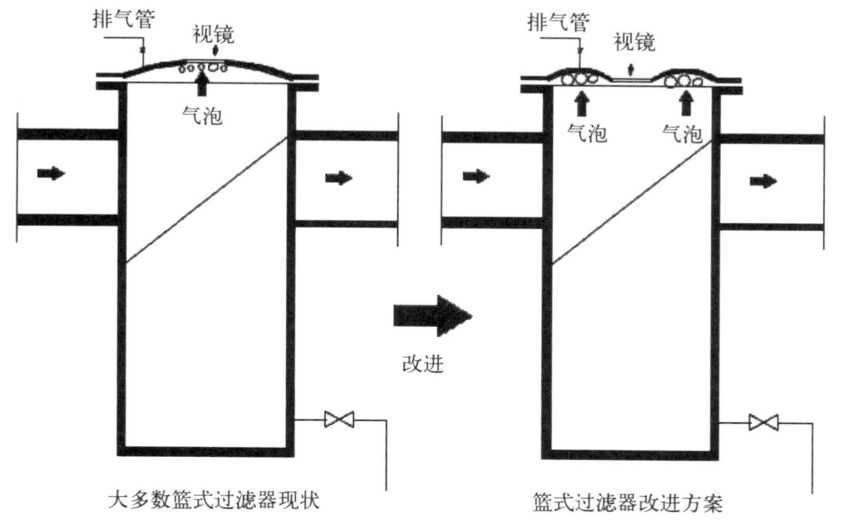

图8–34　篮式过滤器改进

二、砂过滤器安装

砂过滤器安装步骤如下：

设备安装放线——设备就位——管道安装——设备固定——填料安装——调试。

1. 安装放线及就位

（1）维生系统砂过滤器可分为立式、叠式、卧式三个类型；立式砂缸过滤流量小，适用于水体稍小的系统过滤。卧式缸安装占空间小、过滤流量大适用于大型的系统过滤。叠式缸也属于卧式缸，它是在安装空间受限制时使用，叠式缸处理流量大，但是安装难度大；砂缸选型时可以根据安装空间结合流量进行选择。

（2）砂过滤器是维生系统大型设备，安装前首先考虑设备进场通道、运输及吊装方式，叠式砂缸是分体进场现场组装，由于安装精度要求高，需要考虑组装吊装方案。

（3）砂过滤器的型式对比（表 8–2）。

表8–2　砂过滤器的型式对比

编号	过滤器型式	优点	缺点	备注
1	叠式砂缸	占地空间小，效率高	安装难度大、高位阀门操作不方便	适用机房安装空间受限制大型的系统
2	卧式砂缸	处理流量大	设备运输所占空间大运输费用高、吊装及搬入难度高	用于大型的维生系统
3	立式砂缸	占地面积小	过滤流量低	用于中、小系统

（4）以下是砂过滤器几种型式（图 8–35 ~ 图 8–39）。

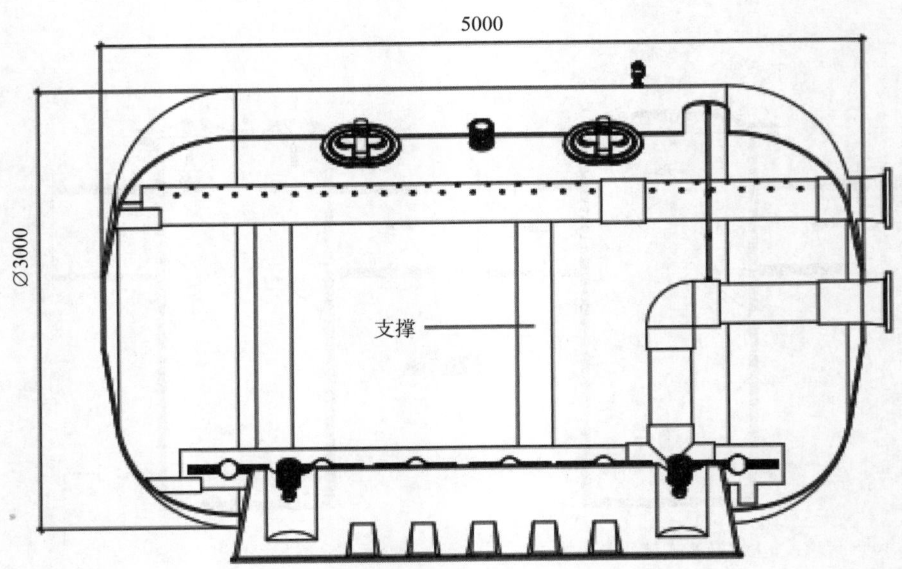

图8-35　卧式砂过滤器正面

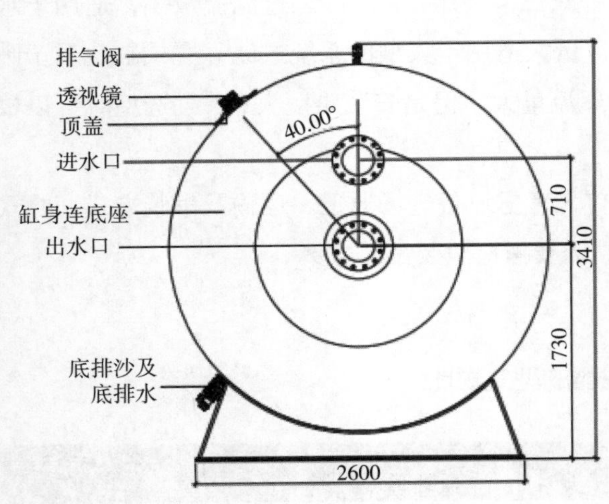

图8-36　卧式砂过滤器侧面

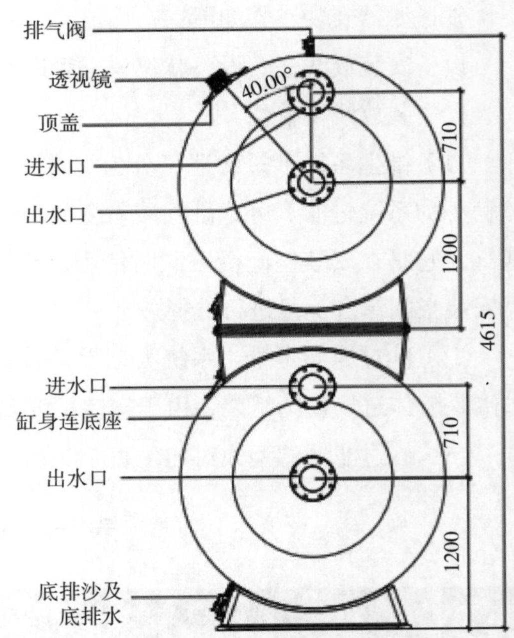

图8-37　叠式砂过滤器侧面

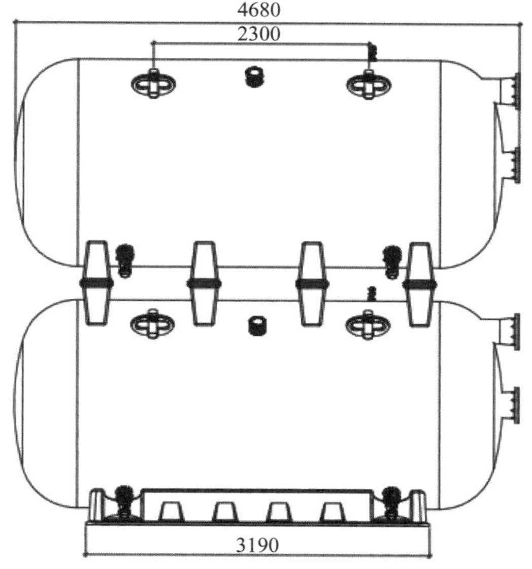

图8-38　叠式砂过滤器正面

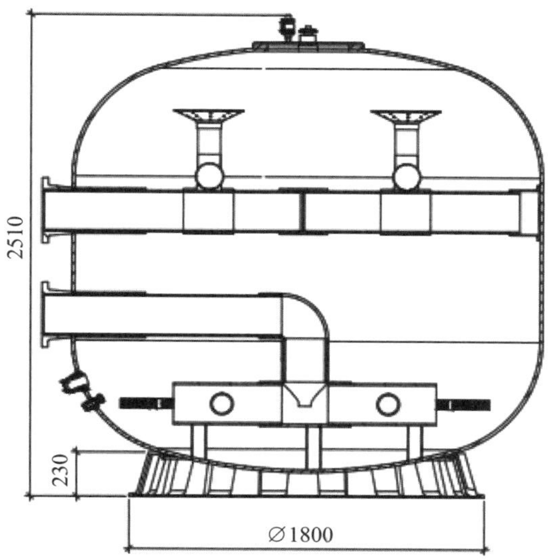

图8-39　立式砂过滤器正面

（5）砂过滤器就位安装时注意以下几点：

（a）砂缸就位需要考虑填料安装口的朝向是否便于填料的搬运及安装；

（b）砂缸布置是否有利于管道安装；

（c）砂缸的布置是否便于仪表、阀门的开关及日常检查；

（d）砂缸布置需要留出合理的维修及点检通道。

2. 砂过滤器的管道安装

（1）配管。

砂过滤器管道安装前需结合深化施工图纸对砂缸单体配管图进行优化，综合考虑深化图纸是否合理再结合现场情况画出配管草图，从横平竖直、美观、阀门操作方便及仪表方便点检等角度进行调整优化。

（2）砂缸设备配管的方法。

为了避免安装过程出现配管错误返工造成经济上的损失，现介绍一种比较有效的方法：管道预配法（图 8-40）。

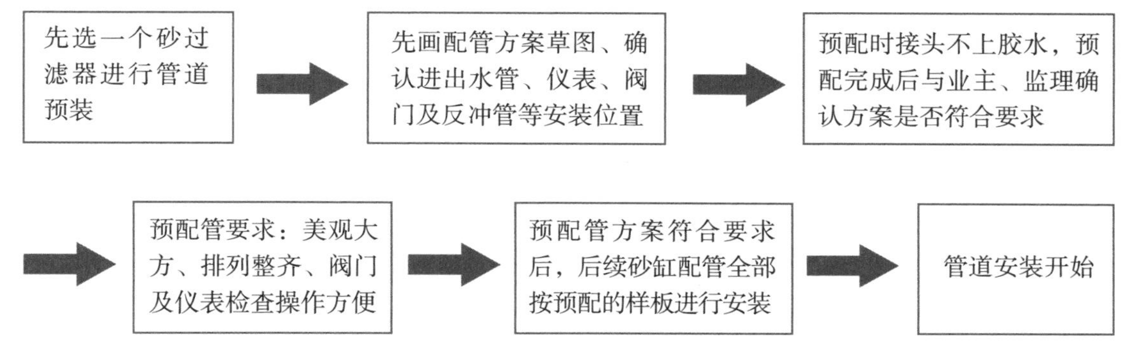

图8-40　砂缸设备配管安装过程

预配时先画配管方案草图，UPVC 管连接不要上胶水（预防出错时配件拆不下造成损失），预配完成后通知业主、运营部门及监理一起进行配管确认（确认：美观、横平竖直、整洁，阀门方便操作、仪表方便点检及校正等），验收合格后其余砂过滤器参照这个样板进行配管。

（3）砂过滤器固定。

设备配管完成后，可以打膨胀螺栓固定。

（4）填料的安装。

（a）填料安装前检查。

填料安装前需对砂缸内部的管道、布水器等构配件进行检查，通常是由安装单位专业工程师先行对砂缸内部进行检查收集存在的问题点，然后再通知制造商对砂缸存在的问题进行检查、固定及修复。重点检查下布水管损坏、接头连接及固定情况（图 8–41 ~ 图 8–43）。

图8–41　砂缸下布水管没有固定

图8–42　砂缸下布水管固定

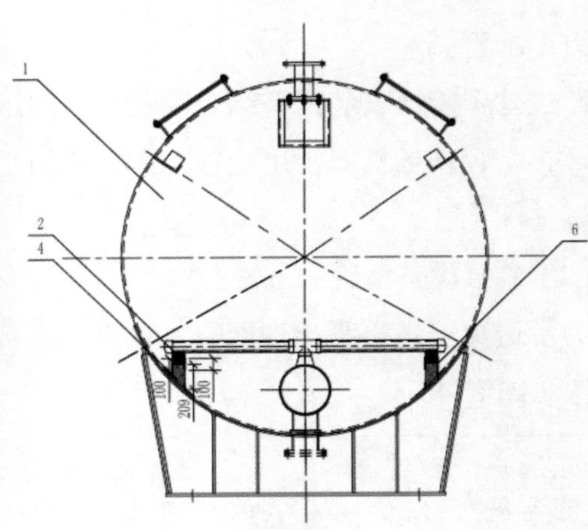

图8–43　砂缸布水管检查及加固

（b）填料方案报审及样板确认。

砂过滤器配管完成后便可以进行填料安装。填料安装前填料方案需要经过监理及业主的审批，同时填料样板需要经过业主审批认可，然后才能开始采购（图 8–3、图 8–4）。

表8-3　石英砂填料目数与外径规格对比表

石英砂编号	对应目数	石英砂外径尺寸	备注
1#	3 ~ 6 目	3.35 ~ 6.7 mm	3 目对应 6.7 mm
2#	6 ~ 9 目	2.15 ~ 3.35 mm	6 目对应 3.35 mm
3#	9 ~ 16 目	1.0 ~ 2.15 mm	10 目对应 1.7 mm
4#	16 ~ 28 目	0.60 ~ 1.0 mm	16 目对应 1.0 mm
5#	28 ~ 50 目	0.30 ~ 0.60 mm	30 目对应 0.55 mm
6#	50 ~ 70 目	0.21 ~ 0.30 mm	40 目对应 0.38 mm
7#	70 ~ 100 目	0.15 ~ 0.25 mm	50 目对应 0.27 mm
8#	100 ~ 160 目	0.1 ~ 0.15 mm	60 目对应 0.23 mm

表8-4　填料规格确认表

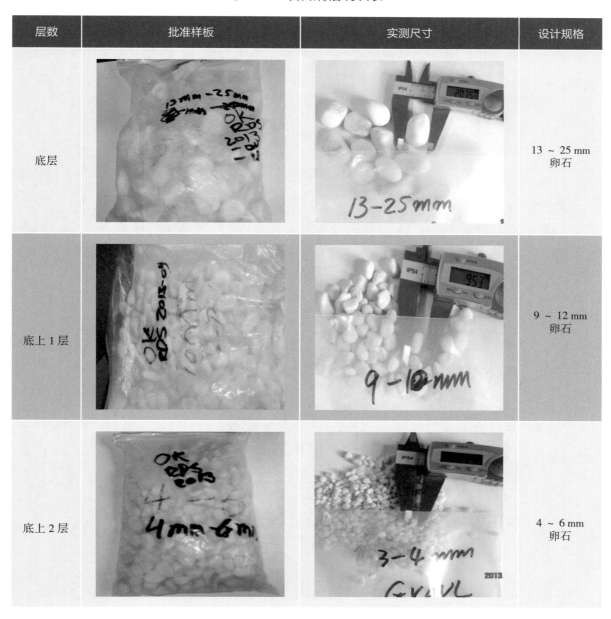

层数	批准样板	实测尺寸	设计规格
底层	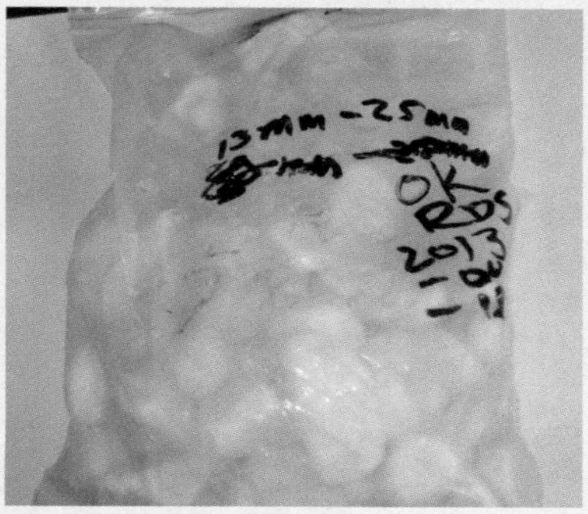		13 ~ 25 mm 卵石
底上 1 层	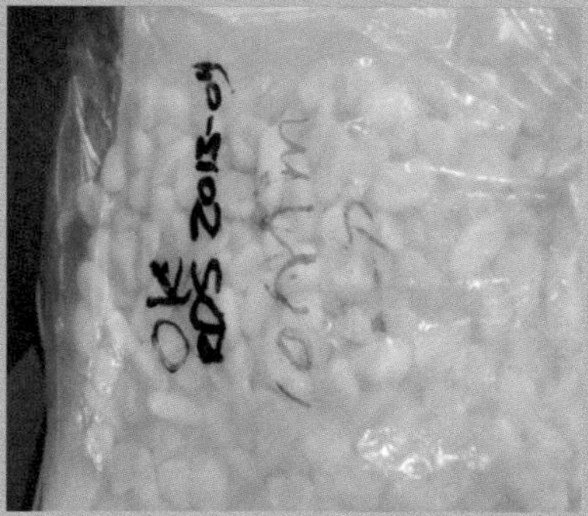	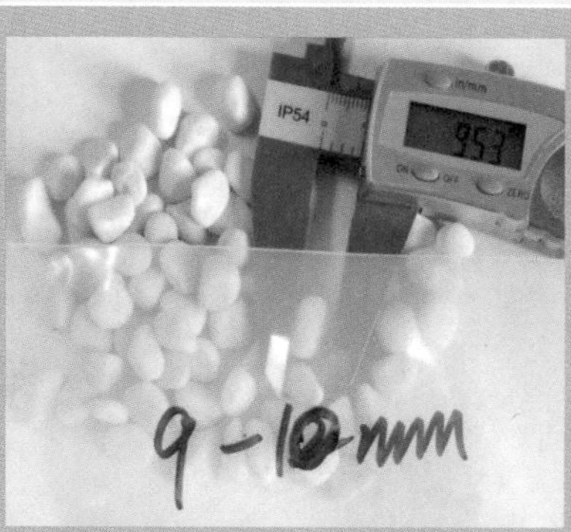	9 ~ 12 mm 卵石
底上 2 层		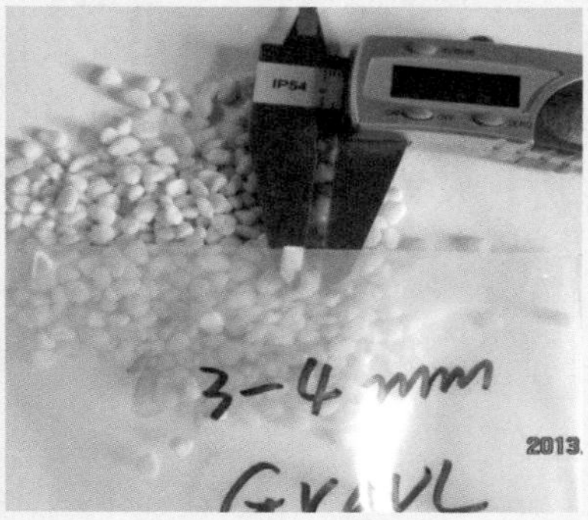	4 ~ 6 mm 卵石

续表

层数	批准样板	实测尺寸	设计规格
底上 3 层			3 ~ 4 mm 石英砂
底上 4 层		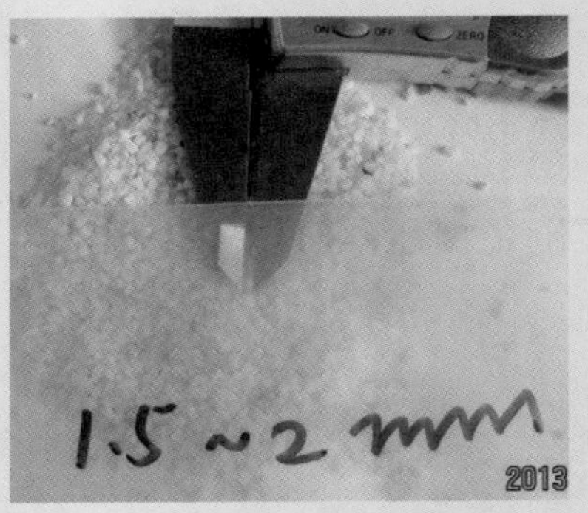	1 ~ 2 mm 石英砂
底上 5 层		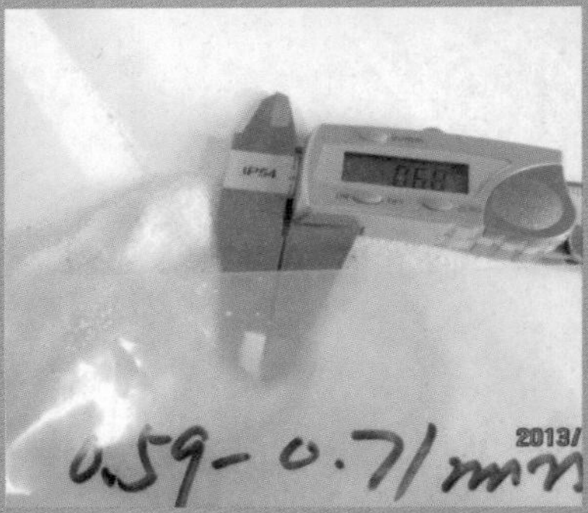	1 ~ 1.5 mm 石英砂
底上 6 层	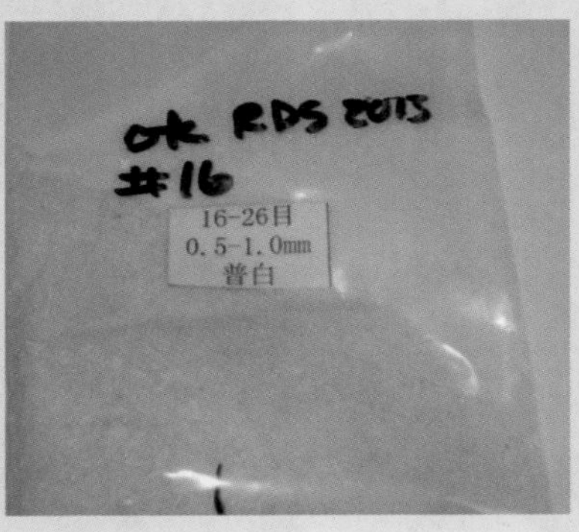	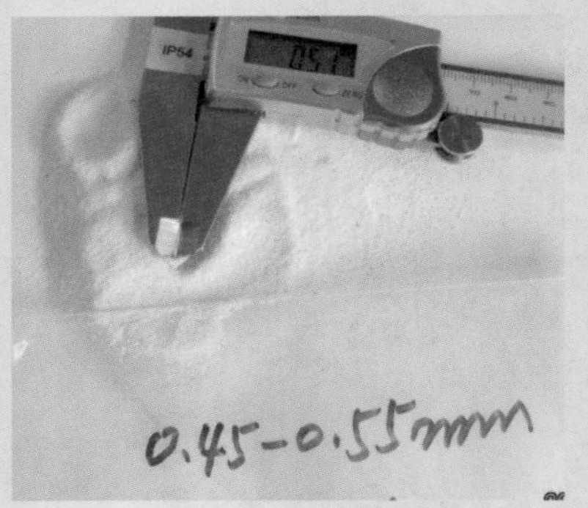	0.5 ~ 1 mm 石英砂

续表

层数	批准样板	实测尺寸	设计规格
底上 7 层			0.1 ~ 0.3 mm 石英砂

（5）砂过滤器填料安装前确认（图 8–44、图 8–45、表 8–5）。

（a）砂过滤器配管完成。

（b）检查砂过滤器内部管件、布水器是否有损坏，安装是否牢固。

（c）砂过滤器固定。

（d）砂过滤器内部缺陷修复完成检查合格。

（e）填料到场后需要与样品进行对比合格。

（f）砂过滤器布水器是设在底部，底部的填料比较粗，如果直接把填料倒入缸体内，填料会打烂底部的布水管。所以在填料安装前在过滤器内加水，水位高度在布水管上方 30cm 左右。装底层填料时可以在填料口下方装一个漏斗，漏斗与软管相连接，填料拆包装后倒入漏斗内顺着软管落到过滤器底部，待底层填料装完后，再将填料摊平，测量填料高度是否符合设计要求。

（g）填料安装时需要有专业的技术员或工程师负责跟进测量及记录，确保填料符合设计要求。

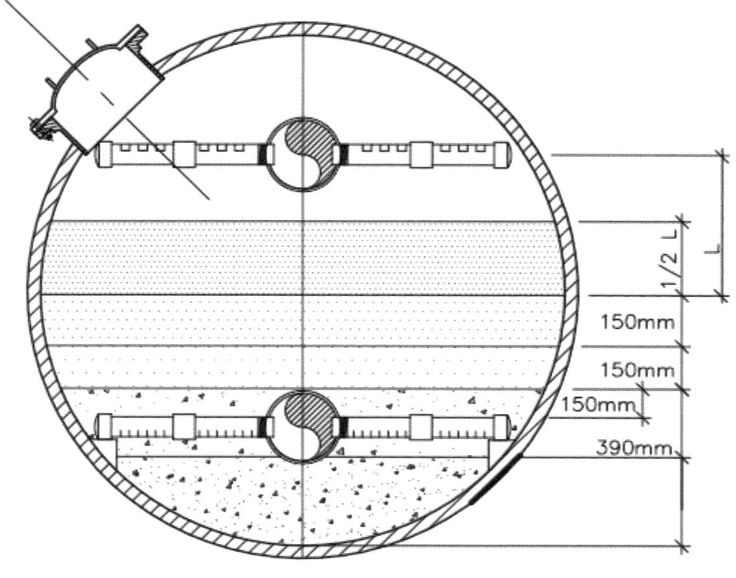

图8–44　卧式缸填料规格

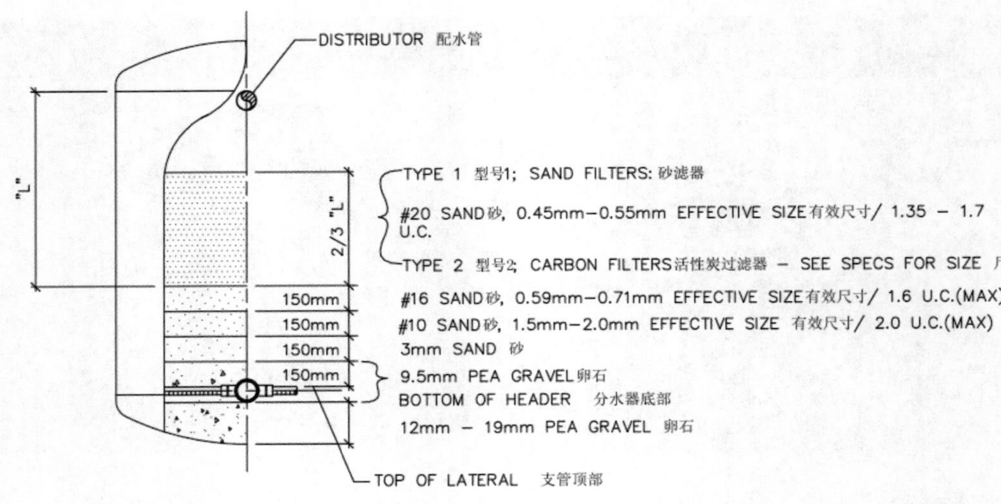

图8–45 立式缸填料规格

表8–5 DN2500 × L5000砂过滤器填料安装记录表

场馆		系统		砂缸编号		备注
A区		白鲸		1#		
滤料规格	设计每层安装高度（mm）	实测每层安装高度（mm）	设计安装累计高度	实测安装累计高度	设计安装袋数/50 kg 包	实际安装袋数/50 kg 包
12 ~ 19 mm 卵石	270		270		42	
9.5 mm 卵石	250		520		40	
3 mm 石英砂	150		670		24	
1.5 ~ 2.0 mm 石英砂	150		820		24	
0.59 ~ 0.71 mm 石英砂	150		970		24	
0.45 ~ 0.55 mm 石英砂	800		1770		252	
	安装日期			记录人		

（6）砂过滤器填料的杀菌。

填料由于来自不同的地方，夹带有各种各样的微生物。这部分微生物在系统运行后不能确保全部被臭氧杀灭，所以在填料安装完成后有必要在填料中加入次氯酸钠进行杀菌。具体做法为：直接把次氯酸钠加入填料中然后对砂过滤器注水浸过填料即可；保持浸泡水中余氯 50 ~ 100 ppm，对填料进行消毒杀菌（由于填料中还原性物质较多，加药浓度稍高些要留有一定的余量），再把砂缸装料口清洗干净，盖上盖板拧紧螺栓。

三、接触氧化罐安装

1. 接触氧化罐适用范围

接触氧化罐适用于白鲸、海豚、海狮等海兽、企鹅反冲再生系统及淡水鱼类维生系统。

2. 接触氧化罐的作用

（1）接触氧化罐是维生系统添加臭氧的装置，通过臭氧氧化分解水中的氨氮及其他有机物，将大分子有机物氧化成小分子有机物，将有毒的变成毒性低的、将毒性低的变成无毒性物质。

（2）另外臭氧还可以把水中还原性的离子、分子氧化成具有氧化性的物质；如 Br^- 被氧化成 BrO^-（变成溴酸盐），这个是对鱼类及海洋动物危害较大的化学物质，它是展池水质重点控制指标之一。

（3）增加系统的溶解氧。注入接触氧化罐的臭氧不稳定，很容易分解成氧气，使水的溶解氧增加。

（4）接触氧化罐通入的臭氧可以杀灭进水的细菌、寄生虫、藻类等。

3. 接触氧化罐安装要点

（1）气泡观察镜的高度设置在 1.5 米为宜。

（2）气泡观察镜的安装方向，靠近通道，避开障碍物，方便操作人员观察。

（3）接触罐的压力表安装在方便检查、观察的地方。

（4）接触罐需要安装尾气破坏装置。

（5）接触罐的臭氧管道最好采用 LXTPVC 管道及单向阀，减少臭氧流动的阻力。

（6）接触罐产水阀宜采用涡轮蝶阀，能准确调节产水流量及压力。

4. 接触氧化罐安装方式

接触氧化罐的两种连接方法（图 8-46）。

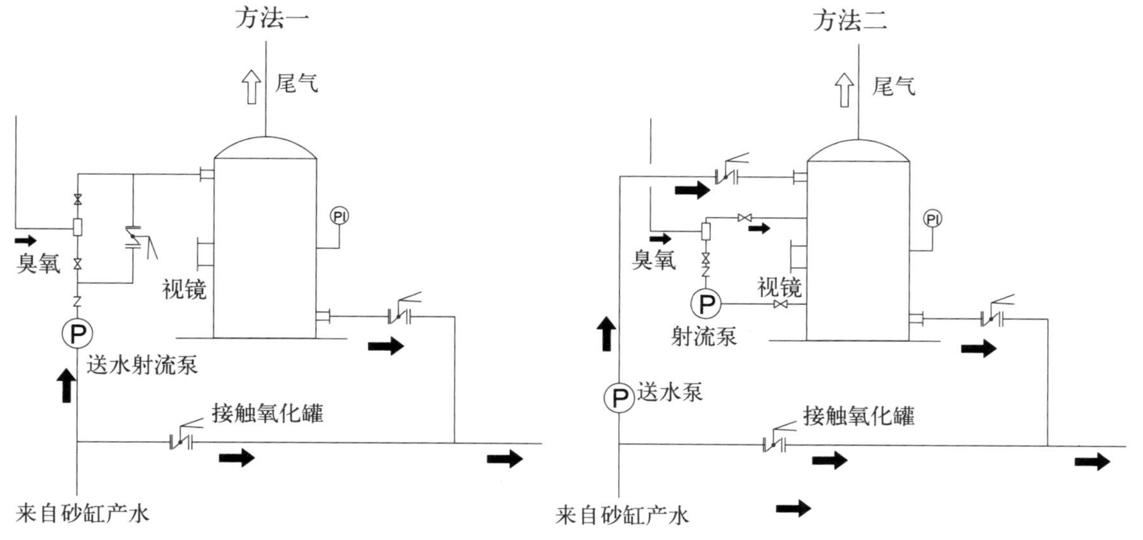

图8-46　接触氧化罐管道连接的两种方法

THE LEGEND OF MARINE LIFE: INTRODUCTION OF LIFE SUPPORT SYSTEM ENGINEERING TO AQUARIUM

5. 接触氧化罐两种安装方法优缺点比较（表 8-6）

表8-6　接触氧化罐两种安装方法

	安装方法一	安装方法二
优点	仅用一台泵，安装及运行成本低	能保证稳定的臭氧注入量，处理水量稳定，混合效果好
缺点	用一台泵来均衡送水量及臭氧射流器的压力，接触氧化罐接臭氧注入量及处理水量不稳定	用了两台泵（一台是接触氧化罐送水泵、一台是射流泵）。成本稍高

四、蛋白分离器安装

1. 蛋白分离器安装要求

（1）蛋白分离器产水管与泡沫收集器泡沫出口距离要求在 60 cm 以上。

（2）蛋白分离器进水阀及产水阀宜选用涡轮蝶阀，确保准确调节流量。

（3）蛋白分离器气体流量计宜选用耐臭氧的 LXTPVC 非金属材质气体流量计；蛋白分离器射流泵的扬程在 18 ～ 25 mH。

（4）射流器与臭氧管间需要采用软管连接，为了保证空气与臭氧注入量的均衡，有两个以上射流器的蛋白分离器时，建议选择部分射流器注入臭氧、一部分注入空气。

2. 蛋白分离器安装注意点

（1）蛋白分离器出水管的标高需与脱气塔进水点标高匹配（往往要求蛋白分离器产水管高于脱气塔池边的标高）。

（2）蛋白分离器顶部与机房顶板留有足够的净空（大于 500mm），来保证蛋白分离器顶部有足够的配管空间。

（3）蛋白分离器基础高度。

（4）蛋白分离器臭氧及空气的单向阀、流量计尽可能采用非金属材质（图 8-47、图 8-48）。

图8-47　蛋白分离器安装

图8-48　蛋白分离器产水阀不宜选用手柄蝶阀

3. 防止蛋白分离器液位观察管满水溢流措施

在调节蛋白分离器产水阀时容易导致海水从液位观察管溢出；溅到蛋白分离器旁边的泵、阀门及电柜，导致设备生锈腐蚀。针对这个问题安装时做了少量的改动（图 8–49、图 8–50）。

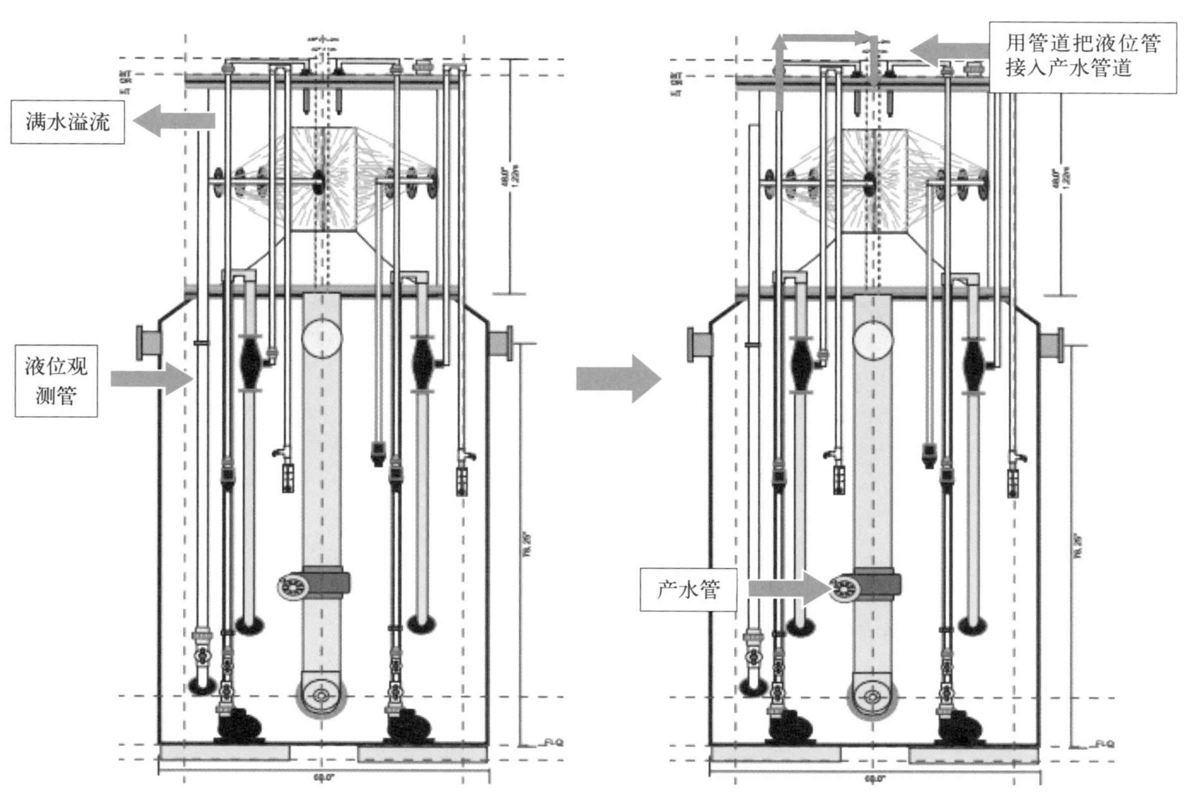

图8–49　蛋白分离器液位观测管改造方案

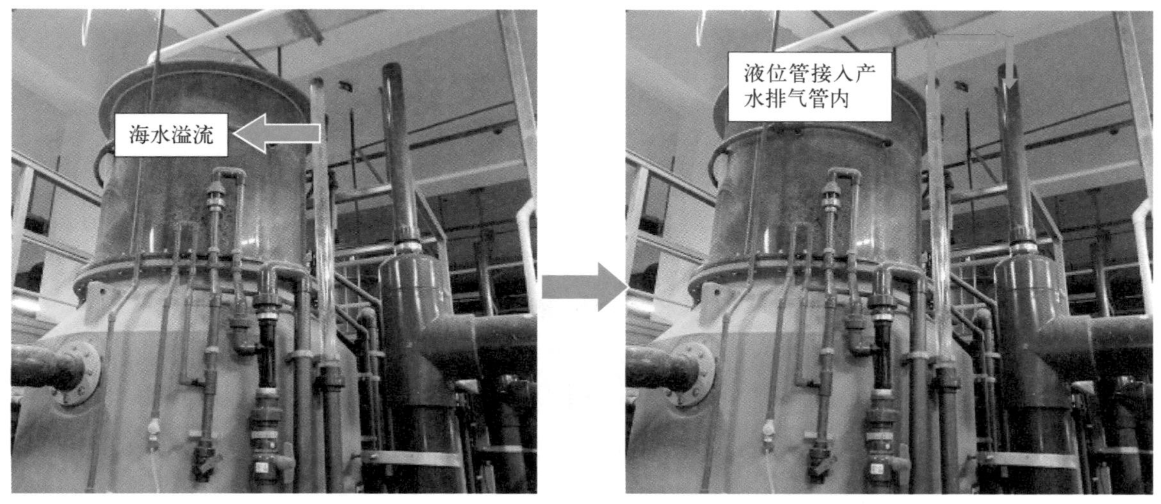

图8–50　蛋白分离器液位观测管溢流的改造方案

五、臭氧机的安装

1. 臭氧机分类

（1）臭氧机按使用的气体源不同分为氧气源和空气源两大类（表 8–7）。

（a）氧气源：由空压机生产压缩空气经过冷干机、微热再生干燥器除去水分再由制氧机生产高浓度氧气作为臭氧发生器的气源。

（b）空气源：通常是使用洁净干燥的空气作为气源。

臭氧是靠氧气作为原料进行生产的，空气中氧气的含量只有 21%，所以空气源发生器产生的臭氧浓度相对较低，而氧气源的氧气纯度都在 90% 以上，所以氧气型发生器的臭氧浓度较高。

表8–7　氧气源臭氧机与空气源臭氧机比较

项目	氧气源臭氧机	空气源臭氧机	备注
臭氧浓度	高	低	
能耗	能耗高	相对节能	
运行稳定性	高	差（受环境湿度影响）	环境湿度影响
对环境湿度要求	中	高	
冷却方式	水冷	水冷	仅小型机用风冷型

（2）臭氧机按冷却方式划分，有水冷型和风冷型。

（a）水冷型：发生器冷却效果好，工作稳定，臭氧无衰减，并能长时间连续工作，但结构复杂，成本稍高。

（b）风冷型：冷却效果不佳，臭氧衰减明显。

水冷型臭氧发生器性能稳定、适用于发生器发热量大、臭氧量比较大的机型，一般 100g/h 以上需要采用水冷型。风冷型一般只用于臭氧产量较小的中低档臭氧发生器。在选用臭氧发生器时，应尽量选用水冷型的。

2. 臭氧机房配置

（1）臭氧机应安装在干燥宽敞的地方，以便于散热和维护，特别是氧气源臭氧机的前处理空气压缩机的功率比较大，工作时房间温度高，需要考虑排风管将热风排到机房外（图 8–51）。

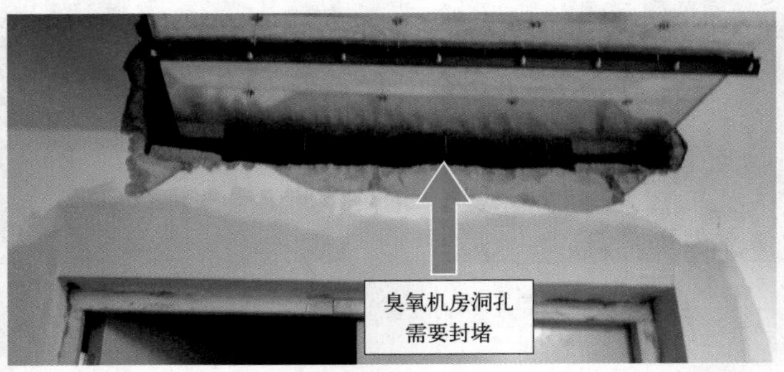

图8–51　臭氧机房需要密封

（2）选用的电缆及开关容量需要符合要求，因臭氧机组用电功率较高，防止线路发热、确保消除火灾隐患。

（3）空气源臭氧机对机房湿度要求较高，机房空气湿度直接影响到干燥机的再生效果，高湿度环境空气含水分高会导致干燥机频繁再生，高湿度的空气会降低再生发热管及分子筛的使用寿命，臭氧机房要求湿度在 60% 以下，在设计时需要考虑在机房内加装抽湿机及空调。同时机房要求密封防止室外湿气流入，机房地面需要排水沟及地漏把地面积水及时排走。

（4）氧气源对机房湿度要求稍低一些，但是湿度对氧气源前处理部分设备影响也很大，经验证明前处理湿度高，气源含水量高，压缩空气贮罐内积水量大，设计采用电子自动排水时阀门易堵塞，人工辅助间隔性排水，由于操作员容易疏忽致使水分泄漏到冷干机、干燥器甚至进入制氧机内，大量的水分进入前空气处理设备时会对填料造成不可逆转损坏，前处理机房密封降湿很重要，除了要求安装空调、抽湿机以外还要对产热量高的空压机单独设置排风管，直接与室外连通（图 8–52）。

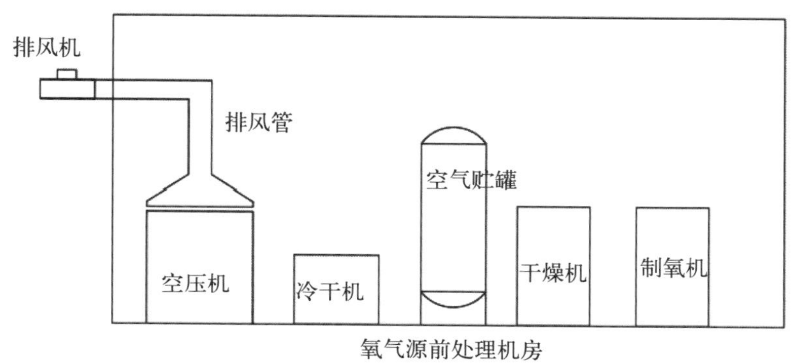

图8–52 臭氧机前处理机房热风排放装置

3. 臭氧机安装技术要求

维生系统臭氧是通过射流器注入蛋白分离器或接触氧化罐内，当射流泵停机时系统的水会沿着臭氧管道流入臭氧机发生器内，海水流入臭氧发生器时会导致短路烧毁。所以在臭氧管道需要设置水封装置，当有海水回流时从水封装置排水管道排走。

（1）在臭氧机后加装水封装置，保证管道有水倒流时通过水封装置将水排走。水封筒制作：停机防海水倒流的水封装置（图 8–53），水封筒采用直径 150 mm PVC 管制作，水封装置中臭氧管伸入水面下方 300 mm，长期保持水封筒内稳定的水位，防止没水时会有空气吸入影响臭氧机流量。

（2）臭氧冷却水最好采用去离子水，如纯净水、软化水等防止结垢，以免影响发生器的散热效果。

（3）对于风冷却发生器来说，冷却空气必须无潮气、杂质、腐蚀性、气溶胶、油质或导电物质以及可见粉尘。正常情况下，除非处在一个极度多尘的工业大气环境内，空气多半是不需要过滤处理的。

（4）臭氧发生器中会涉及臭氧产量和臭氧浓度两个概念，臭氧产量指的是臭氧发生器单位时间内的产生臭氧质量，单位为 g/h。而臭氧浓度指的是臭氧发生器出气口的单位体积内的臭氧质量，单位为 mg/L，换算公式 1ppm=2.14 mg/m^3。由于一般的臭氧检测仪都是用臭氧浓度（mg/L）来表示，

所以需要进行换算，出气量的大小直接影响臭氧浓度和臭氧产量

臭氧产量（g/h）= 臭氧浓度（mg/m^3）× 出气流量（L/h）

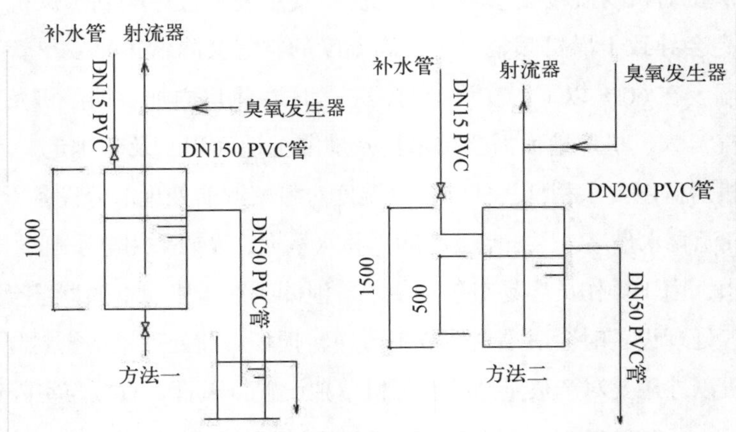

图8-53　臭氧机防止管道水倒流装置的两种做法

（5）臭氧管道。

（a）臭氧管道设计通常采用不锈钢316材料的管道，但实际上不锈钢316管道因为有海水倒流从而产生腐蚀。采用不锈钢316管道一定要采用氩弧焊接，使用前需要用压缩空气对管道进行吹扫，把管道内的焊渣清扫干净。

（b）奥氏体不锈钢氩弧焊施焊时必须采用双面惰性气体保护，焊缝根部表面平滑，不发黑。

（6）臭氧气体管道及法兰材质的要求。

（a）干燥环境（没有海水倒流的部分）下臭氧气体管道采用316或316 L不锈钢管。

（b）接触到海水的臭氧气体管道采用LXT PVC管。

（c）也可以这样划分：从臭氧机出口到蛋白分离器机房的这部分管道采用SUS316不锈钢材质，从蛋白分离器机房到蛋白分离器管道采用LXT PVC或特氟龙软管。

4. 臭氧机设备选型计算（以氧气源为例）

臭氧机设备选型要求（表8-8 ~ 表8-11）。

表8-8　臭氧机进气气源要求

气源压力	氧气浓度	气源露点	气源精度	碳氢化合物含量	气源温度
3 ~ 6 bar	> 90 vol%	< -50 ℃	< 5 μm	$< 20 \times 10^{-6}$	< 30 ℃

表8-9　臭氧机对冷却水流量的要求（以800 g/h臭氧机为例）

冷却水流量(15℃)	冷却水流量(30℃)	冷却水压力	冷却水进出口接管规格
L/h · 台	L/h · 台	bar	（PE软管）mm
420	700	1–5	Φ12 × 9

表8-10　臭氧机对冷却水水质的要求

水质指标	控制范围	备注
锰	< 0.05 mg/L	
可去除物	< 0.1 ml/L	
铁	< 0.2 mg/L	
电导率	< 100 μs/cm	
无结垢倾向，无腐蚀性	无结垢倾向，无腐蚀性	

表8-11　臭氧系统计算

名称	单位	数量	臭氧产量	型号	臭氧发生量 G	臭氧浓度 C	压缩空气流量 Q_2	氧气源流量 Q_1
					g/h	g/Nm³	（Nm³/h·台）	氧气源流量（Nm³/h·台）
臭氧机	台	1	800 g/h	OZMa60	866	60	173.3	13.33 Nm³*/h·台

氧气流量 Q_1 = 臭氧发生量 G ÷ 臭氧浓度 C

压缩空气流量 Q_2 = 氧气流量 Q_1 × 13（13 是厂家提供的参数）

* $Nm^3 = m^3$ 标准状态（$P = 1.013 \times 10^5$ Pa，$T = 273$ K）

5. 臭氧机组的安装

（1）安装前检查确认。

（a）设备基础施工完成，养护时间到；

（b）复核设备基础尺寸与设备实际尺寸及设计是否相符；

（c）现场杂物清理；

（d）设备到货检查合格；

（e）安装材料到货检查合格。

（2）设备就位。

设备拆除包装，按设备平面布置图进行设备就位，暂时不需要打膨胀螺栓。

（3）管道安装。

臭氧设备就位后开始对机组的设备进行配管：

（a）制氧机之前的管道可以采用铜管、不锈钢管及镀锌管，但不能采用非金属管道，由于压缩空气压力高温度也高，塑料管道会受热变形而破裂。

（b）制氧机及输送臭氧的主管道采用 SUS316 不锈钢管。

（c）臭氧主管到射流器之间的管道可以选用 LXT UPVC 或特氟龙耐臭氧的管道（这部分管道压力相对低很多，一般是 1 ~ 2 kgf/cm²）。

（d）压缩空气贮罐及氧气贮罐的排水需要在电子排水阀边加装旁通手动阀（图 8-53）。

（e）冷却水管道采用 PVC 管道，由于是低温水，管道需要作保温处理。

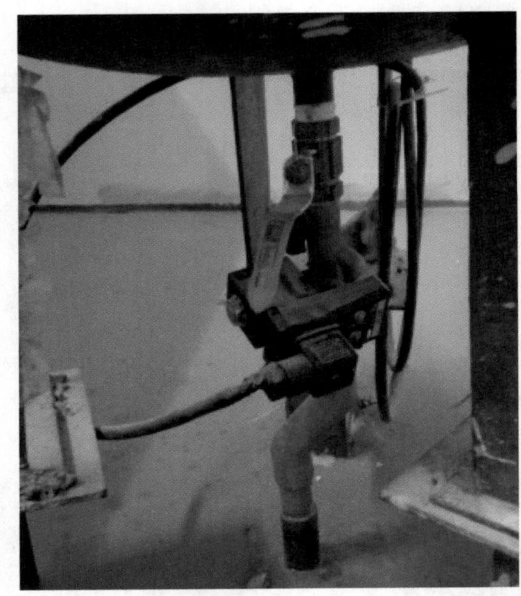

图8-53　压缩空气贮罐电子排水阀宜安装一个旁通手动阀，手动定时辅助排水

（4）电气部分安装。

在臭氧设备就位后，电气部分线槽、桥架可以开始安装，臭氧机房比较干爽，线管、线槽及桥架可以采用热镀锌材质，线槽桥架完成安装后开始电缆布线、接线和设备绝缘测试。

（5）填料安装。

臭氧单元设备配管、配线及绝缘测试完成后，可以安装制氧机、微热再生干燥器等填料（有些供应商设备填料在工厂内已经安装完成）。

（6）空调、抽湿机及热风管的安装。

为了保证臭氧机房空气恒定的温湿度，需要在机房内安装空调及抽湿机，如果是氧气源臭氧机，前处理部分的空压机排风口上方需要安装排风管及抽风机，将热风排到室外。

6. 臭氧机常见的问题

（1）每年的雨季空气湿度大，机房需配置空调及抽湿机才能保证空气湿度达到要求（图 8-54）。

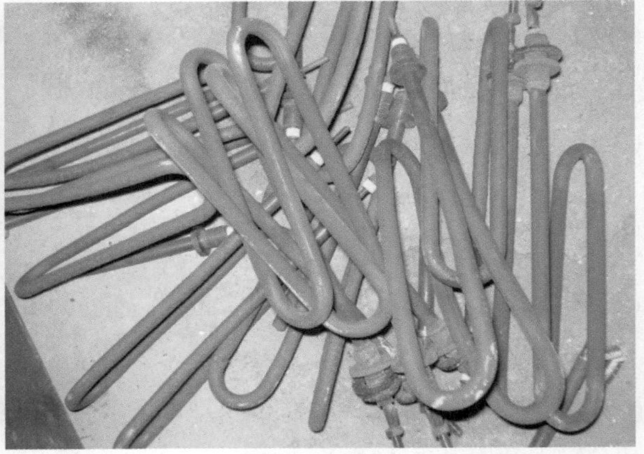

图8-54　空气源干燥机内再生加热管被烧毁

（2）机房空气湿度大、再生热风含水量高，干燥机内部的分子筛填料吸水化成粉末，失去再生及干燥能力（图 8–55、图 8–56）。

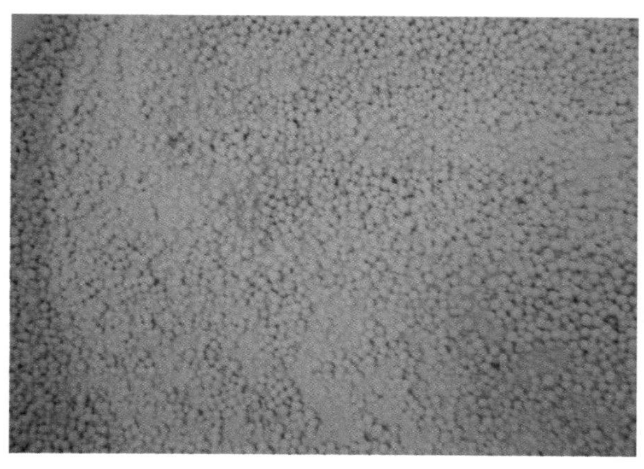

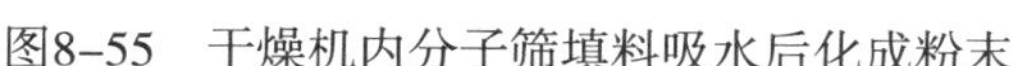

图8–55　干燥机内分子筛填料吸水后化成粉末

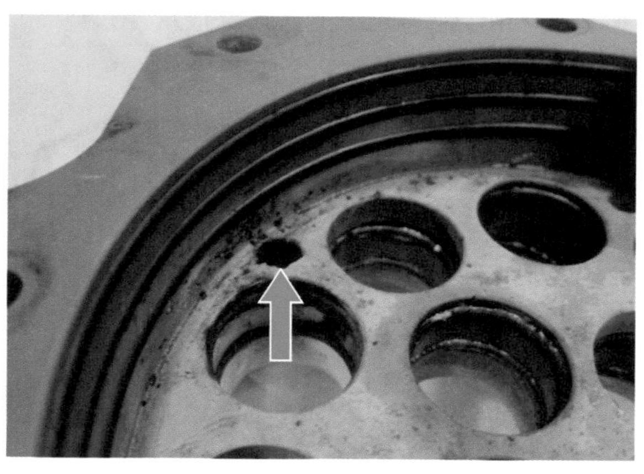

图8–56　臭氧发生管端板烧坏

（3）臭氧机气源露点高，臭氧发生管打火花，频繁打火花会把臭氧发生器电极接头及 PVC 端板烧坏（图 8–57）。

图8–57　臭氧发生器电极烧坏

六、脱气塔支架及填料安装

1. 脱气塔构成

脱气塔由臭氧接触室、砂缸产水进水室、蛋分产水进水室、配水渠、配水槽、填料层、通风系统及混合配水池等组成。

（1）三路进水通道。维生系统砂缸产水分二路，一路产水进入臭氧接触室，在臭氧接触室内射流泵注入的臭氧与进水混合后流入配水渠经配水槽进入填料层。另一路产水砂缸产水进水室后再流入配水渠经配水槽进入填料层。维生系统蛋分产水进入蛋分产水进水室后再流入配水渠经配水槽进入填料层。

（2）风机通风系统。通风管伸到填料层底部，脱气塔顶板设排气管。

（3）配水槽与填料层。鱼类脱气塔设置 PVC 波纹板填料，填料层厚度 2 ~ 3 米。配水槽与填料层高差保持 1 米左右。

（4）混合配水池。上述三路进水经过脱气塔填料层后在配水池内混合，使水质均匀。

2. 脱气塔工作原理

系统启动运行后，三路进水经配水渠、配水槽进入填料层，在填料层风从下向上吹，进水由上往下流，在填料层表面水气充分的接触对流后流入配水池。填料底部与配水池液面之间是通风层，配水池最高水位与填料间应保持 1 米距离，保证通风层气体流动畅顺（图 8–58）。

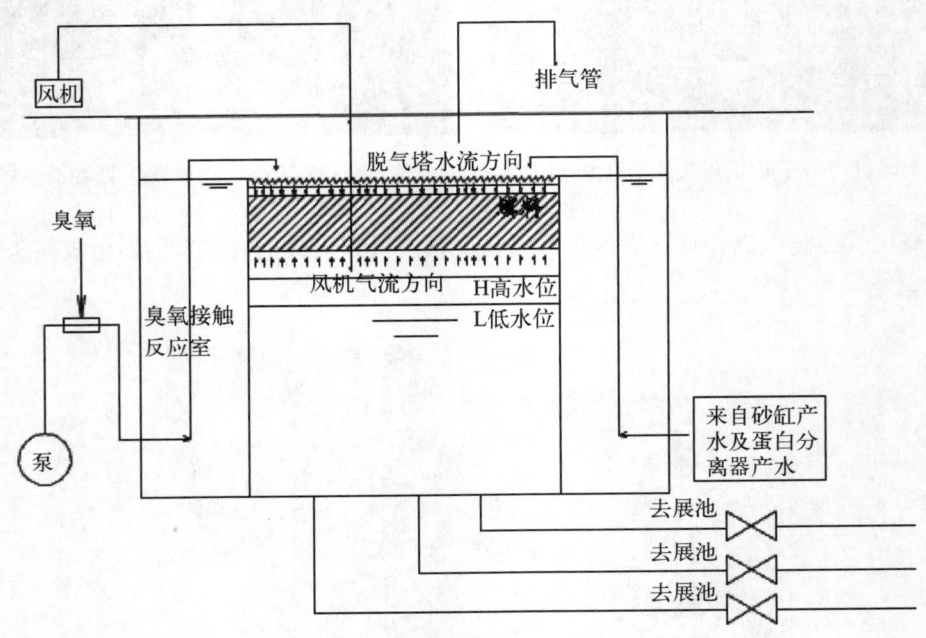

图8–58　脱气塔工作原理图

3. 脱气塔的作用

脱气塔是维生系统很重要的一个装置，它的作用有：

（1）通过填料表面水气对流接触去除来水中的挥发性有害气体，如：O_3、CO_2、NH_3、CH_4 等。

（2）通过填料表面水气对流增加进水的溶解氧。

（3）填料可以作为硝化细菌着床，分解氨氮、合成亚硝酸盐及硝酸盐。

（4）去除进水中的气泡，使展池进水稳定。

（5）混合调配水质：来自蛋白分离器及接触室的高 ORP、高溴酸盐的进水及砂滤系统产水在脱气塔内混合，避免出现局部 ORP（或溴酸盐）过高，同时利用蛋白分离器及接触室的臭氧水对砂缸产水进行杀菌消毒。

4. 脱气塔填料安装要求

鱼类维生系统脱气塔在投入运行后不可能长期停机维修（因展池的溶解氧主要来自脱气塔及蛋白分离器，脱气塔维修时蛋白分离器及砂过滤器都得停机，将会影响到水中的溶解氧及水温），所以必须严格管控脱气塔安装及施工质量（图 8–59 ~ 图 8–64）。

（1）大型展池的脱气塔填料支架梁必须采用钢筋混凝土梁制作，外表采用 FRP 防腐处理。

（2）填料支架全部采用高强度耐氧化的乙烯基环氧树脂制作，厚度满足受力要求。

（3）支架固定件全部采用 SUS316L 材质的化学锚栓，在化学锚栓定位安装后需要做防水处理。

（4）填料支架安装后上面铺乙烯基环氧树脂格栅固定，然后安装填料。

（5）填料安装要求错位摆放。

（6）在填料的顶层需要铺一道 FRP 分水板（板厚度 5 mm 以上分水板上打孔），起到缓冲水力冲击的作用，防止落水直接冲击填料。

（7）进水沟顶部标高误差要求控制在 5 mm 之内 。

（8）布水槽支架须采用 SUS316L 材质。

（9）布水槽标高统一，误差要求小于 1 mm，布水槽进水侧周边需要采用高标号水泥砂浆填缝。

（10）脱气塔内水位高度控制在脱气塔高水位与低水位之间，有风机通风时水面与填料之间有 1 米左右的净空高度。

（11）风机进气管伸到填料的底部，密闭的脱气塔需要设排气管。

图8–59 脱气塔填料支架及格栅的安装

图8–60 脱气塔填料底格栅安装完成

图8–61 脱气塔填料

图8-62　脱气塔内布水槽安装

图8-63　脱气塔进水管脱出

图8-64　脱气塔内部布水槽安装完成

5. 脱气塔进水管

脱气塔有三股进水（有的系统是二股进水），一股是来自蛋白分离器，另一股来自砂过滤器产水，还有一股是来自臭氧接触室的来水，通常三股进水均设置有一个窄长的配水室。

进水管道脱出的原因：

脱气塔侧面有 3 个窄长混合配水室，进水管与对面池壁距离很近（80 cm 左右），进水直接冲击对面池壁对进水管产生反向作用力，长时间的反作用力冲击导致管道与池壁混凝土出现松动，使管道向外移动脱出。蛋白分离器产水是没有压力的，所以配水室内进水管没有受到反向作用力。

防止脱气塔配水室进水管受反作用力导致松动的改进方案：带压力进水管在混合配水室内改变水流方向避免直接冲击池壁，消除对管道的反向作用力（图 8-65、图 8-66）。

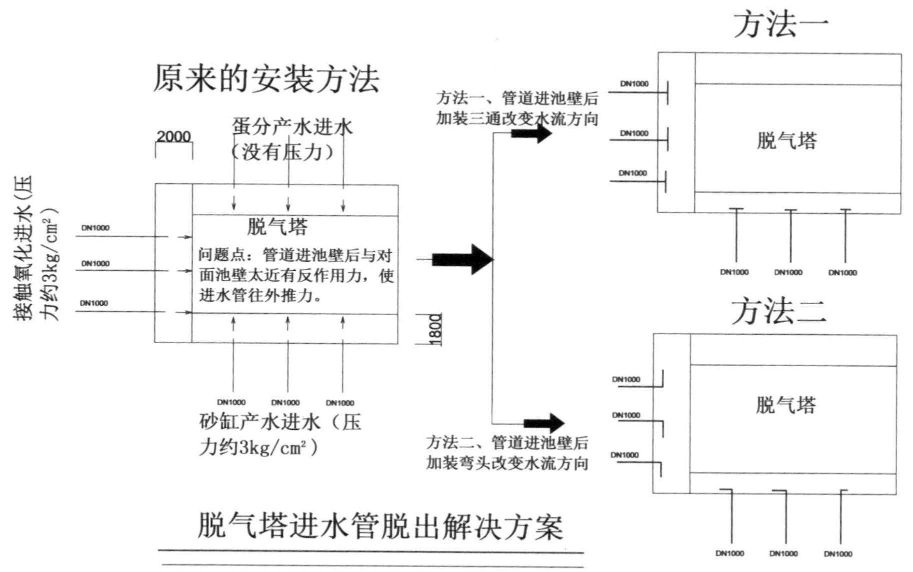

图8-65　脱气塔进水管脱出解决方案

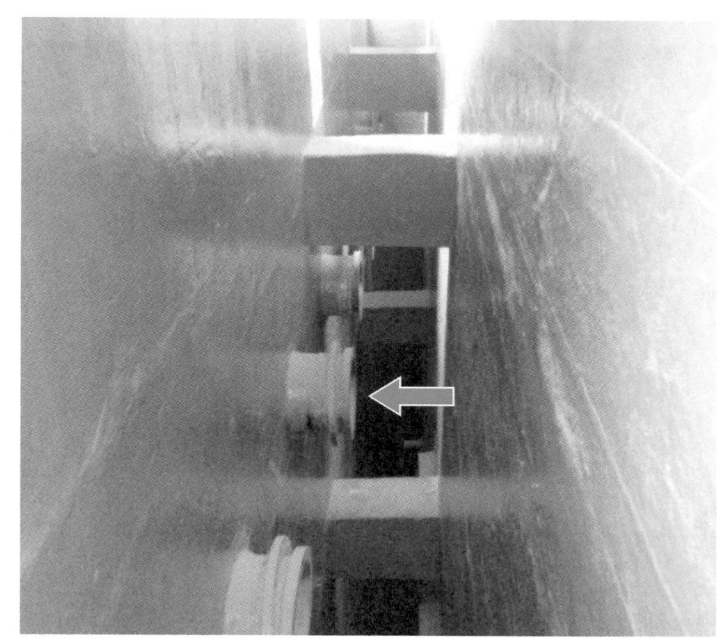

图8-66　脱气塔进水管

6. 脱气塔填料安装顺序及注意事项

（1）安装前确认与检查。

（a）脱气塔防水完成、试漏测试合格。

（b）填料支架固定的化学锚栓完成防水打胶。

（c）填料支架及格栅安装完成、检查合格。

（d）填料到货检查合格。

（2）填料安装。

（a）填料组装，将 PVC 波纹片组装成 1 000 mm × 1 000 mm 的单元，安装时要求错开摆放，不能重叠。

（b）填料切割收边，填料需要固定，防止脱落。

（c）当填料安装完成后，检查填料安装高度是否与设计一致。

七、维生系统安装过程的异常及处理

1. 管道被挖断

由于后续相关专业交叉施工及大型机械碾压，容易把地下预埋维生系统管道挖断或压断，在修复时需要把落入管道内的泥沙清理出来。

管道被挖断修复后，在调试时会出现下列情况：

（1）冷热媒管道挖断：修复时如未清理落入管道内沙石，在调试时板式换热器会被泥沙堵塞（图 8–67）。

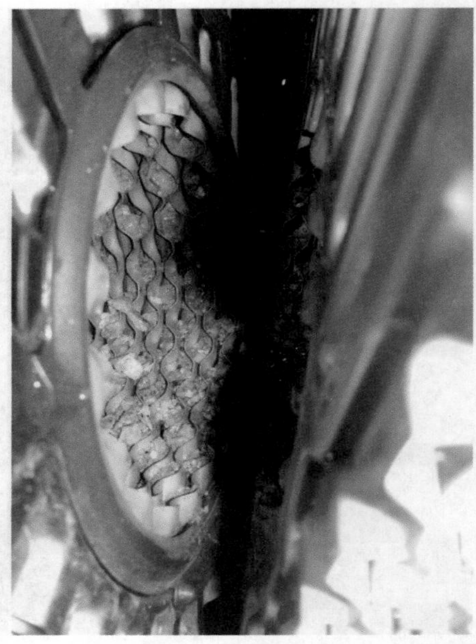

图8–67　泥沙堵塞板式换热器

（2）调试时管道冲洗有泥沙：在调试管道冲洗时如有大量的泥沙被冲出来，可能是管道破裂或管道被挖断修复时管道内部泥沙没有清理干净所致。此时需要确认展池管道在施工过程中有没有被挖断修复过（图 8–68）。

（3）为了及时发现施工中管道被破坏最有效的办法是，在管道试压后，把管道内压力降到 1.5 ~ 2 kgf/cm^2 保压，并把试压阀门关闭、手柄拆除；定时检查压力变化情况，如发现压力突然变成 0 了，可能是管道被破坏了需要重新打压进行测试。

图8-68　展池管道冲洗时持续有泥沙流入

2. 脱气塔填料上浮

海兽类脱气塔如选用悬浮型生物球填料，生物球密度比水小，调试时若阀门的开度的调节不当会使脱气塔水位上升，此时生物球会浮到水面上，当水位到达溢流排放口时生物球会流入溢流排水管，导致管道堵塞。因此需要在填料表面加装多孔压板防止填料上浮或在溢流管口安装一个简易 PVC 地漏来防止生物球落入排水管或者选择下沉式生物球（图 8-69）。

对应措施：

（1）在填料表面加装多孔压板防止填料上浮。

（2）在溢流管口安装一个简易 PVC 地漏来防止生物球落入排水管。

（3）选择下沉型生物球。

（4）将生物球装入尼龙袋后再放入脱气塔内。

图8-69　脱气塔满水时生物球流入溢流排水管及布水槽内

3. 格栅槽检查

小系统展池与平衡池之间预留的格栅槽深度、宽度需要达到设计要求、两边平整（图 8-70）。

图8-70　格栅槽检查

4. 仪表设置

仪表统一集中布置在一块面板上、水质探头集中一个点进行检测（图 8-71、图 8-72）。

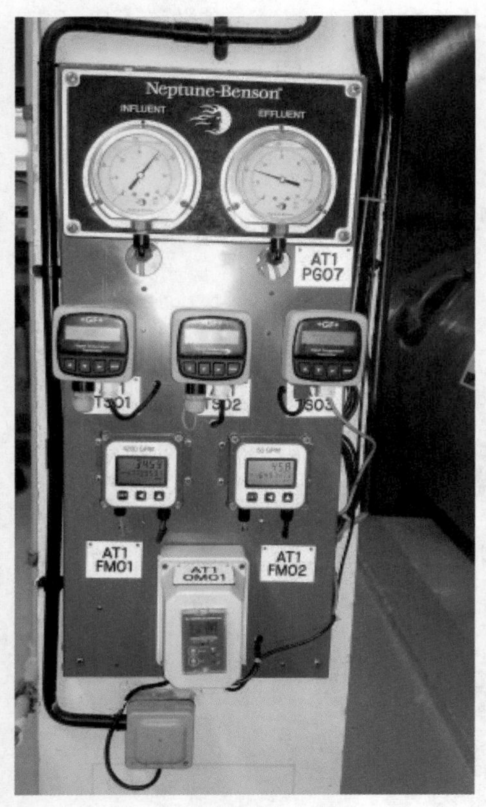

图8-71　仪表集中布置在一个面板上

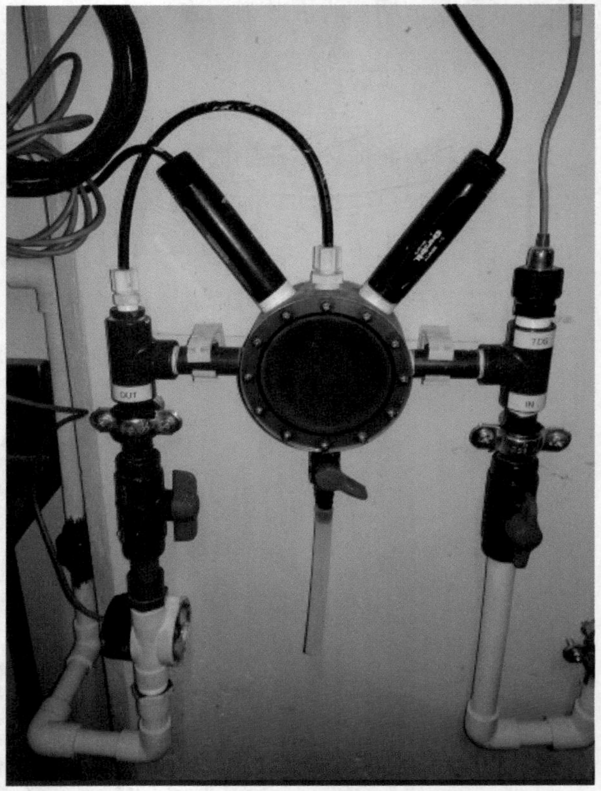

图8-72　PH、orp、余氯等在线仪表探头集中在一个点进行检测

5. 支架焊缝处理

设备支架表面焊缝处理后再作环氧防腐处理（图 8-73）。

图8-73　支架焊缝处理

第9章　维生系统电气部分安装

第1节　电柜及电气部分材质要求

维生系统电气部分安装包括电缆桥架、支吊架及紧固件材料的安装、电气控制柜体（包括机房控制柜及地场操作就地盘）制作及安装、仪表安装、用电设备及仪表电缆铺设及接线等。

一、电气部分材料报审

维生系统电气部分设计需要考虑机房湿度、空气盐分高，同时维生系统或其他专业管道破裂时水会通过线槽流进电柜、溅到电柜或用电设备上，导致电柜内部短路被烧毁。

电气部分材料选择需要考虑海水腐蚀的问题；还要考虑防水；不同机房湿度、空气盐分有差别，为此我们所选用材料也有所区别。

设计时在大型或重要泵旁边设急停开关，以便在调试或运行过程中出现突发意外时（如管道破裂、泵异响等异常情况）紧急停泵。

电气部分采购前所选择的材料、设备、电气元件等品牌及施工组织方案需要报审（包括电气图纸、盘柜制作图、接线图、控制程序、监控方案及配置等）。

1. 电气部分安装的准备工作

（1）电气施工组织方案、电气施工图纸报审通过；

（2）电气材料、五金件等选型确定、已通过监理及业主审批；

（3）电柜制作图纸通过报审；

（4）设备、材料进场并通过监理及业主检验合格；

（5）电气临时仓库、加工场已落实；

（6）现场已具备可施工的工作面及施工用电、用水、施工照明等条件；

（7）施工工具已到现场、监理检验合格，满足使用安全；

（8）施工工程技术人员进场、施工人员已进行安全操作培训及安全教育；

（9）施工许可申请已批准。

2. 维生系统各区域电气部分材质选择要求（表 9-1）

表9-1　电气部分材质要求

<table>
<tr><th>使用区域</th><th>材料名称</th><th>材质</th><th>紧固件</th><th>备注</th></tr>
<tr><td rowspan="5">臭氧系统（干区）</td><td>支架</td><td>热浸镀锌碳钢</td><td rowspan="19">SUS316 或热浸锌表面环氧处理</td><td rowspan="18">吊杆、角钢采用热浸锌、膨胀螺丝采用 SUS316 不锈钢</td></tr>
<tr><td rowspan="2">桥架</td><td>强电：热浸锌托盘式</td></tr>
<tr><td>自控：热浸锌封闭槽式</td></tr>
<tr><td rowspan="2">电线管</td><td>强电：热浸镀锌碳钢、PVC 管</td></tr>
<tr><td>自控：热浸镀锌碳钢</td></tr>
<tr><td rowspan="5">维生系统水泵（过滤泵、射流泵、增压水泵）</td><td>支架</td><td>热浸镀锌碳钢</td></tr>
<tr><td rowspan="2">桥架</td><td>强电：热浸锌、PVC 托盘式</td></tr>
<tr><td>自控：热浸锌封闭槽式</td></tr>
<tr><td rowspan="2">电线管</td><td>强电：PVC 管</td></tr>
<tr><td>自控：热浸镀锌碳钢</td></tr>
<tr><td rowspan="5">维生系统板式换热器控制系统</td><td>支架</td><td>热浸镀锌碳钢</td></tr>
<tr><td rowspan="2">桥架</td><td>强电：热浸锌、PVC 托盘式</td></tr>
<tr><td>自控：热浸锌封闭槽式</td></tr>
<tr><td rowspan="2">电线管</td><td>强电：PVC 管</td></tr>
<tr><td>自控：热浸镀锌碳钢</td></tr>
<tr><td rowspan="3">维生系统仪器仪表</td><td>支架</td><td>热浸镀锌碳钢</td></tr>
<tr><td>桥架</td><td>热浸锌封闭槽式</td></tr>
<tr><td>电线管</td><td>热浸镀锌碳钢、PVC 管</td></tr>
<tr><td>配电间内配电柜</td><td>配电柜</td><td>热浸锌</td><td>膨胀螺丝采用 SUS316 不锈钢，MCC 柜采用 MNS 结构（IP40），其他配电柜（空压机、臭氧发生器等）为 XL 结构（IP30）</td></tr>
<tr><td>维生泵房内配电柜</td><td>配电柜</td><td>热浸锌</td><td rowspan="4">SUS316 或热浸锌表面环氧处理</td><td>维生系统水泵房内配电柜均做成室外防雨型为 XL 结构</td></tr>
<tr><td>配电间内配电柜钢基础</td><td>配电柜钢基础</td><td>100 ~ 200 mm 厚混凝土基础 +10# 槽钢</td><td rowspan="3">膨胀螺丝采用 SUS316 不锈钢</td></tr>
<tr><td>维生泵房内配电柜钢基础</td><td>配电柜钢基础</td><td>100 ~ 200 mm 厚混凝土基础 +10# 槽钢</td></tr>
<tr><td>维生泵房内就地盘</td><td>就地盘</td><td>壁挂式（不锈钢 316）</td></tr>
</table>

二、技术措施

1. 电气施工流程图（图 9-1）

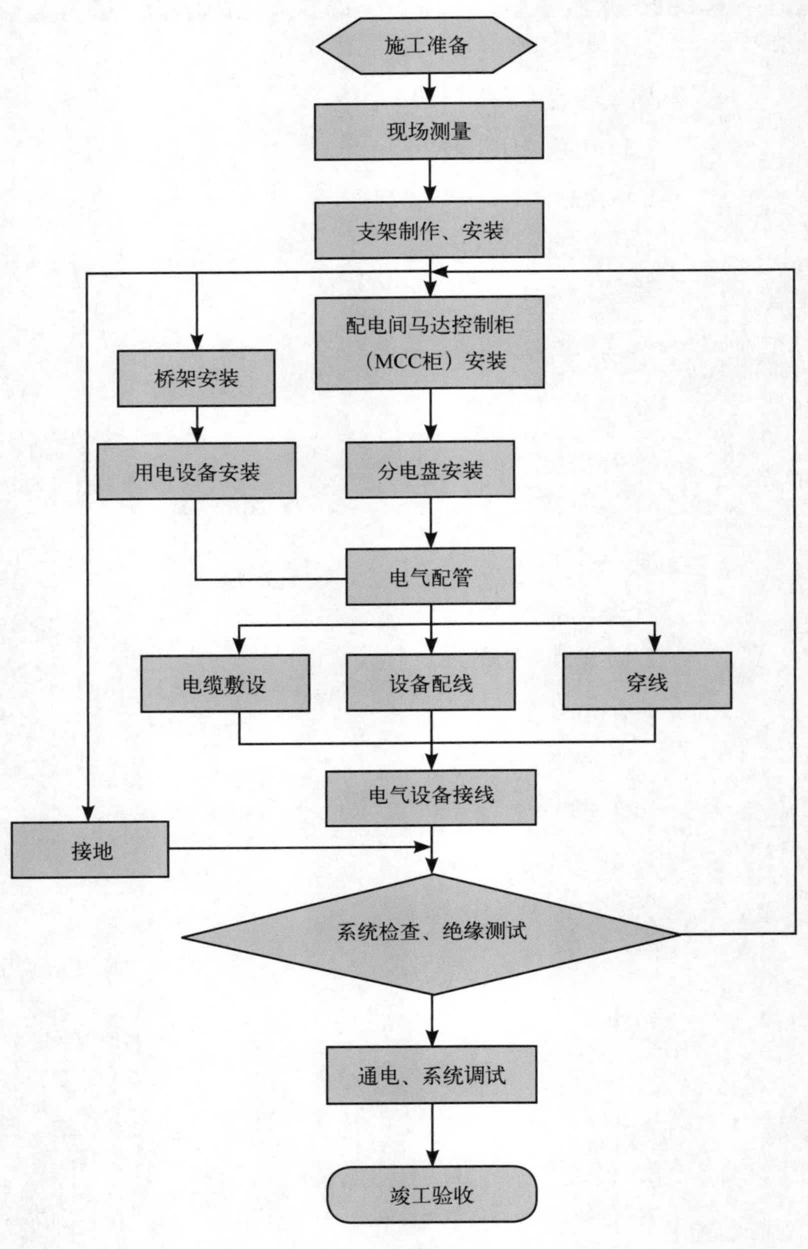

图9–1　电气施工流程

2. 配电柜箱体表面处理

为了增强箱体耐腐蚀性能采用喷塑工艺，流程如下：

箱体开料——打磨——清洗——酸洗——中和——清洗——镀膜——烘干——喷塑——组装，电柜板材加工成型后经过上述工序才能完成电柜柜体板材加工制作（图 9–2 ～图 9–11）。

图9-2　开料

图9-3　酸洗、洗涤

图9-4　喷漆-烘烤、喷塑

图9-5　框架焊接

图9-6　柜体框架焊接

图9-7　柜体组装

图9-8　柜体组装

图9-9　柜内接线

图9-10　柜内接线

图9-11　成品打包装

3. 配电柜的安装

（1）配电柜柜体材质采用钢板喷塑，柜体支架采用热浸锌型钢。

（2）板材厚度：柜体高度大于等于 600 mm 的为 2 mm 钢板，小于 600 mm 的为 1.5 mm 钢板。

（3）动力柜指示灯及按钮每个回路在面板上做成竖向排列，所有配电柜均带底板，进线方式下进下出（图 9–12）。

4. 配电柜的型式

（1）在配电房内安装的配电柜为 MCC 柜。

（2）其他配电柜（空压机、臭氧发生器等）为 XL 结构，均做成普通型（IP30）。

（3）水泵房内配电柜均做成室外防雨型，为 XL 结构。

5. 配电柜基础及安装方法

（1）配电房内配电柜：100 mm 以上高的混凝土基础 +10# 热浸锌槽钢基础；基础总高度为 200 mm 以上，钢基础焊接打磨后外刷环氧防腐漆。

（2）维生机房内控制柜：100 mm 高的混凝土基础 +10# 热浸锌槽钢基础，基础高度为 200 mm 以上，钢基础焊接打磨后外刷环氧防腐漆，柜体结构为户外型。

（3）就地盘：当设备与控制盘距离达到 15 米以上，在设备附近安装就地盘，壁挂式户外型，材质 SUS316 不锈钢板、FRP 或塑料制作。

6. 绝缘摇测

配电箱（盘）安装完毕后，用 500V 兆欧表对线路进行绝缘摇测。摇测项目包括相线与相线之间，相线与零线之间，相线与地线之间，零线与地线之间。边摇测边做记录。

7. 成品保护

（1）配电箱箱体安装后，应采取必要的保护措施，防止刮腻子、喷浆、刷油漆时污染箱体。箱体内各个线管管口应堵塞严密，以防杂物进入线管内。

（2）壁挂箱安装时，应注意保持墙面整洁。

（3）安装后应锁好箱门，以防箱内仪表损坏。

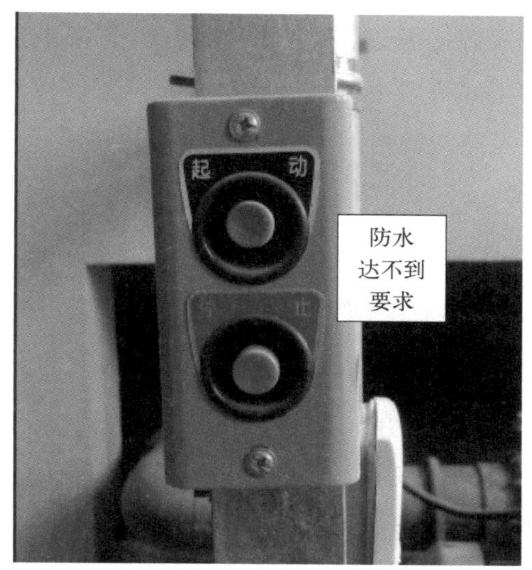

图9-12　现场泵启停按钮防水性能要达到IP65

第2节　电缆桥架及线槽的安装

一、工艺流程（图9-13）

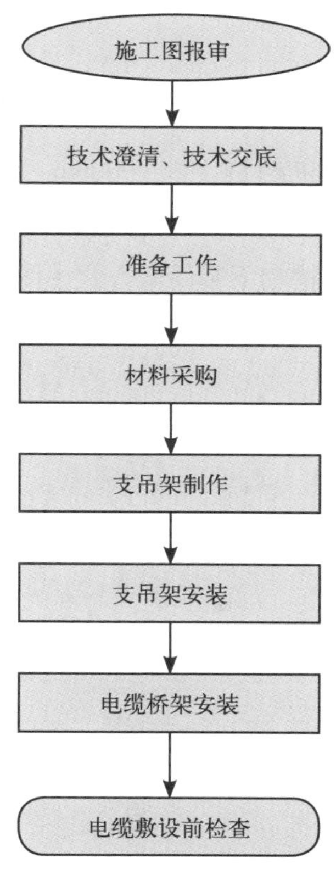

图9-13　电缆桥架及线槽的安装流程

二、桥架材质

（1）强电桥架材质采用热浸锌托盘式桥架（桥架带盖，下有排水孔）。

（2）自控桥架采用热浸锌槽式桥架（封闭槽式）。

（3）吊架采用热浸锌丝杆及热浸锌角钢,固定支吊架采用热浸锌角钢（焊接处刷环氧防腐漆），或采用热浸锌 C 型钢。

（4）海水区域采用 PVC 或非金属材质（图 9–14）。

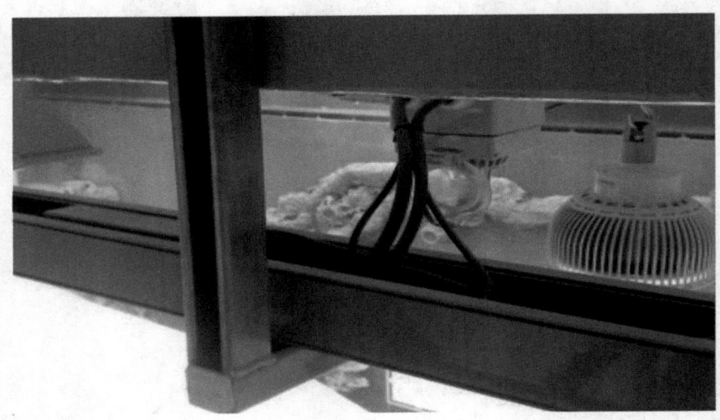

图9–14　展池上方采用非金属（FRP）线槽及支架

三、安装方法

桥架、支吊架做法：

（1）桥架宽度 500 mm 以下采用丝杆通过膨胀螺栓直接固定在楼顶板或梁中。

（2）桥架宽度 600 mm 以上先将 6# 槽钢（长 100 mm）通过膨胀螺栓固定在楼顶板或梁中，再用丝杆从 6# 槽钢下装吊架。丝杆直接固定在楼顶板或梁中方式（图 9–15）。槽钢采用膨胀螺栓固定在楼顶板或梁中，再用丝杆从 6# 槽钢下装吊架方式（图 9–16）。

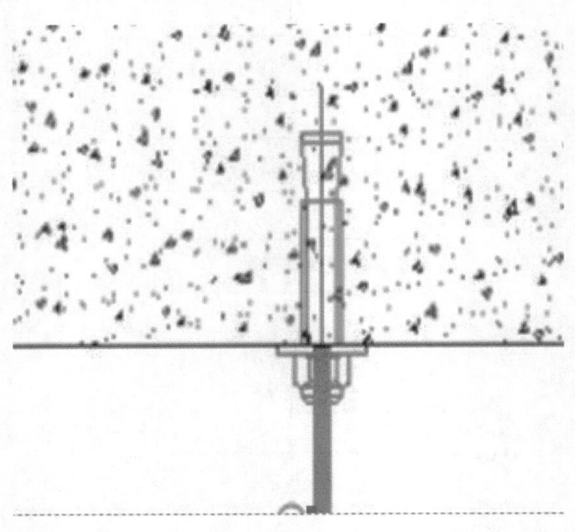

图9–15　宽度 500 mm 以下桥架吊杆通过槽钢固定在混凝土梁板上

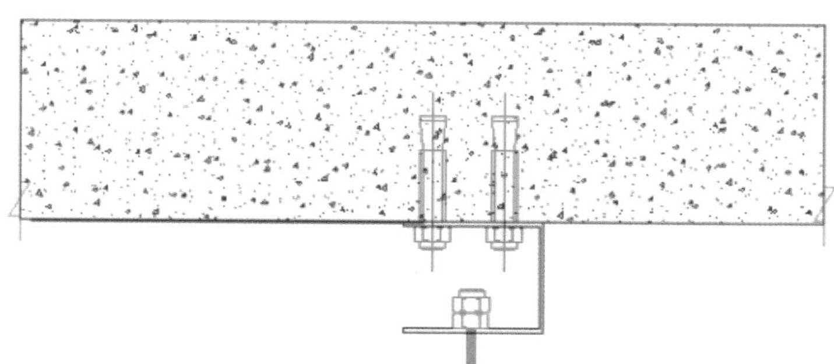

图9-16 宽度600 mm以上桥架吊杆通过膨胀螺丝固定在混凝土梁板上

四、动力电缆线管安装

1. 动力电缆线管材质与使用区域

（1）潮湿区域动力电缆线管材质采用PVC阻燃线管，比如维生水泵房区域，较干燥区域动力保护管材质采用热镀锌钢管材质。

（2）管与管之间采用直通接头进行连接，安装时先把钢管插入管接头，使与管接头插紧定位，然后再持续拧紧紧定螺钉，使钢管与管接头成一体，无须再作跨接地线。

（3）管与盒的连接采用螺纹接头。螺纹接头为双面镀锌保护。螺纹接头与接线盒连接的一端，带有一个爪形螺母和一个六角形螺母。安装时爪形螺母扣在接线盒内侧露出的螺纹接头的丝扣上，六角形螺母在接线盒外侧，用紧定扳手使爪形螺母和六角形螺母夹紧接线盒壁。

2. 电机接线方式

（1）方式1（图9-17）。

（a）采用穿金属软管接线，金属软管要预留回水湾 。

（b）线管一侧接三通以便排水。

（c）三通接口位置比接线盒位置低100 mm以上。

以上的接线方式有效防止雨水通过电缆套管流入电机接线盒。

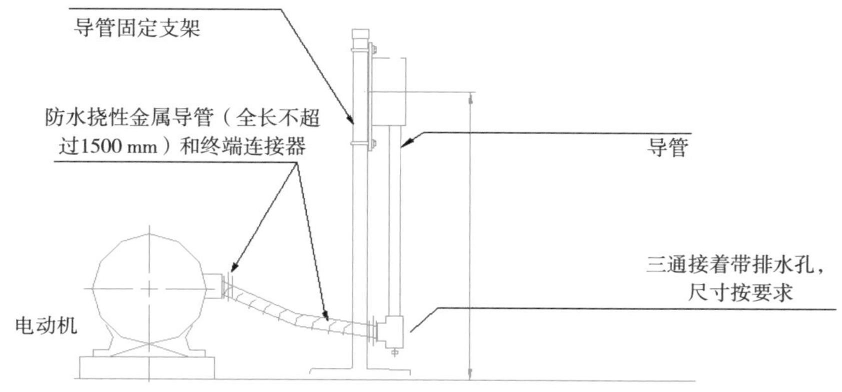

图9-17 机电设备电缆连接方法

（2）方式 2（图 9–18）。

线管出线后，裸电缆直接通过锁紧格兰头接入电机。

图9–18 机电设备电缆连接方法

（3）方式 3（图 9–19、图 9–20）。

（a）电缆套管与线管直接连接。

（b）这种连接方法最大的缺点是电缆套管接头容易脱落、雨水通过电缆套管流入电机接线盒内，另外线槽内有水时会通过线管流入电机接线盒。

图9–19 电缆线管与电缆套管直接连接

图9–20 电缆线管与电缆套管脱落

3. 电缆接线头的型式

（1）电缆线 10 mm^2 以上采用铜鼻子连接。

（2）10 mm^2 以下直接连接，铜鼻子采用镀锌铜鼻子。

（3）25 mm^2 以上电缆头均用五指套。

五、电气部分现场测试要点

（1）现场检测仪表经过国家认证的检验部门检测合格并在有效期内。

（2）电缆敷设完成后，检查所有动力回路、开关柜、分电盘、大小动力盘、照明盘、用电设备接线端子螺栓紧固程度和绝缘测试。

（3）送电后测试。

（a）分电盘、小动力盘的一、二次回路电压、电流和相序的测试。

（b）用电设备（插座、灯具等）电压、电流和相序的测试。

（c）电动机的电压、相序和转向的测试。

（d）电动机的空载和额定电流的测试。

（e）接地的测试、电柜面板指示灯测试 。

（f）电柜动力设备空载开关测试及负载开关测试。

六、电气部分选型及安装注意事项

维生系统就是海洋馆水处理系统，电气部分要充分考虑水管破裂或地板漏水等因素对系统配电柜及设备造成的影响。

（1）电柜选用户外型。

（2）电柜全部采用下进线，防止线槽有水时会从上进线的线槽流入电柜内部（图9-21、图9-22）。

图9-21　就地柜下进线

图9-22　就地柜上进线

（3）桥架每隔 5 米在桥架搭接处下方留一个 100 mm 长的开口用于排水。

（4）从上方桥架引线管接到电机时避免从桥架的底部开孔，需从桥架的侧面开孔。防止桥架有水时从线管直接流入用电设备（图 9-23）。

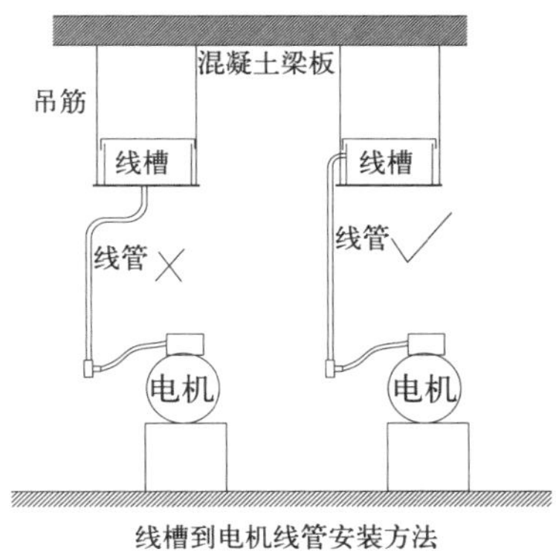

图9-23　桥架到电机线管安装方式

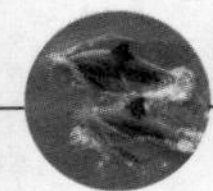

（5）从线管接电缆软管到电机或其他设备时在线管末端安装三通，并且三通的位置比接线盒低。

（6）楼层间有电桥架预留洞孔时需要对洞孔封堵（图 9–24）。

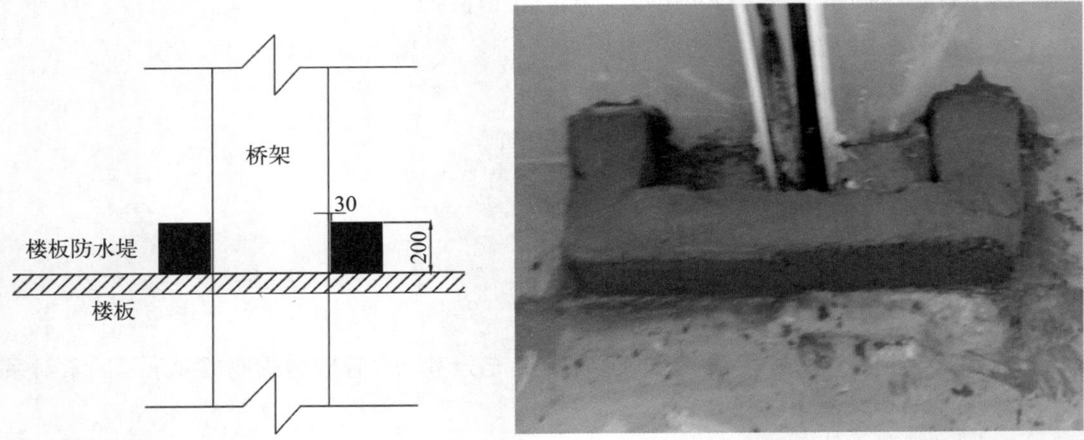

图9–24　穿楼层桥架防水堤的做法

（7）维生系统桥架如采用以下这个类型比较合理，防止桥架积水（图 9–25）。

图9–25　此型桥架比较适用于维生水处理机房

（8）泵电机电缆进线尽可能由低往上布线，防止在电缆有水时水会顺着电缆流到电机接线盒（图 9–26、图 9–27）。

图9–26　电机接线方法

图9–27　电机接线盒需要做防水填塞

第 3 节　自动温控系统的安装

一、维生系统的自动控制

维生系统自动控制主要用于:（1）展池水温自动控制;（2）砂缸自动反冲洗；这两个部分自动控制做得比较成功。还有一个自动控制是通过在线水质仪检测 ORP，根据 ORP 值自动调整臭氧量，但是在线 ORP 检测的数据不准确，使得这部分自动控制无法实施。

二、温控系统的组成

维生温控系统包括板式换热器一次侧冷热媒的进水电动阀、二次侧的温度感应探头及控制柜内的 PLC 等组成。

三、控制原理

通过在线水温感应探头对板式换热器工艺进水水温进行检测，然后将检测结果反馈到 PLC，PLC 将动作信号输出到板式换热器一次侧冷热媒进水电动阀，电动阀执行 PLC 发出的开关或调整指令。PLC 水温设置，如展池水温要求 25℃（图 9–28、图 9–29）。

四、温度自控部分安装前确认

（1）确认板式换热器一次侧进水电动阀的工作电压、功率、动作方式及控制信号。
（2）电动阀的信号、电源接口是否匹配。
（3）电动阀的参数需要与控制部分配置匹配。
（4）为了操作方便，把温控仪显示器放在板式换热器旁边，确认是否足够的安装空间。
（5）维生系统承包商负责电动阀门采购、安装、与控制柜间的电源及控制数据线的连接。
（6）数据线需要采用屏蔽线。

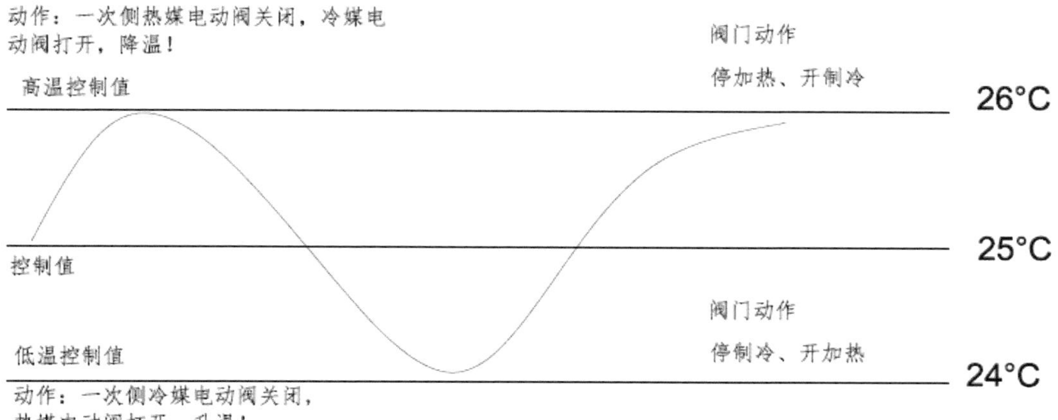

图9–28　维生系统水温自动控制阀门动作关系

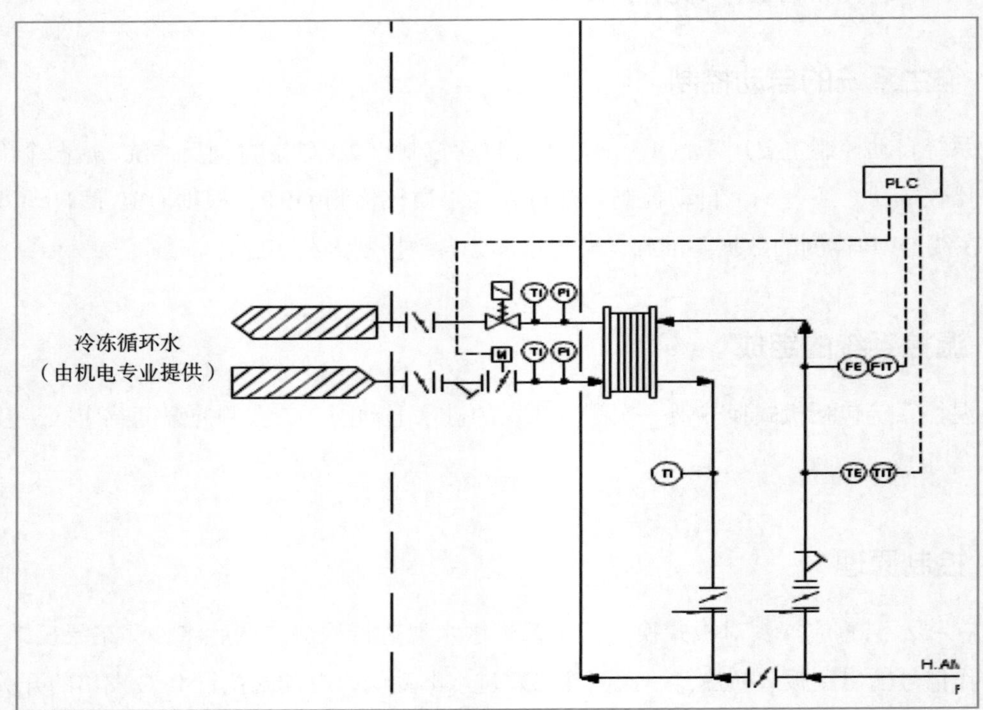

图9-29　自动温控部分流程图

五、温度自控部分安装

（1）按已经审批的深化设计的施工图纸对自控部分进行安装。

（2）仪表显示器、探头等安装在容易检查、方便校正及观看得到的位置。

第10章　医疗平台、密封门及化盐系统安装

第 1 节　医疗平台

医疗平台是用于海洋馆动物救治、动物体检、动物检疫及动物捕捉等重要设备；常见医疗平台有不锈钢金属医疗平台及 FRP 非金属医疗平台两种；不锈钢金属医疗平台虽然是采用不锈钢 SUS316L 材质，但是不锈钢焊接点夹有少量的焊渣，焊缝处理不好在使用一段时间后焊渣与不锈钢其他金属之间形成原电池，发生电化腐蚀生锈。

玻璃钢 FRP 医疗平台采用 SUS316L 连接件，不存在焊接点，只要处理好连接件防水，FRP 医疗平台是不存在生锈问题的（图 10–1）。

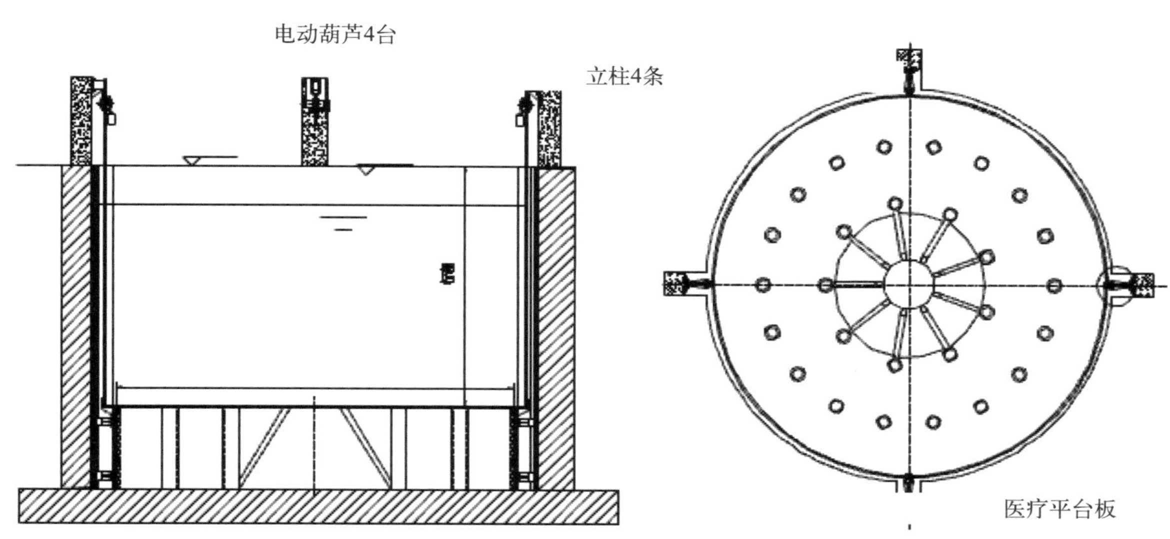

图10–1　FRP电动式医疗平台剖面

医疗平台分类（按材质及升降驱动方式）：

（1）按材料分：金属材料医疗平台、非金属材料医疗平台。

（2）按起吊方式分：液压式医疗平台、葫芦式医疗平台。

液压式医疗平台考虑到动物安全，通常选择水压式，但水压式液压缸缺少润滑，液压皮碗容易磨损漏水。电动葫芦需要考虑电机防水及防腐性能，防护等级要求 IP65 以上。同时机壳需要耐海水腐蚀（图 10–2）。

图10–2　液压式FRP医疗平台

第 2 节　医疗平台及密封门的安装

医疗平台、密封门预埋件深化设计的施工图纸及施工方案需要提交业主审批，然后开始工厂加工制作。医疗平台、密封门的安装包括前期预埋件的制作及安装、医疗平台及密封门的制作、安装及调试。

一、医疗平台安装条件

（1）对完工的池体内导轨槽、池壁及预埋件进行检查复核，确认已符合设计要求（图 10–3 ~ 图 10–5）。

（2）施工材料及设备品牌已完成报审。

（3）施工组织方案已完成报审。

（4）材料及设备进场检查合格。

（5）池体防水施工完成、池体试漏合格。

二、医疗平台的安装

1. 非金属医疗平台安装流程

导轨预埋件复核——池体防水试漏完成——预埋件调平调直——导轨安装——施工防护——施工平台搭设——材料进场——医疗平台施工——医疗平台施工完成——施工辅助平台拆除——现场清理——调试。

2. 金属医疗平台安装流程

导轨预埋件复核——池体防水试漏完成——施工平台搭设——预埋件调平调直——医疗池

施工防护——导轨安装、焊接——平台单元在工厂加工完成——平台进场安装——施工组装完成——拆除施工平台现场清理——调试。

图10-3　医疗平台的导轨槽

图10-4　对导轨槽进行尺寸复核

图10-5　预埋件调平调直

3. 医疗平台施工与防水的施工协调

医疗平台承包单位需要与展池防水专业公司进行协调：医疗平台及推拉门的预埋件、导轨及连接部位、紧固件与混凝土导轨槽等必须满足防水施工对空间的要求，并确认是先做预埋件防水，还是待导轨安装后再对导轨及预埋件整体进行防水（图 10-6 ~ 图 10-9）。

图10-6　医疗池复核垂直度不满足要求，返工整改

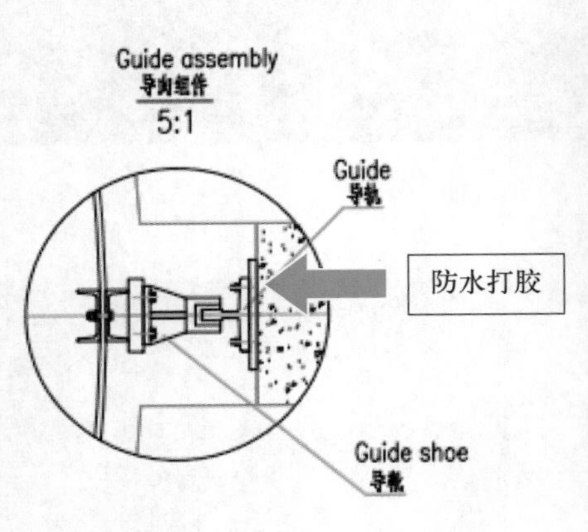

图10-7　医疗平台预埋件打胶防水

图10-8　医疗平台导轨预埋件整体防水

图10-9 导轨预埋件与垫板整体防水打胶

4. 医疗平台施工对防水的保护

医疗平台安装施工前需要对已完成防水施工的展池进行保护，常用的方法如下：

（1）池底垫一层彩条布。

（2）在彩条布上方铺上 20 mm 的多层胶合板。

（3）在多层胶合板上搭设支撑及施工平台。

（4）金属医疗平台施工时需要焊接固定，池底防水层保护可以铺设防火毯（小范围点焊时）或在池底贮水 100 mm 以上（大面积焊接时采用），目的是防止焊接施工飞溅下来的焊渣烧坏池内防水层。

（5）FRP 非金属平台施工区域存在有大量易燃的溶剂，焊接时需要把易燃物搬离现场。

5. 医疗平台设计及安装要点

（1）医疗平台升降缆绳除了满足荷载要求外，材质还要能耐海水及臭氧氧化腐蚀。

（2）医疗平台控制电柜通常设置在水池边，需要考虑电柜防水及防腐，柜体材质可选用 FRP 或 SUS316L，并做成户外防雨型柜体，柜体底基座周边密封但需设置排水管防内部积水，柜体内需安装排风扇散热抽湿。

（3）医疗平台运行负荷。医疗平台设计运行荷载是根据展池饲养动物的大小而定，例如白鲸、海豚等动物设计运行负荷选 3 吨就可以满足要求，如果是虎鲸或鲸鲨等大型动物运行负荷可能要选 5 吨或以上。

（4）电缆材质要求海水展池周边空气湿度大并且空气残余少量的臭氧及盐分，带盐及臭氧的空气会透过电缆接头或塑胶表皮破裂处腐蚀电缆线芯；使用一定时间后电缆会被腐蚀断路，检查断路的电缆芯线发现有铜绿及白点。建议展池周边的电缆选用耐氧化耐腐蚀矿物电缆。

第 3 节　维生系统密封门

维生系统密封门是用于把两个不同水温或循环系统不同的池体分开，设计时要考虑密封门板及紧固件的选用材质需要能耐海水及臭氧腐蚀、密封门与导轨槽间密封、密封门板受水压变形及密封胶条耐氧化防腐蚀等问题（图 10–10、图 10–11）。

图10–10　密封门正面

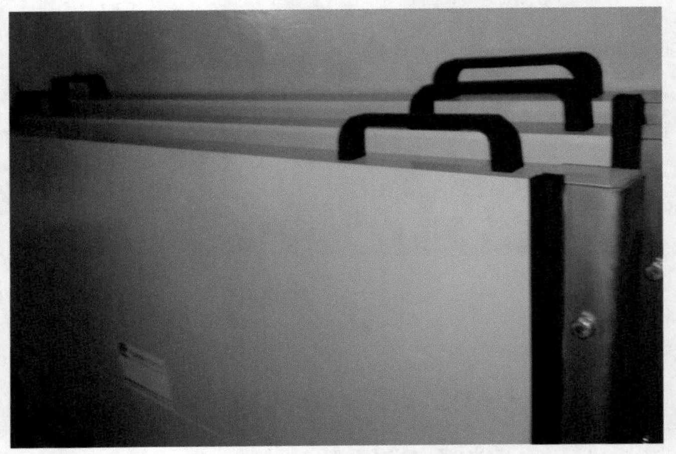

图10–11　密封门侧面

一、密封门安装条件

（1）校核导轨槽尺寸、水平及垂直度满足安装要求。

（2）池体防水及试水完成。

（3）导轨槽周边、预埋件防水打胶完成。

二、密封门安装要点

（1）选用耐氧化腐蚀的密封胶条。

（2）防止密封门的变形。

（3）安装过程处理好防水及漏水的问题。

密封门型式有整体式和分体式，采用的材料有 SUS316L 不锈钢、铝合金、FRP 材料等。整体式是靠其自身重量放入导轨槽内密封，FRP 整体式密封门需要考虑增加门的自重。分体式密封门是由一块块可拆卸的门板组成，门板之间会出现漏水的问题是设计时需要考虑的问题。

第 4 节　连接平台及推拉门

连接平台是连接展池间的通道，连接平台材质要求耐海水腐蚀、强度方面满足使用要求，为了操作方便，常常把连接平台与推拉门并列布置（图 10–12 ～图 10–15）。

图10-12 不锈钢316的连接平台及推拉门

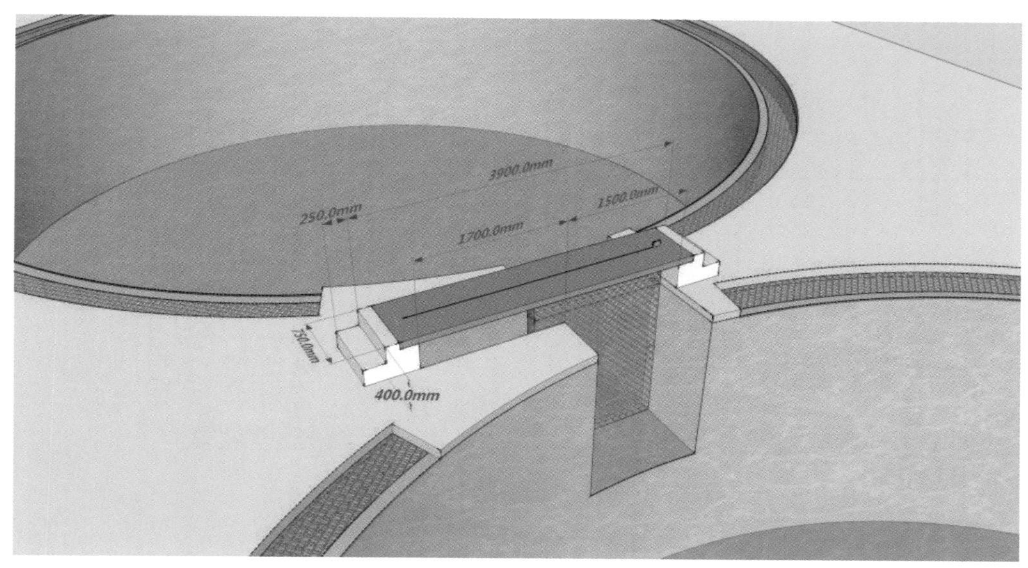

图10-13 FRP连接平台及推拉门

图10-14 FRP连接平台及推拉门

图10-15 简易FRP推拉门

第 5 节　维生系统人造海水化盐系统

一、海洋馆化盐系统存在的问题

采用水泵循环的方式溶盐，这种方式有以下缺陷：

（a）化盐时间长（溶盐时间要 10 小时以上）；

（b）长时间使用后池底有大量的污泥及营养盐沉淀；

（c）化盐时投入的盐沉积在池底被泵吸入后容易堵塞水泵及管道。

二、维生系统快速化盐工艺

为了克服传统化盐存在的问题，这里介绍一种快速溶盐系统，该系统包括：曝气管路系统、水循环系统及投料口等三个部分（图 10–16、图 10–17）。

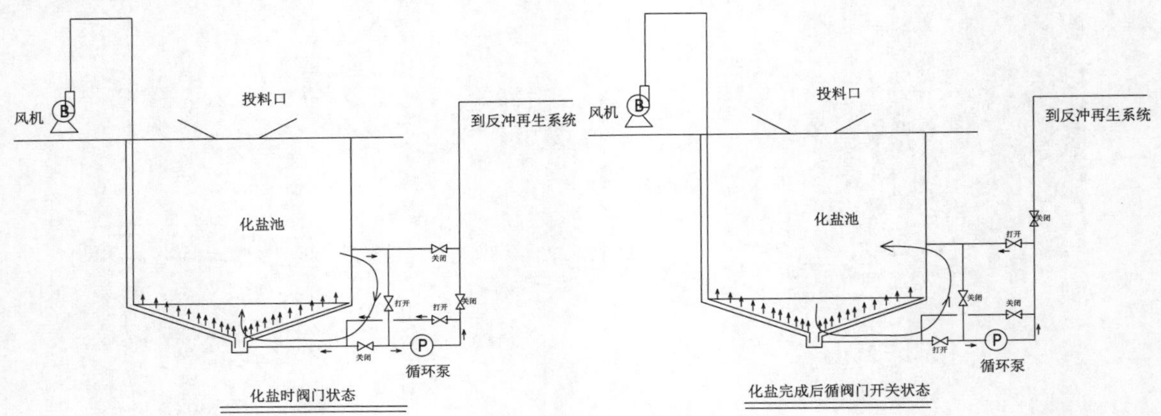

图10–16　快速溶盐系统原理图

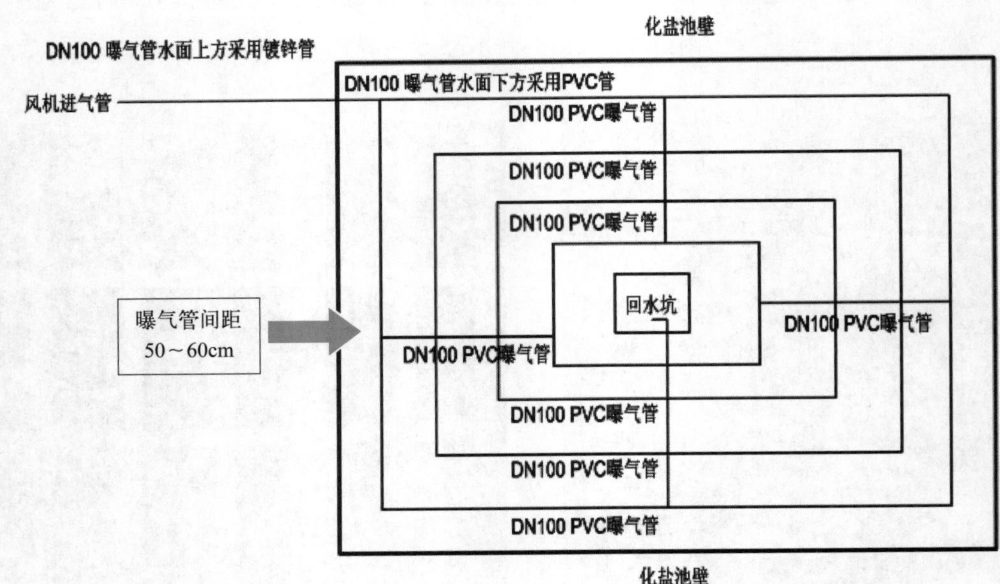

图10–17　快速溶盐曝气配管图

快速化盐池有两路循环管路：一路是池侧面出水——池底进水循环（用于化盐投料时盐还没有溶解时循环，防止盐粉流入泵及管道造成堵塞），另一路是池底出水——池侧面进水循环（用于盐已经溶解后的循环），这两路循环可以通过自动阀及时间继电器来实现定时切换（图 10–18、图 10–19）。

（1）快速化盐系统操作：

（a）先把化盐池水位补到 1/2 水深位置（图示泵高位入口的位置以上 20 cm，手动可以从化盐池液面管水位来操作泵的启停或通过液位控制点来实现自控制泵的启停）。

启动：化盐池风机曝气系统。

关闭：化盐池底部回水阀及送水阀；

打开：泵进水阀、泵出口到底部旁通阀。

启动：循环泵开始逆向循环。使化盐池内的水处于曝气沸腾状态。

（b）盐通过叉车送到投料口，人工投料。

（c）人工割袋后放到格栅上，盐流入化盐池内，随着曝气搅动及水流循环盐粉与水充分接触加速盐的溶解。

（d）一般 2 ～ 3 小时盐将全部溶解。

（e）化盐出水可以送到反冲再生系统进一步净化处理。

（2）快速化盐系统风机选型：

（a）风机选型要考虑池水的水深及通风量，一般化盐池水深 4.5 m，通风负荷 0.3 ～ 0.5 $m^3/(m^2 \cdot min)$。如果化盐池 L5000mm，W4000mm，面积 20 m^2。通风量是 20 × 0.3 = 6.05 m^3/min，风机出口表静压 0.5 kgf/cm^2（50 000 Pa）。

（b）风机要考虑一用一备。风管在水上部分用热镀锌管，水下部分采用 PVC 管。

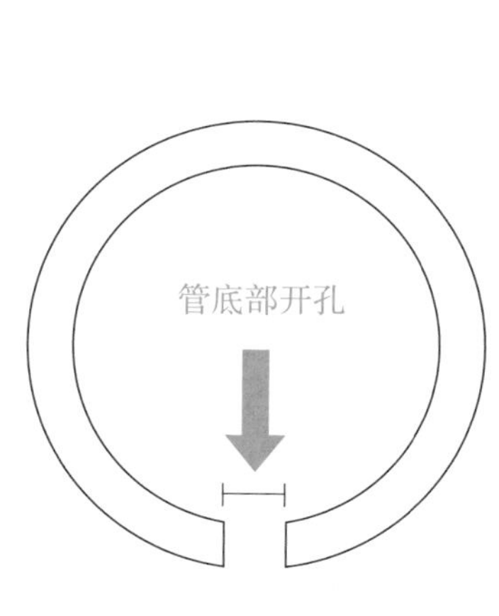

图10–18　快速化盐系统曝气管现场施工图（开孔 Φ10 × 200）

图10–19 快速化盐系统曝气管配管施工

第11章 维生系统海洋取水工程

第1节 海洋取水工程施工方案评审

为了节约运营成本，沿海地区的海洋馆首先会考虑所在区域海水水质指标是否符合养殖要求，若水质符合养殖要求时可以从海洋取水，对海水进行过滤净化处理、消毒杀菌及调节水温后送入维生系统，从海洋取水可以节省购买海兽盐及鱼盐的成本。

一、海洋取水工程施工方案专家评审

海洋取水工程受季风、台风、海况及海洋风浪情况的影响，海洋气候及地质状况复杂、施工难度大，施工单位提交的施工组织方案需要请专家进行评审。

专家组由 5 名专家组成：

- 海洋工程施工专业高级工程师 1 人。
- 设计院海洋工程方面的专家 1 人。
- 航道船舶方面专家 1 人。
- 海洋管理方面专家 1 人。
- 规划院海洋工程设计方面的专家 1 人。

专家组对施工方案进行评审出具建议及意见，由施工单位及时进行完善及补充后重新提交。

二、海洋取水工程的特殊性

1. 气象

根据施工所在区域海洋性气候，一年四季季风变化的情况编写施工组织方案，有时候在同一个时间同一个地区不同的海域或港湾风浪情况相差很大。

2. 气温及降水

海洋施工也要注意一年四季的气温及降水，气温往往随着风浪发生变化。

3. 风况

收集气象站统计资料，看哪个方向的风向为最多，注意相应的海浪变化，在风浪大的季节是没法进行海上施工的，比如三亚海棠湾水域从每年的 10 月份起到来年的 3 月份冬季的季风大，不具备施工条件。每年 5 月到 10 月风浪少但是会有不定期的台风来袭，另外还要考虑雷暴、寒潮、潮汐等因素影响。

第 2 节　海洋取水工程施工技术

一、施工工艺

施工前先确定施工工艺、不同工艺对工期影响较大，海况复杂的海域能满足施工条件的时间不多，需加快施工进度，否则台风或季风将会对施工造成不可挽回的损失。

1. 管材加工

海洋铺管施工难度大，管道先按一定长度（如 36 米）进行预制，预制时要把 HDPE 管内部焊接翻边清除（这部分翻边会影响管道清洗 PIG 的通过），然后把预制管道搬到铺管船上再进行海上管道焊接施工（图 11–1）。

图11–1　管材预制

2. 配重块预制及石笼制作

预制混凝土配重块，预制场地设立在近岸的空旷场地，经硬化后直接使用。石笼制作选择在码头附近施工。石笼尺寸需要满足吊装施工、石笼材质需要满足设计及耐海水腐蚀的要求（图 11–2、图 11–3）。

图11–2　配重块施工中

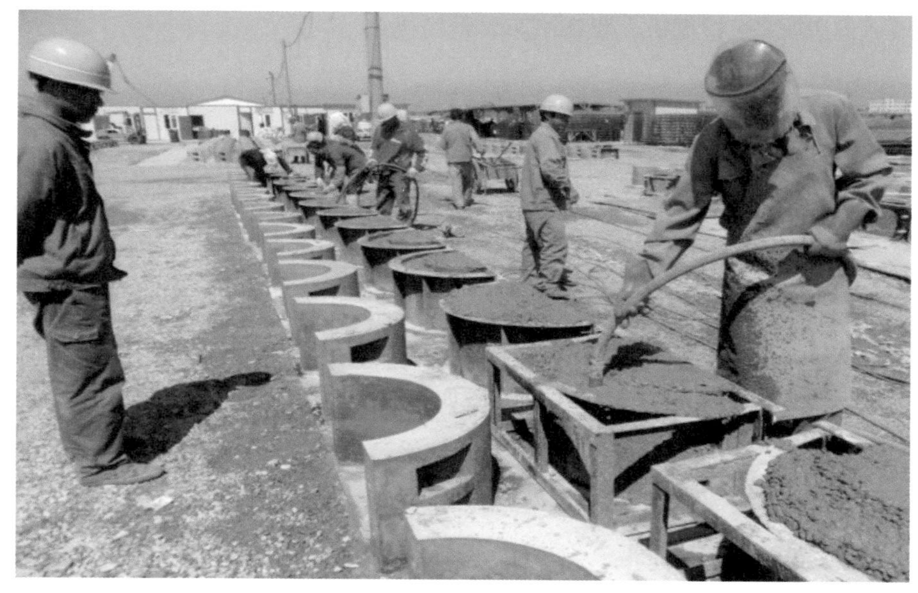

图11-3　配重块预制

3. 海洋取水管道施工

（1）综合考虑海洋管道施工安全、质量、工期及海况等因素，根据可靠成功的案例，可以选择铺管船进行海洋管道施工；它的特点是：进度快、工期短，受海洋气候影响少，施工成本高。

（2）海洋破波段及深海段管道均需要开挖沟槽然后开始敷管施工。

近岸浅水区在落潮时利用挖掘机往海上开挖（因为浅水区用挖泥船工程量比较大），可考虑用长臂挖掘机从两侧开挖；靠海一侧用挖泥船挖沟槽，利用高潮位尽量往岸边开挖港池，能确保铺管船上接管能与陆段管对接。

（3）施工协调：海洋取水管道施工需要组建以下各专业队伍配合施工。

（a）预制：配重块的预制，石笼的填装石块；HDPE 管预制。

（b）陆上运输：材料的转运、吊装、装船。

（c）施工测量：工程的测量放样、挖槽、水深测量及完工测量。

（d）海上运输：包括 HDPE 管材管件、配重块、石笼及其他施工用材料。

（e）陆域施工：陆上开挖及铺管、浅滩段支护挖槽、配合水上铺管队进行登陆段管道的安装、对接。

（f）海上开挖：深海管槽开挖、近岸段开挖、局部管沟回填等。

（g）海上安装：取水头安装，取水头与管道对接、块石抛填、管线压石笼等。

（h）海上铺管：在铺管船上进行 HDPE 管道焊接及管道铺设等。

（4）设备配置。

（a）海上开挖配备：斗式挖泥船、泥驳、抛锚艇、交通艇、吸砂泵等。

（b）管道安装配备：铺管船、运输驳、抛锚艇、交通艇。

（c）取水头安装配备：起重工程船、平板驳船、抛锚艇。

（d）陆域、近岸配备：挖掘机、履带吊车、卷扬机。

4. 施工注意事项

（1）施工现场准备。

（a）了解现场地形、文化、料场、水源、交通运输、通讯联络以及建设规划、海事、环境保护等有关情况。

（b）核查海洋地下设施已有管道、电缆、光缆等，在施工中要采取保护措施。

（c）确定现场施工范围，与业主及地方有关人员到现场一一核实，绘出地界、设立标志。

（d）清除现场障碍，施工现场范围内的障碍如构筑物、各种管线等必须拆除或改建，以利工程的全面展开。

（e）办妥有关海洋施工相关手续及施工许可。

（2）材料。

海洋取水施工材料包括 HDPE 管、管件、商品混凝土、石料、石笼等材料进场，并通知监理及业主的验收。

（3）技术方面。

（a）全面熟悉施工图纸、资料和有关技术文件，参加设计技术交底和图纸会审。

（b）工具准备：GPS、测深仪、水准仪等工程测量和实验器具。

（c）配重块配比确定：对砂、石料场、砂浆及各种混凝土配合比的试配工作。

二、主要施工方法

1. 混凝土配重块预制

由于 HDPE 管材密度较小（0.94 ~ 0.96）小于海水（1.03 ~ 1.05），为确保取、排水 HDPE 管道顺利下沉、安全运营，避免管道上浮事故发生，海底管道需配置预制混凝土配重块，辅助管道下沉，增加海底管道的安全性。

如：DN1000 取水管配重块混凝土强度等级为 C30，配重块安装间距 1.5 m，每组混凝土为 0.34 m^3，含 2 块半合型哈呋式预制块，通过 4 粒螺栓连接，抱合在管道上。DN630 排水管配重块安装间距 1 m，配重块混凝土保养时间到强度满足设计要求后，再搬运到铺管船上。

2. 关于配重块的施工要求

（1）使用 HDPE 管，海上铺管时即使灌满水，管道仍处于漂浮或半漂浮状态。

（2）为辅助管道下沉及确保沉入海底后管道的稳定，取水管的深海段、破波段，排水管的深海段、破波段都需要安装配重块，配重块的预制数量及规格尺寸也相应要作调整（图 11–4）。

（3）为方便安装配重块后管道在铺管船托架上滑行，建议配重块外部形状由八角形更改为圆形（图 11–5）。

图11-4 配重块堆场

图11-5 圆形配重块安装

（4）配重块安装时在配重块与管道之间需要垫橡胶垫，防止配重块受海水流动、风浪等因素影响发生转动时会磨损 HDPE 管道。（图 11-6）

图11-6 配重块配筋不足断裂

3. 取水头安装

（1）取水头部施工工艺流程。

基坑开挖——抛石、整平——取水头吊装——管道与取水头对接——抛石护脚。

（2）基坑开挖、抛块石垫层。

抓斗挖泥船开挖基坑，为防止回淤，预留一定的超深、超宽量，并按设计抛填 0.5 ~ 1m 块石垫层。

（3）取水头吊装就位 GPS 精确定位，1000t 起重船重新将取水头吊装就位，潜水员水下配合安装。

4. 海上取水管道敷设

（1）海上管道施工方法。

深海段管道安装——与取水头对接——浅滩段管道安装——与陆管对接。

（2）深海段。

挖泥船开挖沟槽，铺管船跟进边接边铺管，如果是两根取水管分两次单独铺设，管中心间距保持 3m（图 11-7 ~图 11-10）。

图11-7　挖泥船在工作

图11-8　海上铺管船作业中

图11-9　海上铺管船施工中

图11-10　海上铺管船在进行HDPE管焊接中

5. 浅滩段管道敷设

（1）挖泥船尽量往沙滩方向开挖港池，使铺管船能最大限度靠近沙滩（图 11-11 ~ 图 11-13）。

（2）浅滩段在管线两侧施工用临时沙袋围堰，阻挡两侧潮水冲刷，同时作为长臂挖掘机往海上延伸作业的通道，用挖掘机开挖管线沟槽。

（3）在铺管船上接管、安装配重块，在高潮位时往沙滩上漂浮铺管，沙滩上布置 2 台卷扬机牵引管头进入钢板桩支护区内，并拉至陆上管头附近。

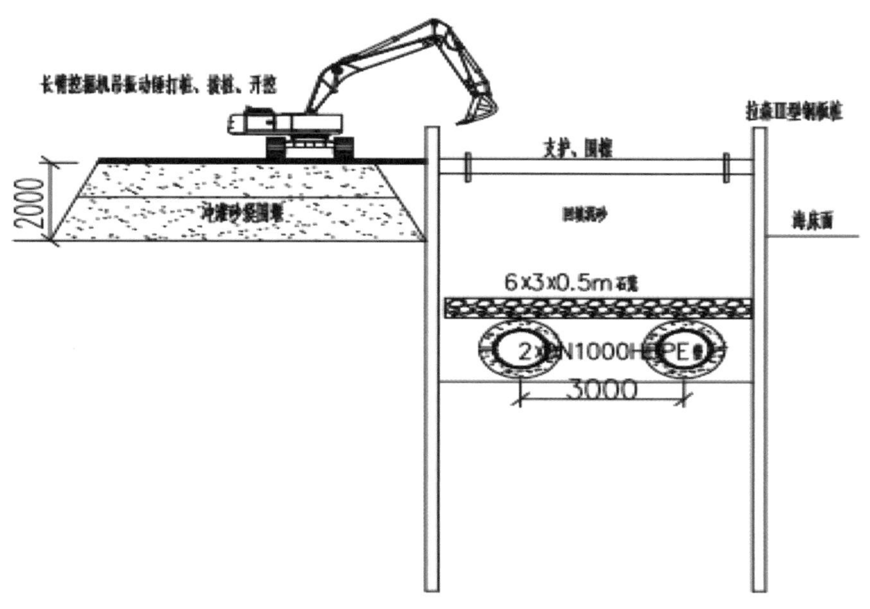

图11-11　浅滩段开挖

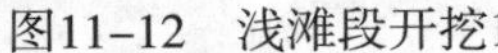

图11-12　浅滩段开挖1

图11-13　浅滩段开挖2

在陆段靠岸边取水管设 2 个 DN250 的补水法兰接口，这个预留接口作用是：在沉管过程中用来往管内注水，从铺管船端排气，目的是让密度比水轻的 HDPE 管在海水及配重块作用下下沉入沟槽中（图 11-14 ~图 11-18）。

图11-14　岸段开挖及灌水阀门的安装

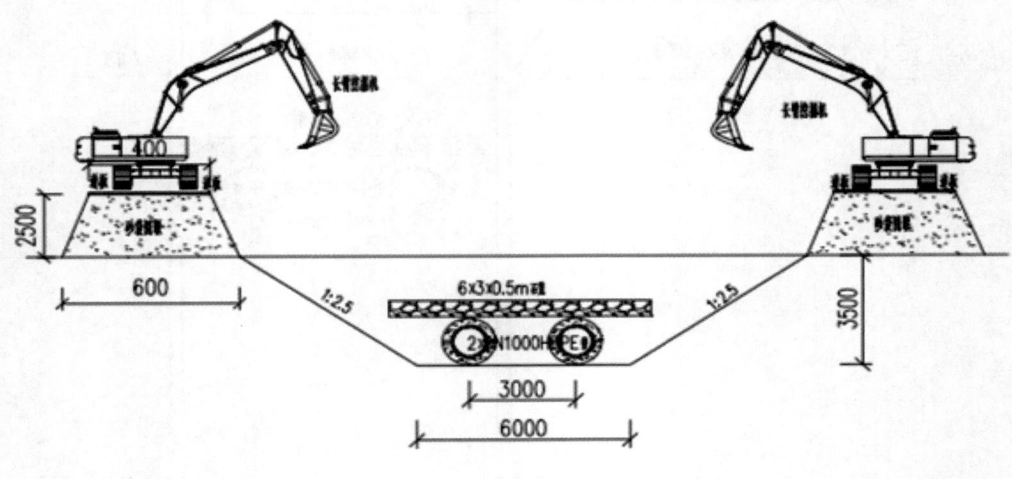

图11-15　浅水区开挖

图11-16　浅滩段与陆段接管施工

图11-17　陆段与浅滩段焊接中

图11-18　浅滩区岸边锚点设置

6. 海上铺管

（1）海上铺管施工包括：船舶定位、管材配重块运输、管道熔接、配重块安装、铺管船铺管、铺盖石笼、沟槽回填等（图 11-19、图 11-20）。

（2）根据工程海况条件、施工特点及工期要求。

（3）采用铺管船法海上铺管为最佳方案，此种工法特点：

（a）能在海上连续不间断铺管。

（b）确保了施工质量及施工安全。

（c）铺管船能提供足够大的施工平台以及良好的抗风浪能力。

（d）同时具备一定的储存空间，用于存放管材和压块。

图11-19　钢板桩法海上铺管作业

图11-20　钢板桩法海上铺管作业中

7. 管道安装

（1）海上船舶锚泊系统。

铺管船根据所测设的坐标布置，设置锚缆系统：采用四根钢丝绳，呈“八”字形布设，夹角为45°。船舶两侧各设一侧锚，防止前后锚移锚时，船体偏移，折断已铺设管道。根据实际施工情况，锚泊作业半径为200米，即施工区域为管轴线两侧各200米区域。

（2）海上地形测量。

施工前与业主、监理一起进行一次海床水深测量，并绘制成水深图，如与设计文件有较大出入，及时将有关资料整理后报设计部门，并进行协调处理。将测量出的海底障碍物的坐标数据传输至GPS定位测量手簿，施工中测量人员全程跟踪测量。抛锚定位时抛锚船上同时进行定位测量，避免锚泊系统布置时损坏附近管线、电缆。

（3）管道接头熔接。

HDPE管预制成36m单节长度由船运至铺管现场，尽量减少海上接头数量。焊接时要去掉内部翻边。管道接头形式采取热熔方式，接头全部由HDPE厂家专业接管人员进行现场熔接。

（4）配重块安装。

管道上架前先将配重块的下半部按设计间距放置在托架上，管道吊上对接平台并熔接后，再将配重块的上半部分合上紧固配重块两端的螺栓。配重块按照设计的间距进行安装，每组配重块用4根螺栓连接，混凝土与管材表面包橡皮垫进行保护（图11–21、图11–23）。

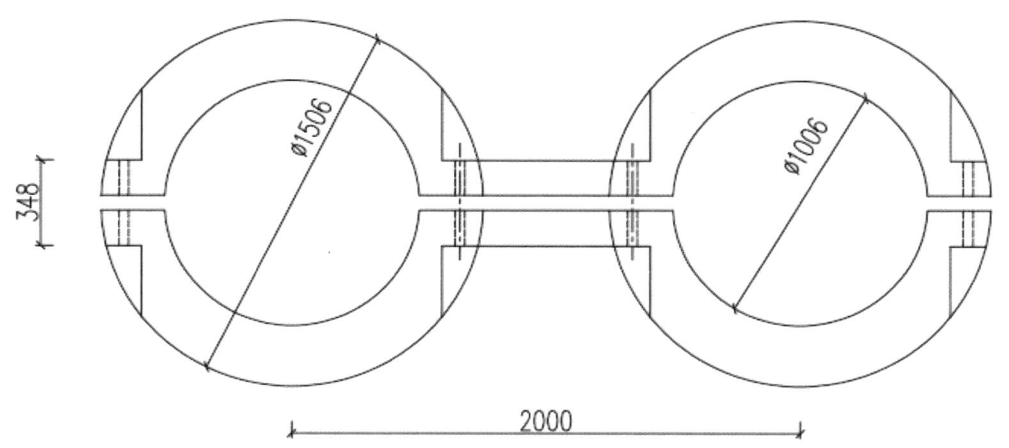

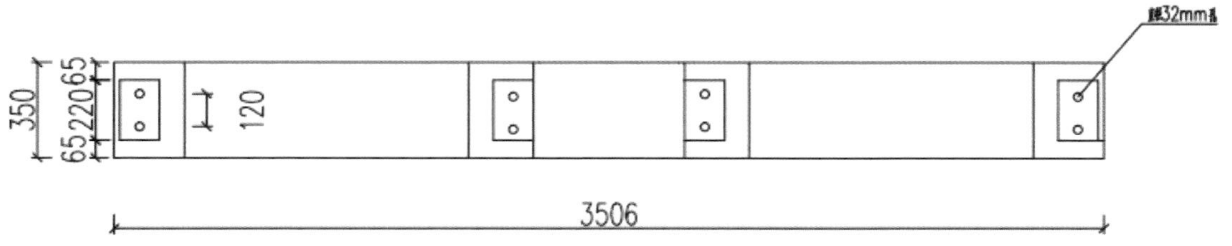

图11–21　配重块配置

图11-22 安装上半片配重块、螺栓连接

图11-23 配重块螺栓连接

（5）海上铺管、张紧器夹紧。

配重块安装结束后，应对管线所有配重块安装位置进行进一步复核和检查，确定符合设计要求后，开始敷管（敷设前先进行管道试压）。

管道沿托管架下滑至海底，确保管道在预定的敷设路线上进行敷设下沉。在管道沉放过程中，应注意管道内的水位，确保管内的水位始终与海面齐平，防止管道内进入空气。

为防止台风或热带风暴对施工船舶的袭击影响，一旦接到风暴警报（大于7级），可进行弃管作业，将管头滑移离开托架，吊放入海底，并设置浮标。风暴过后，施工船舶重新进场，并根据GPS定位系统定位，安排潜水员沿浮标导索下潜对管道进行打捞。潜水员在水下固定好吊索后，由起重设备将管托架尾端吊出水面并安装到工程船上，清理管道接口位置的泥沙和污渍后，再恢复管道焊接及安装。

三、管线保护及试压

1. 压石笼

取水管及排水管安装后，在管道上方铺一层 50 cm 厚块石笼，增加管道稳定性，抵抗海流、风浪冲刷，单个石笼宽 3 m，长 8 m（取水管）、5 m（排水管），横向放置（图 11–24）。

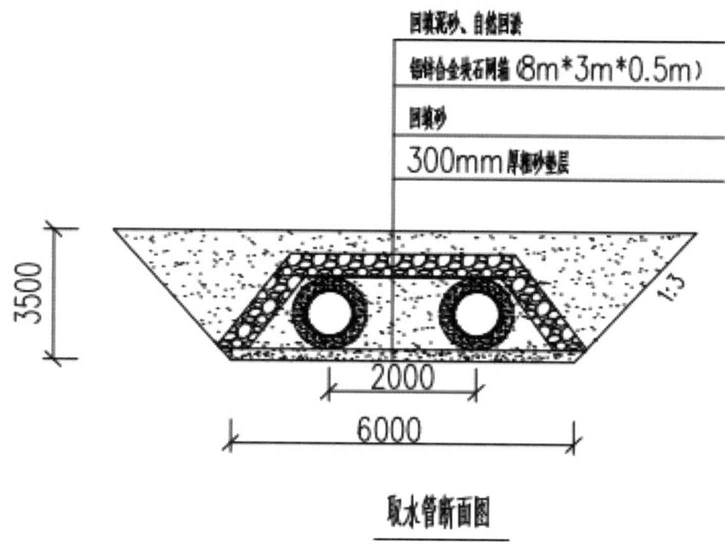

图11–24　海洋取水管道安装固定

2. 回填

压石笼后近岸的浅水段管线需抛 1m 厚的块石护面，再用开挖的沙料进行回填，深海段直接使用开挖沙料回填（图 11–25）。

图11–25　压在管道上方的石笼

3. 管线试压

水压试验在管线铺设完成后进行，水压试验包括：

（a）管端盲板及支撑设置；

（b）进水管路、排气管管路及排气孔设置；

（c）加压设备及压力表选择。

加压泵流量 20 ~ 30 m^3/h 扬程 80 mH，泵出口配置累计流量及瞬时流量计，当采用弹簧压力表时，其精度不应低于 1.5 级，最大量程范围宜为试验压力 1.3 ~ 1.5 倍，表壳直径不小于 150 mm。

（1）管道水压试验应分预试验阶段与主试验阶段两个阶段进行。预试验阶段，应按如下步骤，并符合下列规定（图 11–26、图 11–27）。

（a）试压管道排气满水后，将试压管道内的水压降至大气压，并持续 60 分钟。期间应确保空气不进入管道。

（b）缓慢地将管道内水压升至试验压力并稳压 30 分钟，期间如有压力下降可注水补压，但不得高于试验压力。检查管道接口、配件等处有无渗漏现象。当有渗漏现象时应中止试压，并查明原因进行修复后重新组织试压。

（c）停止注水补压并稳定 60 分钟。当 60 分钟后压力下降不超过试验压力的 70%时，则预试验阶段的工作结束。当 60 分钟后压力下降低于试验压力的 70%时，应停止试压，并应查明原因进行修复后再组织试压。

（2）主试验阶段，应按如下步骤，并符合下列规定：

（a）在预试验阶段结束后，迅速将管道泄水降压，降压量为试验压力的 10% ~ 15%。

（b）每隔 3 分钟记录一次管道剩余压力，应记录 30 分钟。当 30 分钟内管道剩余压力有上升趋势时，则水压试验结果合格。

（c）30 分钟内管道剩余压力无上升趋势时，则应再持续观察 60 分钟。若在整个 90 分钟内压力下降不超过 0.02 MPa，则水压试验结果合格。

图11–26 海水取水管道试压

图11-27　取水管道试压压力

4. 海上施工注意事项

（1）海上施工需要到海事、海洋局、航道局相关部门办理相关施工许可。所有施工人员必须遵守海洋公约和海事法规定，保护海洋环境，项目部所有船只自觉接受海事监察部门的督察。

（2）各类船舶必须按规定持有船舶国籍证书、船舶载重线证书、船舶适航证书、船舶检验证书和安检证书等有效证书。船员应持有合格、有效的适任证书、出海证书及“四小证”，特殊作业人员还应持有有效的特殊作业操作证。

（3）各类作业船只在出航前要对航行作业区域的气象、流速、海床底质、渔政环境、水下障碍物、过往船只航线航行情况等海况条件进行全面的了解和掌握。

（4）建立有效的通信网络，在各施工船只上设置高频电话，确保所有船只能及时接收调度的工作指令。

（5）施工船的锚泊系统的锚机的承载能力、锚的类型、重量、锚缆钢丝的直径等均要满足施工的需要，确保施工船在施工期间不会因为受到风浪的影响而发生走锚现象。

（6）施工期间 7 级以上大风施工船暂停作业，在现场抛设加强锚，根据风、浪、涌实际情况确定是否对管道加强保护，防止管道反复摆动弯折。

（7）施工期间若遇突发的灾害性天气如台风、冷空气，海况极端恶劣时及时撤离施工现场躲避风浪。

（8）海上作业安全处理原则：统一指挥，快速反应，预防为主，防消结合，要求快速、简洁、明了、准确。

（9）海上作业时必须穿救生衣，一旦遇到人员坠海，交通艇停止航行，在船长指挥下进行搜寻自救，接近目标时，立即抛丢救生圈，船上其他人员通力合作，用竹篙等救生器材予以协助，同时用甚高频电话向附近船舶发出协救信号。

（10）海上施工期间，常有大雾发生，为防止因能见度不良而发生船舶碰撞，停止所有船舶在海上航行，已在航行途中也应临时锚泊，按规定使用雾钟向其他船只发出警告。

四、海洋取水管道的清洗

1. 海洋取水管与排水管比较（表11-1）

表11-1　海洋取水管与排水管

比较项目	海洋取水管	海水排放管	备注
末端构造	取水端即取水头设置有一个钢筋混凝土构筑物，设置有一个三通两个开口，工作时关闭对海的开口，打开取水头内的开口	排水管末端在主管上匀布设置多根 DN150 的小管，排水管末端安装鸭嘴阀，排水时鸭嘴阀打开，停水时关闭	
管道海洋生物寄生	海水经过取水头初步隔离，但仍有海洋生物随水流动进入取水管道，有海洋生物寄生	排水末端安装了鸭嘴阀，管段内的水只能单向向海洋方向排放，海洋生物进不来	
管道内泥土沉积	取水管流速低海水中的泥沙会沉积在管道内	排水管小，通过泵加压进行排水，排水有压力流速高，排放水比较干净管道不会有泥沙沉积	
管道清洗	定期清洗	不需要	

2. 取水管道的清洗

（1）管道清洗的原因：

海洋环境下管道内会有海洋生物生长繁殖，根据前期施工观察 HDPE 管放入海中 6 个月后管道内贻贝会长到 30 ~ 50mm，同时还夹杂着其他贝壳一起成片生长，随着时间增长，管道内的贝壳越长越多越积越厚，使管道内径缩小有效过水面积减少，为此需要定期对取水管道进行清洗（图11-28 ~图 11-36）。

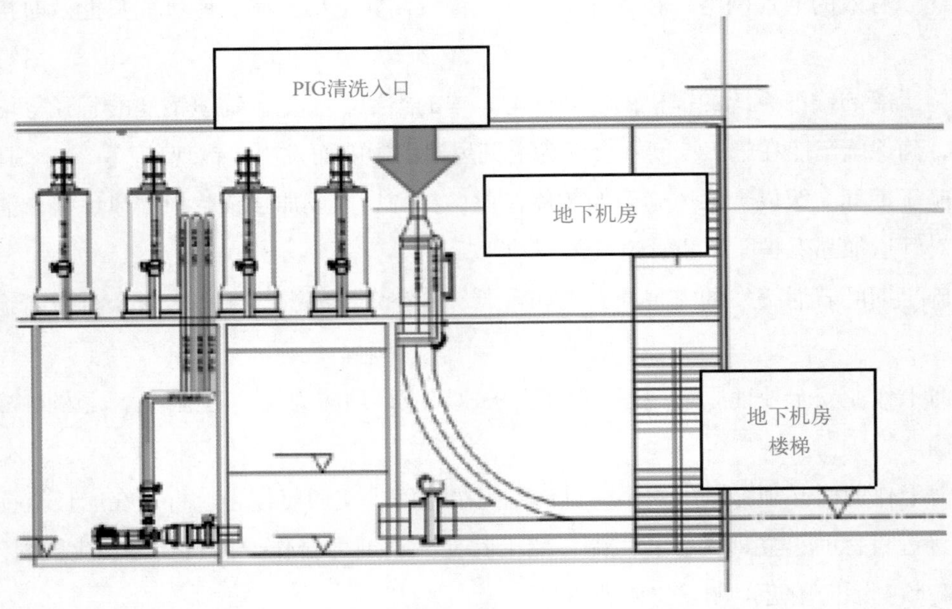

图11-28　海洋取水管道PIG清管器发射装置图

图11-29 PIG清洗装置安装现场

图11-30 PIG过渡管加工中

图11-31　PIG清洗管道与进水管连接

图11-32　PIG发射平台

图11-33　PIG发射时管道进水的情况

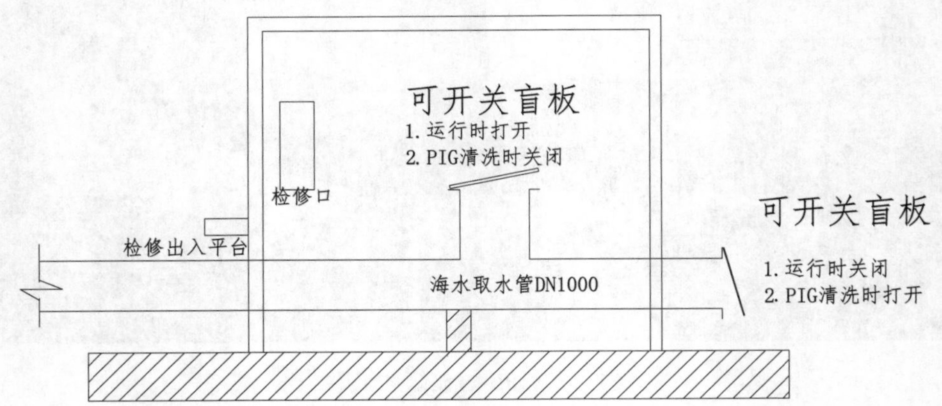

图11-34　海水取水头部分示意

图11-35　PIG打不出去，技术人员在紧急处理

图11-36　PIG清洁工作原理示意图

（2）取水管道清洗频率可以按一年 2 ～ 3 次进行操作，需视管道海洋生物生长情况而定。取水管道的长短决定于近岸海区水质，水质好取水管可以短一些（就近取水），取水点水深度视海况而定，PIG 清洗时水下的推动力需要计算。

（3）PIG 清洗泵设计计算：

如果取水头深度是 15 m，取水管长度是 1000 m，推动 PIG 泵扬程要多少 m？

按以下公式进行计算：

泵扬程 = 取水头深度 + 管道压力按长度损耗 0.4%+ 泵与 PIG 投入点的高差 + 富裕水头（取 15 ～ 20 m）

H = 15 m + 1000 × 0.4% m + 8 m + 20 m = 47 m

直径 1000 mm 的 HDPE 管内径是 0.92 m，1000 m 管道内水的容量是：

$1000\ \text{m} \times 0.92\ \text{m} \times 0.92\ \text{m} \times 3.14/4 = 665\ \text{m}^3$

考虑到清洗时间不能过长，选取清洗泵的流量为 650 ~ 700 m^3/h，推动 PIG 泵扬程需要 47 m 以上，因为要考虑给一定的扬程余量及 PIG 推动过程中管道内贝壳产生的阻力影响，要适当增加泵的扬程，建议选 50 ~ 60 m 扬程比较合适。

（4）在第一次管道清洗时由于 HDPE 管在铺管船上的焊接内部翻边是无法挖掉的，所以这些内翻边会卡住 PIG，使 PIG 卡死在取水管道内，为了解决这个问题，要考虑用绳子牵引把 PIG 拉出来（图 11-37）。

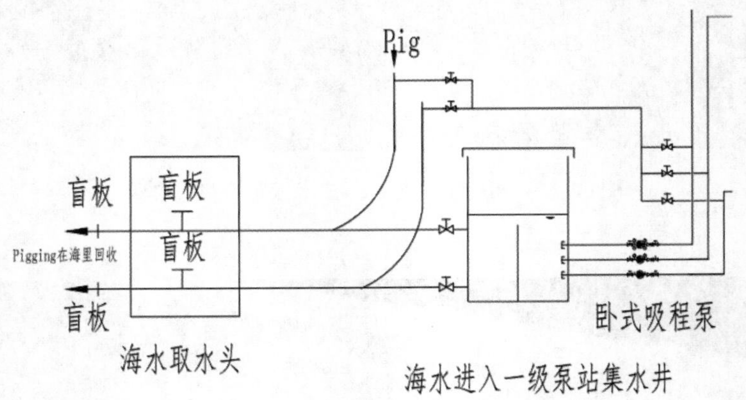

图11-37 PIG清管器工作示意

（5）PIG 初次清洗具体做法：

牵引绳的拉出。选择比管径小 50mm 的 PIG 上绑上牵引绳把牵引绳从取水管 PIG 清管口放入，从海上取出来。再把绳子系在船上（图 11-38）。

牵引清洗操作。机房：把标准的 PIG 放入清管口后启动泵推动 PIG 向前运动。海面上：泵启动后船开始向外海方向航行拉牵引绳，管道内用水力推动海上用船往外拉，把 PIG 拉出来（图 11-39、图 11-40）。

图11-38 拉牵引绳的小PIG

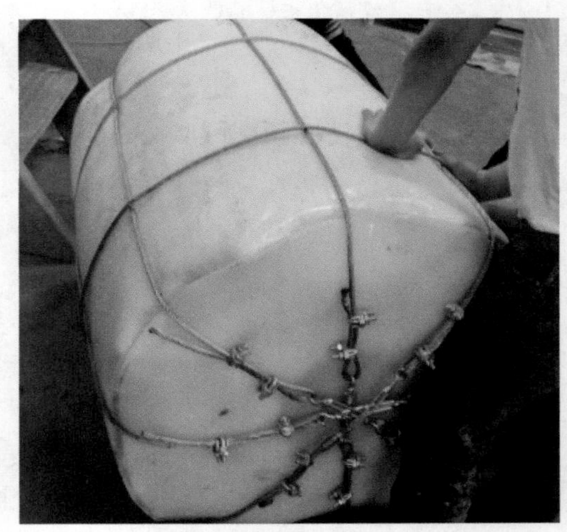

图11-39 标准PIG

图11-40　通管后的PIG（把HDPE管的内翻边也带出来了）

（6）PIG 清管器操作步骤：

（a）关闭取水头内部盲板前需要对取水头两个法兰口先拍照然后清理，把法兰内的海蛎子、贝壳、泥沙全部清理出来（管道口位置会有大量的海洋生物寄生），清理完成后关闭取水头内部盲板，防止在取水头内三通位置清洗水分流，保证有水力推动 PIG。

（b）接着把取水头对海的盲板打开。

（c）完成通球后需要用 PIG 清洗泵对取水管道冲洗 3 小时，目的是要把管道内残留有大量被 PIG 刮出松动的或刮破的海蛎子、贝壳及泥沙冲出管道，如果没有冲洗这个步骤被刮烂了的海洋生物在管道内腐烂发臭影响进水水质。

（7）海底法兰接头没有预装法兰片时的连接方案。

海底法兰接头没有法兰片怎么连接？可拆卸法兰是最好的解决方案，本项目使用可拆卸法兰（图 11-41）。

图11-41　可拆卸法兰

第 3 节　水族馆海水排放

一、水族馆海水排放

开放式维生系统的排水分两类，一类是溢流排水，另一类是反冲洗排水。溢流排放水量比较大，水质也比较好，经过取样分析未经处理可以达到养殖污水排放标准，反冲洗排放量比较小（约占总用水量 5%），这部分的水经过絮凝沉淀、砂、碳过滤再与溢流排水混合后也能达到排放标准。

二、排放系统

（1）排放系统管道的末端安装鸭嘴阀来保证海洋生物无法进入排水管道。鸭嘴阀特点是在有水出来时阀门末端的橡胶张开，没有水流时末端的橡胶合上（图 11–42）。

图11–42　鸭嘴阀

（2）鸭嘴阀是在海水中使用，所有金属材质必须是 SUS316 材质，橡胶宜采用耐海水腐蚀的材料，如 EPDM，图 11–43 所示鸭嘴阀的法兰材质生锈不宜用于海水管道系统。

图11–43　鸭嘴阀法兰材质还没有安装就生锈

第12章　维生系统调试技术

第 1 节　展池浸泡

维生系统展池浸泡工序：

（1）展池包装造景完成，展池垃圾已经清理完毕，并移交工作面。

（2）进水浸泡（浸泡时间约 20 天）。

（3）浸泡完成后排水并对展池进行清洗。

（4）展池重新进水，等待水位上升到展池高度的 1/3 ～ 1/2 时可以开始调试。

一、泡池前准备

每个水族馆各有不同的包装主题与风格、需要采用不同的颜色突出主题，包装造景完成后，造景的涂料还需要一定时间才能干固，保养时间不到就进水会影响涂料的黏结度，一段时间后会自然脱落。造景的材料及颜料含有多种化学成分，虽然在管理上对造景材料进行严格的管制避免将有毒的材料用于造景，但是仍然有些材料对海洋动物是有毒的，所以在调试前需要最大限度将造景材料中有毒的物质去除，通常采用的方法是浸泡。

1. 展池浸泡的目的

（1）使包装造景填充辅料如混凝土、泡沫混凝土中的碱性物溶出。

（2）使包装造景材料中水溶性化学物质溶出，降低造景材料的毒性。

（3）使包装造景可溶的颜料溶解。

（4）包装后池体再次试漏。

（5）池边管预埋管道接口漏水测试。

（6）降低池水的 pH。

2. 展池进水浸泡需满足条件

（1）造景面漆保养时间到。

（2）展池内部垃圾清理完成。

（3）展池内脚手架拆除完成。

（4）展池水位刻度标识制作悬挂完成。

（5）展池周边安全防护标识、救生设备及工具准备到位。

（6）试水值班人员确定。

（7）确定进水后每天检查路线及检查项目。

（8）自来水进水管道铺设、阀门及流量计完成安装。

（9）机房排水系统调试完成，处于工作待机状态。

（10）已召集相关专业承包商召开浸池进水沟通协调会，相关进水文件完成会签。

（11）维生系统设备已完成安装、通电测试完成。

（12）进水前需要拆除展池亚克力保护板，方便进水过程中对亚克力玻璃进行变形检查。

二、展池进水泡池

1. 进水准备

展池进水管要伸到池底再加装一个弯头、防止进水直接冲击地面会损坏包装。进水时要定时记录展池水位、累计进水量、进水流量，防止进水速度过快对亚克力玻璃造成突然过大的变形。当水位加到 2/3 高时停 2 小时进行全面观察，无异常后恢复进水。

2. 进水观察

在进水过程中每 2 小时对池底及周边、亚克力视窗、穿墙管道等进行检查是否有渗漏，同时对亚克力玻璃变形进行观察，检测变形量并做记录。

3. 变形检测点的设置

在亚克力玻璃前面 30 mm 参照上图进行变形检测线的设置、线两端固定拉紧，进水水位到达亚克力玻璃后开始每天隔 4 小时用尺测量记录一次检测点与玻璃板的距离，并将检测变形记录发到网络工作记录，如果变形过大时需要向泡池领导小组及亚克力厂商反馈（图 12–1、表 12–1）。

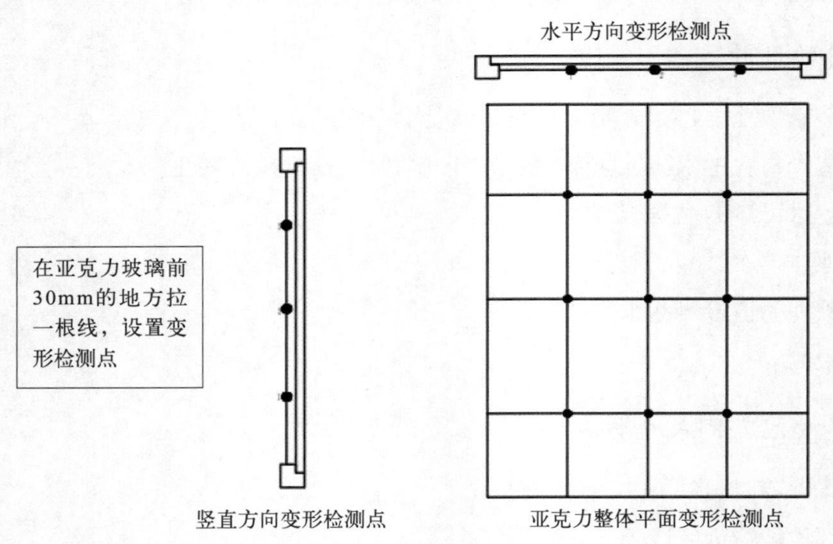

图12–1　亚克力变形检测点布置

4. 浸泡时间

浸泡目的是让有害的物质充分溶解到水中，浸泡时间大约 21 天左右，在浸泡时间内尽可能置换部分水，即排放部分水再补充部分新鲜水进去，因为浸泡一定时间后池水中有害物浓度上升甚至到达饱和浓度，影响有害物继续溶出，置换水能降低有害物浓度，利于其继续溶出。

泡池期间为了便于观察亚克力玻璃变形及开裂，亚克力保护板要拆除，可以在亚克力板前 1

米的地方拉出警戒线，专人轮值看管。

表12-1　亚克力玻璃变形观测记录表

单位：mm

日期	0水位时间距	11月26日9：00	11月26日13：00	11月26日17：00
监测点		第一次水位	第二次水位	第三次水位
		4.2 m	7.5 m	10.2 m
左线A上	53.0	53.0	53.5	54.0
左线B中	51.5	51.5	52.5	53.6
左线C下	51.0	52.0	53.0	54.2
中线A上	62.0	64.0	63.5	64.0
中线B中	57.0	60.5	61.0	61.5
中线C下	62.0	63.0	64.0	64.5
右线A上	55.0	56.0	57.0	57.5
右线B中	54.0	55.0	56.5	57.0
右线C下	57.0	57.5	58.0	57.5

5. 浸池期间的管理

如果是浸泡深度在2米以上的展池时，由于水深危险，需要做好安全围蔽、拉警戒线、挂安全标识；对于大型展池还需要安排人员值班，实行封闭式管理（施工人员若要进入危险区域施工，需经过相关部门审批，进入现场时需确认登记），防止意外。

6. 排水清池

浸泡结束后可以对展池进行排水，展池排水的方法有两种：一种方法是通过在展池内安装潜水泵排放，另外一种方法是利用维生系统安装完成的砂过滤水泵按反冲操作进行排放；展池排水到室外雨水管网（浸泡水中含有害物不能进入砂缸填料中），在展池排水的同时可以对池壁进行清洗，清洗前准备好橡皮艇、水枪等工具；在水位下降过程中用水枪对池壁进行冲洗，水位一边下降一边清洗，当展池水排干时池壁已清洗干净，仅对池底进行清洗就可以了（图12-2、图12-5）。

图12-2　展池浸泡完成后排水清洗

图12-3　展池池底清洗

图12-4　展池池底清洗后

图12-5　展池池底清洗后

第 2 节　池体进水与调试

一、砂缸反冲及管路冲洗

池体经过浸泡、清洗后正式进水、当展池水位到达 2 米以上时，系统可以开始调试。

1. 管路冲洗

（1）电柜内用电设备绝缘测试完成、电柜正式通电、泵正反转动作测试完成。

（2）打开：砂过滤器进水阀、反冲排水阀；关闭：反冲进水阀、产水阀。

（3）检查并清理篮式过滤器内部垃圾。

（4）泵进、出水管道阀门打开，泵排气完成。

（5）启动砂滤泵对管道进行冲洗（时间 5 分钟）。

2. 砂缸反冲洗

管道冲洗完成后可以对砂缸进行反冲洗。

（1）阀门操作：

打开：砂过滤器反冲进水阀、排水阀；泵进、出水管道阀；

关闭：进水阀、产水阀。

（2）启动砂滤泵对砂滤进行反冲洗，反冲过程中可从反冲排水观察管观察排水的浊度来判断反冲干净程度。

（3）反冲洗时同时对展池补水，一边进水一边反冲，但是要留意展池的水位避免抽空。

（4）反冲流程：反冲 30 分钟——正冲 5 分钟——反冲 30 分钟——正冲 5 分钟——直到反冲出水干净为止（直径 2.5 m，长 5 m 砂缸反冲洗时间约 3 ~ 4 小时）。

（5）反冲完成后停泵，阀门切换至产水状态，启动过滤水泵对砂滤泵到展池这部分设备进行冲洗，检查管道冲洗的垃圾、泥沙。

（6）如果冲出来水回到池内仍很脏，有必要对池体进行再次清洗，然后再进水。

二、系统调试

1. 公共部分（动力设备检查确认）

（1）检查各动力设备接线情况；

（2）设备的安装固定情况；

（3）电机转向确认；

（4）噪音确认，性能确认等。

所有泵列入测试内容记录表（表 12–2）。

表12-2　泵类检查结果

Tag.No.	设备名称	检查项项目									
泵类编号		①	②	③	④	⑤	⑥	⑦	⑧	⑨	⑩
0903-007	大池砂缸泵	/	OK	OK	OK	OK	OK	无	无	无	OK
	……										

备注：项目内标无表示该项目无须检查；“未”表示该项目尚未检查；OK表明该项目符合要求；NG表明该项目不符合要求。

①润滑油注入量是否适当

②绝缘测定是否合格

③安装时螺栓固定是否紧固

④设备转动方向确认

⑤运转时有无杂音和异常发热现象

⑥有无异常振动现象

⑦用水试运转时泵本体及其自身配管是否有泄漏现象

⑧用水运转时泵配管是否有泄漏现象

⑨⑩PLC确认运行与停止状态。

2. 展池检查确认

（1）确认各池体的包装造景、池体浸泡、换水及清洗情况。

（2）满水漏泄测试情况。

（3）池体液位开关动作。

（4）池体周边配管漏泄情况（表 12-3）。

表12-3　展池检查结果

检测日期：

Tag.No.	展池名称	检查项 项目							备注
		A	B	C	D	E	F	G	
T-001	大洋池	OK	OK	OK	OK	OK	OK	OK	
T-002	大洋池脱气塔	OK	OK	OK	OK	OK	OK	OK	
T-003	白鲸池	OK	OK	OK	OK	OK	OK	OK	
T-004	白鲸池脱气塔	OK	OK	OK	OK	OK	OK	OK	
T-005	海豚池	OK	OK	OK	OK	OK	OK	OK	
T-006	海豚池脱气塔	OK	OK	OK	OK	OK	OK	OK	
T-007	....								
T-008									
T-009									
T-010									

项目	内容	
A	池内有无异物，垃圾已清理，已完成清洗	
B	池体周边管道法兰螺栓是否固紧	
C	池体周边配管是否按流程安装	
D	满水后有无泄漏	
E	池体周边配管有无泄漏	
F	溢流口水流情况，是否均匀（测试溢流口标高是否水平）	
G	补水量最大时测试溢流排水情况	

3. 气动阀门确认

（1）确认气动阀门接线是否正确。

（2）动作是否正确。

（3）动作时间确认。

（4）填写自动阀门检查报告（表 12-4）。

表12-4　设备自动阀门检查报告

检测日期：

阀门番号	口径 / 区分	型号	检查项项目			实际关时间	备注
			动作	标准开关时间	实际开时间		
大洋池砂过滤器 1#							
1PSF1	200A 气动蝶阀	773Z–31–200A	良好	5 –7 S	6S	5S	符合要求
1PSF2	200A 气动蝶阀	773Z–31–200A	良好	5 –7 S	7S	7S	符合要求
1PSF3	200A 气动蝶阀	773Z–31–200A	良好	5 –7 S	6S	6S	符合要求
1PSF4	200A 气动蝶阀	773Z–31–200A	良好	5 –7 S	5S	6S	符合要求
大洋池砂过滤器 2#							
2PSF1	200A 气动蝶阀	773Z–31–200A	良好	5 –7 S	5S	5S	符合要求
2PSF2	200A 气动蝶阀	773Z–31–200A	良好	5 –7 S	5S	5S	符合要求
2PSF3	200A 气动蝶阀	773Z–31–200A	良好	5 –7 S	6S	6S	符合要求
2PSF4	200A 气动蝶阀	773Z–31–200A	良好	5 –7 S	3S	3S	符合要求
CV0905–004–1	20A 电动球阀	KLD–400	良好	5 –7 S	7S	7S	符合要求
CV0905–004–2	20A 电动球阀	KLD–400	良好	5 –7 S	7S	7S	符合要求
	……						

4. 系统安装流程图确认

（1）根据 PID 流程图确认设备安装情况。

（2）配管是否正确。

（3）设备就位、配管直径、配管材料、阀门位置、阀门种类等。

（4）试运行确认（表 12–5）。

5. 电气部分确认

（1）确认控制盘内和现场接线情况。

（2）选择开关动作情况。

（3）触摸屏上液位和水泵指示灯是否正确显示。

（4）泵电机转向确认。

（5）电机接线规格确认。

（6）电机工作电流确认（表 12–6）。

表12-5　试运行确认

装置：砂过滤单元

试运行项目	检查项目	确认时间	备注
机组确认	1. 配管、阀门、仪表及设备安装与 PID 图是否一致？ 2. 机组是否固定？ 3. 各配管和阀门的型号、种类、管直径与 PID 图是否一致？ 4. 篮式过滤器内是否留有杂物？	XX 年 X 月 X 日	出水口要安装压力表及取样口 已固定 已清洗
冲洗，通水确认	1. 机组是否排气？ 2. 配管和机组有无泄漏？ 3. 气动阀动作是否正常？ 4. 水泵有无杂音和异常发热现象？	XX 年 X 月 X 日	已排气 耐压测试、对漏水处已作处理 正常 正常
砂缸填料充填	1. 填料型号与样板对比确认？ 2. 填料充填数量确认？	XX 年 X 月 X 日	
运转参数设定	1. 产水量调整是否与设计相符？ 2. 反冲周期设置是否与设计相符？ 3. 反冲流量是否与设计相符？	XX 年 X 月 X 日	反冲可按产水流量下降 30%、压力差上升 0.05Mpa 或按时间管理（3 天）进行反冲
自动运转	1. 过滤水泵是否受池体液位控制？ 2. 自动反冲与运行产水是否能切换？	XX 年 X 月 X 日	反冲与产水可以切换。

表12-5　试运行确认

装置：蛋白分离器单元

续表

试运行项目	检查项目	确认时间	备注
机组确认	1. 配管、阀门、仪表及设备安装与 PID 图是否一致？ 2. 机组是否固定？ 3. 各配管和阀门的型号、种类、管直径与 PID 图是否一致？	XX 年 X 月 X 日	进水流量计已安装 已固定 OK OK
冲洗，通水确认	1. 机组是否进水？ 2. 配管和机组有无泄漏？ 3. 泡沫收集器冲洗电磁阀动作是否正常? 4. 水泵有无杂音和异常发热现象?	XX 年 X 月 X 日	已进水 满水测试、对漏水处已作处理 正常 正常
射流器工作确认	1. 蛋分冒泡情况确认？ 2. 喷淋系统工作是否正常?	XX 年 X 月 X 日	OK OK
运转参数设定	1. 进水流量调整与设计值是否一致？ 2. 臭氧流量设定与设计值是否一致？ 3. 空气流量设定与设计值是否一致?	XX 年 X 月 X 日	OK OK OK
自动工作确认	1. 系统能否自动工作? 2. 来电恢复是否恢复正常工作状态? 3. 泡沫收集器冲洗喷系统是否定时自动喷淋?	XX 年 X 月 X 日	OK OK OK

表12-5　试运行确认

装置：臭氧机组

续表

试运行项目	检查项目	确认时间	备注
机组确认	1. 配管、阀门、仪表、设备安装与PID图是否一致？ 2. 机组是否固定？ 3. 各配管和阀门的型号、种类、管直径与PID图是否一致？ 4. 制氧机氧气浓度是否达到90%以上？ 5. 填料安装 6. 空气贮罐电子排水阀安装旁通手动阀门	XX年X月X日	已固定 OK
机组运行确认	1. 配管和机组有无泄漏？ 2. 气动阀动作是否正常？ 3. 微热再生干燥器再生是否正常？ 4. 制氧机的露点是否符合工艺要求？ 5. 空气贮罐电子排水是否能自动开关？ 6. 无热再生干燥器工作与再生是否自动切换？ 7. 空压机高温有无警报？	XX年X月X日	OK 正常 正常 OK
填料充填	1. 干燥器填料确认？ 2. 制氧机填料确认？	XX年X月X日	
运转参数设定	1. 系统能否正常工作？ 2. 氧气浓度是否满足90%以上？ 3. 臭氧机工作是否正常？冷却水温是否在20～25℃？ 4. 臭氧冷却水流量及水温设定是否与设计值一致？	XX年X月X日	OK OK OK OK
自动运转	1. 系统是否自动运行？ 2. 臭氧流量、产量是否稳定？ 3. 来电恢复是否恢复正常工作状态？	XX年X月X日	

表12-5　试运行确认

装置：脱气塔与展池单元

续表

试运行项目	检查项目	确认时间	备注
池体管道确认	1. 配管、阀门、仪表、设备安装与PID图是否一致？ 2. 各配管和阀门的型号、种类、管直径安装与PID图是否一致？	XX年X月X日	
池体及脱气塔运行确认	1. 水位是否正常溢流？ 2. 溢流槽的水是否能正常回流？ 3. 脱气塔水位是否正常？ 4. 脱气塔进水配水槽配水是否均衡？	XX年X月X日	
脱气塔填料充填	1. 脱气器填料规格确认？ 2. 脱气塔填料高度确认？	XX年X月X日	
运转参数设定	1. 补水量是否与设计相符？ 2. 循环水量是否与设计相符？ 3. 底回流量是否与设计相符？ 4. 展池溢流排水管的标高是否已设定？	XX年X月X日	OK OK
自动运转	1. 系统是否自动运行？ 2. 来电恢复是否恢复正常工作状态？	XX年X月X日	

表12-6 试运行检查一览表

（泵电机的电流、电缆、转动方向等检测记录）

Tag. No.	机器名称	型号	电源相数 / 电压	功率 (kW)	额定电流 (A)	实测电流 (A)	测量日期	电缆确认		温度确认	转动方向确认	确认日期
								规格	确认日期			
P-1A	过滤水泵 1#	SHE200-200/185	3 ϕ 380	45	70	68.0	8 月 9 日	25 mm^2	8 月 10 日	正常	正确	8 月 10 日
P-1B	过滤水泵 2#	SHE200-200/185	3 ϕ 380	45	70	69.5	8 月 9 日	25 mm^2	8 月 10 日	正常	正确	8 月 10 日
P-2	过滤水泵 3#	SHE200-200/185	3 ϕ 380	45	70	65.1	8 月 9 日	25 mm^2	8 月 10 日	正常	正确	8 月 10 日
P-3	过滤水泵 4#	SHE200-200/185	3 ϕ 380	45	70	67.8	8 月 9 日	25 mm^2	8 月 10 日	正常	正确	8 月 10 日
P-4	过滤水泵 5#	SHE200-200/185	3 ϕ 380	45	70	65.8	8 月 9 日	25 mm^2	8 月 10 日	正常	正确	8 月 10 日
P-5A	过滤水泵 6#	SHE200-200/185	3 ϕ 380	45	70	67.2	8 月 9 日	25 mm^2	8 月 10 日	正常	正确	8 月 10 日
P-5B	接触塔射流泵											
P-6A	蛋分射流泵 1#											
P-6B	蛋分射流泵 2#											
P-7	蛋分射流泵 3#											
P-8A	蛋分射流泵 4#											
P-8B	蛋分射流泵 5#											
	……											

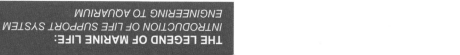

6. 药品关系确认

使用药品见表12–7。

表12–7　药品使用

药品	注入点	用途	加药浓度	配制浓度
漂白水	接触塔后	杀菌、消毒	10%	10%

备注：药品加药浓度根据加药点流量进行调整。

第3节　单机调试

一、电气部分

1. 电柜测试

（1）电柜就位固定、电缆敷设后，对动力、照明回路接线检查及绝缘进行测试。

（2）送电前检查与测试：

（a）开关柜、分电盘、大小动力盘、照明盘、用电设备等接线端子螺栓紧固程度检查和绝缘测试。

（b）二次回路电压、电流和相序的测试。

（3）送电后测试：

（a）分电盘、小动力盘的一、二次回路电压、电流和相序的测试。

（b）用电设备（插座、灯具等）电压、电流和相序的测试。

（c）电动机的空载和额定电流的测试。

（d）接地的测试。

2. 空载测试

通过以上测试确认电柜各项指标符合要求，将进入下一步测试：把电柜内动力设备的空开打到关的状态，然后在面板的按钮开关进行操作（表12–8）。

表12–8　空载测试

测试按钮	测试条件	指示显示	备注
按电柜面板泵启动按钮	电柜内动力设备的空开打到关的状态	泵运行指示灯亮？	不亮则检查原因，排除后重测
按电柜面板泵停止按钮	电柜内动力设备的空开打到关的状态	泵停机指示灯亮？	
按电柜内热继电器过载保护	/	面板故障指示灯亮？	
按试灯按钮	/	面板上所有指示灯亮？	

二、泵调试

1. 泵调试程序

（1）外观检查：水泵及管道系统安装要符合泵安装说明或技术文件的要求。

（2）泵转向确认：在泵满水的情况下，点启动按钮使泵试运转，确认泵转动方向是否正确（在启动泵运行按钮前需要对泵进行排气，确认水泵灌满水，在入口阀门全开，出口阀门全关的条件下启动水泵），然后开启水泵出口阀门，听水泵运转声音是否正常，如果有异常需对水泵系统进行检查。

（3）泵出口压力、流量符合设计要求。

（4）电机运行电流测试值正常。

（5）轴承温升正常，一般在 40℃以下，轴承温度不超过 70℃。

（6）盘根有极少量的滴水。

（7）系统其他正常。

（8）做好各项运行记录。

2. 水泵调试注意

新系统泵试运行前需确认泵前有没有安装篮式过滤器，如果没有篮式过滤器，则需要在泵前法兰处安装临时钢丝网用来拦截来自管道、池底等的砖头、石块、木头以及管道施工时切割料等杂物，如果这些垃圾进入泵，会损坏叶轮，安装钢丝网后每天清理一次，一般运行 2 周后钢丝网可以拆除。

三、砂过滤器的调试

1. 填料安装

砂过滤器填料的规格确认及装填，以 2500 × 5000 砂缸为例（表 12–9）：

表12–9　砂过滤器填料安装

序号	名称	设计深度	理论体积（m^3）	实测深度	实装体积（m^3）
A	0.45 ~ 0.55 mm 石英砂	80 cm	7.9	79 cm	7.8
B	0.59 ~ 0.71 mm 石英砂	15 cm	0.75	15 cm	0.76
C	1.5 ~ 2.0 mm 石英砂	15 cm	0.75	15 cm	0.76
D	3 mm 石英砂	15 cm	0.75	145 cm	0.73
E	9.5 mm 卵石	25 cm	1.25	23 cm	1.15
F	12 ~ 19 mm 卵石	270 mm	1.3	260 mm	1.25

填料的规格：与确认样板一致，符合设计要求

装填数量：12.45 m^3（设计装填数量为 12.7 m^3）需列出所有砂缸填料安装情况。

日期：X 月 X 日

结果确认：OK

2. 砂过滤器前管道试压

砂过滤器前管路试压设计值要求：在水压 6.0 kgf/cm^2 时过滤器及管道应该无泄漏。

结果确认：砂过滤器及管道无泄漏，符合设计要求。

3. 砂过滤器管道冲洗

（1）打开砂滤进水阀，砂缸反冲排水阀、过滤水泵进、出口及管道阀门。

（2）关闭砂滤产水阀、反冲洗进水阀。

（3）启动砂滤泵冲洗砂滤器之前的管路，冲洗时间大约 5 分钟，从反冲观察管观察冲洗情况。

（4）管路冲洗结束后将砂滤器阀门恢复到产水状态。

（5）砂缸进水部分管道冲洗完，把砂滤器产水管临时接到室外雨水管道，启动砂滤泵对砂滤器进行正冲洗。

日期：8 月 9 日

结果确认：管道及砂滤器已冲洗干净

4. 砂滤器管路试压

（1）关上砂滤器反冲进、出水阀门及产水阀。

（2）打开砂滤泵进出水阀。

（3）开启砂滤器进水阀门、砂滤器排气口阀门。

（4）启动砂滤泵，当砂缸排气管有水出来时即关闭排气阀，当压力达到 6.0 kgf/cm^2 时关闭砂滤泵出水阀；同时关停砂过滤泵。保持 10 分钟后检查压力是否下降，再检查管道接头阀门有无漏水并及时进行修理然后重新测试，如果砂滤泵扬程不足达不到 6.0 kgf/cm^2 压力时需要采用临时增压泵对砂滤器进行试压（表 12–10）。

日期：X 月 X 日

5. 砂滤器反冲洗

（1）利用一套砂缸的产水反冲另外一套砂缸。

（2）一套砂缸的阀门开到产水状态，公共产水总管的阀门关闭。

（3）需反冲洗的一套砂缸阀门打到反冲洗状态。

（4）启动砂滤泵对砂缸进行反冲洗。

日期：X 月 X 日

表12–10　砂过滤器耐压测试

设备	时间		时间（min）	压力（kgf/cm^2）	漏水检查	处理方法	结果	测试日期
	开始	终了						
砂缸 1	17:05	17:20	15	6.0	阀门接头漏水	拧紧后再次测试	良好	
砂缸 2	17:30	17:45	15	6.0	无漏水		良好	
砂缸 3	17:48	18:03	15	6.0	上端接头漏水	拧紧后再次测试	良好	
砂缸 4	18:20	18:35	15	6.0	下端接头漏水	拧紧后再次测试	良好	
砂缸 5	18:51	19:06	15	6.0	底部法兰漏水	维修后测试	良好	
砂缸 6	19:15	19:30	15	6.0	上端接头漏水	维修后测试	良好	
砂缸 7	16:47	17;00	13	6.0	上端接头漏水	维修后测试	良好	
砂缸 8	16:36	16:58	22	6.0	无漏水		良好	

6. 砂缸到脱气塔管路冲洗

（1）在砂缸反冲完成后，可以对砂缸到脱气塔的管道进行冲洗；

（2）把砂缸阀门开到产水状态、蛋白分离器进水、产水及旁通阀打开；

（3）砂过滤泵进出口阀门打开；

（4）启动砂滤泵、砂缸产水进入蛋白分离器、部分水通过旁通进入脱气塔，管道冲洗 10 分钟，所有砂缸到脱气塔的管路逐一冲洗，然后检查每个蛋白分离器内部及脱气塔布水板上的垃圾再进行清理。

图12-6　浊度对比

砂缸反冲时需要对反冲出水取样定时浊度对比，如 5 分钟、10 分钟取个水样，可以判断是否反冲干净（表 12-11、图 12-7）。

表12-11　砂滤器反冲洗记录

	首次砂缸洗净		砂缸编号		白鲸 SF-01		反冲时间	阀门开关编号	反冲出水浊度比对
工程	设计时间（min）	重复操作次数（次）	时间		时间（min）	反冲流量（m^3/h）	设计流量（m^3/h）		
			开始	结束					
停止	2	4							
反冲	30	4							
停止	2	4							
正冲	5	4							
停止	2	4							
					结果	浊度合格			
反冲	2		小时						
正冲	20		分钟						
停止	16		分钟						
						操作者			

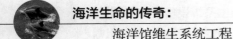

图12-7　砂过滤器反冲水样

四、臭氧系统与蛋白分离器的调试（氧气源臭氧机）

（1）调试前确认。

（a）确认设备是否按深化施工图纸进行安装。

（b）调试所需的冷却水正常供给、电柜电缆及仪表已完成安装、空压机的润滑油已添加。

（c）仪表系统调校完毕。

（d）所有设备电气部分测试完成，已正式供电。

（e）确认阀门动作。

①手动阀门：是否能正常开关；

②二通气动阀：是否能自动开关？开关时间均在 3 ~ 5 秒左右；

③气动调节蝶阀：开关幅度是否与输出命令一致。

（f）管道进行吹扫和试压完毕后填料装填完成。

（g）臭氧发生器水路和气路吹扫，气路吹扫半小时，水路清洗出水要求干净、无异物。

（2）空压机。

（a）检查真空泵润滑油液位。

（b）检查真空泵及电机盘车有无异常。

（c）点动确定电机转向是否正确。

（d）通电后空载运转半小时，检查有无异常。

（e）将空压机加载运行；是否能卸载，检查有无异常。

（f）试机完成后切断电源。

（g）压力及动作确认。检查空压机出口压力，以及启动运行时阀门进气口压力是否合格。

（3）冷干机。

（a）冷冻式干燥机应安装在环境温度为 2 ~ 38℃、通风良好、空气洁净的室内；避免空气中含有腐蚀类成分（如氨气）。当室内通风不良时，需在机房内安装排风设备。

（b）冷干机与空压机之间至少有 4 ~ 5 米的距离，以防止空压机产生的振动影响冷干机正常运行。

（c）风冷型冷干机的出风口与墙体距离 1.5 米以上，两台干燥机的进风口不能面对面，冷干机四周应留有一定的空间，以方便维修和日常维护。

（d）水冷式干燥机在冷却水质较差时，应在冷却水入口处加装过滤器，冷却水温度在 10 ~ 32℃ 较佳，水压应保持在 0.15 ~ 0.35 bar 之间。

（e）自动排水口接至排水沟。

（f）冷干机接在气源系统中，最好在空气入口和出口之间做旁路管道。

（g）中间设旁路球阀以便调试运行参数：

①压缩空气进出口压差不超过 0.035 Mpa；

②冷媒低压表 0.3 ~ 0.5 Mpa；

③高压压力表 1.2 ~ 1.9 Mpa。

（4）制氧机。

（a）制氧机原理（流程）。

空气压机压缩——除尘、除油、干燥——空气储罐——微热再生干燥器除去水分——进入制氧机——左吸附塔——制氧机塔压力升高——氮分子被沸石分子筛吸附——未吸附的氧气穿过吸附床——到氧气储罐——（左吸持续几十秒）——3 ~ 5 秒均压——压缩空气——右吸附塔——制氧机塔压力升高——氮分子被沸石分子筛吸附——氧气到氧气储罐（右吸时间为几十秒）——左吸附塔——按如上进行循环工作。

（b）制氧机调试。

①制氧机管路吹扫完成；

②制氧机分子筛安装完成；

③阀门开关动作测试完成；

④自动系统阀门动作确认完成；

⑤电气部分检查及测试完成；

⑥前面的空压机、冷干机、贮气罐进出气阀门打开，启动前面的空压机、冷干机运行；

⑦检查制氧机进口气源露点是否达到要求（小于 –50℃），如果露点过高，可以打开贮气罐排气阀把空气湿度大的气体排掉，直到进气露点达到要求；

⑧打开制氧机进气阀前需要把制氧机其他手动阀打到调整状态，自动阀门由 PLC 进行控制；

⑨通过手动调整产气流量；

⑩注意制氧机产氧气的浓度，如果浓度低可以把排气阀打开。当制氧机氧气纯度在 90% 以上时可以向臭氧机供气。

（5）臭氧发生器调试。

（a）检查臭氧发生器电气控制及各个仪表信号是否正常。无短路、断路现象。

（b）检查冷水机组冷却系统供给是否正常，发生器内部冷却水流量、温度调节在设计值。

（c）确认臭氧发生器水路和气路系统已吹扫干净。

（6）联动调试。

（a）检查系统仪表是否校正，进入正常运行状态。

（b）各阀门开关状态是否正确。

（c）冷却水是否开始供给。

（d）设备润滑油位置确认。

（e）启动电源开关使各切换阀门空载运行，检查阀门开闭是否灵活。开关动作是否与设计一致？

（f）启动 PLC 确认气动阀门的开关动作是否与程序设定一致。制氧设备运行正常后开启臭氧机进气阀，观察臭氧发生器触摸屏上氧气和冷却水的流量、压力和温度显示参数是否正常。

（7）蛋白分离器的调试。

（a）调试前检查：

①进出水管道、臭氧管道、空气管道完成安装并通过压力测试。

②蛋白分离器安装固定。

③仪表、流量计安装完成并校正。

④喷淋系统安装完成、自来水供应正常。

⑤排污管网安装完成。

⑥射流泵绝缘及点动测试完成。

⑦就地盘电柜测试完成。

（b）蛋白分离器调试：

①打开：蛋白分离器进、出水阀、旁通阀。

②启动砂过滤泵（或蛋白分离器送水泵），向蛋白分离器供水。

③观察蛋白分离器内水位上升，蛋分出水流入脱气塔。

④启动射流泵、打开射流器的进气阀门、再启动臭氧机。

⑤调整臭氧、空气的流量与设计值一致，观察蛋白分离器泡沫收集器泡沫是否冒泡，调整蛋白分离器产水阀为全开，调整旁通及进水阀门使蛋白分离器进水流量与设计值相符，然后观察蛋白分离器水位高度及冒泡状态。可以稍微调整蛋白分离器产水阀使蛋白质分离器处于最佳的冒泡状态。

⑥测试喷淋系统的电磁阀（自动喷淋的时间继电器是否安装完成）是否能打开、确认喷淋效果，测试自动喷淋电磁阀是否自动打开。

⑦确认蛋白分离器处理流量、旁通流量与砂滤产水流量是否与设计一致？注意蛋白分离器出水管与泡沫收集器的高度（60 ~ 100 cm），若高度差过小，泡沫调整比较困难。

⑧蛋白分离器液位观察管容易满水溢流溅到罐体旁的设备上，导致设备生锈。注意蛋分出水阀门调节幅度不要太大。

五、脱气塔的调试

1. 脱气塔填料安装及管道冲洗

在脱气塔填料的安装后便可对脱气塔前面的管道进行冲洗，脱气塔填料安装过程按下表逐一

确认（表 12–12、图 12–8）。

表12–12　脱气塔填料安装检查确认表

序号	检查项目	检查结果	备注
1	填料底部支架化学锚栓材质	与设计相符	
2	填料底部支架化学锚栓防水打胶完成	完成	
3	填料支架及格栅的材质、规格检查	与设计相符	
4	填料安装层次是否错开排列？	与设计相符	
5	填料单元组装及黏结良好？	OK	
6	填料安装高度确认	与设计相符	
7	填料表面需要加装布水板	已安装	
8	进水布水槽（板）与填料的高度是否与设计一致？	与设计相符	

装填数量规格：

378 m^3（设计装填数量为 375 m^3），其他项目检查确认与设计相符。

日期：X 月 X 日　结果确认：OK

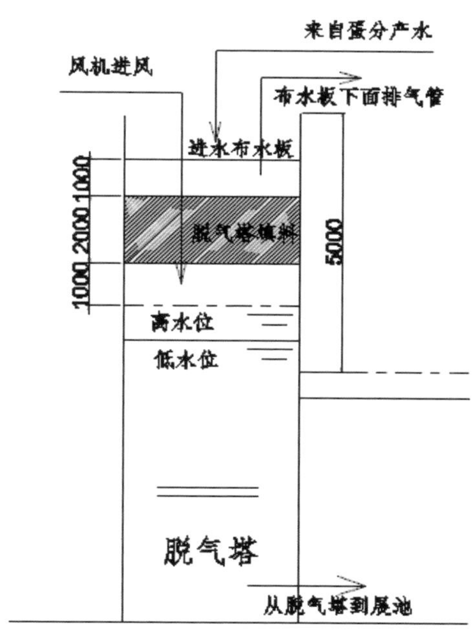

图12–8　脱气塔剖面示意图

脱气塔安装完成后，启动前处理系统对脱气塔供水，冲洗脱气塔到展池的管道，冲洗时间 20 分钟。

2. 脱气塔调试

（1）蛋分调试完成，脱气塔填料及布水槽安装完成，可向脱气塔送水。脱气塔调试注意以下几点：

（a）脱气塔布水槽溢流布水是否均匀，如不均匀则需要对布水槽安装高度作重新调整。填料面上需要安装 5 mm 厚 FRP 分水板，防止落水直接冲击填料。

（b）脱气塔内水位保持在设计低水位与高水位之间，防止气泡被带入展池，这个水位可以从液面管观察到，如果低了，可以通过调整脱气塔到展池间的阀门来解决。

（2）脱气塔到展池管道冲洗：

打开脱气塔到展池管道阀门，砂过滤器及蛋白分离器阀门处于产水状态，启动砂缸泵向脱气塔供水，利用前处理产水对脱气塔以及脱气塔到展池的管道进行冲洗。管道冲洗过程中注意：

（a）观察脱气塔的水位是否在控制范围之内，避免出现水位过高或溢流。

（b）从展池观察脱气塔到展池的管道是否都有出水，如没有水流请检查阀门是否打开？

（c）若脱气塔水位过高先关停砂过滤器送水泵，检查阀门开关情况，解决问题后泵重新启动。

（d）观察展池内管道冲洗出水浊度及泥沙、垃圾情况，如果展池内泥沙、垃圾沉积过多，可以再次考虑排水清洗；如果池底比较干净，则直接进入下一步调试。

（3）展池溢流管高度的确定：

脱气塔调试主要是调整脱气塔与展池间的水量平衡及展池进水夹带气泡的程度，当停电时脱气塔的水会流入展池，若溢流排水管设得过低海水会通过溢流排放，恢复运行时展池的水位会下降，为此需要测定停电后脱气塔内的水流入展池的平衡水位线；具体方法是用一根长 1 米的 PVC 管接在溢流排水管上方，关停系统循环泵约 30 分钟左右在展池与脱气塔水位平衡后的水位线做一个记号，然后把溢流排水管加高到记号的位置即可。展池进水夹带的气泡需要调整进水阀门，使脱气塔内水位控制在设计范围（图 12–9）。

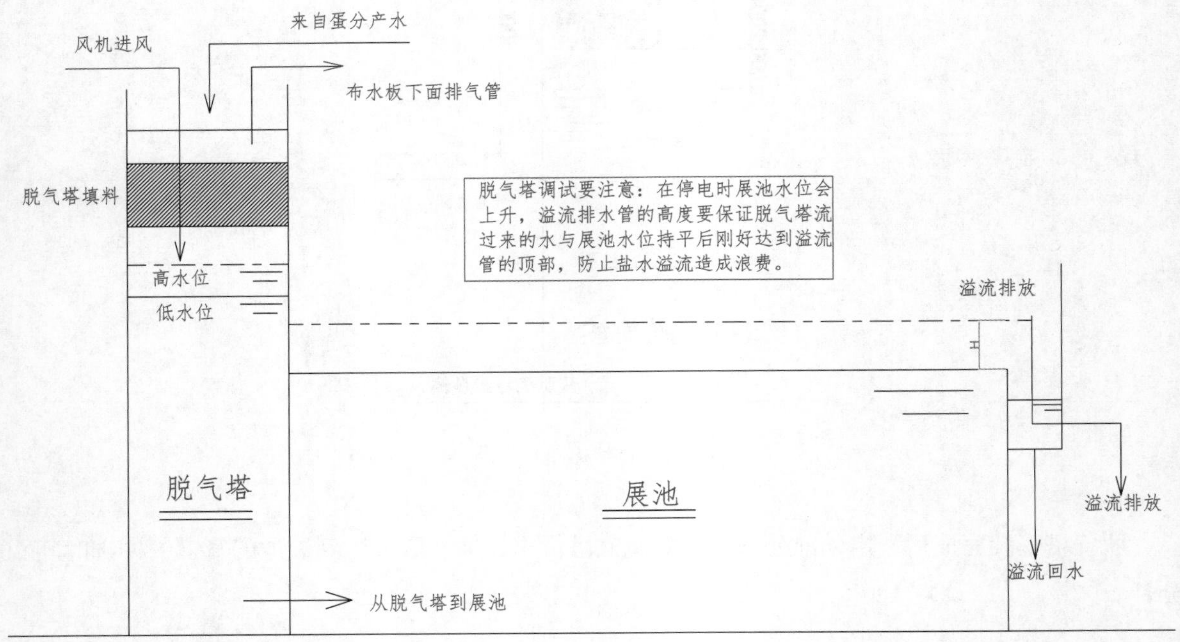

图12–9　脱气塔与展池之间的水量平衡（确定溢流排水管高度）

六、自动温控系统的调试

自控部分调试前需要确认：

（1）在线仪表已校正，能正确显示水温。

（2）仪表及阀门接线确认。

（3）阀门动作确认：PLC 发出电动阀开、关的信号时检查阀门的动作是否与 PLC 指令相符合（图 12-10）。

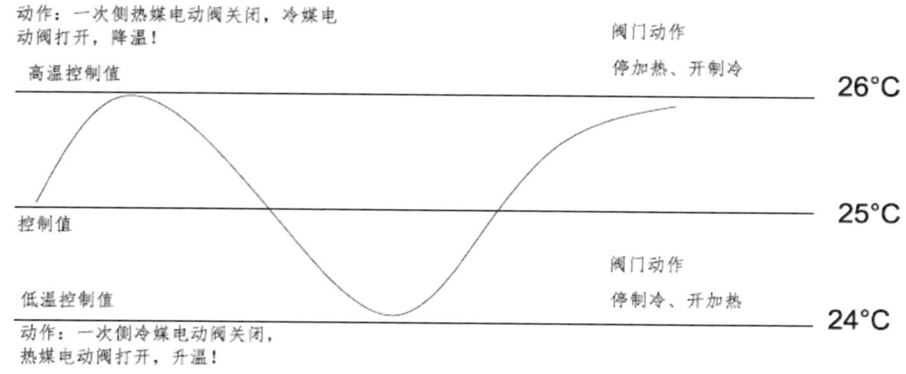

图12-10　维生系统水温自动控制阀门动作关系

测试步骤：

（1）高温测试：假设目前水温是 25℃，我们设高温是 24.5℃，低温是 23.5℃，要求设定水温是 24℃，输入参数后确认一次侧热媒电动阀是否关闭，冷媒进水电动阀是否打开，设定的高温警报是否有动作。

（2）低温测试：假设目前水温是 25℃，我们设高温是 28℃，低温是 26℃，要求设定水温是 27℃，输入参数后确认一次侧冷媒进水电动阀是否关闭，热媒进水电动阀是否打开，设定的低温警报是否有动作。

（3）停电测试：水温自控部分要求具有来电恢复功能，测试方法是把自控部分电源关闭，过 2 分钟后恢复供电，观察仪表显示是否正确，高温、低温测试一次检查阀门动作是否正确。

（4）如果上述动作测试正确，则这部分测试完成，如果动作测试与设计不符时需要对 PLC 程序进行检查修改后重新测试直至符合要求为止。

第 4 节　联动调试

一、联动调试步骤

1. 调试前确认

单机调试完成后，可以进入联动调试，调试前确认：

（1）池水在单机测试及管道冲洗完成。

（2）篮式过滤器检查清理。

（3）自来水供水及供电正常。

（4）机房排水系统正常工作。

（5）单机调试的故障已解决。

2. 第一步

（1）打开：砂过滤器送水泵进、出水阀，砂过滤器进、产水阀、蛋白分离器旁通阀、产水阀、脱气塔到展池的阀门、接触塔的进、产水阀门，溢流排水阀。蛋白分离器进水阀开度与单机测试前一致。

（2）关闭阀门：砂缸反冲进、出水阀门。

（3）电柜所有开关打到：OFF 状态。

（4）水位：展池水位在 1/3 以上。

3. 第二步

（1）开启砂过滤器送水泵。

（a）检查砂滤器的工作压力及流量。

（b）检查蛋白分离器的水位及进水流量（慢慢调节蛋白分离器进水阀使进水流量与设计值一致）。

（c）脱气塔进水布水、水位及展池进水检查。

（d）开启蛋白分离器的射流泵或接触氧化罐射流泵。

（e）以上运行 30 分钟无异常进入下一步。

（2）开启臭氧系统设备。

（a）依次启动：空压机、冷干机、无热再生干燥器、检查系统设备工作状况，故障设备需要复位。

（b）臭氧前段设备运行后，气体贮槽需要手动排水。

（c）当制氧机前空气露点在 −50℃以下时，打开进气阀、启动制氧机。

（d）当制氧机氧气浓度达到 90% 以上时启动臭氧设备。

（e）臭氧系统运行检查：露点、温度、氧气浓度、冷却水流量及温度等。

（3）蛋白分离器工作状态的调节。

调整蛋白分离器臭氧及空气流量、产水阀门，使冒泡处于良好的状态。

（4）接触氧化罐工作状态的调节。

调整射流器工作压力及罐体内工作压力、调整臭氧流量、使接触氧化罐内臭氧气泡细致并分散均可。

二、联动调试的确认与检查

1. 工艺部分

（1）展池溢流回水口水流是否均匀？溢流不均匀可适当提高池水水位。

（2）池面回水及底回水的流量，通过回水阀门进行控制。

（3）循环流量是否与设计一致？

（4）补水流量是否与设计一致？

（5）溢流回水管是否有堵塞？

（6）展池水浊度的变化。

（7）定期砂缸反冲洗。

（8）展池、接头及管道漏水检查，检查压力表、流量计等仪表显示参数是否在控制管理值范围内。

（9）检查泵进口篮式过滤器有无异物。

2. 电气部分

（1）泵、电机运行工作电流检测。

（2）热交换器及臭氧系统等自动控制部分设备阀门的开关自动切换。

（3）电缆及电机工作温度检测。

（4）泵电机有无异响。

以上检查没有问题，可以让系统连续运行，在运行中发现问题及时处理。

三、调试期间有可能出现的问题

1. 阀门问题

（1）阀门手轮可以正常转动，泵运行出口压力正常，砂缸没有压力；原因可能是阀门涡轮箱内部的销键变形或脱落（图 12–11）。

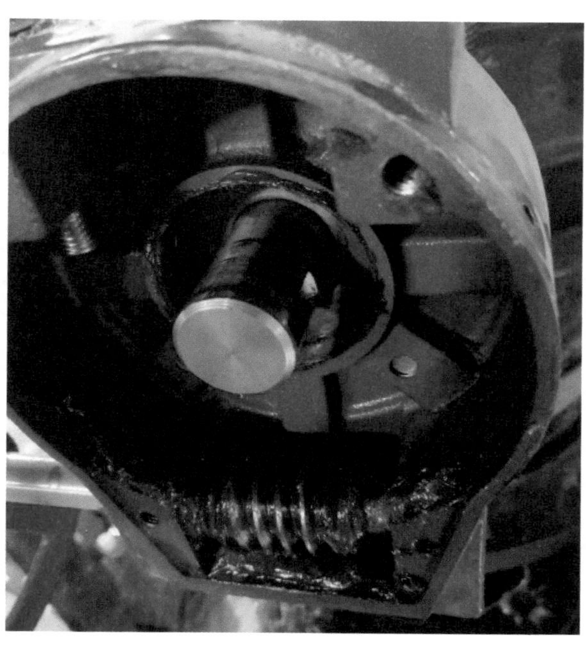

图12–11 检查涡轮箱内插销是否变形或脱落

（2）调试时电动阀打开了却没有水通过，处理方法是把阀门手动打开 1/2，然后再启动泵测试；原因是新阀门开关标识贴反或者是开关过度所致。

2. 水温问题

（1）如果调试期间水温降不下来，除了要检查一次侧供水压力、水温外还要检查板换一次侧 Y 型过滤器是不是有异物堵塞（图 12–12）？

（2）板式换热器主管阀门是否处于调节状态？板式换热器的流量是否与设计相符？

图12–12　板式换热器堵塞及清理

3. 机房防雨防水

设备安装期间要注意其他包商在地下机房墙身的开孔，需要及时封堵，预防雨水从洞口流入机房（图 12–13 ～图 12–15）。

图12–13　雨水从地下机房墙身开孔流入

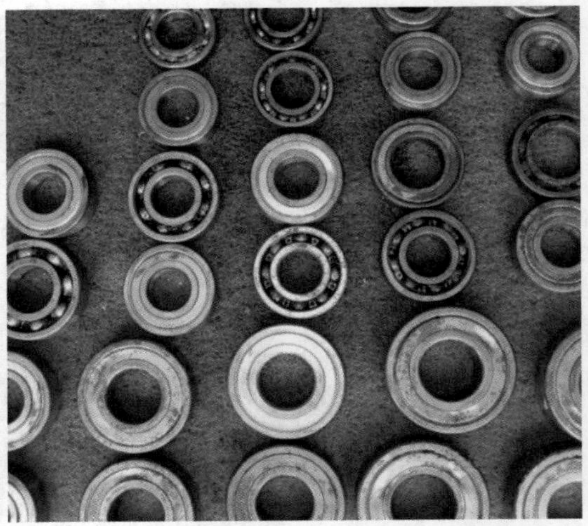

图12–14　雨水浸泡过的电机轴承生锈

图12–15　雨水浸泡过的电机转子生锈

4. 调试时管道冲洗不干净

调试时，管道长时间冲洗仍有泥水出来，有以下两种情况：

①与施工单位确认施工过程中是否有管道被挖断修补过？若有挖断修补过可能是挖断流入管道的泥沙没有清理所致，可能管道没有断裂。

②如果没有挖断过那可能是管道断裂。

5. 调试期间展池水位下降

调试期间发现展池水位下降原因是与展池相连接的管道漏水可能性很大，因为在调试之前展池进行过防水试漏及包装造景后展池浸泡，整个池体是单独通过闭水试验的漏水可能性不大。反之地下预埋管道完工后其他承包商重型机具施工会损坏地下埋设的管道。

第 5 节　展池水质调试

在系统联动调试时如系统设备无异常则可让系统连续运行。

一、海水调配

系统运行一段时间后，展池浊度合格、砂缸全面反冲完成后可以在展池内化盐，化盐池系统是按平时补水量进行化盐设计，不能满足调试时首次大批量化盐需要（图 12–16）。

1. 化盐步骤

（1）吊机或叉车把盐运到池边。

（2）过滤系统启动，保持正常的水循环 。

（3）人工拆除盐包装倒入池内（注意不能往泵回水坑内投盐，防止堵塞泵及管道）。

（4）化盐量可以按 33‰投加，由于国内的盐杂质较多，加盐后展池水会变绿，混浊。

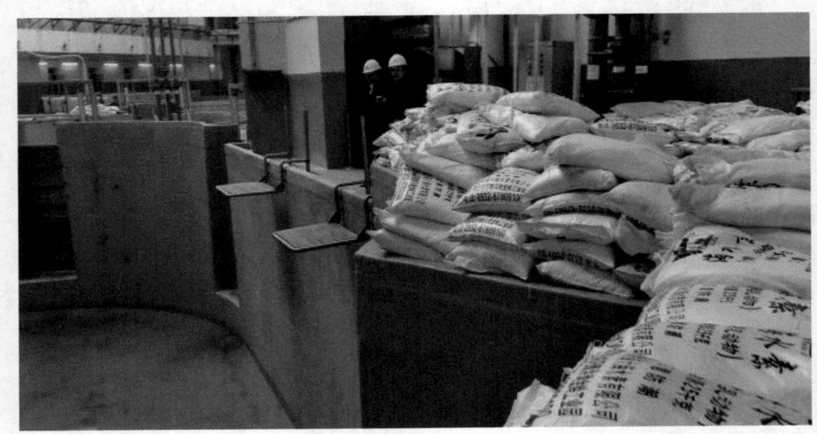

图12–16　人工化盐

2. 浊度异常的处理

化盐后展池水体通常会发绿变混浊，为什么会出现这种情况呢？怎么处理呢？

因为国产的鱼盐或海兽盐的原料是岩盐或海盐，这些盐的有机物含量高所以盐溶解后池水会变色，处理方法是：采用臭氧氧化除去水中的有机物；加大蛋白分离器或接触氧化罐臭氧量，控制展池 ORP 在 500 ~ 600 mv，维持 2 ~ 3 天，水体会恢复清澈。水质浊度恢复正常后，臭氧注入量调至正常值（图 12–17）。

图12–17　海盐溶解后池水变成绿色

二、水质调试及试鱼的投放

1. 展池硝化细菌接种

（1）展池水体温度、ORP、pH 等符合养殖要求时，可以接种硝化细菌，硝化细菌的来源可分两种，一是直接购买成品的硝化细菌，二是人工培养硝化细菌。

（2）硝化细菌接种后可以人工添加营养源，如氮、磷、钾等满足硝化细菌生长繁殖需要。

2. 硝化细菌培养过程与水质测试

（1）在展池水体接种硝化细菌后，开始定时对池水进行氮、亚硝酸盐及硝酸盐的浓度测试，一段时间后亚硝酸盐浓度上升，氨氮下降，说明亚硝酸盐的硝化细菌成熟。

（2）当硝酸盐浓度上升，亚硝酸盐硝度下降时，说明硝酸盐硝化细菌成熟，这个时候生化系统培养基本成熟（图 12–18）。

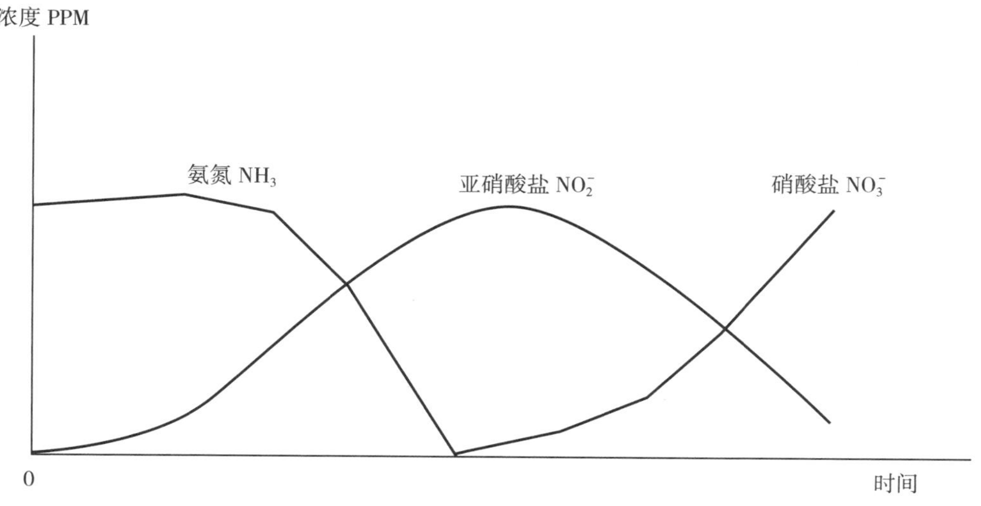

图12–18 维生系统氨氮与亚硝酸盐及硝酸盐变化关系

3. 放试鱼后展池水质控制

在浊度、ORP、溴酸盐、pH、温度等水质指标符合养殖要求后可以投放试鱼。为了防止试鱼死亡捕捞困难，建议在大池内用围网，把试鱼放入围网内。投放试鱼后每天要观察试鱼游动、吃食饵料的状态，同时水质人员跟进对水质进行检测（表 12–13、图 12–19）。

主要控制水质指标有：氨氮、亚硝酸盐、硝酸盐、溴酸盐、ORP、pH、NTU、温度、细菌总数等，重点监控氨氮、亚硝酸盐、溴酸盐、ORP、温度、pH。

表12–13 调试期间水质检测记录

日期：2014 年 3 月 21 日 场馆：鲸鲨池

时间	温度	ORP	pH	DO	氨氮	亚硝酸盐	硝酸盐	盐度	检测人
5：00	26.9	263	8.31	8.77	0.03	0.017	0.010	30	
10：00	26.8	262	8.30	8.75	0.03	0.012	0.011	30	
14：00	26.8	280	8.27	8.59	0.06	0.011	0.012	30	
18：00	26.3	287	8.30	8.69	0.06	0.022	0.013	30	
23：00	26.3	292	8.29	8.62	0.03	0.009	0.015	30	

图12–19　试鱼

（1）氨氮。

水中的游离氨（NH_3）和铵离子（NH_4^+）总和称为氨氮。氨氮对鱼虾有毒害作用，其中的游离氨是主要的毒害因子，pH 值及水温愈高，毒性愈强，而铵离子相对基本无毒。主要是 NH_3 通过鱼类的鳃进入血液与血红蛋白相结合，氨氮在血液中的浓度上升，血液 pH 随之上升，鱼类体内的多种酶活性受到抑制，并可降低血液的携带氧的能力，同时破坏鳃表皮组织，降低鳃与水中进行氧交换能力，导致氧气和废物交换不畅窒息而死（图 12–20）。

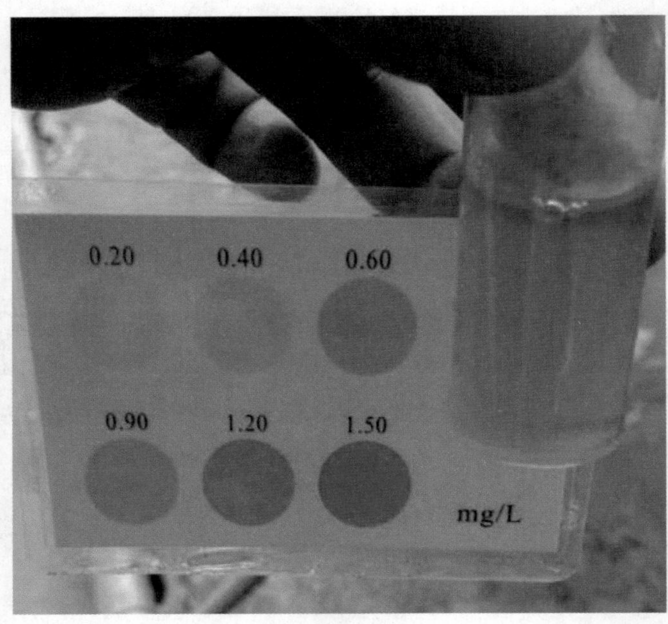

图12–20　氨氮检测

（2）展池氨氮的来源（图 12-21、图 12-22）。

（a）当溶解氧不足时，水体发生反硝化反应，亚硝酸盐、硝酸盐在反硝化细菌的作用下分解而产生氨氮。

（b）鱼类可通过鳃和尿液、甲壳类能通过鳃和触角腺向水中排出体内的氨氮。

（c）来自投喂鱼类的饵料：一是鱼类吃剩饵料微碎屑，二是饵料投喂时溶解于水中血液、水溶性蛋白质等，三是吃不着沉在池底大块饵料，这些饵料在水中在细菌作用下分解成氨氮。

（d）鱼类的粪便、分泌物、鳞片等经细菌降解成氨氮。

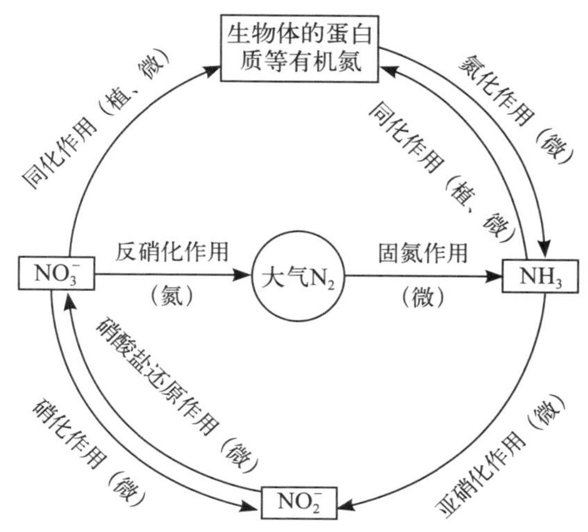

图12-21　自然界氮与硝酸盐相互转化

（3）氨氮对海洋生物的危害：氨氮对海洋生物的危害有急性和慢性之分。

（a）慢性氨氮中毒危害为：

①组织受损伤，氧在组织间的输送下降；摄食降低、生长减慢。

②鱼和虾均需要与水体进行离子交换（钠，钙等），氨氮高会增加鳃的通透性，损害鳃的离子交换功能；使海洋生物长期处于应激状态。

③动物免疫能力下降，生长速度及生殖能力下降，怀卵量减少，卵的存活力下降。

④分子氨主要侵蚀对虾的不饱和脂肪酸组织（肝胰脏、消化道的黏膜、鳃丝等）继发感染病变，甚至死亡。

（b）急性氨氮中毒危害为：水生生物表现为亢奋、在水中丧失平衡、抽搐，严重者甚至死亡。

（c）维生系统中氨氮与亚硝酸盐、硝酸盐的变化规律与硝化细菌培养成熟的关系曲线如下图，当展池中硝酸盐浓度开始上升，氨氮及亚硝酸盐下降时硝化系统成熟。

（4）影响氨氮毒性的因素。

（a）非离子氨具有很强的毒性，分子氨所占比例越大，氨氮毒性越强。

（b）pH 值：每增加一单位，NH_3 所占的比例约增加 10 倍。

（c）温度：在 pH7.8 ～ 8.2 内，温度每上升 10 度，NH_3 的比例增加一倍。

（d）溶氧：较高溶氧有助于降低氨氮毒性。

（e）盐度：盐度上升氨氮的毒性升高。

（5）氨氮高的处理方案。

（a）减少饵料用量。

（b）增加溶解氧。

（c）适当增加 ORP 或溴，控制在管理值上限。

（d）活性炭可以吸附去除氨氮。

（e）在系统内硝化系统未成熟之前减少鱼的投放量。

（6）展池主要水质指标包括：氨氮、亚硝酸盐、溶解氧、pH、溴酸盐（ORP）等，其中氨氮、亚硝酸盐及溴酸盐毒性最大，亚硝酸盐是氨转为硝酸盐过程中的中间产物，在 DO 不足时，亚硝酸盐的浓度也会提高。以下介绍一些有效措施来缓解和降低亚硝酸盐带来的方法。

（a）水产养殖亚硝酸盐标准要求在 0.1ppm 以下（图 12–22）。

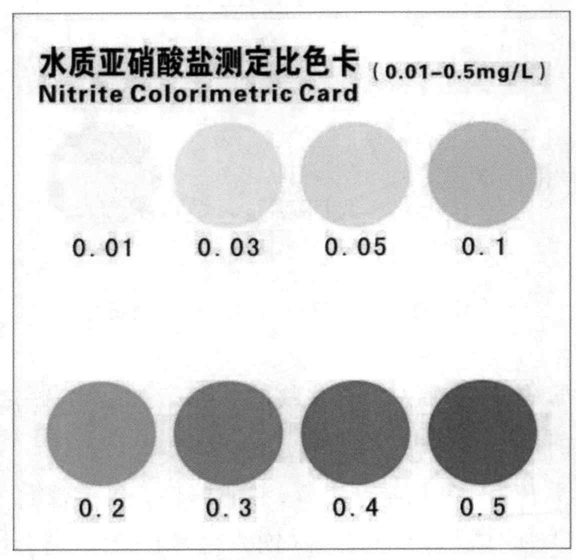

图12–22　展池亚硝酸盐比色测试卡

（b）亚硝酸盐对鱼类的危害。

①亚硝酸盐对鱼类有一定毒害作用，它的毒性要比氨小很多，当 NO_2^- 超过 0.3 对鱼类就有很大危害。亚硝酸盐在溶解氧高的水域中很容易被氧化为硝酸盐。但是低浓度含量的 NO_2^- 使鱼类抵抗力下降。

②亚硝酸盐的毒性对鱼类的肝、脾脏和肾脏的功能有影响，使鱼类的体力下降、精神不良。

③亚硝酸盐的降解：

氧化法：臭氧可以氧化法降解亚硝酸盐。

物理吸附法：使用具有高吸附能力的物质，如沸石粉、活性炭等吸附剂，将亚硝酸根吸附在其结构中。这种方法在生产中广泛使用，其优点是作用时间短、成本低。缺点是用量大。

细菌分解法：维生系统有两大类细菌，硝化菌和反硝化菌，在有氧条件下硝化菌能将氨氮转化成亚硝酸盐，亚硝酸盐再转化为硝酸盐；在缺氧条件下反硝化菌将亚硝酸盐还原成氮或氮氧化合物。

换水：该方法适用于海水充足的系统，注意换水的水质情况，如果补水水质不稳定时切忌大排大进。换水是经常使用的方法，同时也是养殖管理的需要。

三、珊瑚砂的投放

珊瑚砂属海洋天然滤材，其特点是微孔丰富，是硝化细菌生长繁殖的住所，作为生物过滤系统理想的材料，可作为展池下层铺设滤材；由于含碱性物质，经过其过滤的 pH 值一般为 7.0 ~ 8.5，珊瑚砂不断释放的钙离子、镁离子能为海水生物生存提供较高的硬度和稳定的酸碱度。

（1）珊瑚砂可以起到装饰的效果，可以模拟大海的生态环境！但是时间长了之后发现缸底会有很多低等的藻类，砂子也就变成了红色、黑色、绿色等，是由于鱼类粪便、藻类在珊瑚砂中累积所致。

（2）大量的底砂对稳定水族箱的海水 pH 值有一定的帮助；底砂具有过滤作用，参与了整个水族箱的生态系统循环，分解一些有害物质，净化水质。

（3）底砂在水族箱内放置是无固定的模式，一般来说可以分为薄底砂和厚底砂，正常运转一段时间后，就建立了砂砾表层的有氧区、中层的微氧区、底层的无氧区，好氧细菌、硝化菌和厌氧细菌、反硝化菌在底层的无氧区内会产 CH_4、H_2S 有害气体，它会直接导致生物体生病，底砂设置得当底层砂会产生 CO_2，表层砂藻类产生氧气。因此珊瑚砂给水族箱带来很大的益处。

（4）珊瑚砂的选择：珊瑚砂规格选择要慎重，小颗粒度为 1 ~ 3 mm 的细砂蜂窝微孔结构比表面积大为硝化细菌生长繁殖提供所需的空间，同时砂子纳污能力低，生物排泄物不易落入砂中、下层，但在吸污时细砂较轻容易被吸污管吸走排到污水系统中导致管道堵塞，然而颗粒度在 5 ~ 20 mm 之间珊瑚砂比表面积稍小一些，微孔结构可以满足细菌的生长繁殖所需。在吸污时不易被吸走（图 12–23）。

图12–23　珊瑚砂

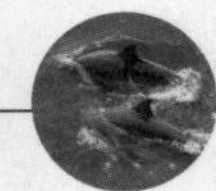

珊瑚砂层厚度 10 mm 左右，砂层过厚动物粪便在砂层堆积过多，难以通过吸污去除。

珊瑚砂在投放前需要人工清洗，将珊瑚砂表面的泥、砂、藻类清洗掉，然后再放入池底（图 12–24）。

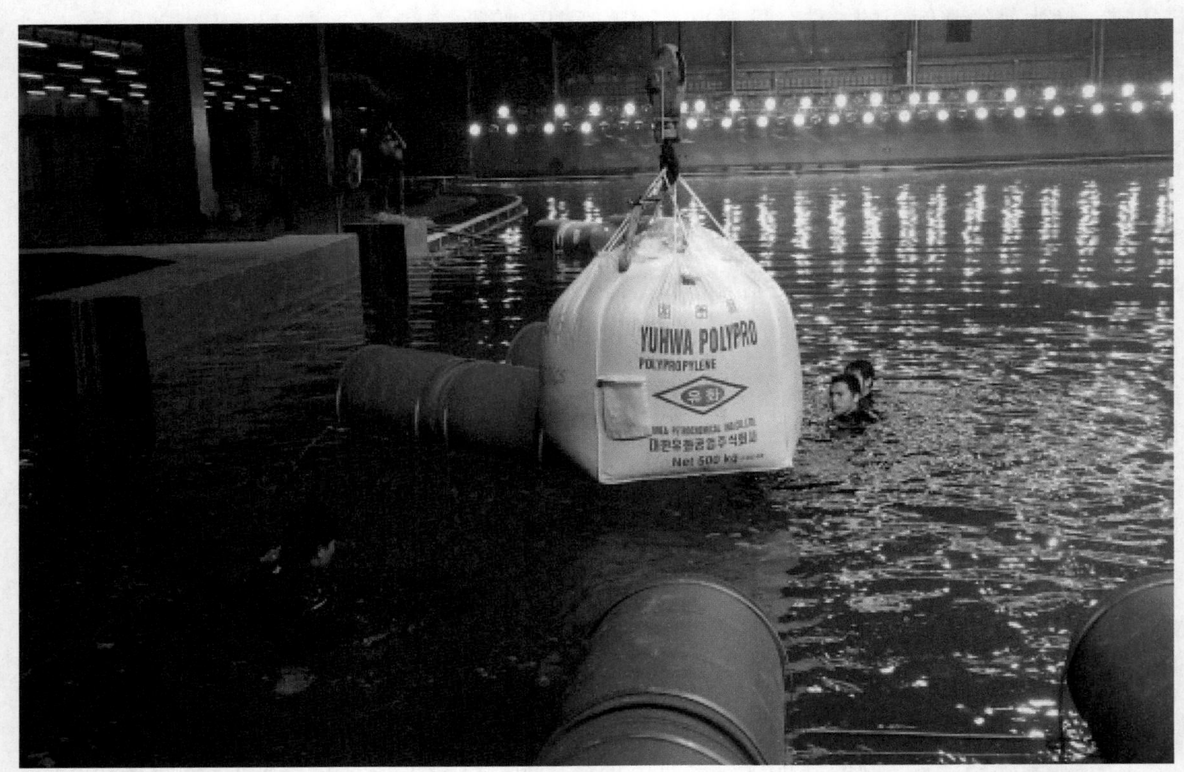

图12–24　珊瑚砂的投放

第 6 节　维生系统加药装置

一、海兽维生系统次氯酸钠配药

海兽类维生系统可以注入臭氧，但是臭氧成本高并且不稳定容易分解，要对展池进行全面有效的杀菌及氧化分解有机物单靠臭氧是不够的，为了节约运营成本，海兽维生系统还需要增加次氯酸钠加药系统，利用次氯酸钠相对稳定性同时具有较强氧化及杀菌能力，它与臭氧协同作用净化系统水质。次氯酸钠加药系统包括药品贮槽、加药泵及药品注入管道系统。

二、药品配制

先计算配药量：需要加多少升水、多少升原药，然后再打开药槽补水阀，向药槽中加入计算配制所需的水量（L），再向药箱中加入计算配制所需的药量（L），或者先加计算值一半的水量后直接加入计算配制所需的药量（L）再补水到计算配制的水位，然后搅拌使药品充分混合均匀即可。

三、计量泵输出量（药品加入量）的计算

药品溶液的加入量可按下式计算：

$$G = M \times F / P$$

G—计量泵输出量（药品加入量），单位 L/h

F—系统中加药点处母管内的水的流量，单位 m^3/h

M—加药量，单位 ppm (g/m^3)

P—配药浓度，按质量总体积比，单位 g/L

四、计量泵调试

计量泵在正式投药之前（配药之前），应先试漏，防止正式投药时出现计量泵空抽的现象。

（1）先把加药箱清洗干净。

（2）往药液箱中注入适量洁净的水。

（3）将计量泵吸头（底阀）浸入水中，使水完全淹没底阀。

（4）连接计量泵进口端软管。

（5）卸下计量泵出口端软管，或将计量泵出口排气阀打开，并保证泵出口管路畅通。

（6）开启计量泵，并适当调节泵频率和冲程。

（7）待计量泵喷出均匀的水后，停泵，灌泵完毕。

（8）注意：若计量泵不出液，则需检查泵进出口管路是否泄漏，尤其一些接头处；检查并修补完后看排气阀是否打开。直至泵均匀出液为止。

五、计量泵的校正

计量泵频率和冲程的初步确定，按下式进行：

泵输出量（l/h）= 泵出力$_{max}$（l/h）× 冲程（%）× 频率（%）

取一容积大于 1000mL 的量筒，往量筒中注入一定量的药液。

（1）将计量泵底阀置于量筒中，液面淹没底阀。

（2）在带压的情况下（水处理系统正常运行），启动计量泵并调整好频率和冲程。

（3）10 分钟后，停止计量。

（4）将量筒中底阀取出，读取计量泵 10 分钟输出量，并折算成 1 小时实际计量泵输出量。

将实际计量泵输出量与理论计算的计量泵输出量比较，如果二者有偏差，则需重新调整计量泵的频率和冲程并重新进行校正，直至二者一致。

六、加药泵抽空

在维生系统加药泵日常运行管理中会发现，次氯酸钠或二氧化氯加药泵经常会出现异响，泵工作噪音较大；检查原因是药液进口管道有空气堵塞抽不上药所致，原因是此类药不稳定容易分

解；分解后的气体在加药泵进料管道内累积，使泵抽不上药，为了解决这个问题，对次氯酸钠加药装置作了以下修改（图 12–25）。

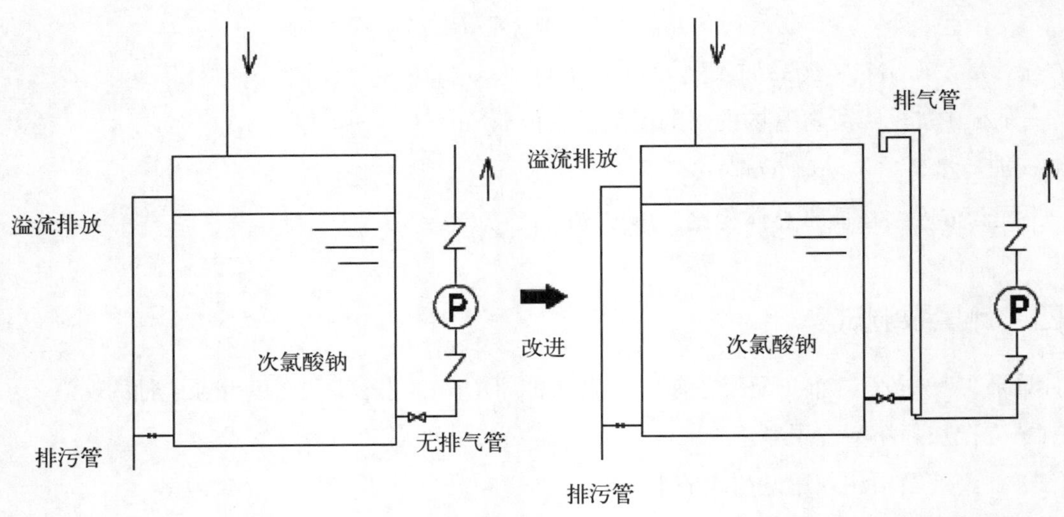

图12–25　次氯酸钠加药系统配管改进

第 7 节　调试期间维生系统水质与设备的运行管理

一、调试期间设备的运行管理

调试期间维生系统所有设备：泵、臭氧机、砂过滤器、蛋白分离器、脱气塔、接触氧化塔等均启动处于运行状态，在调试期间设备运行管理需要注意以下几点：

（1）调试期间要求承包商安排工程技术人员值班，由工程师对值班人员按需要进行操作培训，具备异常情况应急处理能力。

（2）安排人员 24 小时值班，定时巡查设备运行状态，发现异常马上停机、同时通知专业工程师来处理。

（3）试运行期间重点检查项（表 12–14）。

（4）调试期间承包商值班人员需要作运行记录。

（5）按时间管理、流量管理和压差管理对砂过滤器进行反冲洗。

（6）每 4 小时对篮式过滤器进行一次检查，有垃圾及时清理。

（7）检查接触氧化罐及蛋白分离器臭氧的流量，接触塔内部气泡是否细致分散均匀。

表12–14　试运行期间重点检查项目

编号	巡查内容	异常处理
1	泵运行漏水、有异响	停泵
2	管道漏水（包括设备管道接头漏水）	停泵关闭阀门，然后对漏水点进行维修

续表

编号	巡查内容	异常处理
3	机房排水（是否积水过高排水不畅）	确认集水泵工作情况
4	展池水位过高或过低	面回、底回流量确认与设计值相符，调节补水量、面回及底回流量
5	臭氧系统工作状态：露点是否符合要求，贮气罐每2小时手动排水一次	有异常先停机，然后通知工程师前来处理
6	蛋白分离器冒泡状态	调节空气、臭氧量及处理水流量
7	蛋白分离器喷淋系统	点动测试，确认定时开关是否工作
8	砂缸、蛋白分离器流量是否与设计相符	与设计值比对是否相符，调至设计值
9	展池底回、面回及补水流量确认	与设计值比对是否相符，调至设计值
10	臭氧系统冷却水流量、温度及臭氧产量设定值确认	与设计值比对是否相符，调至设计值
11	平衡池、展池水位变化，保证持续溢流	溢流高度约15mm，保持溢流口溢流平衡
12	一次侧冷水压力及温度	压力低、温度异常时需要通知冷站恢复提升压力及保证冷水温度
13	二次侧板换流量及温度	流量通过旁通调节

二、调试期间水质控制及调整

调试期间开始3天臭氧开大点，保持高浓度的臭氧对展池、砂缸填料及管道进行彻底的消毒，把有机物氧化去除，然后水质再恢复到正常的运行管理值（表12-15）。

表12-15　鱼缸水质指标与控制

序号	项目	指标	检测频率	控制方法
1	温度	25.5 ~ 26.5℃	5次/天	控制补水量、过板换的流量、反冲时间、注意一次侧冷热媒的压力及流量
2	ORP	250 ~ 350 mV	5次/天	调节臭氧量
3	盐度	29 ~ 33	5次/天	注意蛋白分离器跑水
4	pH	7.5 ~ 8.5	5次/天	pH偏低适当增加溶解氧或加药调节
5	碱度	2.5 ~ 3.5	5次/天	同上
6	浊度	≤ 0.1 NTU	5次/天	控制砂滤反冲频率、调节蛋白分离器工作状态，控制好ORP值
7	总氨氮	$\leq 0.1 \times 10^{-6}$	5次/天	控制放鱼量、测试系统的氨氮转化速度及能力，硝化细菌未成熟前需要控制投放量及投饵量。调整溶解氧及臭氧ORP偏上限运行
8	亚硝酸盐	$\leq 0.1 \times 10^{-6}$	5次/天	控制放鱼量、测试系统的氨氮转化速度及能力，硝化细菌未成熟前需要控制投放量及投饵量。调整溶解氧及臭氧ORP偏上限运行

续表

序号	项目	指标	检测频率	控制方法
9	硝酸盐	$\leqslant 10\times10^{-6}$	5次/天	通过换水或反硝化处理
10	溶解氧	6.5 ~ 9.5 mg/L	5次/天	脱气塔通风量、蛋白分离器冒泡及处理流量
11	细菌总数	≤ 2000 cfu/mL	2次/周	ORP控制在标准范围内
12	大肠杆菌	≤ 10 cfu/mL	2次/周	ORP控制在标准范围内
13	溴酸盐	≤ 0.05 mg/L	5次/天	调节臭氧量

三、试运行期间重点异常应对措施（表12–16）

表12–16　常见异常情况处理

序号	异常	应对措施
1	温度异常	检查一次侧水压及水温、过板换的流量、反冲用水量及板换旁通阀开关状态
2	ORP、溴酸盐高	调节臭氧量，根据每天水质变化周期调整臭氧量
3	浊度高	减少砂滤反冲、调节蛋白分离器冒泡，控制ORP值、确认蛋分是否有臭氧注入
4	总氨氮、亚硝酸盐	控制鱼投放量及投饵量。调整溶解氧及臭氧ORP偏上限运行。砂缸反冲按时间管理，减少残饵、粪便在砂缸内累积分解成有机氨氮
5	管道破裂漏水	马上停泵关阀门，修复后恢复运行

第8节　维生系统水质异常应对措施

维生系统水质异常情况时有发生，需要了解主要的处理方法（表12–17）。

表12–17　水质异常情况处理

编号	水质异常情况	检查项目	应对措施	备注
1	①鲸豚区水温高，白鲸水温高于18℃ ②海豚区高28℃	一次侧冷水的压力及温度确认	通知普通机电部门保证一次侧冷水供水压力及水温	
		砂缸出水进入冷水交换器旁通阀开关位置是否变动	调整砂缸出水进入热交换器的流量，把旁通阀关小	
		砂缸反冲洗：反冲洗砂缸次数是否过多（补充水温度使养殖池水温升高）	一次反冲砂缸数量过多，由于补水的水温高，一次补充水量大会导致池水温度升高，反冲时间不宜过长	

续表

编号	水质异常情况	检查项目	应对措施	备注
2	① 鲸豚区 ORP 低，低于 400 mV ② 海狮、海象区 ORP 低，低于 400 mV ③ 企鹅场馆区 ORP 低，低于 250 mV	臭氧发生器产臭氧量是多少？发生器发光正常，冷却水流量是多少	进气露点过高，调节正常的工作参数	
2	① 鲸豚区 ORP 低，低于 400 mV ② 海狮、海象区 ORP 低，低于 400 mV ③ 企鹅场馆区 ORP 低，低于 250 mV	臭氧机进口干燥器露点是多少，干燥器露点要求小于 −50℃	异常时，通知维修班进行加热棒及相关故障检查	
2	① 鲸豚区 ORP 低，低于 400 mV ② 海狮、海象区 ORP 低，低于 400 mV ③ 企鹅场馆区 ORP 低，低于 250 mV	蛋白罐是否冒泡，冒泡是否及时冲走	调节冒泡状态，并及时将泡排走，或打开收集器的盖板清洗	
2	① 鲸豚区 ORP 低，低于 400 mV ② 海狮、海象区 ORP 低，低于 400 mV ③ 企鹅场馆区 ORP 低，低于 250 mV	砂缸反冲频率，检查反冲记录	按要求进行反冲洗	
2	① 鲸豚区 ORP 低，低于 400 mV ② 海狮、海象区 ORP 低，低于 400 mV ③ 企鹅场馆区 ORP 低，低于 250 mV	反冲回收水池蛋白罐工作正常否，处理时间是否达到 12 小时以上再回用	足够的处理时间降低进入海水池有机物负荷	
2	① 鲸豚区 ORP 低，低于 400 mV ② 海狮、海象区 ORP 低，低于 400 mV ③ 企鹅场馆区 ORP 低，低于 250 mV	漂白水配药是否准确，加药泵注入量是否准确	保证配药量准确，调整加药泵流量、故障要更换	
2	① 鲸豚区 ORP 低，低于 400 mV ② 海狮、海象区 ORP 低，低于 400 mV ③ 企鹅场馆区 ORP 低，低于 250 mV	臭氧机出口单向阀是否堵塞	检查、清洗	
2	① 鲸豚区 ORP 低，低于 400 mV ② 海狮、海象区 ORP 低，低于 400 mV ③ 企鹅场馆区 ORP 低，低于 250 mV	臭氧机发生器是否有火花	检查露点	
2	① 鲸豚区 ORP 低，低于 400 mV ② 海狮、海象区 ORP 低，低于 400 mV ③ 企鹅场馆区 ORP 低，低于 250 mV	吸污周期是多少	一周吸污两次以上	
3	展池水发绿	臭氧机工作是否正常	检查臭氧机工作状态是否正常，检测臭氧机产量	
3	展池水发绿	绿藻繁殖	加硫酸铜或加大臭氧含有量	
3	展池水发绿	二氧化氯加入量是否过大	加二氧化氯量过大时先停止加药泵，待池水清澈后恢复加药	当二氧化氯浓度达到 10^{-6} 时池水会发绿
3	展池水发绿	不明因素发绿	砂滤器加入活性炭	加 5 kg 粉末活性炭（100 目）
4	展池水中有悬浮物、絮状物出现	砂缸泵工作是否正常，运行砂缸泵数量少了，循环流量及周期确认	故障泵维修，停机的泵启动运行	保持足够的流量经过砂缸过滤，除去悬浮物
4	展池水中有悬浮物、絮状物出现	毛发过滤器是否按时清洗	清洗毛发过滤器频率增加	
4	展池水中有悬浮物、絮状物出现	砂缸是否按时反冲洗	按时反冲砂缸	
4	展池水中有悬浮物、絮状物出现	沉淀池是否按时吸污	增加吸污频率	
5	展池水细菌总数高	臭氧机运行工作是否正常	保证臭氧供给	
5	展池水细菌总数高	池内 ORP 值是多少	① 保证二氧化氯加药量，如仍然没解决，对海狮区可以采用冲击式投药杀菌 ② 企鹅区可用蛋白出水的臭氧对砂缸进行杀菌	
5	展池水细菌总数高	二氧化氯加药量是否正确	二氧化氯加入可以有效杀灭细菌	

续表

编号	水质异常情况	检查项目	应对措施	备注
6	在繁殖季节展池水混浊	控制蛋分臭氧量注入量	控制 ORP 在 280 ~ 350 mV	
		蛋白分离器冒泡情况	持续冒泡排水	
		展池溴酸盐范围	0.04×10^{-6} ~ 0.07×10^{-6}	
		砂缸反冲频率及产水流量	3 ~ 5 天反冲一次，产水流量下降到 70% 再反冲	
7	展池水浊度高	展池 ORP、溴酸盐分别是多少	指标过低时有可能是有机负荷过高所致，适当增加臭氧量	
		砂缸产水流量	循环量低要反冲	
		蛋分工作状态	工作状态差排污能力下降	
		检查砂缸是否板结	板结后砂缸失去过滤能力，要底部通气混合后反冲	

第3篇

维生系统设备选型及安装技术规范

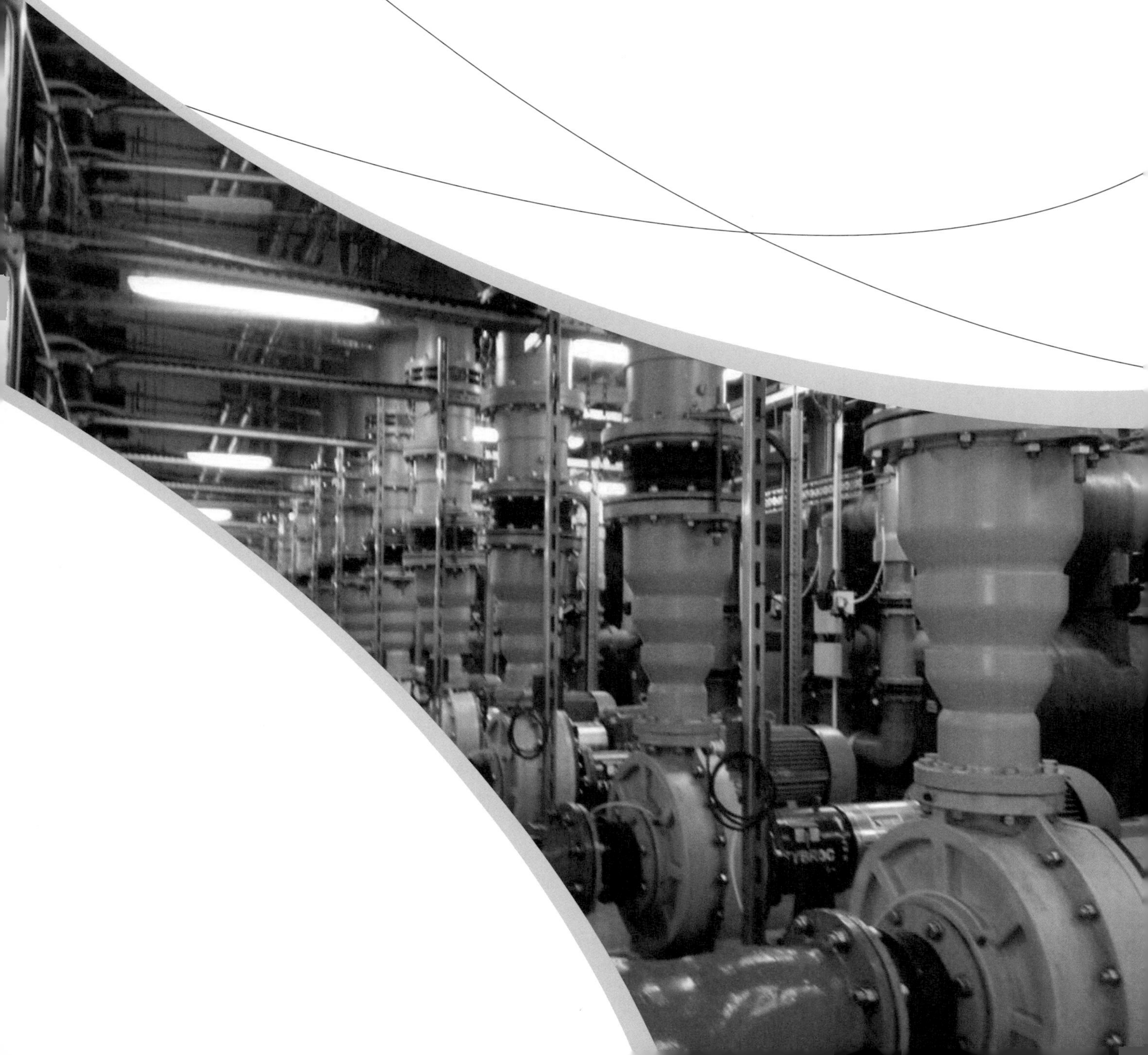

第13章　维生系统施工图深化设计及资料报审

维生系统深化设计施工图纸是设备安装的基准文件，维生系统设备安装前要求承包商提供深化设计施工图，包括下列内容：维生系统设备平面布置图、维生系统工艺管道仪表流程图（PID 图）、维生系统设备及构筑物节点大样图、维生系统管道布置图、维生系统设备管道 3D 图、电柜制作图、端子接线图等，深化设计施工图纸必须经过监理及业主的批准才能用于施工。

一、维生系统施工图的深化设计

（1）承包商应按合同要求对维生系统招标图纸进行深化设计出具施工图纸。施工图应该标注所有的维生系统设备、管道、仪表、阀门等规格型号、连接方式及安装确切位置（包括管线的标高）。施工图应标示所有设备机房、展缸、阀门井和管线廊道平面布置。

（2）承包商应按合同要求对管线布置及标高深化设计出具施工图纸。施工图应标注所有维生系统管线穿过混凝土墙和楼层的确切位置、尺寸、标高及穿越方式。

（3）玻璃纤维缸体、玻璃纤维塔槽、PVC 桶槽及制品的施工图应提供详细的设计计算及材料清单；包括所有组件、填料、催化剂、紫外线吸收剂、加固材料等，供货商的信息：包括厂商名称、品牌型号和识别标志。容器必须依照报审图纸进行制造。深化设计图纸应包括以下内容：

（a）设备机脚螺栓平面布置、设备接口尺寸、厚度和等级；

（b）详图提供：包括设备基础、构筑物节点大样、管道支架、管夹、吊耳、管道支撑组件、桶槽等，也包含压力表、螺栓等完整组成的详图；

（c）设备装满水前后的重量；

（d）桶槽加工制作材料的清单；

（e）螺栓、垫圈和附属物品的材质及规格；

（f）设备基础及管道支架结构受力计算（考虑水力、重力荷载、风压和地震负载等因素）；

（g）臭氧接触塔及砂过滤器等承压设备的施工图应包括大小、尺寸和设备配置；

（h）施工图应包括每个设备的建造材质、电力需求、所有管线连接的配件。

二、设备和材料报审

为了保证安装质量及设备的档次，方便招标采购的比价，通常甲方会根据实际情况制作《设备材料品牌推荐表》；承包商依据业主提供的《设备材料品牌推荐表》选择维生系统设备和材料等品牌，在采购前把设备及材料品牌的相关资料提供给监理及业主审批，维生系统设备及材料必须经过业主审批同意后才能进行采购及安装。

1. 资料报审

（1）设备及材料品牌报审信息包括：企业名称、产品型录、营业证照、企业认证等；

（2）深化设计施工图纸报审包括：

（a）平面图：包括设备平面布置图、设备基础平面布置图、电气部分柜体及桥架平面布置图等等；

（b）节点详图包括：设备、构筑物、预埋管、设备基础、管道支架、桥架、仪表、锚固螺栓等组成的完整的详图；

（c）流程图：工艺管道仪表流程（PID）图；

（d）其他图纸：配管图、预埋管图、剖面图、立面图、电气部分图纸（柜体加工制作图、端子接线图、配线图等）；

（e）设备图纸：接触氧化罐、蛋白分离器、砂过滤器、臭氧机等制造加工图；

（f）计算书：管道支吊架、设备基础受力计算及泵扬程校对等。

（3）其他资料：桶槽加工制作清单；设备装满水前后的重量；施工图应包括设备电力需求、管线连接的配件及规格。

2. 需要报审的设备和材料

（1）管道、管件及过滤器；

（2）阀门及其驱动装置；

（3）泵和电机；

（4）文丘里注射器；

（5）在线水质监测仪表；

（6）臭氧系统设备、脱气塔及砂过滤器填料；

（7）阀门螺栓、膨胀螺栓及化学锚栓等紧固件；

（8）格栅、PE、FRP等桶槽及池内防水防腐涂料；

（9）臭氧部分的空压机、干燥机、制氧机、臭氧发生器及臭氧破坏系统等；

（10）鼓风机和压缩空气系统；

（11）篮式过滤器；

（12）热交换器；

（13）维生系统减振设施；

（14）管道及容器压力测试方法、防火封堵材料及方式、管线、管道和设备支架材料及受力计算；

（15）钙反应系统；

（16）电气部分PLC、电气元件、电缆桥架、电线、线管及电柜等；

（17）设备、管道安装及电气安装施工组织设计方案。

3. 报审样品

承包商在设备材料报审的同时需要提交样品供业主审核：

（1）橡胶支座：提交已批准的用于隔离泵的橡胶支座样本（50 mm × 50 mm）。提供表明产品满足国家相关认证的证据。

（2）海绵橡胶支座：提交已批准用于管道固定的海绵橡胶支座样本（150 mm × 50 mm），并提交应用于管道和管夹、U 形夹安装的详图。产品须满足国家相关认证。

（3）滤料（石英砂）：提供已批准使用的各种规格石英砂样品。相关文件包括筛分分析认证结果。样品不少于 100 g，用塑料袋包装并作标记。滤料送货到现场后需要与已经批准的样本进行对比，样板必须在滤料进场前完成审批。

（4）过滤砾石：提供已批准使用的各种规格砾石样品。相关文件包括筛分分析认证结果。样品不少于 100 g，用塑料袋包装并作标记。砾石进场时需要与已经批准相同样本进行对比，样板必须在滤料进场前完成审批。

（5）粒状活性炭：提供已批准使用的活性炭样品。相关文件包括原料材质、碘值指标分析检测认证结果报告。样品不少于 100 g，用塑料袋包装并作标记。活性炭进场时需要与已经批准相同样本进行对比，样板必须在滤料进场前完成审批。

（6）其他样品：包括电缆桥架、电缆、线管、螺栓、锚栓、电箱电柜、PVC 管件、PE 管件、格栅及主要的电气元件等。

4. 设备储存、运输及安装注意点

（1）压力过滤器：在安装过滤填料前，过滤器的内部构件应由业主进行必要的检查。

（2）在运输、贮存及装填活性炭、砂和砾石过程中应注意填料的保护，防止污染；被有机物污染的沙子和砾石不能使用。

5. 设备材料和备件

（1）承包商应提供材料和备件。

所有机械设备供应商提供的润滑油至少能用一年。

（2）专业维修材料。

提供设备维护保养所需的专业维修材料及工具。

（3）阀门和阀门执行器。

各种规格的阀门每 10 个配一个 O 型圈备品。如果不到 10 个或特定尺寸的阀门，则提供该规格的一组备品。每组应有单独包装和标识。

6. 质量保证

（1）承包商必须担保本说明中涉及的设备、材料和工艺为全新的。承包商应妥善保存材料和设备以防止损坏及腐蚀，负责对图纸所示的设备进行合理的安装，且在进行任何变更时应得到业主专业工程师的许可。

（2）图纸和说明应综合考虑：提供说明时提及却没有表示在图上，或图上表示了却没有说明的或两者均有所提及的工作。

（3）图纸与说明之间的矛盾：当图纸和说明有不一致或只在其一提及的，在投标中应假设按较高质量、较大数量和较多费用的列项和安排。若承包商对图纸或说明存疑，应在投标前对这些事项进行确认和澄清。

第14章　维生系统材料及填料选型规范

第1节　维生系统地下管道

此部分工程施工包括地下管道的土方开挖、管道安装、压力测试及回填等工序；承包商提供已经批准的深化设计施工图纸，以及安装所需的人工、设备、材料、附件、工具、吊架、脚手架、绳索等完成所有管道系统的安装、测试、调试并达到设计的要求。

一、概述

1. 采购安装

承包商应按照合同文件、设计安装技术规范的要求进行材料采购、工具准备和完成管道系统安装，整个施工系统过程应包括所有必要的配件、吊架、支撑、阀门、配件、保温、涂料及测试等。

2. 完工资料

承包商应当提交相应的证书、测试报告、竣工图纸及合格的管道系统完工证明。

3. 符合规范

所有安装工程应符合当地、省市及国家的规范及条例，竣工前，承包商应邀请当地政府主管机关进行审查。

4. 质量

（1）检查。

（a）管道生产检查：所有管道都应接受生产所在地政府质检机构的检验。承包商应至少在管道生产制作开始前14天书面通知业主。

（b）施工过程的检查：包括地基处理、标高、焊接过程等。

（2）测试：所有用于制造管道的原材料应当按照适用的规范和标准进行测试。承包商应按照标准实施所有制造及测试，在不增加成本的情况下，业主有权要求承包商进行所有测试。

（3）所有管道材料、阀门和配件应在清洁和未损坏的条件下使用。生产厂商需要提供良好的包装避免受压损伤或管道的变形。管材及配件应该存储良好防止下垂或弯曲、需要采用不透明的材料覆盖免受阳光直射。

（4）拒绝使用不合格的材料，承包商负责将不合格材料清出场外。管材、配件和附件在安装之前仔细检查，确保不合格的材料全部被清场。

（5）清理：完成安装后，应将所有剩余废管材和其他边角料从现场清走。整个管道系统应在清洁和功能性完整的情况下移交。

（6）压力等级：除非特殊说明，所有的管道系统如管道、配件及附属物，当为最低工作压 4.0 kgf/cm^2 的 1.5 倍安全系数下即 6 kgf/cm^2 压力下进行试压。

（7）所有管道系统使用前需冲洗干净和进行压力测试。

二、施工前准备

（1）承包商应充分了解施工范围并核对安装要求。

（2）提供深化后的管道平面总布置、立面图纸、连接节点大样及重要尺寸。承包商应与总包、市政给排水、暖通、结构及消防等相关专业协调管道标高、走向及施工顺序等问题。如有冲突应及时向业主代表提出并寻求解决方案。承包商应依据机房空间实际尺寸协调设备和管道的布置。

（3）合同图纸反映了主要设备、管道和阀门等的总体信息应尽量遵循；为适应现场情况难免需要作出相应调整。要求对现场空间及平面尺寸进行审查复核以确保提供足够的净高及间距，完成整体的管道、阀门、设备和支架布置并解决与建筑、结构及其他专业相冲突之处。

（a）与建筑物桩基协调至关重要，及时调整管道路由以避开桩基的位置。

（b）图纸需要注明管道路由的路径、关键尺寸及标高。承包商应依据现场条件适当调整管道安装位置完成安装。

（c）承包商应保证地下管道阀门顺利开关，有阀门的位置设置管道井；同时要保证阀门、法兰的尺寸和形式完全匹配统一。

（d）承包商还应保证蝶阀的开度与管道配对法兰内径的匹配。承包商应协调不同供应商，保证所提供的材料在所有位置上相互兼容和匹配。

三、施工前材料提交、批准及复核

施工前现场所用到的材料，必须根据设计安装技术规范要求进行选型，收集相关技术参数、样板后报工程监理、业主审批，经批准后才可以进行采购及安装。

（1）在施工之前，应复核产品的报批材料，使其满足设计的要求。

（2）此流程的目的是使业主工程师审阅由承包商提供的实际材料和设备并适当提供建议。

（3）此审批可能作为检查流程但不得以此免除承包商违背合同文件（含图纸及说明）的责任。

（4）由承包商提出替代设备时需提供以下资料报审：设备性能、结构、选型计算等均需专业工程师确认并加印出图签章；最终须得到业主同意后实施。

四、到货与验收

管道到货时通知业主及监理进行检查及验收。

五、施工安装

1. 安装要求

（1）所有管道和设备应根据生产厂家的推荐方法进行安装。

（2）如果与制造商的安装要求发生任何冲突时，施工方应立即向业主代表反映。

（3）管道开挖及回填：

（a）管沟最大开挖宽度不得超过管道外径 +500 mm。管沟应开挖至管线底部以下 100 mm 处，开挖后应用干净的垫层材料压实回填。垫层材料应当为已经审批的粒状物料。

（b）管道在完成压力测试和检查之前不得回填。在管道或沟渠上方 150 mm 处要谨慎回填以避免管道移位。

（c）临时降水措施：当在地下水位高区域施工时，按要求提供抽水设备及降水措施，以保证开挖时的安全水位在管道底部以下，直到开挖和回填完成。

2. 切削、修补及管道焊接

（1）施工方应该考虑对穿水池、水槽及其他水力筑造物的管道需要做防漏措施。

（2）穿展池混凝土墙的维生系统管道需要设置止水板，通过混凝土浇筑止水板来实现防止池内的水顺着管道向外泄漏。

3. 预埋管的安装

在维生系统管道穿越有防水要求的混凝土墙时，止水板焊接连成止水环，预埋管应在浇灌混凝土之前安装。在维生系统管道穿过展池钢板混凝土结构的地方 PE 管需要设置锚固法兰。

4. 支撑系统

明管的支撑构件应布置合理，设计时应考虑支架本身的自重、管道满载重量以及抵抗地震、风力等荷载。

（1）方案报审：管道支撑系统图纸中应有支撑的安装位置及支架详图，并视作最小数量及最低要求。不论图纸上是否有表示，应为所有管道在设计间距内提供支撑，且符合设计及相关的规范要求。所有支架方案在安装前应报审，经批准后才能实施。为所有主要的弯头、三通及挠性接头提供横向支撑。

（2）扣件：用夹具或其他许可的锚固支撑系统，应固定在钢筋混凝土梁、立柱及房屋构件上。

（3）间距：支撑间距不应超过管道规范或生产商的建议距离。

5. 管道清洁、保护和冲洗

（1）施工保护：施工期间承包商应及时覆盖所有管道开口防止杂物进入。

（2）管道工程完成后须清洁所有管道表面的污垢和建筑废料，如油漆、石膏、胶水、水泥、混凝土、腻子、沥青、纸张、胶带等。回填前需要把管道清扫干净。

（3）在调试启用前，承包商应对整个管道系统进行冲洗且证明是洁净的。

6. 法兰连接

所有管道法兰压力等级为 1.0 MPa 以上，塑料 ANSI 法兰应该选择全断面垫圈。除非另有说明，所有法兰螺栓选用 316 不锈钢材质。

PVC 法兰的螺栓应按照供货商的建议，不应过分使用转矩来收紧螺栓，而应该使用转矩扳手。双头螺杆至少超出通过螺母 10 mm。

（1）管道法兰片应该是 SUS316L 不锈钢、或非金属材料或用 HDPE 包裹的法兰。

（2）在用于匹配蝶阀开度的地方，应考虑特殊的转接法兰。

（3）HDPE 管阀门安装时要注意阀门两端同规格连接 HDPE 法兰需要切坡口，否则待管道安装后阀门可能无法打开。

7. 垫片

垫片的材质及硬度应与所安装材料和规格相匹配；如塑胶管道垫片硬度推荐为 50，金属管道垫片硬度推荐为 65 相匹配。法兰接头应向正面连接垫圈，盲板法兰的垫圈应覆盖整个盲板的内表面并且与法兰进行连接。不允许使用环形垫圈。

（1）聚乙烯 – 聚乙烯法兰连接不需要垫片。

（2）EPDM 用于海水领域：可以用更高规格的橡胶代替，比如氟橡胶。

（3）臭氧系统及海水管路使用 EPDM、氟橡胶、特氟龙或 PVDF 垫片。

（4）臭氧文丘里喷射器出口的下游高臭氧的管道使用特氟龙、PVDF、人造的硅胶等垫片。

（5）在维生系统中不能采用天然橡胶或氯丁橡胶材料制造的垫片，这些材料很容易被氧化。

（6）对于一些硬密封的场合，需要采用 GORE–TEX 膨胀四氟垫片。

（7）插接式或 O 形环阀门不需要垫片。

8. 管道压力测试

（1）为保证完成管道施工的焊缝或粘接强度达到设计要求，管道压力测试工作应在回填或者覆盖之前完成。测试中暴露的所有缺陷需要在修复后再次测试。

（2）所有地下管道及与系统动力连接的承压管道均需要进行压力测试（表 14–1）。

（3）试压程序：

（a）管道安装完成后回填前（或管道有保温、防腐包裹要求时，需要在保温及防腐施工前试压）管道及设备应做闭水试验，证明在以下条件下满足承压要求。

（b）如果测试介质温度超过 38 摄氏度时注意：所有管道水压不得超过管道或配件生产商推荐的测试压力。

（c）测试日志：持续记录所有管道测试过程；测试中分日期、管段拍照；然后录入电脑保存。记录内容应显示参与测试人员姓名、职位、试压日期、测试开始时间及完成时间、管段测量编号、室温、测试压力、压力下降率和泄漏率。完成测试后，测试日志需要承包商和业主指定代表签字证明。测试日志应如实及时记录并供业主现场审查。

（d）刚性管道误差（包含 PVC、FRP 及金属）：测试压力应保持在规定数值 $6 \pm 0.1\text{kgf/cm}^2$。

（e）柔性管道误差（包含聚乙烯 HDPE）水温在 27℃以下，在 6 kgf/cm^2 下进行保压 3 小时压力测试，初次测试阶段压力应在 5 ± 0.5 kgf/cm^2 范围内。当水温超过 27℃，测试压力应减少至制造商推荐值。

（f）承包商提前准备试压附属设施如：电源插座、插头、水箱、法兰、管件、管帽阀门、水泵、压力表等。

（g）如果自来水压力不能达到测试要求压力时，需要采用增压水泵进行压力测试。加压到设计值后应在所有连接处用洗涤剂擦拭，检查是否存在泄漏。

表14-1　管道试压要求

系统	测试压力	测试介质	测试时间	标准
PVC	6.0 kgf/cm^2	水	3 小时	不泄漏
HDPE	6.0 kgf/cm^2	水	3 小时	不泄漏

9. 管道及阀门的标签

（1）承包商应为所有暴露的管道和阀门粘贴识别标识；标识型式可选择彩色油漆、刻字、彩色印刷不干胶等；同时需要为永久设备提供标识。

（2）参考规范：管道及设备标识规范和标准。

（3）承包商需提交所有管道及设备标签样本；应当在标签制作前提交所有管道、阀门及设备的建议列表标签交业主审批。

（4）管道识别：

（a）管道每 5 米的间距贴一道标识，每个房间至少有一张标识。管道标识长度控制在 1 米内，包括所有文字、箭头。部分太短的管线没法粘贴标签及箭头时，可以采用与阀门相同的标签。

（b）管道标识应包括管道的名称、一个水流方向的箭头；所有的标签应当预先印在压敏胶黏剂乙烯基布或塑料带上。

（c）阀门标识做法：

①金属标签应当采用压花不锈钢刻字。塑料标签应用坚实的黑色塑料层压板的白色浮雕字母。

②标签应当牢牢地附着在阀或短管上。

③阀门标签：标签应当用 316 不锈钢标识永久地附着在阀门上，可采用螺栓或螺钉的结构或绑扎铁丝固定。

④标签应描述每个阀门的具体功能，例如“脱气塔到展缸”“到反冲收集槽”等等。

（d）识别标签文字缩写。

① BWD　→　反冲洗排水

② BWR　→　反冲回用水

③ BYPAS　→　旁通管

④ OZ　→　臭氧气体

⑤ DRN → 排水
⑥ F → 淡水补充
⑦ FWR → 淡水返回
⑧ FWS → 淡水供水
⑨ HXR → 热交换器返回
⑩ HXS → 热交换器供水
⑪ NPW → 生活用水
⑫ SWR → 海水返回
⑬ SWS → 海水供水
⑭ SWMK → 海水补充

六、完工要求

1. 完成资料

（1）保证：设备、材料和工艺的保证资料报审及提交。

（2）压力测试：压力测试日志及记录的提交。

（3）记录图纸：给业主提交竣工图，包括竣工轴测图。

（4）样品：提交业主要求的样品。

（5）保洁：设备、管道及构筑物的清洁需要符合要求。

2. 竣工图

（1）在变更时应时时跟进更新。带记号的图纸应存放在现场以供业主代表或其他代表审阅。竣工图的质量应等于或超过原施工图。

（2）竣工图至少应包括下列文件：

（a）设备与管道在总平面图中的实际位置。

（b）表示地下管道与基础或其他永久性结构之间的距离。

（c）明确表示所有与已有设备及其他设施之间的连接点。

（d）被认可替代设备需要在维生系统或其他原设计的基础上进行变更，并标示出安装位置。

（e）更改应与 RFI 回复、补充指示、提议请求、变更通知单及其他相关事项进行协调。

（f）照片：记录文件应包括施工过程的照片。承包商应拍摄隐蔽工程、地下管道、地下阀门、管道连接处及材料的变更、管道的大体走向和管道网等，并在项目完成时将照片递交给业主。

（g）准确性的保证：要求承包商对施工记录及图纸的准确性进行担保。

第 2 节　滤料的选型

一、石英砂滤料

多介质过滤器石英砂填料一般分为 3 个功能层次，底部是承托砾石层、中间部分是承托砂

介质、顶层是砂过滤介质。

1. 承托砾石层

砾石的形状一般为球状或圆边状。尖角或尖边的承托砾石是不符合要求的。所有的砂砾应由坚硬且耐用的惰性岩石构成。

（1）砂滤器的砾石的大小应该为 12 ～ 25 mm。比重不小于 2.60，水成岩或冲击而成的碎石不符合要求。

（2）所有砾石采用惰性硅基砾石组成的坚硬、耐用、高比重的圆形颗粒，扁平或细长的碎片不超过 3%。

（3）砾石应清洗和筛选，不得含有超过 1% 的壤土、黏土、沙子、贝壳和有机杂质。

（4）应当提供足够的砾石覆盖布水管。

2. 承托砂介质层

砂子介质的形状一般为球状。承托砂是处于最上层过滤介质下方，细砾石上方的填料层。

（1）承托砂子由坚硬、耐用且二氧化硅含量不低于 90% 的惰性微粒构成。

（2）石英总量不低于 85% 且长石总量不大于 15%。平均比重不低于 2.60。

承托砂砾的等级（表 14–2）。

表14–2　承托砂砾等级

介质类型	有效粒径	均匀系数	备注
承托介质石英砂层	0.59 mm 至 0.71 mm	最大值 10.6	等尺寸
承托介质石英砂层	1.5 mm 至 2.0 mm	最大值 2.0	需要清洁
承托介质砾石层	3.0 mm 至 6.0 mm	最大值 2.0	需要清洁

3. 顶层过滤砂介质层

（1）顶层细砂介质应由坚硬、耐用、致密的石英砂组成，在过滤和反冲洗过程中耐降解，平均比重 2.62 或更大。

（2）石英总量不低于 60% 且长石总量不大于 35%。

（3）除了石英和长石其他类型的岩石不超过 5%。

（4）通过型号 200 筛网（0.074 mm 筛孔）的原料不得超过重量的 2%。

（5）黑色颗粒总数不得超过 5%。

（6）扁平微粒不得超过 5%。

（7）不得含有可见的壤土、黏土、灰尘、贝壳及有机杂质或其他异物。顶层细砂应采用石英石破碎加工而成的有棱角微粒；大小均匀的圆形是不符合要求的。

顶层过滤细砂等级（表 14–3）。

表14-3　顶层过滤细砂等级

介质类型	有效粒径	均匀系数	备注
过滤介质细砂层	0.22 mm 至 0.55 mm	1.35 至 1.70	有棱角的

4. 填料安装

石英砂应贮存在不受天气影响的地方且不能直接放置于地面。用编织袋包装的存放在室外阳光下不能超过 3 天，防止包装袋损坏。

（1）过滤器填料安装准备：

（a）确认机房排水系统的所有集水坑配置的潜水泵安装调试完成、排水畅通。

（b）过滤器管道安装完整、法兰螺丝紧固、确认砂缸出厂前已通过压力测试。

（c）过滤器内部结构及构件已固定、验收合格，并与设计图纸相符。

（d）缸体内部已用自来水进行清洗，清除泥土、垃圾及杂物。

（2）过滤填料的安装：

每层填料达到设计安装填料量后要求刮平，测量装填高度与设计相符后才能进行下一层填料安装，在放置后面一层填料时，应避免干扰到前一层的填料。

砂滤料安装高度的要求：

（a）900 mm 直径卧式过滤器，滤料最低安装高度在底部布水管以上 350 mm。

（b）1 100 mm 直径卧式过滤器，滤料最低安装高度在底部布水管以上 450 mm。

（c）1 200 mm 直径卧式过滤器，滤料最低安装高度在底部布水管以上 550 mm。

（d）1 500 mm 直径卧式过滤器，滤料最低安装高度在底部布水管以上 800 mm。

二、颗粒活性炭

维生系统中活性炭的用途是：一是用于接触氧化罐后面吸附多余的臭氧，二是用于反冲再生系统活性炭吸附去除有机物，三是用于自来水补水系统去除水中的余氯等。

1. 质量要求

（1）活性炭过滤器的填料安装承托层填料及高度与同类型砂过滤器相同。

（2）黏结挤压成型的煤质活性炭不能用于维生系统任何过滤器，是因为煤质炭是靠黏合剂（煤焦油）把煤粉黏合挤压成型，煤焦油在维生系统中容易被臭氧所分解，使煤质炭粉溶出最终会污染展池。

（3）维生系统活性炭建议选用椰壳活性炭、非黏结煤质活性炭、木质炭等，活性炭质量控制指标有：

（a）pH（10 左右）、碘值（800 以上）；

（b）粒度 10 ~ 30 目；

（c）堆积密度 0.5；

（d）材质：椰壳活性炭、非黏结煤质活性炭、木质炭。

2. 采购前报审资料

（1）制造商的产品详细技术资料、资质信息及同类型工程案例。

（2）国家认可的检测机构出具的检测报告，检测项目包括：

（a）总孔隙容积（mL/g）、碘值、原料类型、pH、堆积密度 0.5 ~ 0.6（g/mL）；

（b）平均粒度、灰分、筛孔尺寸（大于百分比和小于百分比）；

（c）表面积（m^2/g），均匀系数不大于 1.7。

（3）提交各种规格和等级的样品。

3. 填料安装

（1）活性炭比较容易吸水受潮，在活性炭运输、储存过程中必须小心谨慎，确保使用前内包装薄膜袋处于密封完好的状态。

（2）活性炭安装时底部需要安装石英砂垫层，然后再装填活性炭，活性炭安装完成后不能马上进行反冲洗，需加水浸泡 2 ~ 3 天让干活性炭充分吸水，冲洗前先正冲 10 分钟把浮在水面的活性炭压到水中，然后才能开始反冲洗。

（3）要点：

由于活性炭的密度是 0.5，新活性炭加水后会浮在水面上，马上反冲洗活性炭会通过反冲洗排走，为此在反冲洗前需要让活性炭充分的浸泡吸水，让活性炭沉入水中后再反冲洗。

三、脱气塔填料

脱气塔内填料支架材质都必须采用耐海水腐蚀的非金属玻璃纤维支架及玻璃纤维格栅。支架紧固件需采用 SUS316L 材质的化学锚栓及螺栓连接，化学锚栓需作打胶防水处理，填料介质应具刚性及结构稳固的特性。

1. 脱气塔填料分类

脱气塔填料按动物不同进行分类：一是散堆填料、二是结构化的填料（表 14-4）。

表14-4 脱气塔填料分类及适用范围

填料分类	适用动物	不适用的系统	作用
散堆填料	用于海洋哺乳动物，爬虫类，或者鸟类系统	鱼或者鲨鱼维生系统	减少夹带气泡
结构化的填料	用于鱼类和鲨鱼维生系统，也可以用于哺乳动物，爬虫，以及鸟类维生系统		除去混入循环水中的气泡，是硝化细菌的着床

2. 材质要求及技术参数

（1）散堆填料材质及制作加工要求：

（a）坚固的纯聚丙烯树脂构造（不得含有任何再研磨树脂）。

（b）填料应为清洁注塑件，无任何过多的批锋，有弹性，且摔落时不易破损。

（c）填料应当由一个单独的刚性模压件组成，不允许采用可拆分组装填料、拼凑汇集的填料或有其他要求附件设计的填料。

（2）散堆填料技术参数：

（a）空隙率在 95% 以上。

（b）比表面积在 90 m^2/m^3 以上。

（c）外观尺寸 30 ～ 75 mm。

（d）散堆填料按比重不同可分为上浮型及下沉型，为了防止水位异常上浮型散堆填料会随水流入溢流管建议选择用下沉型散堆填料。

（3）结构化的填料材质及制作加工要求；结构化的脱气塔填料分两类。

（a）第一类填料适用于大型海洋哺乳动物脱气塔，作用是除去混入循环水中的气泡；填料采用十字波纹的塑料薄片设计（可选）。

①空隙率在 95% 以上。

②比表面积在 48 ft^2/ft^3 以上（ft：英尺，1 英尺约为 30.48 厘米，后同）。

③波纹角为 30 度。

④混合点和重分布点超过 720 /ft^3。

⑤板厚为 0.3 ～ 0.5 mm。

（b）第二类填料适用于鱼类、鲨鱼类脱气塔，作用是减少脱气室夹带泡沫，也可适用于水族馆设备的生物过滤；填料设计考虑增加对流接触而采用十字波纹的塑料薄片（必需的）。

①空隙率在 95% 以上。

②比表面积在 64 ft^2/ft^3 以上（1 ft = 30.48 cm，后同）。

③波纹角为 30 度。

④板 / ft = 26。

⑤混合点和重分布点超过 2 400 / ft^3。

⑥板厚为 0.3 ～ 0.5 mm。

（c）安装要求：

①除按照图纸的标注外，还要根据制造商推荐安装要求或说明进行安装，做到经济最大化。

②填料的高度应该满足至少两层交错放置。

③填料单元应该根据具体形状进行修剪。

④材料韧性，要求新料 PVC 制作（不允许采用回收料）。

⑤填料应该是干净的板材制成的制品，没有过量的边角、毛刺、溶剂或者未处理的黏合剂。

3. 填料采购报审要求

提交填料样本、供应商产品型录、相关技术参数、分析报告、工程案例等资料。

四、脱气塔填料选型参数

1. 填料采购报审要求

提交填料样本、供应商产品型录、相关技术参数、分析报告、工程案例等资料（图 14–1、表 14–5）。

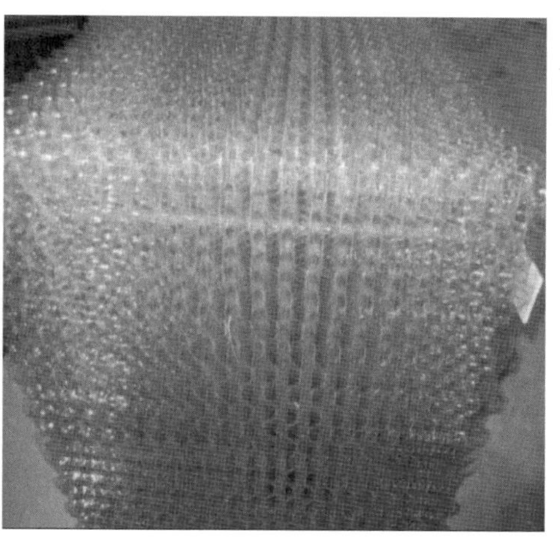

图14–1　填料样品

表14–5　XT–PVC波纹板生物挂膜填料规格

填料型号	板数厚度 mm	理论板数 m^3	比表面积 m^2/m^3	空隙率 m^2/m^3	压力降 MPa/m^3	堆积重量 kg/m^3	液体负荷 $m^3/m^2.hm$	最大 F 因子 $^{-1}$ m/s(kg/m^3)
SB–125Y	1.5～2.0	55	125	0.985	$2\times10\ m^{-1}$	37.5	0.20–100	3
SB–250Y	0.8～1.0	65	250	0.97	$3\times10\ m^{-1}$	39.5	0.20–100	2.6
SB–350Y	0.4～0.5	85	350	0.94	$2\times10\ m^{-1}$	41.5	0.20–100	2
SB–500Y	0.23～0.3	125	500	0.93	$3\times10\ m^{-1}$	65	0.20–100	1.8
SB–125X	1.5～2.0	45	125	0.985	$1.4\times10\ m^{-1}$	37.5	0.20–100	3.5
SB–250X	0.8～1.0	55	250	0.97	$1.8\times10m^{-1}$	39.5	0.20–100	2.8
SB–350X	0.4～0.5	75	350	0.94	$1.3\times10m^{-1}$	41.5	0.20–100	2.2
SB–500X	0.23～0.3	115	500	0.93	$1.8\times10m^{-1}$	65	0.20–100	2

2. 工作原理

XT–PVC 波纹板生物挂膜填料安装在脱气塔内，作为生物膜的载体及水气对流接触载体。当处理水流经填料时，与生物膜接触，在生物膜中的硝化细菌将进水中的氨氮转化成亚硝酸盐及硝酸盐，另外在填料表面有水气对流作用增加进水的溶解氧并去除挥发性气体如臭氧、氨气等，最终是达到净化水质的作用。

3. 用作脱气塔填料时性能特点

（1）用于脱气塔时处理效果非常好，不受季节影响起到净化海水水质的作用。

（2）不产生二次污染。

（3）硝化细菌等微生物能够依附在填料表面生长，可以利用填料有机物作为营养源无须另外投加营养剂。因此停机后再恢复运行，硝化细菌恢复速度快，停机 1 至 2 周后再恢复运行只要 20 小时就能恢复到最佳处理状态。如果停止运行 3 至 4 周后再恢复运行，只要 5 天就能恢复到最佳的处理状态。

（4）填料性能参数能满足脱气塔结构化填料参数的要求，比表面积大、空隙率高，水与对流气体接触面大，有利于空气与水充分接触，增加溶解氧、去除水中有害气体，填料接触面大有利于硝化细菌生长、繁殖。

4. 用作生物过滤系统填料时性能特点

（1）用于生物过滤系统时缓冲容量大，由于填料本身孔隙率高、比表面积大所能容纳的硝化细菌量大，当处理水流量增加时它能调节水中硝化细菌的浓度使硝化作用不受影响，耐冲击负荷的能力强。

（2）系统运行稳定，易损部件少，维护简单。

（3）生物过滤系统的填料采用组装式，便于运输和安装；在系统需要增加处理量时只需添加组件就可以满足要求，并且易于实施。

（4）采用 XT–PVC 波纹板生物挂膜填料生物过滤系统能耗低，在运行半年之后生物过滤系统的压力损失也只有 500 Pa 左右。

5. 生物过滤系统工艺介绍

海洋馆维生系统主要功能就是去除氨氮及降解有机物，所以 XT–PVC 波纹板生物挂膜填料在生物过滤系统作了专业的应用设计，采用氧化曝气生物过滤系统降解有机物的效果好，用于维生系统时可以代替传统的沉砂池，流程简介如下：

展池——溢流出水——前端硝化槽（XT–PVC 波纹板生物挂膜填料生物槽，曝气 D0：$8.0\times10^{-6}\sim9.0\times10^{-6}$）——后续硝化槽（XT–PVC 波纹板生物挂膜填料生物槽）——展池。

第 3 节　PVC–C/PVC–U 管和配件

一、用途

（1）氯化聚氯乙烯（PVC–U）管道用于海洋馆维生系统水流输送或 PID 流程图中指定选用 PVC–U 管道的位置，但不宜用于臭氧气体输送。

（2）硬聚氯乙烯（PVC–C）管用于输送水温在 40 ~ 80℃的管道或 PID 流程图中指定选用 PVC–C 管道的位置。

（3）低密度氯化聚氯乙烯 LXT–PVC 用于臭氧气体输送的管道或 PID 流程图中指定选用 LXTPVC 管道的位置。

二、报审资料

（1）描述全部管件的尺寸、规格及型号。

（2）提供供应商产品型录、工商营业执照及税务登记等企业信息。

（3）提供产品力学、耐温、耐氧化腐蚀等理化性能指标的第三方（政府认可）检测报告。

（4）工程案例及业绩。

三、质量控制

（1）在各种不同标准的法兰及管道间进行连接转换的地方，承包商应按要求提供连接转换配件。

（2）承包商应确保法兰的规格与相连接的阀门、设备以及用于不同材料间转换的法兰相匹配。

（3）在 PVC–U 管道安装过程中承包商必须安排施工管理人员对施工过程进行监督管理，确保安装质量上的连续性。现场管理人员应该接受过制造商 PVC–U 管道安装施工操作完整性培训，还需要提供不少于 5 个 PVC–U 管道工程项目施工管理案例。

四、产品技术要求

（1）所有硬质的压力管道和附件要求是采用全新的原料加工制作，不允许添加回收料制造。

（2）DN200 毫米或更小尺寸标准配件应该要通过注塑成型制造。

（3）大直径的连接部件：所连接部件的压力等级应大于或等于管道压力；安装连接方法包括通过胶水粘接、热熔连接或通过玻璃纤维结构层的外部搭接。

（4）标识：部件应该有模制编号印记显示达到的 ISO 标准；压力等级、制造商的名称、配件、管件号、尺寸、描述、产品代码、分类、日期和批次信息。

（5）配件应与相邻的管线采用相同的材料和等级（压力等级、国标或美标等要求统一）。

（6）所有 PVC–U 配件的直径应小于 DN300。大于 DN300 的 PVC–U 管材配件较少。

（7）当允许 PVC 焊接连接时应使用符合标准的热气焊接技术。

（8）大直径和特殊配件：所有直径大于 DN300 的管道应考虑大直径配件。大直径和特殊配件应标有供货商的名称、配件号、尺寸、描述、产品代码和分类。

（9）大直径和特殊配件应使用注塑组件，且应有 NSF 国际饮用水认证。注塑组件应与配件有相同或更高的压力等级。所有组装的配件应用玻璃纤维包裹加强，在玻璃纤维包装之前，PVC 应当焊接、清洗、试压合格（业主提供明确许可的除外）。

（10）大直径和特殊玻璃纤维强化配件应额定工作压力不小于 10 kgf/cm^2，安全系数不小于 3；

此外，这些配件应满足额定真空等级在 24℃（1 kgf/cm²）。

（11）套接管道的最小套接长度等于相邻的管道直径的一半。

（12）所有转向的配件应指定削减长度，整体最大偏差不得超过 12mm。

（13）使用 UPVC 液态黏结剂时应按照供货商推荐的天气条件下的胶合时间、胶合长度；除非有 PVC 塑料止水带，否则 PVC 管不允许焊接连接。

五、管道、部件压力等级及标准

1. 管道、部件的压力等级（表 14-6）

表14-6 管道运输介质和部件的压力等级

管道内部介质	直径	压力等级
全海水 / 淡水	小于 50 mm	PN8
全海水 / 淡水	50 mm 到 400 mm	PN8
全海水 / 淡水	450 mm 到 500 mm	PN8
含臭氧海水或淡水	全部	PN 16 或 Sch80
化学品管道	全部	PN16
真空管（管道有真空度）	全部	PN16

2. 标准及材料属性

（1）UPVC 管应该按照质量说明书来制造，尺寸是按照 GB/T 4219.1-2008 标准。

（2）管道外径公差值应该优于 ISO 4065 的要求。

（3）UPVC 部件应该是公制单位尺寸，应为适合溶剂黏接的类型，同时规格和公差值应满足标准的要求。所有的螺纹连接件应该满足 ISO 7-1 要求的螺纹。

（4）UPVC 管和部件的属性应该满足：

（a）23℃下的密度：1.38 ～ 1.41 kg/cm³。

（b）最小抗张强度：513 kJ/m²。

（c）在破坏时的最小抗张强度：49 MPa。

（d）在破坏时的最小延展率 120%。

（e）最小弯曲系数：3 000 MPa。

（5）CPVC 管和部件的属性应该满足：

（a）23℃下的密度 1.48 ～ 1.52 kg/cm³。

（b）在破坏时的最小抗张强度 52 MPa。

（c）最小弯曲系数 2 500 MPa。

（d）最大运行温度等级 93℃。

（6）LXTPVC 管是由多种塑料原料制成的，材料管道生产厂商推荐在溶解有臭氧水的管道中使用。材料包括 LXT-PVC，带 Corzan 合成树脂的氯化聚氯乙烯以及臭氧环境下的未加增塑剂的聚氯乙烯及聚偏二氟乙烯。

（a）LXT-PVC：

特殊的材料配方，采用最少的添加剂量，具有特别光滑的表面，已经被证明了在抵抗臭氧侵蚀的能力上可以与其他塑料相比。

（b）氯化聚氯乙烯：

管道和部件都由带 Corzan 氯化聚氯乙烯合成树脂制造，生产厂商推荐在臭氧区域使用。

（c）硬聚氯乙烯：

加入少许添加剂使管道具有耐氧化耐腐蚀性能，用来输送具有强氧化性的流体。

六、管道连接

1. 液体黏结剂连接

聚氯乙烯管道和部件应该采用液体黏结剂连接，除非有其他注明。只能用管道生产厂商推荐的液体黏结剂。

2. 法兰连接

（1）当与阀门连接时，法兰螺栓样式应与阀门螺栓的样式一致。

（2）当与水泵或其他设备连接时，法兰螺栓样式应与设备螺栓样式一致。

（3）连接法兰应该同时满足螺栓样式和管道直径的要求。

七、安装要求

（1）管径大于 DN100 硬聚氯乙烯管道应该在有现场监督人员的情况下安装，这个监督者应当持有硬聚氯乙烯安装的合格培训证书和至少 1 个以上具有完整大管道（管径大于 DN400）硬聚氯乙烯的热塑性管道安装项目的经验。

（2）硬聚氯乙烯管典型的连接方式是采用溶剂连接，满足 ISO 和管道厂商的安装要求。为了方便设备维修及更换，管道与设备间连接考虑选用由令活接或法兰连接。

（3）PVC-U 管道支撑间距要求（表 14-7）。

表14-7　氯化聚氯乙烯管（PVC-U）支架间距

公称直径	20	25	32	40	50	63	75	90	110	125	140	160
立管	1.0	1.1	1.2	1.4	1.6	1.8	2.1	2.4	2.7	3.0	3.4	3.8
横管	0.8	0.8	0.9	1.0	1.2	1.4	1.5	1.6	1.7	1.8	2.0	2.0

（4）塑料管的支撑间距要求（表 14–8）。

表14–8　塑料管、复合管道支架间距一般要求

管径（mm）	12	14	16	18	20	25	32	40	50	63	75	90	110
立管（m）	0.5	0.6	0.7	0.8	0.9	1.0	1.1	1.3	1.6	1.8	2.0	2.2	2.4
水平管（m）	0.4	0.4	0.5	0.5	0.6	0.7	0.8	0.9	1	1.1	1.2	1.35	1.55

（5）聚氯乙烯（PVC) 管

维生系统 PVC 管道除非特别说明，所有 PVC 管都应采用 Schdule 80 PVC 管或化工级管道。

（a）PVC 管的直径通常小于 DN300，除非有业主特别批准，否则 PVC 管不得采用直径大于 DN300 的管线。

（b)PVC 管应采用胶粘接,PVC 管道的生产应严格执行 ASTM D1785 中对材料、工艺、破损压力、挤压变形的标准。

第 4 节　聚乙烯管及配件

一、技术要求

聚乙烯管简称 PE 管，它包括中密度聚乙烯管和高密度聚乙烯管，高密度聚乙烯管简称 HDPE 管，管道施工图纸中需要采用“工艺 – 材料 – 尺寸”标注。在采用 PE 管道的位置需要用“PE”标志标明。所有的尺寸是公称尺寸。

（1）提供与所有阀门及管道连接处的连接方式。

（2）蝶阀的配套法兰孔要与螺栓和阀门孔相匹配。

（3）聚乙烯管道典型连接方式应为热熔管道连接。典型管道连接处将不会在图纸上表示，承包商将负责选择最佳的连接方式来完成全部的管道系统安装。

（4）为了配合管道水压测试需要对末端开口的管道进行临时封堵。

二、质量控制

（1）管道生产过程监督：包括不定期的厂验、提供生产加工过程视频、提供加工原料进口报关资料等手段对管道和管件生产过程的质量进行监督。

（2）HDPE 管道和配件应由培训合格的施工人员和按照供货商的要求及建议进行安装。安装 HDPE 管和配件施工操作人员都应持有由热熔对接机供货商提供的小于 12 个月有效的认证卡，表明他们已经成功地完成 HDPE 管道及配件连接课程的培训。

（3）现场热熔连接质量监测，现场热熔连接件的记录应该包括如下内容：

（a）热熔时间；

（b）加热板温度；

（c）熔接压力；

（d）管道尺寸和 SDR；

（e）热循环时间；

（f）冷却循环的时间；

（g）评论和备注。

三、标准

管道和管件应按 GB/T 13663-2000 或 ISO 4427 ：1996 标准制造并且执行 GB13663-2000 PE100 级管道的要求。

四、材料报审

（1）报审资料：所提交 HDPE 管件的资料应描述管道、管件所有规格、尺寸、所有规定的物理特性及化学性能。

（2）管道质量保证：制造商为所有管件提交一份详细的质量保证书，承诺提供的热熔管道及配件并由制造商对施工操作人员进行《热熔操作技术》培训，管道安装质量可以满足设计承压要求。

（3）耦合热熔装置：提交电热熔接设备的详细信息，提交外部管道相适应的熔接尺寸对照表。

（4）提供制造商的产品型录以及企业详细资料（营业执照、税务登记、产品认证、产品检测报告等）。

五、管道材料

（1）管道应为公制。直径在 75 mm 到 1000 mm 的管道壁厚应以 SDR17 为准，额定压力应按 10 kgf/cm^2 制造。直径 1 200 mm 的管道壁厚应以 SDR17 或 SDR21 为准，额定压力应按最小 8 kgf/cm^2 制造。所有安装的管道、管件和配件采用不超过 30℃的水温度连续 3 小时 6.0 kgf/cm^2 的压力测试。

（2）聚乙烯管道应为 PE100，不能套用 PE100 标准的大口径管道，也必须采用和 PE100 相同的材料属性：

（a）根据 ISO 1183 标准；PE100 公称密度 0.966 g/mm^3，最小 0.950 g/mm^3，抗拉屈服强度：公称压力 23 MPa，最小压力 20.7MPa。

（b）屈服伸长率：9%，根据 ISO 527 标准。

（c）弹性模量：公称压力 900 MPa，最小压力 760 MPa，根据 ISO 527 标准。

（d）切口冲击强度：20 摄氏度最小 13 kJ/m^2，根据 ISO 179；或者最小环境应力裂纹 5000 hrs，根据 ASTM D1693（cond.C）；或者慢速裂纹长度超过 100 小时，根据 PENT（F1473）。

（e）熔体流动指数：通常 0.12 g/10 分钟，最大 0.15 g/10 分钟。

（f）光照稳定强度：2% ~ 3% 炭黑，根据 ISO 18553。

（g）邵尔 D 型硬度：最小 60 分钟，通常 65 分钟，根据 ASTM D2240 标准。

（3）尺寸允许有 0.5% 偏差（表 14–9）。

表14–9 PE100管道规格

公称尺寸（外径）	SDR	外径（mm）	壁厚（mm）
50 mm	17	50	3.1
75 mm	17	75	4.5
100 / 110 mm	17	110	6.6
150 / 160 mm	17	160	9.5
200 mm	17	200	11.9
250 mm	17	250	14.8
315 mm	17	315	18.7
400 mm	17	400	23.7
450 mm	17	450	26.7
500 mm	17	500	29.7
630 mm	17	630	37.4
710 mm	17	710	42.1
800 mm	17	800	47.4
900 mm	17	900	53.3
1000 mm	17	1000	59.3
1200 mm	17	1200	70.4

六、管件

（1）除承包商和业主维生系统工程师达成共识的情况以外，所有管件应和相邻管道具有相同的 SDR，可以采用较厚管壁的材料。

（2）管件应可承受持续压力测试。SDR17 管件应采用 PE100 的材料。

（3）内部表面状况：所有斜焊接型管件应现场交付，内部焊接面应修整翻边与管壁平滑连接，成品三通内部连接边缘应平滑整齐，内表面对齐连接。

（4）一体成型管件：直径为 150mm 或更小的弯头应由工厂模具制作。

（5）斜接型管件：全尺寸对接热熔斜接安装只适用于直径大于 150 mm 的弯头。

（6）侧壁热熔异径三通：该类型接头应为成品或设计完全熔合接头。

（7）大小头：大小头应该符合图纸的要求，可以是同心，也可以是上平或下平的偏心变径。

（8）电热熔管件：配置了电子检测器的电热熔管件应为经过业主批准的代替品。

（9）施工图纸中标示高密度聚乙烯（HDPE）管，HDPE 管和管件适用于输送含有臭氧的海水。

（10）HDPE 管、配件及热熔设备应挑选优质的供应商，HDPE 管道和配件应选择通过 ISO

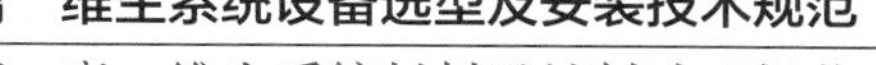

9001 认证的供应商供货。

（11）配件和管道末端：除非图纸中另有标示，HDPE 管末端应在地面以上用对接法兰头连接。不允许法兰埋地，转换到其他管道材料应当以相同的方式完成。

（12）HDPE 管道穿水力构筑物时，在通过混凝土墙和楼板的地方应该设置止水带，止水带做法应该按照图纸的标示进行施工。

（13）亲水性止水带的单组分膏或凝胶类型密封剂性能参数：

（a）密度 1.25 ~ 1.45。

（b）抗拉强度：最低 300 psi。

（c）最低延伸率：600%。

（d）膨胀体积：不小于原体积的 180%。

（14）维生系统所用 HDPE 管壁厚应为标准尺寸比（ SDR 17），管道使用年限超过 50 年。所有管材及配件应当满足符合 6 kgf/cm^2 压力测试时间至少 3 小时。

（15）HDPE 配件一律采用与连接管道材质相同的材料，供应商应该提供表明管道和配件材料等级的质量认证书。

七、管道连接

（1）所有管道之间、管道与管件之间的连接应有完整的工艺来确保管道的轴向强度。任何连接件不得降低测试压力。

（2）PE 管和所有连接应采用制造商认可的热熔对焊技术。

（3）电热熔连接件：可用热熔对接焊连接方式代替。应设计安装电子监视器以及达到或超过连接管道的 SDR 值。

（4）配对法兰：法兰端头允许不同材质的管道间连接，图纸中特别标注有阀门或者现场条件不允许的热熔对接焊时使用。

（a）法兰接头最小额定压力应为 PN10。用到阀门、PE 法兰的地方应遵照阀门要求。螺栓孔应垂直中心线对齐。

（b）所有的法兰适配器应和管道具有相同的材料和相同的额定工作压力。

（c）外层包裹涂料：法兰防腐应由含有疏水底漆、石油溶剂、饱和矿脂化合纤维的防腐涂料保护，最外层的采用 PVC 胶带保护。

（d）垫环 / 垫片将根据 ISO 15494-1 配置。垫片的级别应不低于管道的测试压力。垫环应有足够的硬度以防止任何可见的弯曲。材质应该是不锈钢、非金属或者是用加厚 PE 塑料包覆的专用于盐水系统的铁垫片。

（e）当用 PE 法兰与蝶阀连接时，法兰片和橡胶衬裹蝶阀间不需垫片。对于蝶阀与 PE 法兰管道之间是否加装垫片，由承包商决定。

（f）用于不同材料管道的法兰连接需要 EPDM 橡胶垫片。

（5）HDPE 典型的连接方式为热对接融合，电熔焊配件应当在经过业主批准后才能使用。电熔焊配件只有在热对接融合连接和配件不能使用的情况下才能被批准使用。热对接融合配件应按照供货商的指示和建议使用和安装。管道安装热对接融合配件时应保证管外表面的清洁以确保适当的融合。同时记录每次热对接融合配件的相关工艺参数。

（6）在 HDPE 管材过渡到另外一种管材时应采用法兰接头和支承环，水面上方的支承环和其他配件应为 316 型不锈钢。支承环设计压力为 10 kgf/cm^2。

（7）法兰盘浸没于水中时支承环、法兰螺栓和配件应当为 PVC 或 FRP 材质。进行 HDPE 管道的水压试验时可临时使用钢法兰及盲板封堵。水压试验后这部分钢铁法兰及盲板需要拆除。

（8）金属材料不能安装在展缸中。

（9）所有配件厚度应该大于或者等于相邻管线的厚度。

（10）HDPE 配件使用年限为 50 年的压力等级不应小于周围管线相同使用年限的压力等级。

（11）墙式法兰 / 锚固法兰：在所有混凝土墙和底板穿越的地方应当采用典型的法兰锚栓固定。锚固法兰可以采用角焊或者是熔焊。

（12）分水器在工厂进行加工制作，出厂前应进行压力测试，但是有必要做好保护措施防止管道超压。在运输时需提供垫板、运输夹具或吊架来保护、加固管道，防止受压变形。内部应整洁，平滑无毛刺等。

（13）通用部件：

出厂前应进行压力测试，但是有必要做好保护措施防止管道超压。材料应用全热熔方法连接。

（14）不能接受的连接和部件：

（a）批准施工方案中没有的或没有得到工程师批准的任何连接方法。

（b）弯头交付时在常温下失准不得超过 1 度，不得在阳光下曝晒。

（c）不允许有侧墙式“承插”连接。

（d）经审批过的配置有电子监控的电热热熔侧墙式连接是允许的，方法应根据 ASTM F905 聚丙烯管承压连接规范执行。

（e）挤出焊缝连接不能应用于压力管。

（f）任何边缘粗糙、带锯齿的痕迹或其他粗糙制作不能满足工艺标准的施工都是不可接受的。

（g）管道内部过多的毛刺和杂物将会影响到管道的流体形态，这种状态是不允许的。

（h）未经业主书面同意，法兰埋地或电熔管道包覆都是不允许的。

（i）在管件采购时不能擅自降低管件的压力等级。

八、管道安装

在施工过程中随时保持管道开口覆盖以避免污染物或碎片进入。

（1）所有热熔对焊连接应由接受过专业培训的施工人员操作。管道焊接应按管道制造商建议

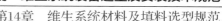

的程序执行，其中主要的工艺参数包括加热器温度、融合界面的压力和冷却时间等。

（2）尾部连接定位：由于聚乙烯是柔性材料，承包商须采取措施以保证法兰连接在允许偏差范围内，方法如下所示：

（a）方法 1，在包裹和埋地 PE 管施工前，阀门及法兰盘应暴露在地面之上，以便于调整。

（b）方法 2，在包裹和埋地 PE 管施工前，端头采用 PE 包裹钢质盘面与地面上管线固定连接，地上管线和地下管线应精准定位，管径相互匹配。

（c）方法 3，承包商应保证所有管道正确安装及连接正确、压力测试合格。

（3）对于所有需要埋地的直径小于 630 mm 的管件应采用热熔对接焊或电熔焊连接。

（4）如果电子监测系统显示焊接缺陷，将不允许采用电熔焊连接。不符合压力测试的电熔管件和接头需要切割拆除采用热熔焊重新热熔。不能接受有缺陷的电熔合。

（5）所有埋地法兰防腐保护要求如下：

（a）用清洁刷清理所有需要包裹管道的表面。在金属部位涂刷疏水底漆。

（b）用油质填充物填满空隙和周边。

（c）整个组件外层需包裹饱和矿脂纤维织物。

（d）用一个坚固的自黏的 PVC 胶带将其元件完全包裹密封。

（6）现场除连接锚固法兰外，其他管道都不得使用角焊。

（7）所有需要穿过混凝土板和墙体的管道应用锚固法兰固定。

（8）承包商可以进一步加固管道，但不允许在压力测试完成前加固任何管件。

（9）所有 HDPE 管道安装后应按照本规范和供货商的建议进行压力测试，在进行 PE 管道压力测试过程中压力可能会改变，测试中目测检查泄漏点。

（10）PE 管在压力作用下会伸长。承包商必须考虑到管道特性，对管道产生位移给予支撑保护。

（11）在管道损毁的地方，应整段切除并用新管热熔对接焊进行重新焊接（维修前需要对损坏管道内部进行检查及清理，把泥沙、石头等清除）。在管壁损伤达管壁厚度 10% 的 地方应替换。在不可能替换部分可采用热熔修复覆盖（或电热熔卡箍）的方法进行修复。

（12）回填方法应与制造商建议、其他说明书或图纸所示保持一致。管道在较小压力下（0.1 ~ 0.35 kgf/cm^2）进行随水回填。

（13）所有 HDPE 管的末端应该法兰连接。

（14）需要保证 HDPE 管道合理安装，防止因施工操作或环境等因素使连接结构出现热胀和冷缩。

（15）PE 管的支撑间距要求（表 14-10）。

表14-10 PE管支撑间距

管径（mm）	15	20	32	40	50	63
立管（m）	0.8	0.9	1	1.3	1.6	1.8
横管（m）	0.6	0.7	0.8	1	1.2	1.4

（16）管卡选用表（表 14–11）。

表14–11　PE管管卡规格

管径 DN（mm）	15	20	25	32	40	50	65	80	100	125	150
管卡直径（mm）	8	8	8	8	10	10	10	12	12	16	16
管卡展开长（mm）	116	132	148	183	200	231	272	304	366	430	518
螺母（mm）	M8	M8	M8	M8	M10	M10	M10	M12	M12	M16	M16

第 5 节　臭氧系统管道

一、概述

（1）臭氧管道是用来输送臭氧气体的管道，按受压情况可分：一种是正压管道，另一种是负压管道。图纸中对管道的标识按照“工艺过程 – 材料 – 尺寸”来表示。

（2）从多个水族馆使用实践中证实从臭氧发生器到蛋白分离器臭氧射流器间的管道采用 SUS316 不锈钢管还是会被腐蚀的，原因是在施工过程中有焊渣、铁屑及铁锈等落入 SUS316 不锈钢管道内，使用过程中有海水倒流，不锈钢管道内残留有少量铁锈与不锈钢内添加的其他金属元素形成原电池，发生电化腐蚀。

（3）建议用 LXT–PVC 管道、氯化聚氯乙烯或硬聚氯乙烯等耐臭氧的管道，另外这些塑料管道如有被腐蚀损坏更换起来也很方便。另外普通市售 PVC 管道在生产时添加过多的填充料容易被腐蚀，是不能用于臭氧管道的。

（4）管件规格、阀门大小以及臭氧设备接口应协调一致。

二、材料报审

报审资料：管件制造商产品型录、描述管道规格及尺寸资料、管件材质证明书、耐氧化腐蚀及力学性能等检测报告。

三、臭氧管道

1. 管道材质

（1）臭氧环境下使用管道材质要求是：SUS316L 不锈钢或 LXT–PVC、带 Corzan 合成树脂的氯化聚氯乙烯、未增塑聚氯乙烯及聚偏二氟乙烯。

（2）LXT–PVC：特殊的材料配方，具有特别光滑的表面，已经被证实了在抵抗臭氧侵蚀的能力方面可以与其他塑料相比。

（3）氯化聚氯乙烯：管道和部件都由带 Corzan 氯化聚氯乙烯合成树脂制造，生产厂商推荐在臭氧区域使用。

（4）硬聚氯乙烯：加入特殊抗氧化的添加剂制造出来的，生产厂商推荐用来输送具有强氧化

性的流体。

2. 管道接头

（1）标准的臭氧管道接头做法是采用特氟龙生料带的管道螺纹连接。

（2）施工图纸上注明的地方，连接到阀门两端都应选用特氟龙等耐氧化的法兰或螺纹连接。

3. 绝热措施

（1）臭氧受热极容易分解，从臭氧发生器到蛋白分离器臭氧注入射流器之间的管道要采取保温隔热措施。

（2）保温材料可选用闭孔泡沫塑料，最小厚 12 mm 且外表面包裹材料应耐紫外线和不受雨淋热晒等天气的影响。户外部分保温层宜适当加厚到 20 mm 或以上。

4. 特氟龙管道和管件

（1）位置：适用于臭氧发生器与臭氧管道间连接、臭氧管道与蛋白分离器射流器接口间的连接。

（2）管道：使用的特氟龙或聚四氟乙烯或氟化乙丙烯柔性管，这些特定管件颜色半透明。

（3）管件：提供扩口性管件，管件和螺帽采用特氟龙、聚四氟乙烯、聚偏二氟乙烯或可溶性聚四氟乙烯。密封件采用氟橡胶、硅胶或 GORTEX 材质的 O 型密封圈。连接不同类型材质的管件时应根据要求使用螺纹或法兰连接。

5. 柔性软管

臭氧发生器到硬质管道之间采用柔性软管连接，可采用 316 内衬聚四氟乙烯（特氟龙）编织的不锈钢材料。

四、安装

（1）安装时首先要考虑到臭氧发生器的日常维护方便，另外在臭氧发生器与管道之间还要安装足够长的柔性特氟龙软管减小气体传输时对管道系统产生的震动。

（2）不锈钢管件：使用胀口工具安装所有的金属箍和螺母。

（3）在硬质管道和臭氧射流器之间采用半透明的特氟龙软管连接。

（4）使用肥皂泡或洗手液来检测所有的管件与管道、管道与设备间的连接处是否有泄漏。

五、射流器

1. 用途

维生系统臭氧添加注入的装置。

2. 资料报审

提交设备厂商的产品型录、选型依据、产品的性能参数、计算书、工程案例等。

3. 射流器

尺寸与注入量：提供图纸上“Mazzei”品牌下各种型号的射流器，或者提供性能满足或者达到或超过“Mazzei”牌的其他品牌射流器。

材质：黑色聚氟化合物树脂或者抗臭氧腐蚀的 UPVC 材料。

止回阀：设备需在空气或臭氧入口处安装止回阀。

4. 安装

最大限度减少臭氧机出口下游管道的阀门、弯头、流量计等配件，射流器安装尽量靠近接触反应罐或者蛋白质分离器。上游及下游管线应笔直地安装来降低管道压力降，并在射流器两端安装活接头，以便维修时完全移走射流器。

与蛋白分离器配套的射流器安装位置很重要，安装高了或低了都将影响到射流效果，从而影响泡沫的形成，射流器需要安装在射流泵注入口与蛋白分离器水位高度之间一个临界点上效果最好，如果有些蛋白分离器冒泡不良的话可以适当把射流器的安装高度向上或向下移动一定距离来调整。

六、玻璃纤维增强复合塑料（FRP）管材

（1）玻璃纤维增强复合塑料（FRP）管材作为 HDPE 管道的替代管道可以在管径大于 DN300 的情况下使用。FRP 材质的管道、接头和配件应在 6 kgf/cm^2 的工作压力情况下使用。FRP 管道能够长期输送 38℃以下余氯含量 10 ppm、臭氧含量达 5 ppm 的海水，FRP 管在泵的吸入端应当满足在 25℃时 1 kgf/cm^2 真空度的要求，供应商应以书面形式确认提供 FRP 管道满足上述工艺要求。

（2）FRP 管在泵的吸入端真空管道的系统应该按照施工图进行安装。

（3）所有安装在水下的 FRP 管应使用环氧乙烯基树脂做内部防腐蚀结构层和表面涂层，水下 FRP 管道包括用于连接展池、脱气塔、蛋白质分离器、污水坑或其他水力结构的管道。

（4）FRP 管道间连接和转换到其他材质管道的法兰应选用相同压力等级。

（5）FRP 管道制造必须使用紧密的玻璃纤维粗纱浸透树脂连续缠绕工艺制作。

（6）树脂中添加填料或添加剂的含量不得超过重量或者体积的 5%。

（7）壁厚应按照指定的压力和真空等级挑选。

（8）纤维缠绕管与连接头应模制。

（9）止水环应该在图纸中显示。

（10）位于展览池或蓄水池内的管设计为 7 kgf/cm^2 的工作压力和真空 1 kgf/cm^2。用于展览缸、臭氧接触池或脱气塔的穿墙管最小壁厚应 10 mm 以上。

（11）所有管道开孔、边缘应内外表面涂上相同的环氧乙烯基树脂用于防止管道氧化腐蚀。

（12）供应商应该按照承包商的要求提供各规格的 FRP 管道安装和使用说明、检测报告及书面质量证明。

第 6 节　弹性接头

一、概述

（1）用于管道隔振降噪、补偿位移的接头，它是一种高弹性、高气密度、耐介质氧化腐蚀和耐气候的管道接头，按形式分为法兰连接、螺纹连接、螺纹管法兰连接。

（2）弹性接头的安装位置需标注在工艺管道仪表流程图或平面图、剖面图、立面图或者详图中。

（3）与邻接法兰的螺栓型号相一致。

二、资料报审

（1）提交弹性接头的说明书、检测报告及材质说明。

（2）非标弹性接头产品还需要提交制造图及相关尺寸。

（3）提供厂商的相关产品型录、企业资料、认证及工程案例。

三、弹性接头的配置和材质要求

（1）泵吸入口：覆盖塑胶层，单拱形（或单球形）设计，多层帘布设计适用于工作压力在负500 毫米汞柱到 2.0bar 之间。采用全断面橡胶密封表面。

（2）泵出水口：泵出水口一般是要求安装弹性接头。

（3）其他的位置：提交适合的弹性接头以供审核。

（4）变径的要求：变径部分建议采用管道连接，然后在直管上安装弹性接头。

在工程实践中泵出口变径弹性接头由于频繁的伸缩震动在使用一段时间后表面会出现裂缝导致漏水，泵出口不宜安装变径弹性接头。建议泵出口安装管道变径后在直管上安装弹性接头。

（5）垫环：金属法兰、垫环和其他的凸缘板应是刚性整体的不锈钢或者热镀锌碳钢的构造。

（6）衬里材料：内部衬垫材质应是三元乙丙橡胶。

四、安装

（1）水泵进、出口处：采用法兰把弹性接头与泵进行连接。

（2）对夹式蝶阀与弹性接头相邻的区域，在橡胶弹性接头和对夹式阀门之间安装一个刚性垫片确保有一个绝对的密封面。

（3）给管道提供稳固的支撑，防止管道移动或摆动。

第 7 节　快速接头

一、概述

（1）快速接头是一种不需要工具就能实现与管道连接或断开的接头。

（2）快速接头用于展池中的水下管道的连接，操作简单、节省时间与人力。

（3）各类永久安装的快速接头配件，需要提供防尘盖或者堵头。

二、技术要求

（1）根据管道及软管规格提供并安装相应匹配快速接头。

（2）选择快速接头的方式：插入式、内凹式。

三、材料报审

提交快速接头的规格尺寸、材质特性的资料及制造商的产品型录等。

四、材质要求

快速接头通常采用 SUS316L 材质，连卡箍的插键必须要求是同类材质。

五、安装

安装位置是池体的吸污口。

第 8 节　管道支架

一、概述

（1）在深化设计的施工图中标注有管道支架的位置需要按照本规范要求执行，但并不是所有的管道支架都在图纸上明确标注，承包商应评估各段管道径、跨度及满水后的承重以便增加必要的地面支撑。在一些有荷载限制的受力点，也应增加管道支撑。

（2）在那些未标注管道支架但要求避免管道挠度过大的地方应根据管道制造商的建议来决定是否增设管道支撑。管道支架在制作上应与规范详图上的支架结构形式相同。管道出现可见有挠度及弯曲都是不合格的。

（3）在管道施工图中凡是标注有管道支架位置的地方需要安装管道支撑。

（4）制作管道支撑时按所在的区域对防腐要求来选择支架材质，在海水中通常采用 FRP、PVC 等非金属材质，海水展池上方可以选用 SUS316 、PVC 或 FRP 材料，在一般区域采用热浸锌材料。

二、协调

维生系统管道支架的安装位置应与暖通、消防、普通机电的电缆桥架、风管、给排水和其他专业进行协调。在公共区域和管道并行的区域，要求使用较高等级抗腐蚀材料制成的支架。

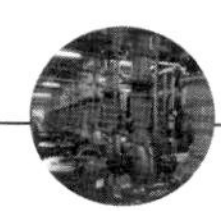

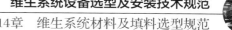

三、抗震要求

为直径 75 毫米及以上的管道需要安装横向支撑，要求如下：

（1）每隔 15 米或至少管道两端安装横向支撑（横向震动）。

（2）每隔 30 米或至少在管道的一端安装纵向支撑（纵向震动）。

（3）防震支撑与管道竖向以支撑吊架相连。

四、支架及支撑技术要求

在维生系统管道安装前承包商必须提供管道支架及支撑施工方案报审，报审内容包括：

（1）系统管道支架及支撑节点详图。

（2）系统管道支架及支撑区域材质选择统计表。

（3）系统管道支架及支撑受力计算书。

（4）系统管道支架及支撑防腐处理方法及固定方式。

五、通用结构和材料

（1）所有支架形式、规格需经过专业工程师进行受力计算，经过监理及业主批准后实施。

（2）材料选择：

（a）在水中：所有维生系统水下和水面上的支架应为 FRP、PVC 等非金属制作，紧固件采用 316 SS 化学锚栓，不允许使用膨胀螺栓。铁、铝等金属是不允许在海水区域使用的。

（b）在地面：采用非金属材质或不锈钢 316 或有环氧处理的碳钢构件。并采用不锈钢 316 紧固件。当采用碳钢类支架立柱时，从地面以上 1.5 米高采用套 PVC 护筒内浇混凝土防腐处理。

（c）在天花板：采用 FRP、PVC 等非金属材质、热镀锌碳钢或加工成品支架需经重铬酸盐电镀处理，采用 SUS316 不锈钢紧固件，只有在地面 2 米或以上才允许使用电镀碳钢。

六、支架类型

（1）定制的金属管道支架：提供详细的制作加工详图。支架可选用不锈钢、铝或热浸镀锌碳钢等材料加工。

（2）落地安装管道架：安装在地面上的管道支架应由玻璃钢、不锈钢、PVC 管材和配件加工而成，遵循以下规定：

（a）玻璃钢支架最小设计应力比 9:1，且最后应涂抹一层耐腐蚀面漆。

（b）安装在混凝土或砖石表面的铝材应有环氧树脂涂层。

（c）玻璃钢及铝材支架仅在管材和配件负载较轻时使用。

（d）不锈钢管支架应由 300 系列的不锈钢构造而成。

（3）管架：管道吊架、壁装式托架、梯架和其他规格吊架应满足不同区域对材料的要求。

（4）管道吊架：玻璃钢管吊架应是绕包型玻璃纤维或塑料复合材料。

（5）管箍：

（a）玻璃钢管箍应采用重载模型设计以用于承载满水的管道。

（b）例如：用于管径 150 毫米管道的管箍应能承受大于 80 千克的荷载并用不锈钢螺栓固定。安装在高盐分潮湿腐蚀环境（如臭氧）下的管箍应涂抹乙烯基酯树脂。

（c）金属管箍应根据使用的区域选择材质。

（6）玻璃钢支撑和结构型材：支撑、支撑架、结构盒等应以拉挤法制造。

（a）拉挤结构树脂材料应有 50% 的最大玻璃纤维含量且一次成型。

（b）支架树脂面漆需具备耐化学腐蚀和防紫外线辐射能力。

（c）一般的支撑和结构用的型材可采用聚酯或乙烯树脂材质。

（d）安装在臭氧接触氧化罐和臭氧尾气吸附塔内部的玻璃钢组件应使用乙烯基酯树脂制造。

（e）玻璃钢螺杆应由乙烯基酯树脂制成。切割边缘平整、底部光滑用兼容树脂或环氧密封剂密封。

七、面漆

（1）环氧涂层及隔离层：对靠在混凝土或不锈钢上边的铝支撑表面要求用高固乳胶双组分环氧漆时至少涂抹两层。

（2）电镀锌层：对所有定制的焊接式碳钢支撑和落地支架，要求在制造完成之后进行热镀锌。

（3）电镀重铬酸盐层：金属支柱和槽钢采用电镀重铬酸盐面漆。所有的现场切口处应涂抹一层冷镀漆防腐蚀涂层。

八、装配

（1）对各种材质支架的选择应遵守所在区域对材料防腐的要求。

（2）一般情况下支撑和结构的型材采用 FRP、不锈钢及热浸锌等材质。

九、紧固件

（1）维生系统的紧固件包括阀门、泵、栏杆、梯子、结构支撑构件、管架以及其他设备的紧固件和锚栓。

（2）承包商确保其所提供的紧固件需满足设备安装需要及防腐要求。

（3）混凝土锚栓系统包括：现场浇注锚栓、钻孔膨胀锚栓、钻孔环氧胶黏剂锚栓。

（4）紧固件材质要求

（a）在潮湿地方或积水潮湿区域的螺栓要求使用 SUS316 的不锈钢螺栓。

（b）SUS316 螺栓现缺的情况下可以用型号 SUS317SS 的螺栓替代。

（c）型号 SUS316/317SS 螺栓的合金含量应满足以下要求：16% ~ 20% 铬，10% ~ 15% 镍，2%

~ 4% 钼，以及不超过 0.08% 碳；应是无磁性的。型号 SUS316 SS 螺栓应有“T-316”或“T-317”的印记或凸出的字体标记。

（d）在干燥区域可以使用安装“300 系列”或型号 SUS 304 的不锈钢螺栓，且应是奥氏体不锈钢。

（e）型号 SUS 304 合金含量应符合以下要求：16% ~ 18% 铬，10% ~ 14% 镍，以及不超过 0.15% 碳。应是无磁性的。

（f）型号 SUS304SS 螺栓应有“T-304”的标记或凸出的字体标记或在螺丝帽有两杠斜线标记。

十、安装

所有锚栓应垂直于地面或墙面。

（1）现场浇注的紧固件应有锚栓头或锚栓扣。

（2）膨胀类型螺栓应根据厂家的建议进行安装。

（3）化学锚栓按以下顺序施工：定位——钻孔——清孔——用环氧树脂混合物将锚栓固定。

第 9 节　玻璃钢制品

一、概述

（1）维生系统中选用玻璃钢材料的有：格栅、支撑梁、展池水下支撑、水下锚固件、FRP 暂养槽、推拉门、操作平台、维修马道以及其他的图纸所示或技术规格要求的构件。

（2）玻璃钢产品可适用于海水及腐蚀环境中如：海水下、盐分较高潮湿或干燥、强碱强酸、化学泄漏，以及高氧化腐蚀的环境。

（3）制造商的资质：必须有 5 年以上玻璃钢构配件加工、制造及安装行业经验，有三个以上同类项目成功安装的案例。

（4）结构要求：

（a）所有产品的设计时必须选用保守的安全系数。

（b）工作应力不能超过产品材料屈服强度的 1/3 或极限强度的 1/5 中的较小值。

（c）树脂硫化检验：定制构件在于臭氧环境中制作时（例如乙烯基酯树脂施工），应检测最优树脂硫化，并通过测试表面硬度来确认每个产品的配方及制作条件。

二、材料报审

（1）提交玻璃钢制品详细的深化设计施工图、包括构件尺寸、构件和施工详图、受力计算书、组装和支撑的方法，以及五金件、锚固件和其他配件的图纸及技术资料。

（2）工程承包商保证所有构件按照深化设计施工图来进行制作及安装。

（3）当构件在臭氧环境中制作时，制造商必须提交一份包含硬度测试、品质保证及控制的施工方案。

三、方格栅

(1)除非另外说明，方格栅的栅条必须是 6 mm 厚，40 mm 或 50 mm 宽度；且按照方形排列布置，栅条两个方向中心间距为 40 mm 或 50 mm。

（2）格栅的设计负荷是在安全系数为 10 的情况下能承受 75 kg 的集中荷载或 1.2 m 跨度范围内每平方米 4 kg 的均布荷载。

（3）玻璃钢需要耐化学腐蚀可添加异邻苯二甲酸聚酯树脂，当格栅将要在臭氧环境使用时，则添加乙烯基酯树脂。

（4）格栅的上表面必须保证光滑平整没有棱角、凹凸面及锋利的边缘。切割缝边缘或者开洞时需要使用树脂或环氧材料进行适当的密封。

（5）提交颜色方案进行审批。

（6）所有构件和配件必须有很高的耐腐蚀性能来抵挡盐水的淋浸。

（7）基本结构构件需要使用具有防火和自熄特性的树脂来制作。树脂材料中玻璃成分不超过 50% 并且需添加防止化学腐蚀和紫外线氧化的添加剂。

（8）在臭氧环境中使用乙烯基酯树脂。在一般情况可用乙烯基酯树脂或者是聚酯树脂。

四、玻璃钢或 UPVC 槽

（1）用于运送、贮存含有臭氧水的水槽可以选用玻璃纤维增强乙烯基酯树脂（玻璃钢）或者硬聚氯乙烯（UPVC）来制作。特别注意已完成的树脂产品最好是在制作后进行热硫化。

（2）桶槽用于维生系统储水时，由于水的流动或浮力造成扭转和侧向变形不能超过长度的 1/360，设计时必须考虑每个桶槽以及它的支撑结构能够承受跨间荷载、浮力荷载、水冲击荷载以及共振。

（3）维生系统工程中使用的玻璃钢型钢及板材必须使用高等级的乙烯基酯树脂制作。

（4）所有玻璃钢的边缘要密封，保证产品是光滑平整没有玻璃纤维的突起。

（5）树脂硫化检验：在进行玻璃纤维树脂产品制造时，应检测最优的树脂硫化，并通过测试表面硬度来确认每个产品的质量。另外，必须仔细检查产品表面是否有瑕疵或漏涂。

五、安装

（1）严格按照已审核批准的施工图纸并结合现场实际情况来安装，确保横平竖直、美观大方，根据已有建筑的参照线来确定安装件的水平、角度以及平行位置关系。

（2）在需要与桶槽连接的地方安装紧固件，展池内的固定点在打 SUS316 化学锚栓后还需要对锚栓进行打胶防水处理。

（3）将玻璃纤维格栅的锋利边一面朝下放置或者放置在远离人员活动的区域。

（4）构件组装完毕后，对齐并微调不同构件来组成完整的框架，最后再紧固接头。

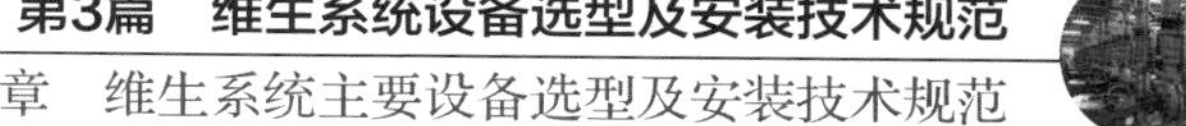

第15章　维生系统主要设备选型及安装技术规范

第1节　玻璃钢过滤器及接触氧化罐

维生系统常见的玻璃钢桶槽有：石英砂多介质过滤器、活性炭过滤器、蛋白质分离器、接触氧化罐及养殖缸体等，其中承压类的桶槽有石英砂多介质过滤器、活性炭过滤器及接触氧化罐，蛋白质分离器及养殖缸体是非承压类桶槽，下面先对承压类桶槽作介绍，非承压类桶槽在后续的章节中说明。

一、技术要求

（1）承压类的桶槽（砂、碳过滤器及接触氧化罐）外壳和内部加工制作应按照规范说明执行。

（2）设计工作正压：4 kgf/cm^2。

（3）试验压力：6 kgf/cm^2 持续4小时。

（4）最小爆破压力：4倍的设计工作压力。

（5）承受负压能力：125 mmHg。

二、质量控制及报审

1. 制造商的资质要求

（1）制造商资质要求：至少有5年以上玻璃钢承压类的桶槽（过滤器、接触氧化罐）产品制造经验，在海洋馆行业有使用成功的案例。

（2）生产过同类容器的照片，并且这些照片足够详细可以证明产品质量符合要求。

（3）制造商应保证每个容器在设计、制造、工艺和材质方面无任何缺陷，并承诺同意在交货之日起3年内无偿维修或更换任何产品。

2. 资料报审

（1）品牌报审：

①提交玻璃钢承压类的桶槽（过滤器、接触氧化罐）制造商产品型录、描述玻璃钢桶槽规格、尺寸、玻璃钢桶槽材质证明书、压力测试、耐氧化腐蚀及力学性能等检测报告，提交行业工程案例（附合同复印件）。

②提交制造商相关资质文件、营业执照等相关企业信息。

（2）玻璃钢承压类的桶槽加工报批审：

在制造开始之前，需提交以下报审资料：

全套有比例的制造详图及所有玻璃钢桶槽的规格、尺寸、层压材料和加工工艺，附有完整的材料清单。

3. 玻璃钢承压类的桶槽质量控制

（1）不可接受：表面粗糙、树脂覆盖不良、有纤维毛刺裸露、试压时有任何泄漏；径向箍开裂；涂层的分层、碎裂或者其他的退化等现象。

（2）测试要求：

（a）供应商在出厂发货前需对每个过滤器及接触氧化罐进行压力测试。

（b）过滤器及接触氧化罐应在不低于设计工作压力 1.5 倍（6 kgf/cm^2）下进行持续 4 小时的闭水试验。在试验压力下无泄漏并且容器变形应在规定的允许变化范围之内。

（c）必须是业主或其代表参与并见证静压试验过程。

（d）提交过压保护装置的信息。

（e）容器进场卸货之前，提交以下内容：

每个桶槽压力试验日志的复印件。

桶槽制造书上带有公司委托人签名或者专业工程师签名的压力试验报告，另外包括最终检查报告、硬度试验、完成工艺和其他的质量控制方面的文件。

三、生产制造

1. 制造过程质量控制

桶槽规格尺寸应与报审设计图纸一致。制造商应对外壳厚度、搭接接头、接缝等质量及其他结构所有详图准确性负责。

（1）制造商在桶槽设计中，要求充分考虑到局部振动荷载、风荷载和其他的横向荷载条件。

（2）有压力和张力限制的复合结构层应由聚酯或乙烯树脂制造。推荐用延伸率测定值大于 6% 的树脂来限制表面破裂。

（3）过滤器及接触氧化罐抗氧化腐蚀的措施是采用乙烯树脂涂层，厚度要求不小于 2.5 mm，内壁应包含 2 层加强富树脂层总厚度 0.25 ~ 0.5 mm。用 2 ~ 2.5 mm 的纤维短切毡层来加固。

（4）容器面漆：必须有高质量的外部涂层；有以下情况的产品不接受：

（a）完成层表面未经喷涂。

（b）表面不规则、高低不平、有暴露的、可见的玻璃纤维。

（c）磨损、表面超过 0.125 mm 的非结构破裂、有杂质和制造碎片。

（5）外部树脂应包括或涂有一层紫外线分散剂。

2. 配套的附设构件

（1）吊装扣位、人孔、视镜、排气、填料口、排料出口及工艺管道接口。

（2）图纸上显示的所有其他附属物。

（3）内部结构支撑等。

3. 运输交货

为避免运输过程中受到破坏，内部构件应和承压桶槽在出厂时分开包装发货。

四、安装

（1）过滤器及接触氧化罐就位安装排列应与设备平面布置图上表示的中心线、边线一致。

（2）在过滤器及接触氧化罐安装就位固定之前，过滤器调整水平，并且底座空腔应浇注膨胀混凝土。因为过滤器底座是由塑料注塑成型的一个多空腔结构来支承砂、炭缸几十吨的重量（如：直径 2 000 mm，长 5 000 mm 卧式砂缸，装满填料后重量约 25 吨），经过多年使用后底座塑胶老化破裂，所支承的砂缸及管道有掉下来的风险。

（3）由制造商按产品装配图所示进行过滤器及接触氧化罐内部管道、构配件的安装。并保证内部附件安装的正确及连接牢固。

（4）在过滤器及接触氧化罐就位安装后，检查安装位置准确无误后开始管道安装。

（5）为了防止填料安装时损毁过滤器底部的布水管，在安装时过滤器底部先注水到布水管以上 30 ~ 50 cm 缓冲填料落下时的冲击，装填料时需将填料送入布水管的底层，在布水管四周打开包装袋，把填料充填在布水管的周围，安装时禁止从投料口解开包装让填料直接落入罐内，这种做法砾石会破坏缸内的布水管。

第 2 节　鼓式过滤器

一、概述

鼓式过滤器相当于粗过滤器，主要用于去除展池或反冲洗系统出水中的悬浮物，这些悬浮物包括：动物粪便、羽毛、残饵、砂砾以及其他悬浮固体物质等，鼓式过滤器优点是一边过滤一边排污，一边过滤一边反冲，效率高处理水量大。

（1）鼓式过滤器组成部分包括：转鼓、水位检测部件、罐体、滤网、高压喷淋冲洗系统，污水收集排放系统等。

（2）设备性能参数：

（a）处理能力：根据设计要求；

（b）悬浮固体含量：根据设计要求；

（c）公称流量：根据设计要求；

（d）水头损失最大应为 300 mm；

（e）鼓式过滤器包含自来水自动反冲洗增压系统。

1. 大型玻璃纤维罐的类型（表 15-1、图 15-1）

表15-1 大型玻璃纤维罐参数

型号	罐体尺寸（mm × mm）	滤网面积（m^2）	法兰连接		最大流量（m^3/h）	滤速（$m^3/h/m^2$）	最大压力（Bar）
			GB（mm）	ANSI			
TH1400-2.5	1400 × 2500	3.02 × 2	150	6″	181	30	4
TH1600-2.5	1600 × 2500	3.36 × 2	150	6″	201	30	4
TH2000-4.5	2000 × 4500	8.16 × 2	150	6″	489	30	4

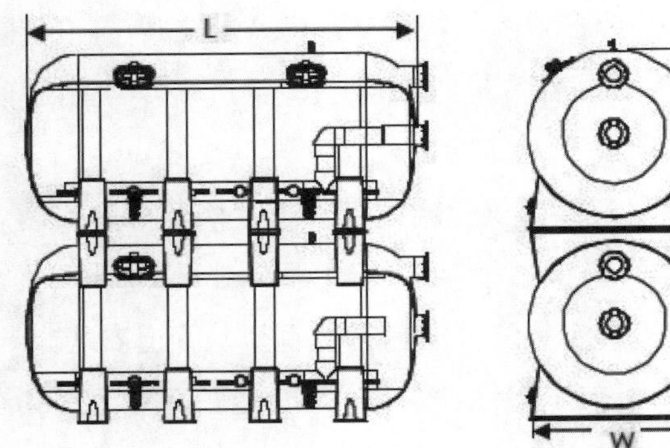

图15-1 大型玻璃纤维罐

2. 通用型砂缸规格（表 15-2、表 15-3、图 15-2）

表15-2 顶出式过滤器规格

产品编号 P/N	型号 Model	规格 Size D(mm)	设计流量 (m^3/h)	接管口径 (mm)	进水高度 H1(mm)	出水 / 排水高度 H2/H3 (mm)	总高 H (mm)	过滤面积 (m^2)	建议填装量 (kg)
611108	SCD400	¢ 400	6	50	530	470	650	0.13	35
611111	SCD450	¢ 450	7	50	601	540	730	0.14	50
611101	SCD500	¢ 500	10	50	660	600	780	0.2	80
611102	SCD600	¢ 600	13	50	730	660	860	0.3	160
611103	SCD700	¢ 700	19	50	781	771	960	0.37	220
611104	SCD800	¢ 800	25	63	1040	950	1160	0.5	370
611105	SCD900	¢ 900	30	63	1080	1000	1230	0.63	447
611106	SCD1000	¢ 1000	44	63	1150	1070	1280	0.78	700
611107	SCD1100	¢ 1100	47	63	1230	1150	1360	0.95	960
611108	SCD1200	¢ 1200	50	63	1340	1260	1480	1.13	1200
611109	SCD1400	¢ 1400	60	63	1550	1470	1690	1.54	1700

表15-3　侧出式过滤器规格

产品编号 P/N	型号 Model	规格 Size D(mm)	设计流量 (m^3/h)	接管口径 (mm)	进水高度 H1(mm)	出水/排水高度 H2/H3 (mm)	总高 H(mm)	过滤面积 (m^2)	建议填装量 (kg)
611202	SCC500	¢ 500	10	50	430	380	650	0.2	80
611203	SCC600	¢ 600	13	50	460	410	740	0.3	160
611204	SCC700	¢ 700	19	50	520	470	830	0.37	220
611205	SCC800	¢ 800	25	63	680	600	1000	0.5	370
611206	SCC900	¢ 900	30	63	720	640	1080	0.63	447
611207	SCC1000	¢ 1000	44	63	740	660	1150	0.78	700
611208	SCC1200	¢ 1200	50	63	800	720	1310	1.13	1200

图15-2　顶出式过滤器与侧出式过滤器

二、报审资料

（1）提交运行参数：最大流量、压力损失及工作负荷。

（2）提交滤网自动反冲洗装置所需自来水的流量和压力要求，包括与其他设备连动控制需协调的内容（如反冲洗时鼓式过滤器液位感应器探测到有进水水位到达运行水位时鼓式过滤器将自动启动运行）。

（3）成套设备的尺寸和部件清单。

（4）用电量负荷和连接要求。

（5）提交制造商产品型录、设备技术图纸、性能参数及相关说明文件、工程应用案例等。

三、技术要求

1. 基本要求

（1）供应商应在工厂对所有的组件进行预先安装，并初步通电测试合格后才能运送到现场安装。

（2）设备技术性能应与地方政府所有法律法规相适应。

（3）供应商应当保证鼓式过滤器的完整性，并承诺设备本身缺陷在保修期内应免费修理或更换。保修期从现场安装竣工验收日起计算不少于2年。

（4）承包商负责测量和验证结构尺寸保证满足现场安装空间要求。

（5）承包商应核实电气、给排水、警报、自控等的数据线及与维生系统安装界面的连接。

2. 设计

（1）制造商应按照整体成套鼓式过滤器交货，部件包括过滤器组件、模块化罐体、盖子、液位控制和所有其他配套设备。

（2）组件材质及技术要求。

（a）鼓的结构：鼓应为SUS316金属部件。旋转鼓应密封，以防止蹿水。

（b）滤网：采用SUS316金属筛网，20、30或60微米大小的开孔，在完整预制插槽中安装筛网，每个筛网可单独拆装、修理或更换。

（c）罐体和盖子：重力式玻璃钢水箱，匹配白色或灰色涂层增强塑料盖。所有的紧固件应为SUS316不锈钢材质。

（d）电机和驱动：TEFC、西门子或东源电机。减速器控制旋转鼓合适的运行速度。电机和暴露的碳钢部件应用不少于2层防腐蚀涂层进行表面处理。

（e）反冲洗系统：滤网用一个与鼓式过滤器等长的喷杆，采用反冲洗方式进行清洁。每个鼓式过滤器都自带一个高压加压泵。收集槽将通过一根连接到过滤器的收集管收集反冲洗排放的污水，排到下水道。

（f）系统溢流部件：每套设备都包含一个溢流的装置，当进水超过过滤器的处理能力时，多余的水量从过滤器进水端的溢流装置溢流到处理水槽。

（g）液位和电机控制：自动液位控制、液位开关；设置耐腐蚀控制箱。可在控制箱操作按钮进行设备的开启和关停。控制系统会根据液位开关的信号自动控制滤网进水电磁阀使鼓式过滤器自动运行。

四、安装与移交

（1）承包商将根据制造商的随机说明以及图纸所示意的说明进行安装，确保连接和安装正确。

（2）确认过滤器重力排放管的安装位置，连接过滤器到下游的排污管尽可能采取最大放坡，防止污泥沉积。

（3）过滤器就位及完成水平调整固定后即可开始管道安装连接。

（4）根据图纸说明进行控制系统安装接线，根据制造商推荐的启动步骤启动过滤器进行调试。

（5）向业主移交备品、备件。

（6）提供了两套设备的操作维护手册。手册应包括：竣工图、设备配件材料及易耗品清单、试运行报告等。

第 3 节　液体袋式过滤器

一、用途及技术要求

按照深化施工图纸标注的位置配置完整的袋式过滤器。袋式过滤器分类：一是同轴袋式过滤器安装在压力式容器内。另外一种是敞开袋式过滤器悬挂在框架上，供敞开式水流通过。

1. 外壳要求

（1）过滤器外壳的产品技术参数、结构材料、图纸、尺寸及所有定制材料清单。

（2）在海水中使用过滤袋及外壳应采用非金属材质制作。如通常采用的 180 mm × 800 mm 的过滤袋。外壳材质为聚氯乙烯，高密度聚乙烯或合成塑料制品。

（3）进出水采用法兰连接。在过滤器顶部设 ¢ 20 mm 排气孔。

（4）袋式过滤器出厂前应通过不低于 4.0kgf/cm^2 压力测试。

2. 过滤袋要求

（1）过滤袋材质必须适用于海水过滤，规格 DN180 mm × H800 m 滤袋可容纳大约 20 L 的过滤介质。

（2）当工作在 2.3 m^3/h 工况时，2.5 μm 微粒的去除效率应大于 99%。压降将低于 0.035 kgf/cm^2。

（3）过滤袋采用聚丙烯材料。环形物采用聚丙烯或钛质底部压板。

（4）备用过滤袋：承包商除过滤器外壳及配套安装过滤袋之外，需提供 1 个备用过滤袋。

二、资料报审

（1）提交制造商产品型录、设备技术图纸、性能参数及相关说明文件。

（2）成功的工程案例。

三、安装

按照制造商的推荐做法安装，袋式过滤器需要从方便检查、方便更换的角度进行安装。

第 4 节　药品计量泵

一、用途及结构

（1）维生系统药品计量泵用于次氯酸钠、二氧化氯等加药，一般性要求：

（a）耐氧化、耐腐蚀。

（b）注入工作压力高、注入量要求准确等。

（c）运行参数有：加药泵流量、最大工作压力、电机工作电压、功率等参数。

（2）目前加药泵通常采用容积式隔膜计量泵，由电子计量设备联动电磁阀控制投药量，计量

泵投加量根据需求可调，加药泵应采用机械密封形式，不得将运转部件外露。

控制方式：应具备远程控制 / 手动就地控制模式。

（a）手动控制模式时，可通过调节转速按钮将计量泵转速控制在 0 ～ 360 转 /min 范围以内。

（b）远程控制模式时，计量泵根据外部信号源对 4 ～ 20 毫安电流的控制信号作出反应，投加量根据电流大小成正比关系。

二、泵材质要求

（1）泵壳：玻璃纤维增强热塑。

（2）泵轴及叶轮：不锈钢 316。

（3）计量器（泵腔）：PVC。

（4）隔膜与垫片：PTFE。

（5）阀座及密封：EPDM。

（6）球阀：PVC。

三、安装要点

（1）每个注入点需设置止回阀及手动球阀。

（2）根据图纸所示位置、厂家推荐的设备安装指南进行安装。如无特殊说明，需提供计量泵壁挂式支架，并给计量泵和控制面板留有足够的操作与维修空间。

（3）配件：只能使用 316 不锈钢配件。

（4）连接：为使整个系统能正常运行，加药系统需要安装相应的管道与配件。

（5）防溅板：为防止管道松动和误触管道阀门造成的药水喷溅到面部，需在加药泵支架处设置铰链型丙烯酸塑料防溅板，铰链及所有配件需采用非金属材质或者 316 不锈钢材质。

在用加药泵投加次氯酸钠这类易分解产气的药品时，加药泵进口要求安装气水分流管，防止加药泵吸入气体。

四、资料报审

（1）提交计量泵、电机完整规格型号等参数、设备安装尺寸详图等。

（2）加药泵型号、转速、额定压力、各部件所用材质及配件清单。

（3）工程案例及加药计算书。

（4）提交制造商产品型录、设备技术图纸、性能参数及相关说明文件。

五、固体次氯酸钙片加药系统

（1）固体次氯酸钙片加药系统应配套溶药及加药系统，它包括：

（a）溶药装置、加药泵。

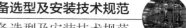

（b）有浮球阀的药液贮药槽（加固体次氯酸钙片专用）、流量计、余氯计、自动补水阀门。

（c）控制部分和所有必需的管道、阀门和配件组成。

（2）加药泵要求

（a）在与酸碱、强氧化剂接触恶劣环境下使用。

（b）加药泵应配备一个手动隔离阀和止回阀。

（c）溶药罐应采用 PP 材料制作，药液贮药槽应当配备一个浮球阀和液位限制的安全开关。

（d）流量计应为 PVC 材质。

（e）316 型不锈钢（或 PVC）电磁阀包括控制器。

（f）系统与电气继电器的电压应为 220 伏。

（g）配套的加氯系统：包括管道、阀门和其他配件。

第 5 节　维生系统工艺泵

一、报审及技术要求

工艺泵是维生系统非常重要的设备，它的主要参数包括：流量、功率、扬程（总动水头）、转速、最小效率等，主要参数及进出水接口直径、连接方式必须要与设计相符。

维生系统工艺泵可以按饲养动物不同进行分类，海兽类工艺泵壳体和叶轮组件可由不锈钢 SUS316、双向不锈钢制造或非金属 FRP 制造，海洋鱼类工艺泵壳体和叶轮组件只能选用非金属如 FRP 或塑料制造，鱼类不宜选择用金属泵。工艺泵底座组件可以采用金属结构但需要防腐处理，泵头全部组件可在工厂组装，以整机的形式交货。依照安装要求，为水泵提供钢筋混凝土基础。如有抗震要求的则需要做抗震基础。大功率泵要求考虑启动方式，采用变频驱动器（VFDs）是不错的选择；每个泵的进出口法兰规格需要与公制的管道配件规格相匹配。

泵的零部件的材质应适用于腐蚀性的海水介质。在不拆卸泵和管道的情况下允许对泵内部叶轮进行调整和维修，泵设计应方便检修和维护。玻璃纤维的卧式离心泵的泵头零部件和材料与流体接触的溶出物应该对海洋动物及水生生物无毒，而且具有耐腐蚀及非金属热固性。

1. 工艺泵技术要求

（1）供应商应提供所有泵及附件包括安装、调试、运行所需要的各种材料、配件等，并根据合同文件的要求提供泵的操作维修运行手册。

（2）应挑选信誉好质量方面有保证的供应商，这些厂商至少有不小于 5 个成功的同类项目安装和运行业绩。

（3）泵应该按照合同及规范要求进行组装后成套交货，包括设备基础、联轴、电机、驱动装置及相应的配件和附件。

（4）用于泵安装的材料都要符合规范要求，不能因为材质要求而影响到产品质量可靠性，泵的材质应符合以下要求：

（a）泵轴和其他类型不锈钢部件应采用 316 型不锈钢。

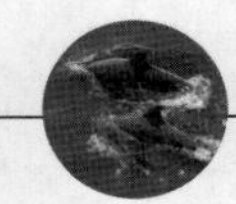

（b）所有螺栓、螺母和垫片应采用316型不锈钢。

（5）泵应该按照已经通过审批的深化设计施工图纸、制造商提供说明书及图纸进行安装。

（6）联轴器安装：泵到货就位安装时是没有安装联轴器的。联轴器安装应该是在电机、泵头安装完成并且电机通电启动测试验证后进行。

（7）泵的校准；在联轴器安装前必须校准泵头及电机水平度、电机与泵头二根轴的水平及对中。

（8）联轴器安装前泵油箱需要加油。

（9）所有暴露金属材料（不锈钢及非金属组件除外）按照规范要求进行防腐处理。

（10）除了小型塑料泵外，其他泵的进、出水口都应该安装弹性接头。弹性接头应采用EPDM及316不锈钢垫环单拱连接，进出水口连接到更大的管道时可选用同心异径管类型弹性接头。

（11）每个泵应配有不锈钢铭牌，它包含：额定扬程、流量、叶轮大小、泵速、功率、设备商的名称和型号。

2. 报审材料

提交完整的电机和泵参数以及带比例的施工安装图。报审资料包括：

（1）泵型号，泵及电机制造商的名称，泵与电机的类型以及尺寸图。

（2）在满负荷电机转速下的特性曲线，曲线应显示流量、扬程、效率、功率，以及要求的气蚀余量。

（3）泵电机功率、满负荷转速、外框尺寸、外壳结构、绕组绝缘等级、使用系数、额定电压、相数、额定频率，以及在额定功率下的满载电流。

（4）完整的泵描述和材料清单包括：套管、叶轮、外壳、密封、传动轴、五金器具、轴承架、发动机架、保护套、基板、表面涂层类型和厚度。

（5）制造商对于泵整体质量作出书面保证承诺：机械密封的质量保证、电机及泵头的质量保证。

（6）提交变频泵的电机的特殊接地装置的技术资料。

（7）发货前需在工厂进行性能测试：包括每个泵需进行水力运行试验，并做成报告交货时资料随设备一起移交。

二、玻璃钢端吸离心泵

（1）类型：适用于“框架固定式”和“紧凑耦合安装式”泵与电机组合。

（2）叶轮是半开式，轴套管是没有垫片或密封的整体单片式设计。螺旋形套管有柄座支撑，并且为带有整体平面法兰盘的整体结构。轴推力调节器借助于外部千斤顶螺丝或千分尺调节器进行调节。

（3）轴承箱：带有观察孔的铸铁或球墨铸铁的储油器。 轴承箱的外表面需防腐蚀处理。

（4）轴承：内侧的单列径向轴承和外侧的双列轴向推力轴承。轴承需用黄油润滑。

（5）配件和材料：所有玻璃钢泵体及压力组件应为高强度和耐腐蚀的玻璃钢热固性结构（表15-4）。

表15-4　玻璃钢泵体材质

部件	材质
泵壳	玻璃纤维聚合物（FRP）* 乙烯基酯树脂
泵轮	玻璃纤维聚合物（FRP）* 乙烯基酯树脂
泵轴	316 类或 2205 不锈钢
轴承箱	铸铁或球墨铸铁

（6）泵密封材料与其他耐腐蚀及磨损的材料相匹配。机械密封通过内部泵盖进行冲洗，除非图纸指出或者另有规定。原则上允许工艺介质在内部流过为机械密封面进行冲洗，从而省去了单独的新鲜水冲洗的必要。

（7）大于 5 kW 的工艺泵装备有单个外部机械密封。密封面材料为陶瓷或碳化硅，弹性体为三元乙丙橡胶或氟橡胶。金属零件为 316 类不锈钢、弹簧为 316 类不锈钢或哈氏合金。

（8）较小的泵装备有制造商推荐的适用于海水的机械密封；特种泵比如：高气蚀余量泵、消毒水泵等应装备有合适的密封。

三、电机、泵头及成套设备

泵头及电机安装于单个基板上，所有泵电动机是选择全密封风冷式（TEFC）型（表 15-5）。

表15-5　维生系统泵功率与应用类型

编号	功率 kW	电机的类型
1	1 kW 及以下	化学应用型、恶劣环境应用型、海水应用型或采用抗腐蚀镀膜
2	2 kW 到 5 kW	满足国际电工委员会标准海水应用型或化学应用型
3	大于 5 kW	满足国际电工委员会标准化学应用型、恶劣环境应用型或海水应用型，并为高效电机
4	可变频率泵	满足国际电工委员会标准变频器型或 VDF 型

（1）电动机选型：在图纸上规定了某些泵特性曲线在其工作范围内不能超载，如真空泵。

（2）变频驱动器的电动机最小输出功率应根据全同步转速来确定。泵供应商应核实额定功率符合上述要求，在任何情况下输出功率不少于图纸标注，除非工程师特别批准的。

（3）变频电动机的接地保护：在图纸上标明要求使用可变频率驱动（VFD）的地方，电动机应由电机制造商按照变频使用要求来选型。所有变频驱动的电动机装备有轴接地器，释放电动机和其轴承之间的电流。轴接地器由泵和电动机成套设备的供应商提供。

（4）保护盖板：提供一个耐腐蚀不锈钢或非金属保护罩，罩住所有旋转部件，包括轴、联轴器、机械密封。

（5）基板和柄座

（a）基板：在发货前泵和电机应该组装在用环氧防腐涂料处理过的底座上。基板具有刚性结构供泵和电机安装，基板上有固定泵头及电机连接螺栓的预留丝孔。

（b）电机：所有的垫片为不锈钢、阻塞部件为非金属复合材料或不锈钢。

（c）外部泵涂料：不锈钢除外的所有外部金属零件按如下标准镀膜：

①表面处理：打磨或锉掉所有尖锐的边缘，喷砂处理或溶剂清洗，除去表面污染物、油脂、氧化皮，然后风干。

②防腐处理：完成面采用环氧树脂防腐处理，防腐处理不少于两道涂层厚度为 0.2 ~ 0.3 mm 的环氧基树脂涂层或总的最小干膜厚度 0.125 ~ 0.2 mm 的热固性聚酯粉末涂料组成。

③电机外部涂料：除 SUS316 不锈钢外，所有外部材料部分应该按照电机厂商所要求的防腐处理。不少于两道环氧基树脂涂层，总的最小干膜厚度要求为 0.2 ~ 0.3 mm。

（d）现场认证服务：泵电机供应商应提供泵检查、装配、接线、调平调直及初步启动运行的服务。每台泵运行之前，供应商的现场技术人员确认泵的安装符合厂商的技术要求。泵启动时泵供应商的授权代表应在场。

（e）转换连接件：泵组件应配备转换接头，以满足水泵进、出口尺寸与现场管道管件的尺寸相匹配。

四、泵的安装

1. 安装要求

泵须按照制造商提供的说明进行安装，要求如下：

（1）基座：为所有泵提供混凝土基座，除非图纸上另有说明。基座通常高出机房地 300 ~ 400 mm，防止突发情况时水浸到泵电机。

（2）连接：图纸上标示有水泵进出口法兰及连接管道规格、尺寸。进、出口可能需要的渐扩或渐缩，应由承包商提供。

（3）管道定位：水泵的进、出水接口法兰需要与同泵连接的管道在固定之前对齐，不能采用拴紧的方式对齐。

（4）如果泵前设计时没有篮式过滤器，那么在调试时需要在泵前面进水管上安装临时 Y 形过滤器或钢丝网。

2. 框架安装泵的附加要求

（1）预先调准：在基座灌浆之前，调整泵基座的定位，让泵和管道之间没有应力。

（2）旋转：核查电动机转子与泵头联轴器是否已断开。

（3）泵头与电动机轴的校正：承包商负责泵定位及管道安装，协调泵供应商代表核对泵定位、并对泵头及电机轴进行调平、调直和初步启动调试运行的服务。

（4）在每台泵启动之前，供应商的现场技术人员应当保证泵安装符合厂商的要求。泵启动时泵供应商的授权代表应在场。安装后，承包商应向业主转交由泵制造商出具的泵的安装授权证书。

（5）为所有变频驱动器驱动电动机配备额外的接地线，以阻止经过轴承的杂散电流。承包商应确保所有的接地线正确地接地，且按照厂商推荐的要求进行安装。

（6）按照制造商的建议启动水泵，泵必须在启动前泵头需要装满水；打开泵进水阀，关闭或半关闭出水阀；在泵启动之后缓慢地打开出水阀。

五、卧式离心泵——球墨铸铁（应用于淡水维生系统）

1. 泵的要求

泵的所有零部件和材料应适用于有余氯和臭氧化的淡水，淡水中使用的泵和海水使用泵采用相同的规范。球墨铸铁卧式离心泵的制造应当符合以下要求。

（1）外壳：球墨铸铁。

（2）叶轮："半开的"或"开放"的316型不锈钢。

（3）轴承：单行径向轴承，双列推力轴承并涂有润滑油。

（4）轴：固定式316型不锈钢。

（5）轴套：316型不锈钢。

（6）联轴器：挠性联轴节与不锈钢转动联轴节。

（7）泵基础：混凝土、非金属或钢与环氧树脂涂层基础，如后面所述。

（8）轴推力调整：通过外部螺丝进行调整。

（9）法兰：吸入和排出口法兰应符合ANSI或国家标准。

（10）排水：所有填料密封、空气阀及冷却水排水管道接到最近地漏。

（11）表面涂层：所有暴露的金属部件、泵钢架基础应采用环氧粉末涂层或高固含量的液体环氧涂料。环氧树脂涂料应至少涂两层最小干膜厚度为0.38mm。不锈钢组件不必涂。泵外金属表面可通过喷砂或其他手段处理后再做保护防腐涂料层。

2. 电机要求

电机的关键指标包括：

（1）泵电机性能应满足：良好的起动性能及运行性能［包括效率、功率因数、绕组温升（绝缘等级）、最大转矩倍数Tmax/Tn、振动、噪声、绝缘及防水性能等］，采用全封闭自通风冷却TEFC电机。

（2）电机应考虑最少1.15的安全系数。

（3）电机选型时注意任何泵的电机都不能在设计流量150%以上过载运行。

六、潜水泵

1. 潜水泵应当适用于淡水维生系统

（1）泵应安装完整高度的着脱以供潜水泵在滑轨上滑行和快速断开安装基座。

（2）允许泵不需要拆卸管道即可拖移。

（3）滑轨安装基座和安装所有硬件应当采用 SUS316 不锈钢。

2. 潜水泵应当由钛和纤维增强塑料制造

（1）在有可能接触到液体的部分只能采用钛金属材料制造。

（2）泵应包括叶轮、金刚砂双断面机械轴封和密封球轴承。

（3）电机电压应与设计、深化施工图纸相符。

七、立式涡轮泵

立式涡轮泵的制造技术要求（表 15–6）。

表15–6　立式涡轮泵的技术要求

	要求
叶轮碗	尺寸小于 400 mm 的内部涂以 10 ～ 12 mm 的釉瓷，表面涂环氧树脂；尺寸大于 450 mm 的内部和外部涂上熔结环氧树脂和涂料保护层
叶轮	静态和动态平衡
叶轮轴连接的方法	316 型不锈钢叶轮锁夹头、316 型不锈钢轴键
耐磨环	耐磨环可以用最小 50BH 的替换
吸入喇叭口和过滤器	吸入喇叭口应同叶轮碗采用相同的材料和涂层。泵前应配置一个过滤器
列管	立式涡轮泵安装时列管采用法兰连接，锈蚀严重时法兰的连接容易拆装，所有法兰焊接到列管后再组装。

八、小型塑料泵

1. 技术要求

（1）小型塑料泵技术参数包括：流量、功率、扬程、转速、最小效率、进出水管径、类型等应与深化设计施工图纸保持一致。

（2）泵基座：现场制作小型塑料泵的钢架基础，泵与钢架基础连接后再安装固定在钢筋混凝土基础上，安装时要注意泵安装水平及进出与连接的管道对中。

（3）提交完整的电机和泵数据和性能曲线图：其中包含流量、扬程、效率、绝缘及防水性能、功率及必需气蚀余量。

（4）提交完整的水泵描述和材料列表：包括泵壳、叶轮、密封件、泵轴、支承架、电机安装、防护装置、底盘和涂层。

（5）提交的泵规格型号等参数应与图纸设备清单中参数一致。

2. 小型塑料泵的分类

（1）恒速自带篮式过滤器的非金属泵，类型有：

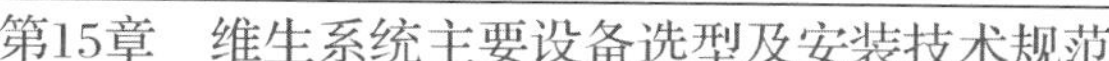

（a）带活接连接和直联式端吸离心泵。

（b）自灌式，自带含可视插口的篮式粗滤器。

（c）电机和水泵组合的设计应使叶轮、密封件和电机有足够的维修空间。

（2）泵应适合输送含盐浓度为 3.5% 的清洁海水。所有与输送海水接触的部分均应为非金属、SUS316 不锈钢等耐腐蚀材质。

（3）应配备 TEFC 电机，泵的运行参数范围内无过载，电压和电流的参数根据设计图纸确定。

（4）磁力泵：适合输送含盐浓度为 3.5% 的清洁海水，所有与输送海水接触的部分均应为聚丙烯或玻璃钢材质。外部配件应为不锈钢材质。端吸直联无密封磁力泵，通过电机支持托架安装。

（5）应采用三相 380 伏 50 赫兹的 TEFC 高效电机。尽管泵的规格表上已经列出电机的功率，泵供应商仍应核实所指定的功率是否满足要求。

（6）供应商应指导泵的安装；进水管和出水管在拧紧之前必须与泵接口中心线在一条直线上，严禁与泵拧紧接好之后再调整。

（7）核实电机转动方向时电机与泵头的联轴器还能不能连接。

（8）水泵第一次启动运行之前泵头应注水。

九、维生系统玻璃钢泵的特性与选型规格表

1. SWP 系列耐腐蚀玻璃纤维（FRP）海水泵

swp 系列泵是以高品质材料和先进工艺而设计，从而具有广泛的抗蚀性。玻璃纤维部件是利用树脂转化模压技术制造而成，该技术能在受高压部分完成玻璃纤维强化的控制，而金属部件与泵送流体并无直接接触（图 15-3、图 15-4）。

（1）符合 DIN 欧洲体系标准；

（2）平滑的流道提高了泵的效率；

（3）高强度的增强玻璃纤维与高效率叶片设计；

（4）水叶反松螺母避免水叶分离，使其更安全可靠；

（5）所有过流部件均采用玻璃钢材料，以输送广泛难以处理的液体，提供较好的抗腐蚀性；

（6）贯穿泵体的螺栓可在恶劣环境中保持泵体尺寸稳定性，材质全部采用 316L 不锈钢；

（7）轴套设计可有效防止液体与机轴接触从而避免电离化学反应，影响 生物生存；

（8）采用瑞典大功率 SKF 轴承提供更足的能量可确保较长的使用寿命；

（9）结实的泵轴可减少偏差，有助于延长密封件之寿命，整轴采用 316L 不锈钢材质；

（10）机械密封采取 316L 不锈钢外装式机械密封，使非金属部分接触到液体，金属部分设置在泵外面，不直接接触液体，更耐用于腐蚀性液体；

（11）采取 316 不锈钢材质的轴承框架可有效防止部件受环境的腐蚀。

11
10

图15-3　耐腐蚀玻璃纤维海水泵

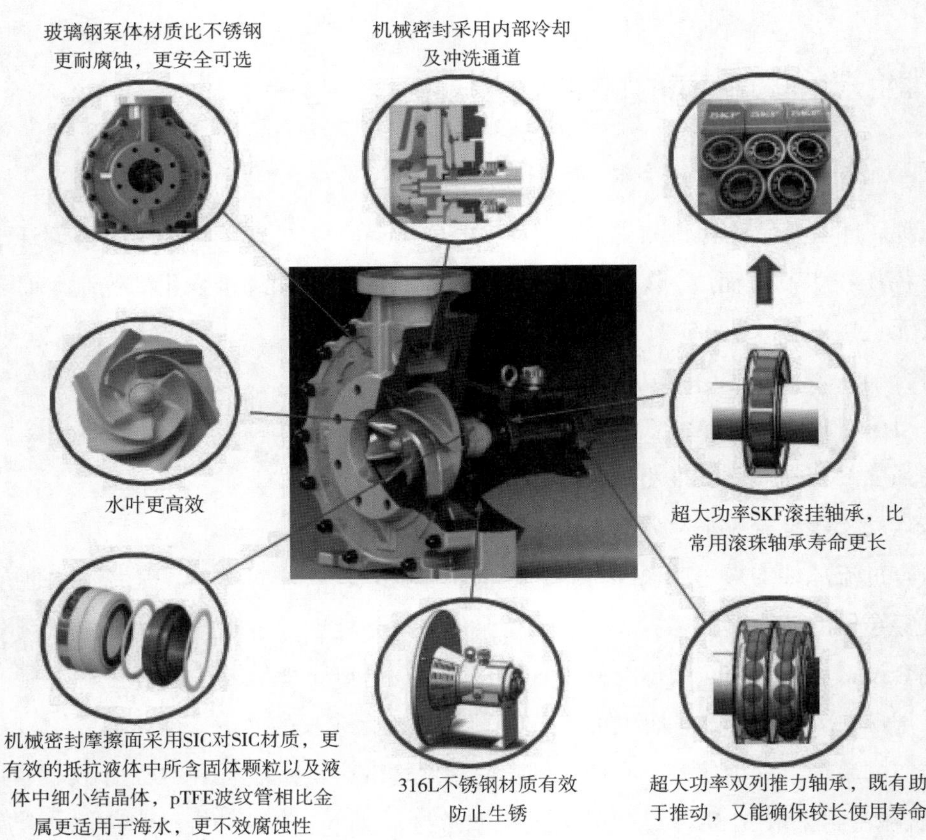
玻璃钢泵体材质比不锈钢
更耐腐蚀，更安全可选
机械密封采用内部冷却
及冲洗通道
水叶更高效
超大功率SKF滚挂轴承，比
常用滚珠轴承寿命更长
机械密封摩擦面采用SIC对SIC材质，更
有效的抵抗液体中所含固体颗粒以及液
体中细小结晶体，pTFE波纹管相比金
属更适用于海水，更不效腐蚀性
316L不锈钢材质有效
防止生锈
超大功率双列推力轴承，既有助
于推动，又能确保较长使用寿命

图15-4　泵体内部结构

机械密封采用 SiC 对 SiC 摩擦，PTFE 波纹管相比金属更适合海水（图 15-5）。

（1）常规机械密封对于易结晶、含杂质、纤维或固体颗粒介质，易造成 Seal face 动环面

Carbon（石墨）磨损。一般水泵毛发收集器难以过滤到细小的颗粒，使得运转长期受到磨损，损坏密封面。

（2）海水环境是一种复杂的腐蚀环境。在这种环境中，海水本身是一种强的腐蚀介质，同时有其他氨、臭氧等化合物，加上微生物、附着生物及它们的代谢产物等都对腐蚀过程产生直接或间接的加速作用。

（3）对于腐蚀性及含有杂质的介质，摩擦面选用 SiC 与 SiC，辅助配件为 PTFE 以及 316 不锈钢更合理科学；使用前，应适当打开进水口阀门，保持摩擦面之间的水分，切勿无水运行，造成机封磨损。

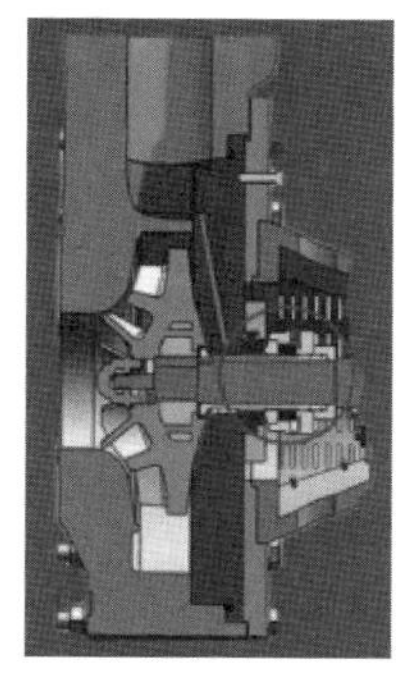

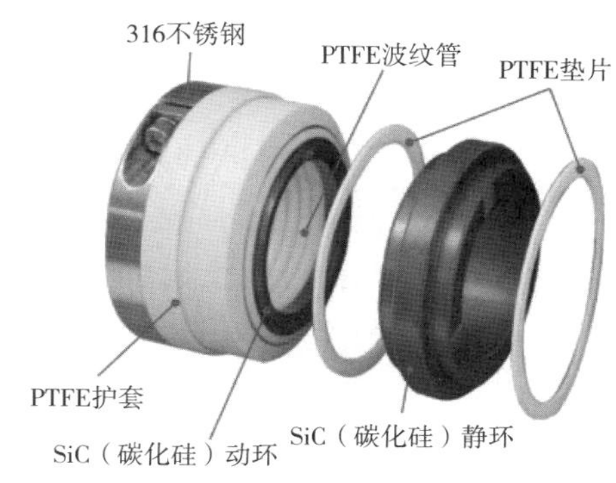

图15-5 机械密封装置

EMAUX 膜片联轴器属金属弹性元件挠性联轴器，主要依靠金属膜片来连接主、从动轴传递转矩，具有弹性减振、无噪声、不需润滑的优点，它能补偿主、从动轴之间由于制造误差、安装误差、承载变形以及温升变化的影响等所引起的轴向、径向、角向偏移，是当今替代齿式联轴器及一般联轴器的理想产品。

EMAUX 系列膜片联轴器具有如下特点：

（1）具有明显减震作用，无噪音，无磨损。

（2）传动效率高，可达 99.86%，特别适用于中、高速大功率传动。

（3）能补偿两轴线的布对中的位置偏差，挠性大，允许两轴有一定的轴向、径向、角向偏移。

（4）适应在温差大（-80℃ ~ +300℃）和恶劣环境中工作，并能在冲击、振动条件下安全运行。

（5）结构简单，重量轻，体积小。拆装维护方便，不必移动机器可装拆（制带中间轴形式）。

（6）能准确传递转速，运转无转差，可用于精密机械的传动。

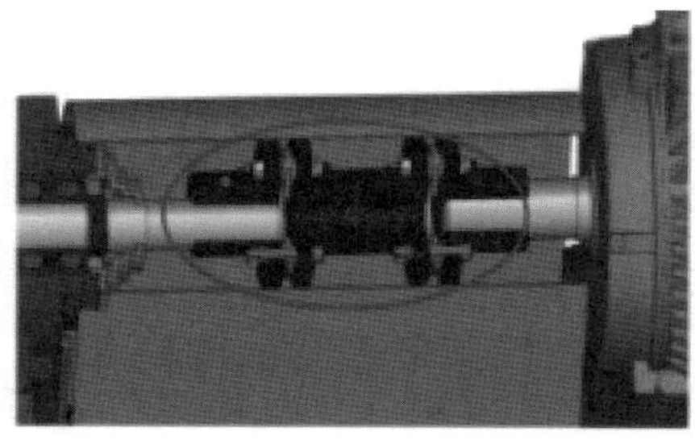

图15-6 膜片联轴器

泵的性能曲线图（图 15–7）。

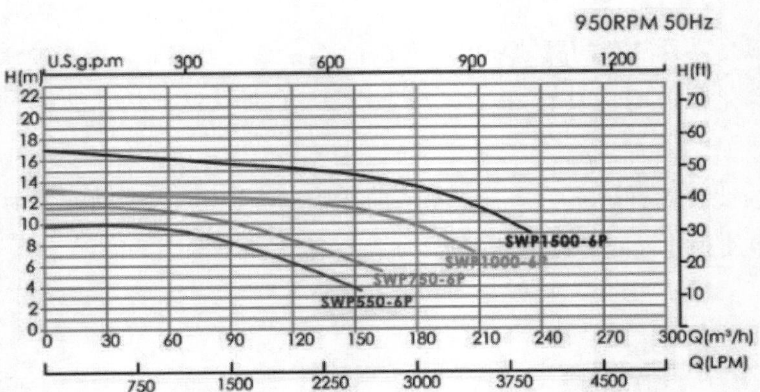

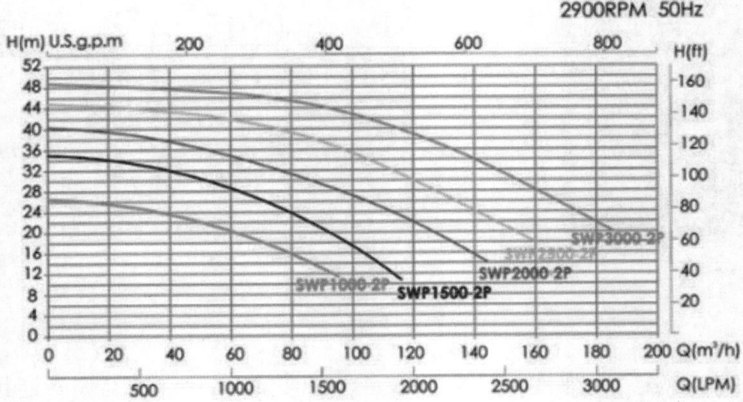

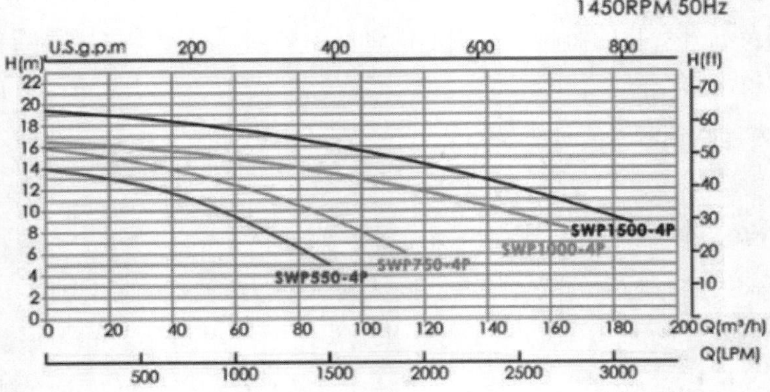

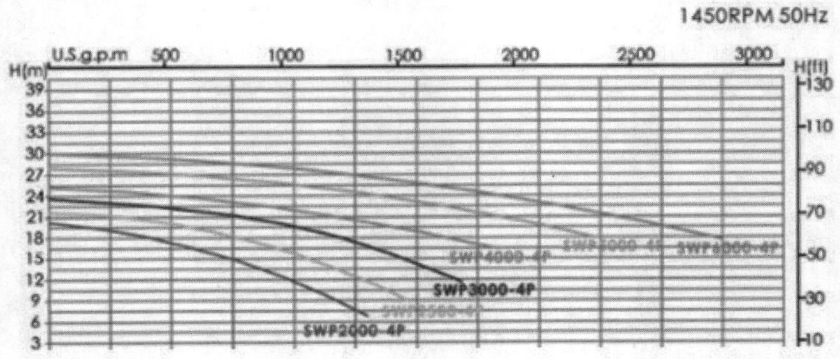

图15–7　玻璃纤维海水泵性能曲线

2. 艾格尔玻璃钢 FRP 泵

使用两极电机的泵特性曲线图（图 15-8，Capacity：流量，Head：扬程，测试介质：20℃，黏度 1°E 的水）。

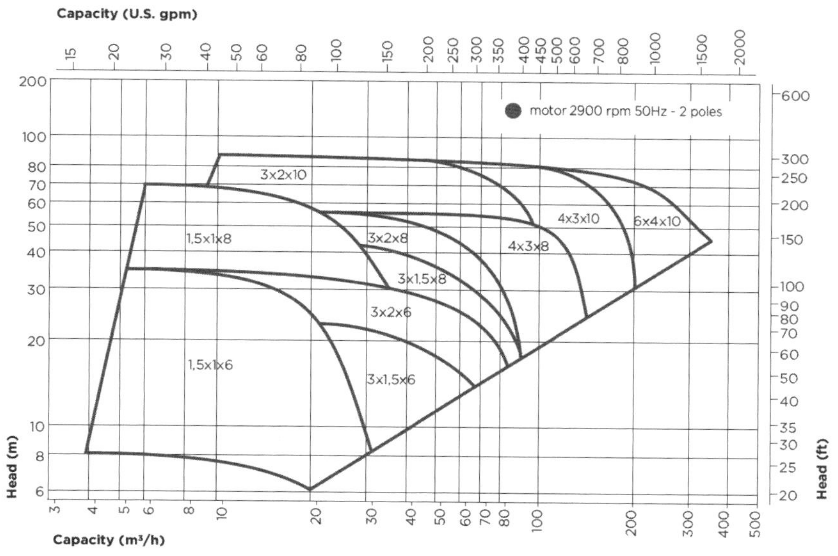

图15-8 艾格尔泵特性曲线（两极电机）

使用四极和六极电机的泵特性曲线图（图 15-9，Capacity：流量，Head：扬程，测试介质：20℃，黏度 1°E 的水）。

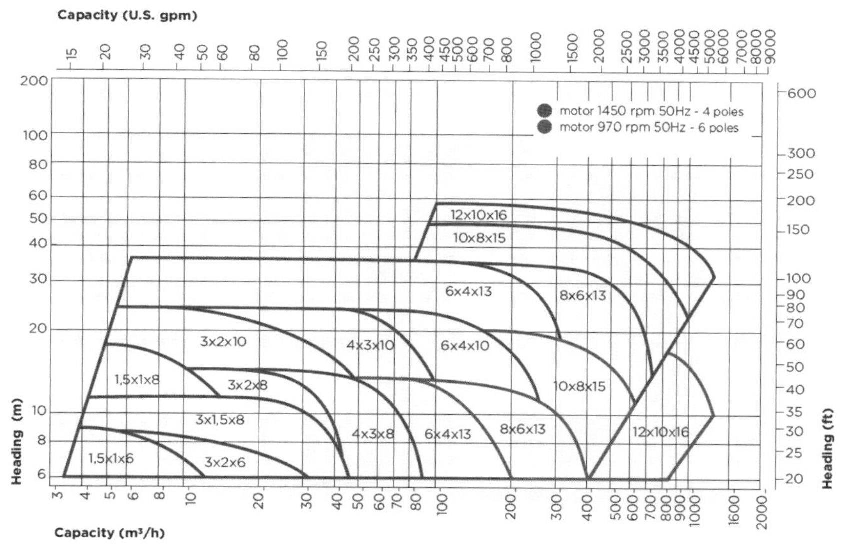

图15-9 艾格尔泵特性曲线（四极和六极电机）

艾格尔泵结构（图 15–10、图 15–11）。

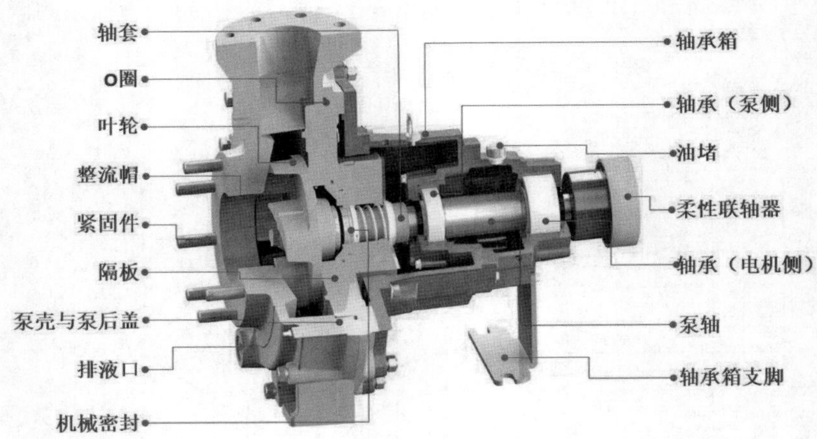

图15–10　ZGS泵剖视图及说明

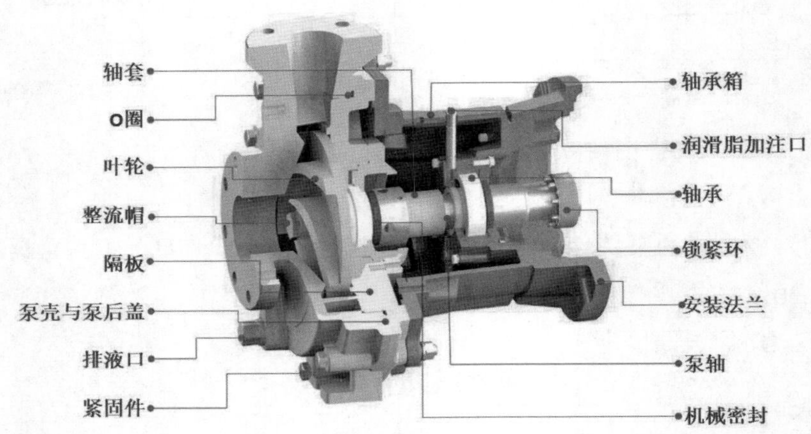

图15–11　ZMS泵剖视图及说明

4. APS 系列大型塑胶水泵

该泵是为满足高流量、高效率需求而设计的一款功能强大、性能稳定的水泵。该泵采用高强度耐腐蚀热塑性材料制造，并配有大容量过滤篮。液压泵适用于各种不同的应用场合，包括各类商业游泳池、水上公园、海水设施等（表 15–7、表 15–8、图 15–12）。

（1）大容量自吸塑料泵适用于大型过滤系统；

（2）光滑的喉道蜗壳设计提高 85% 的效率；

（3）纤维增强塑料套管具有良好的耐高温、压力、振动和冲击性能；

（4）二次密封对电机有更好的保护作用；

（5）前置可拆卸大吸力过滤篮容量为 13L 和 30L；

（6）高效 IE3 级电机（依从 IEC60034–30)；

（7）法兰式水叶，高效率，高流量；

（8）低噪音 68 dB。

表15-2　APS系列大型塑胶水泵技术参数

编号	型号	进水口 × 出水口 × 叶轮直径（mm × mm × mm）	转速（rpm）	电机功率	质量（kg）
88024216	SWP550-6P	150 × 100 × 250	950	4 kW	420
88024211	SWP750-6P	150 × 100 × 270	950	5.5 kW	435
88024212	SWP1000-6P	200 × 150 × 270	950	7.5 kW	643
88024213	SWP1500-6P	200 × 150 × 300	950	11 kW	665
88024116	SWP550-4P	100 × 80 × 205	1450	4 kW	285
88024111	SWP750-4P	100 × 80 × 220	1450	5.5 kW	300
88024112	SWP1000-4P	150 × 100 × 225	1450	7.5 kW	417
88024113	SWP1500-4P	150 × 100 × 250	1450	11 kW	480
88024121	SWP2000-4P	200 × 150 × 250	1450	15 kW	647
88024122	SWP2500-4P	200 × 150 × 265	1450	18.5 kW	677
88024123	SWP3000-4P	200 × 150 × 280	1450	22 kW	694
88024125	SWP4000-4P	200 × 150 × 295	1450	30 kW	763
88024126	SWP5000-4P	200 × 150 × 310	1450	37 kW	796
88024127	SWP6000-4P	200 × 150 × 325	1450	45 kW	828
88024012	SWP1000-2P	100 × 80 × 155	2900	7.5 kW	322
88024013	SWP1500-2P	100 × 80 × 170	2900	11 kW	345
88024021	SWP2000-2P	100 × 80 × 185	2900	15 kW	358
88024022	SWP2500-2P	100 × 80 × 200	2900	18.5 kW	377
88024023	SWP3000-2P	100 × 80 × 215	2900	22 kW	403

表15-3　APS系列大型塑胶水泵外形尺寸

Booy (Motor-4P)	L1	B1	H1	H2	H3	H4	H5	DN1	DN2	ØD	A1	A2
	(mm)							(mm)		(mm)		
100 × 80	1200	420	100	210	310	590	112	100	80	458	102	78
100 × 80	1200	420	100	210	310	590	132	100	80	458	102	78
150 × 100	1450	480	100	254	354	697	132	150	100	540	102	78
150 × 100	1450	480	100	254	354	697	160	150	100	540	102	78
200 × 150	1530	570	100	368	468	874	160	200	150	700	152	93
200 × 150	1530	570	100	368	468	874	180	200	150	700	152	93

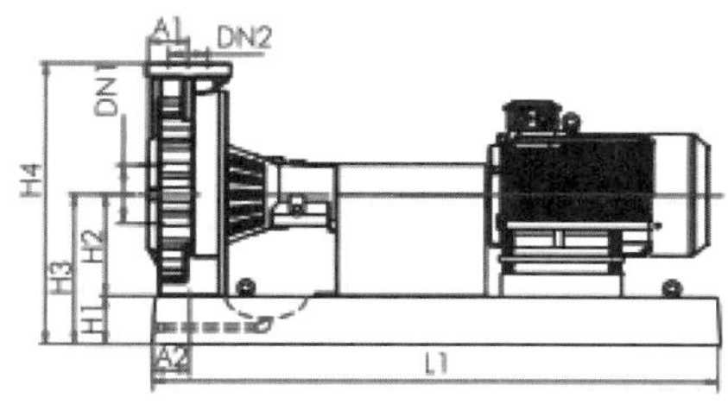

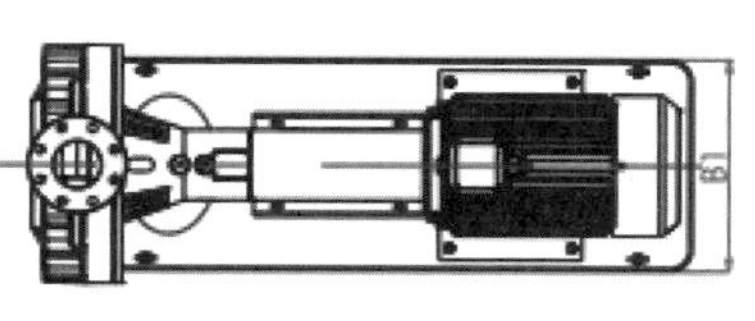

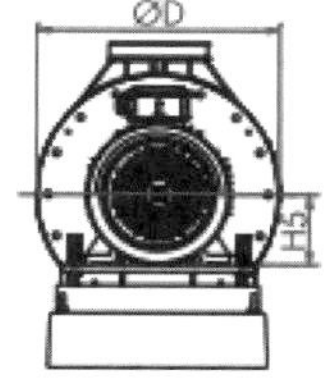

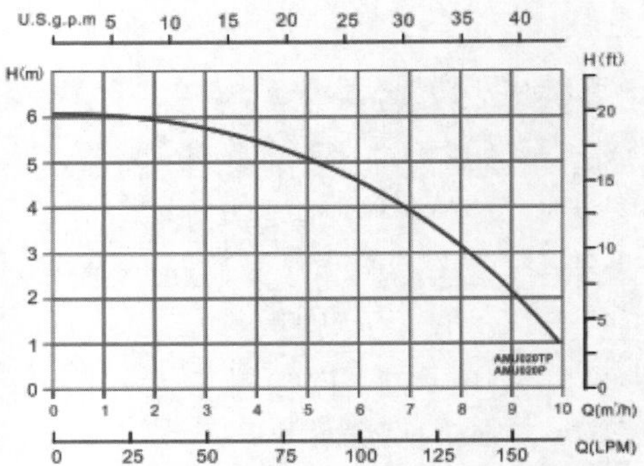

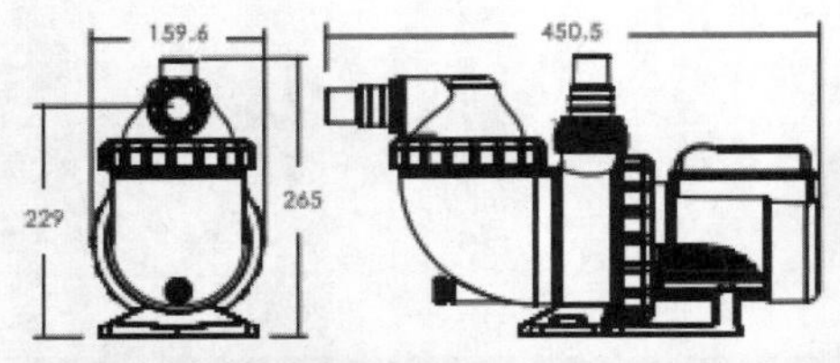

型号 50Hz	输入 (kW)	电流 (AMP)	噪音 (dB)	扬程 (m) 2 / 流量 (m³/h)	3	4	5
AMU020TP	0.25	1.2	55	9.1	8.1	6.9	5.1
AMU020P	0.25	1.2	55	9.1	8.1	6.9	5.1

产品编号 220V/50Hz	产品编号 110V/60Hz	产品编号 220V/60Hz	型号	描述	匹数	接管尺寸	软管接头尺寸	重量 (kg)
88028401	88028501	88028301	AMU020TP	0.20HP Aqua-Mini系列水泵 (带时间控制器及毛发收集器)	0.2hp	1.5" / 50mm	1 1/4" & 1 1/2" 32 & 38mm	4.2
88027801	88027901	88027701	AMU020P	0.20HP Aqua-Mini系列水泵 (带毛发收集器)	0.2hp	1.5" / 50mm	1 1/4" & 1 1/2" 32 & 38mm	4.2

图15-12　APS系列大型塑胶水泵及技术参数

塑胶泵的参数与特性（表 15-9、表 15-10、图 15-13、图 15-14）。

表15-9　塑胶泵参数

产品编号 380V/50Hz	型号	接管尺寸 ANSI / DIN	匹数 (hp)	过滤篮 Vol (L)	转/分	功率 (kW)	噪音 (dB)	扬程 (m) 6 / 流量 (m³/h)	8	10	12	14	16
9023901	APS550P	4"/DN100	5.5	13	2850	4	72	95	90	82	75	65	50
9023902	APS750P	4"/DN100	7.5	13	2850	5.5	72	130	120	110	105	90	80
9023903	APS1000P	6"/DN150	10	30	1450	7.5	68	–	210	185	180	160	135
9023904	APS1500P	6"/DN150	15	30	1450	11	68	–	270	260	250	240	210

表15-10　塑胶泵规格

项目	规格	项目	规格
电机	高效IE3级电机	防水等级	IP55
电压	380Vac 50Hz, 3相 400/690Vac 50Hz, 3相* 400/690Vac 60Hz, 3相*	流量	达到 280m³/h
设计方法	3D设计 CFD模型分析	扬程	达到 22m
设计参考 (Applicable only)	ISO 5199 : 2002	速度	2 极高达 2850转/分钟 4 极高达1450转/分钟
工作压力	0-2 bar 25°C to 35°C	绝缘等级	F等级
温度范围	0°C to 45°C (Water) 0°C to 45°C (Ambient)	法兰标准	DIN (PN10) ANSI (Class150)

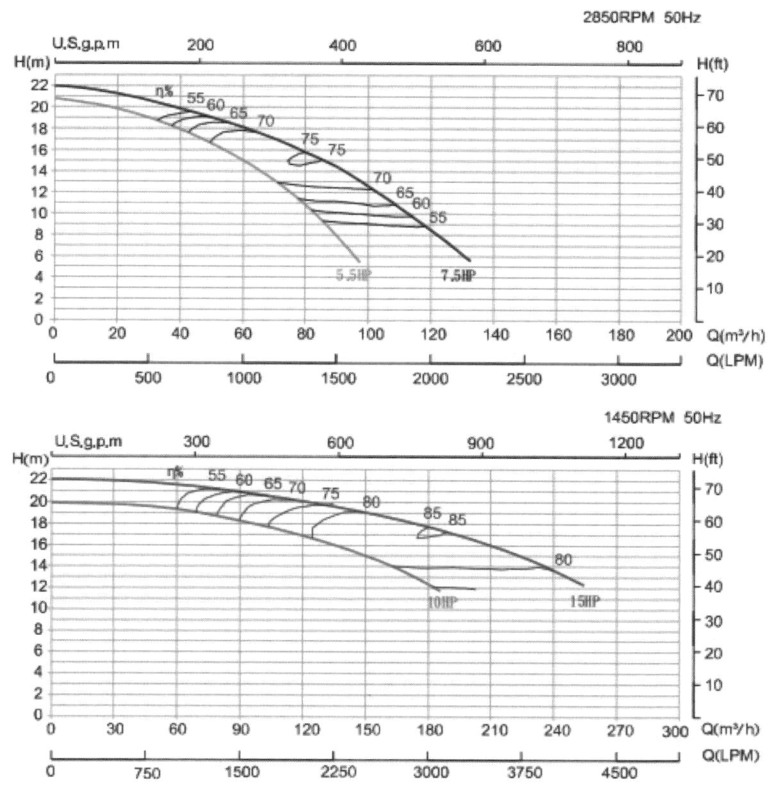

图15-13　塑胶泵特性曲线

材质清单

项目	材质
电机壳	铝
电机支架	铸铁
轴套	316不锈钢
机械	316不锈钢＋三元乙丙橡胶
密封	陶瓷/碳
主体	PP+GF
过滤篮	PPO+GF
叶轮	316不锈钢+PPO+GF
底座	PP+GF
透明盖	PC

图15-14　塑胶泵结构

第6节　电动执行器

一、技术要求

（1）阀门电动执行器的安装位置应标注在工艺管道仪表流程图（PID）或大样图上。其安装接口应与配套阀门及工艺条件相匹配。

（2）订购阀门前，承包商应核实执行器和阀门的匹配性，阀体和执行器作为一套单独的部件由同一个供应商提供。

（3）电气承包商应负责电动执行器电源、控制信号接线与自动控制部分安装及调试。

（4）维生系统安装承包商应按要求负责阀门、电动执行器的采购及安装。

二、材料报审

（1）报审资料包括：材质、电压、信号、功率、接口和尺寸的完整资料信息。

（2）提交执行器扩展、支架、扩展支撑和套管等详细资料。

（3）电动执行器分为：

（a）250 mm 或者更小的蝶阀电动执行器。

（b）300 mm 或更大的蝶阀电动执行器。

（4）250 mm 或者更小的蝶阀电动执行器与自动控制系统的要求相协调。行程齿轮和标准齿轮型电动执行装置有以下规定：

（a）保护壳：执行器保护壳和主要载体材料为铝、碳钢、球墨铸铁或者非金属复合材料并且有抗腐蚀性。

（b）涂料：如果是黑色金属，表面要求做特殊的“耐腐蚀”镀锌处理。为户外安装的装置涂抹能抑制紫外线的丙烯酸或聚酯面漆。

（c）支架：为海水区、湿度大的区域及室外支架提供耐腐蚀阀杆扩展或安装支撑物。

（d）联轴材料：阀门联轴器为碳钢、铜或不锈钢。

（e）合金齿轮：星形齿轮应为青铜合金材料、输出驱动、输入齿轮、蜗轮、混合齿轮应为钢制，如果适用，传动轴轴颈应为高密度聚乙烯等非金属材料制作。

（f）转矩：配备转矩过载保护；

（g）加热器：提供内部加热器以减少空气凝结。

（h）程序：

①标准电机执行器应适用于开关控制。

②可调电机执行器应包括伺服系统位置指示装置以及其他调节设计。

（i）制动：行程信号末端配备电机刹车装置。

（j）速度控制：电机转速应为可调的，调速比率为 6:1。

（k）停止指示：阀门开启和关闭位置为远程检测的干接触点，其他的内部连接为独立的。

（l）外部器件：所有裸露的螺钉帽，垫圈和其他器件应为 SUS316 系列的不锈钢。

（5）300 mm 或更大的蝶阀电动执行器，标准齿轮型电动执行装置。

电动执行器有以下规定：

（a）保护壳：制动器保护壳和主要载体为具有内外表面防腐涂层的阳极高质铝。所有的密封盖都要有耐腐蚀性的密封圈。

（b）支架：为海水区、湿度大的区域及室外支架提供耐腐蚀阀杆扩展或安装支撑物。扩展型保护壳内部材料应为碳钢，外部材料和阀体一致。

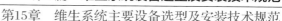

（c）联轴器材料：不锈钢 SUS316。

（d）合金齿轮：所有齿轮采用金属合金，设计应为带内有自锁性能的双重减速蜗轮传动，避免电机停车。

（e）操作：手轮盘和阀位指示。应配备限位块，防止手轮操作超过转程限制。

（f）超转矩：配备超转矩限位开关。

（g）加热器：提供内部加热器以减少空气凝结。

（h）程序：开关操作装置的设计，开关在任一位置断电时停止，来电后从该位置重启，重启时可在任意两个方向转动。"调节"型电动执行器应包括 4 ～ 20 mA 伺服系统位置指示装置以及其他调节设计。

（i）电机：额定需求为连续运行。

（j）停止开关：打开和关闭阀门两个位置的限位开关，电动和手动操作模式下都能被激活，即使执行器没电时。

（k）外部器件：所有裸露的螺钉帽，垫圈和其他器件应为 SUS316 系列不锈钢。

（6）双向球阀电动执行装置，配合自动控制系统的要求如下：

（a）保护壳：非金属复合材料或有电热涂层的防腐蚀铸铝质外壳。

（b）电机负载：反转型电机，25% 最小额定转速下运行间隔 10 秒。

（c）指示器：可视型位置指示器。

（d）限位开关：开启和关闭限位开关。

（e）凝结保护：加热恒温器。

（f）外部器件：所有裸露的螺钉帽，垫圈采用塑料或不锈钢 SUS316 器件。

（7）臭氧控制截止阀电动执行器。

配合自动控制系统的要求。阀门制造商应为电驱动截止阀提供特殊设计的直线型分档电机执行装置，并有以下规定：

（a）保护壳：防水型保护壳结构适合室外安装。

（b）支架：所有支架和器件为不锈钢 SUS316。

（c）联轴器材料：阀杆连接器，防松螺母，阀杆销钉应为不锈钢 SUS316。

（d）电机：微型处理控制直线型分档电动机。

（e）电源：单相 VAC，配合电气和自动控制系统。

（f）输入：4 ～ 20 mA 模拟信号。

（g）输出：孤立的闭合电源，4 ～ 20 mA 模拟方位输出。

（h）外部器件：所有裸露的螺钉帽，垫圈和其他器件应为 SUS316 系列不锈钢。

三、安装

（1）承包商负责完成所有阀门执行器、阀门支架和自控部分的采购及安装，按照制造商推荐安装说明进行安装。

（2）阀位指示器的安装位置应方便操作、检查并且有足够的维修空间。

第7节 维生系统阀门

一、概述

（1）阀门的规格和安装位置应该根据工艺管道仪表流程图（PID图）或大样图来确定。

（2）蝶阀的安装应带有固定的不锈钢或黄铜打码标签牌。标签牌上应清楚标明阀门在工艺管道仪表流程图中的编号。

（3）阀门采购前应核实阀门连接方式是选择法兰连接还是其他形式连接。当蝶阀用法兰方式连接时，蝶阀需与其连接的法兰完全匹配。法兰需与垫片、阀门相匹配。

（4）安装时承包商应考虑给阀门足够的操作及维修空间。

（5）协调电动执行装置与阀门之间的匹配。

二、材料报审

（1）报审资料包括：制造商的产品型录、阀门规格型号、各部件材质、尺寸、产品检测报告等资料信息。

（2）阀耳式蝶阀提供列表清单：包括每个阀耳式蝶阀的规格、型号及安装位置。阀耳式蝶阀应用在下列位置。

（a）泵的吸水口。

（b）未接入过滤器的水泵出水口、热交换器及其他独立工艺设备。

（c）过滤器排放口。

（d）热交换器排放口。

（e）其他用于侧向安装的阀门。

（3）提交产品设计的细节及安装所需的支架。

三、蝶阀

1. 材料要求

（1）涂料：除不锈钢外的所有金属零件，制造商需涂高性能防腐尼龙或环氧树脂涂层。

（2）垫片：承包商需要提供制造商推荐的垫片或密封胶。采用内部衬片的蝶阀不需要垫片。

（3）紧固件：所有阀门安装必须用SUS316不锈钢螺栓及螺母。但不可使用全螺纹螺栓。

2. 蝶阀手动制动器说明

（1）杠杆制动器：直径小于等于100 mm的直角蝶阀装备有非金属材料或不锈钢的节流手柄。

（2）齿轮制动器：直径大于等于150 mm直角蝶阀有密封式防风涡轮、手轮和开关位置指示

器等部件组成。SUS316 不锈钢、锌合金涡轮、青铜、锌涂层材质的驱动齿轮和 SUS316 不锈钢配件，可专用于海水管道系统。

（3）地下阀门传动机构：埋地式制动器必须进行防水处理，O 形环密封和油脂密封，制造商特殊为地埋式部件提供的耐腐蚀涂层。

（4）要求远程控制的位置：承包商应在地下室、拱顶、超高或难以进入的地方提供可以远距离操作的阀门或采用链条阀。

四、金属蝶阀

1. 500 mm 以内薄圆盘蝶阀阀体

（1）概述：圆盘蝶阀（带阀耳）设计应用在指定的位置，要求表面应完全密封，圆盘蝶阀应与连接法兰相匹配。阀体和操作杆应能直接连接到操作盘。

（2）压力等级：额定压力最小 5.0 Bar。

（3）阀耳要求：在泵吸水口、过滤器排放口、辅助设备的隔断阀门和图纸所示的位置需提供穿孔套丝的阀体。

（4）阀体材质要求（表 15–11、表 15–12）。

表15–11 薄圆盘蝶阀阀体各部件材质（用于海水维生系统 ）

部件	材料要求
圆盘	尼龙 1 尼龙 11 包裹 316 型不锈钢
基座	三元乙丙橡胶
轴	316 型不锈钢
轴封	三元乙丙橡胶或丁腈橡胶
阀体 50 ~ 300mm	钢制分体（如有支座为单片）
阀 400 ~ 500mm	一体或分体钢制阀体
分体螺栓	316 型不锈钢
外部涂层	抗腐蚀尼龙或环氧树脂涂层

表15–12 薄圆盘蝶阀阀体各部件材质（用于淡水维生系统）

部件	材料要求
圆盘	不锈钢或铜 – 铝合金
基座	三元乙丙橡胶
轴	不锈钢
轴封	三元乙丙橡胶或丁腈橡胶
阀体，50 ~ 300 mm	钢制分体（如有支座为单片）
阀体，400 ~ 500 mm	一体或分体钢制阀体
分体螺栓	316 型不锈钢
外部涂层	抗腐蚀尼龙或环氧树脂涂层

2. 600 mm 到 1200 mm 的蝶阀阀体

除采用金属阀体外，外表面采用人造橡胶对基座进行包覆密封。

额定压力：额定压力最小为 5.0 Bar。

（1）阀体材质要求（表 15–13、表 15–14）。

表15–13　薄圆盘蝶阀阀体各部件材质（用于海水维生系统）

部件	材料要求
圆盘	316 型不锈钢；或尼龙 / 三元乙丙橡胶包裹的 316 不锈钢
基座	三元乙丙橡胶
轴	不锈钢
轴封	可调节填充物或人造橡胶
阀体	铸铁
分体螺栓	316 型不锈钢
外部涂层	抗腐蚀尼龙或环氧树脂涂层

表15–14　薄圆盘蝶阀阀体各部件材质（用于淡水维生系统）

部件	材料要求
圆盘	不锈钢或铜铝合金
基座	三元乙丙橡胶
轴	不锈钢
轴封	可调节填充物或人造橡胶
阀体	铸铁
分体螺栓	316 型不锈钢
外部涂层	抗腐蚀涂料

（2）安装

承包商应按制造商提供的技术要求对所有阀门进行安装，以便形成一个完整的、合理的、可操作的系统。

（a）安装前需要确认与阀门连接的法兰要求满足阀门能正常开关。

（b）为防止阀门过压导致管道变形挠曲，需按制造商推荐长度布置管道支撑。

（c）圆盘和阀耳式蝶阀安装时需要柔性连接，一个过渡法兰、阀体和密封件形成一个密封表面。

（d）蝶阀应在水平位置安装传动轴，有特殊说明的除外。

（e）紧固件：

①安装阀门只允许使用不锈钢圆形螺栓和垫圈。不可使用全螺纹螺栓。

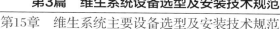

②螺母可以为青铜材料以防止不锈钢螺栓磨损。

③先放平垫圈再加弹簧垫然后再上螺母拧紧，螺栓留出 1 ~ 3 个螺距。

④耳式蝶阀应用螺栓从法兰两面同时固定。螺栓应通过阀门的凸耳。

⑤所有埋地阀门应用外层涂料完全涂裹。安装时，确保制动器轴滚销由保护涂层完全包裹。

⑥拧紧不锈钢螺母与连接螺栓之前应先用黄油或反咬死化合物润滑涂抹螺栓防止咬死。

五、截止阀

1. 技术要求及报审

（1）阀门的规格、尺寸和位置在工艺管道仪表流程图（PID 图）或大样图中进行标示。

（2）报审资料的提交：制造产品型录、阀门部件材质、规格尺寸、说明书、工程案例等资料及信息。

2. PVC 截止阀

由制造商设计生产的用于流量截止的阀门，具有持续截止功能且阀座应具有较好耐磨及抗腐蚀性。两端用法兰、胶水或丝口连接。阀身材质采用 UPVC 或 CPVC，密封采用三元乙丙橡胶、氟橡胶或聚四氟乙烯。

3. 臭氧管路的截止阀

臭氧气体截止阀按深化设计施工图纸所示位置安装。气体流量改变的速率与阀门开度呈线性关系。

4. 臭氧管路的截止阀材质要求

除非特别申明，阀身尺寸应与管道尺寸相一致。阀芯的尺寸应满足工艺管道仪表流程图上所示的气体流速和压差要求（表 15-15）。

表15-15　臭氧管路的截止阀各部件材质要求

部位	材质要求
阀身	316 型不锈钢或氯化聚氯乙烯、LXT-PVC
阀盖和法兰	316 型不锈钢或氯化聚氯乙烯、LXT-PVC
阀芯	316 型不锈钢或氯化聚氯乙烯、LXT-PVC
内部弹簧	316 型不锈钢或氯化聚氯乙烯、LXT-PVC
表层	特氟龙环聚四氟乙烯
端接	法兰
五金件	316 型不锈钢（硬型）

5. 安装

承包商应按制造商提供的技术要求对所有截止阀进行安装以便形成一个完整的可操作的系统。

六、止回阀

1. 安装及技术要求

（1）止回阀规格、尺寸和位置应该按工艺管道仪表流程图或者大样图标注选型和安装。

（2）采购阀门之前，承包商需要核实阀门安装的连接方式来选择法兰或其他接头。

（3）承包商安装止回阀时需要满足阀门操作、维修及更换的空间，核实对夹式止回阀阀瓣的向外开启的安装及维修所需要的空间要求。

2. 材料报审

报审资料包括：供应商产品型录、规格尺寸、完整的阀门部件材质等资料信息。

3. 止回阀分类

（1）合金止回阀（250 毫米和以上）。

（a）摆动式对夹止回阀，阀体内用 EPDM 橡胶密封，外弹簧辅助杆，适用于海水。

（b）阀体阀瓣和配件须为 316 型或者 A351 型不锈钢。外部连杆和固定板可为有防锈涂层或热镀锌的碳素钢。设计使用标准不锈钢轴拉式螺旋弹簧。扣件和五金器件须为不锈钢。

（c）DN 300 cm 以上的止回阀，因为阀门超过它整个运行范围产生的阻尼运动需配备液压杆。

（2）塑料液体止回阀（小于 250 毫米）。

（a）摆动式止回阀，UPVC 或者 PVC 材质，带阀帽头接入。

（b）法兰连接阀体，顶部具有方便清理和阀瓣维修的开口而无须将止回阀从管线上拆下。

（c）采用 EPDM 橡胶密封。

（3）臭氧气体用止回阀。

（a）由于臭氧气体管路气体压力低，若采用不锈钢的止回阀时由于阻力大影响臭氧的流量，建议在臭氧管路系统中全部采用耐臭氧的氯化聚氯乙烯、LXT–PVC 等材质的止回阀，这些止回阀材质轻，减少对臭氧流量的影响。

（b）臭氧气体止回阀必须适用于强氧化及腐蚀环境，主要作用是防止射流泵停机时海水倒流到臭氧机内。

①压力等级：最小 6 kgf/cm^2。

②流量系数：阀门设计须符合最小压差损失。

③阀体：氯化聚氯乙烯、LXT–PVC 等。

④阀芯：氯化聚氯乙烯、LXT–PVC 等。

⑤密封橡胶：EPDM 或更好。

⑥弹簧：316 型不锈钢或更好。

（4）安装

（a）承包商应按制造商的建议安装止回阀，安装时需考虑操作、检查及维修空间。

（b）根据所应用环境流体腐蚀性的强弱及制造商的建议选择止回阀垫圈的材质类型。

（c）有些 PVC 材质的止回阀在泵启动时阀瓣打开会撞击到管道，在采购选型时需要考虑避免选择此类止回阀。

七、针型阀

1. 技术要求

阀门的规格、尺寸和位置在工艺管道仪表流程图或大样图中进行标注。

2. 材料报审

（1）报审资料：阀门制造商产品型录、阀门规格、型号、阀门部件材质和尺寸的资料信息。

（2）提交用于臭氧注入系统的针型阀和调节阀的气体流速和压降变化关系的曲线。

3. 不锈钢针型阀

（1）为调节腐蚀性臭氧气体的流量而设计，阀体和阀轴材质由 316 不锈钢外衬聚四氟乙烯构成。

（2）尺寸和装配：阀门尺寸应该与深化设计施工图纸标注的规格一致，如未标明，阀门大小应与就近管道大小一致。孔径的大小和流速应与设备接口相匹配。

（3）连接方式：内丝或外丝连接。

（4）为方便快速更换及维修阀门，在阀门两端配置双由令活接。

4. 安装

承包商应按照制造商的建议进行阀门安装。

八、电磁阀

1. 技术要求

电磁阀的规格、尺寸和位置在工艺管道仪表流程图（PID）或大样图中进行标注；电磁阀通常用于蛋白质分离器泡沫收集器的喷淋冲洗管道。

2. 材料报审

（1）报审资料：阀门制造商产品型录、阀门规格、型号、阀门部件材质和尺寸的资料信息。包括有关压差、流量、压力性能或流量系数 Cv 值的信息。

（2）提交阀门电压、防水及绝缘等级。

（3）根据电源电压等级选择电磁阀的类型。

3. 电磁阀

（1）盐水用直动式电磁阀。

（a）安装位置：安装在蛋白质分离器泡沫收集器盐水喷淋管道。

（b）常闭型密封电磁阀：密封条应为三元乙丙橡胶或聚四氟乙烯材质。阀体外表应喷涂耐腐蚀性涂料。

（c）模压耐腐蚀线圈组装，防水防尘外壳，耐环境腐蚀。

（d）配备线圈连接器指示灯显示阀门通电 / 断电状态。

（e）常闭型（通电打开）、没有压力差要求。

（2）淡水用电磁阀。

（a）安装位置：安装在蛋白质分离器泡沫收集器淡水喷淋管道。

（b）常闭型密封电磁阀、密封条应为三元乙丙橡胶或聚四氟乙烯材质。采用 UPVC 或 PVC 塑料材质制作。

（c）模压耐腐蚀线圈组装，防水防尘外壳，耐大气腐蚀。

（d）配备线圈连接器指示灯指示阀门通电 / 断电状态。

（e）常闭（通电打开）。

4. 安装

承包商应按照制造商的建议进行阀门安装。

九、排气阀

1. 技术要求

阀门的规格、尺寸和位置在工艺仪表流程图或大样图中进行标示。

2. 材料报批

提交报审资料：阀门制造商产品型录、阀门规格、型号、阀门部件材质和尺寸的资料信息。

3. PVC 自动排气阀

（1）PVC 自动排气阀的作用是当气体累积在阀门处时能自动不断地排放出气体。阀门由制造商推荐使用，适用于普通排气及臭氧系统排气。

（2）材质主体由 UPVC 或者 PVC 构成。

（3）工作原理是：当水位上升推动浮球，浮球与密封垫接触关闭，使阀门无气泡密封，防止液体外泄。当空气或气体又逐渐增加时，浮球下降，阀门重新开启释放气体。这个过程随着气体累积自动循环往复。

4. 安装

承包商应在深化设计施工图上标明 PVC 自动排气阀的位置进行安装，要求为阀门提供必要支撑以消除阀门产生的过多的变形或振动。

第 8 节　维生系统医疗平台及推拉门

一、技术要求

1. 维生系统医疗平台

（1）医疗平台长期浸没在医疗池水面以下，所以医疗平台、紧固件及预埋件的材质均要求能耐海水腐蚀及臭氧氧化。

（2）医疗平台升降动力葫芦安装在水池边上，要求绝缘及密封良好，并且具有良好的防水及耐海水腐蚀性能。

（3）医疗平台吊绳需要具有耐海水腐蚀及满足医疗平台升降的力学性能。

（4）医疗平台升降平稳、升降速度满足使用要求。

（5）医疗平台操作控制柜需要做成室外防雨型、能在高盐分环境下使用并能耐臭氧腐蚀。

2. 维生系统推拉门分类

（1）密封门。

因相邻两个展池有独立的维生系统，展池控制水温、水质各不相同，在两个池通道安装密封门把两个展池水体完全分开。

（2）推拉门。

相邻两个展池共用同一套维生系统，仅仅是为了把两个展池的动物隔离分开，采用推拉门，这种门按开关方向不同可分为：水平推拉开关门及竖直升降门两种形式。

（3）推拉门都是安装在养殖池之间或养殖池与表演池之间的过道上。

3. 施工图纸深化设计

推拉门及医疗平台安装包括支承结构钢筋混凝土导轨槽及预埋件施工、医疗平台面板及推拉门板制作、导轨安装和为完善功能设施所要求其他配件的安装。

（1）医疗平台及推拉门应由高耐腐蚀性材料如 FRP、SUS316L 等制作。

（2）要求升降速度平稳、开关轻便灵活，结构牢固，防止动物撞击受损或变形。

（3）水下密封门要求水封效果好，不能有渗漏及变形。

（4）导轨槽收边光滑，埋件需做防水处理。

（5）制造商的资质：制造商应有至少 5 年以上的成功制造和安装相似产品的经验。

4. 材料报审

（1）提交医疗平台、所有各个规格推拉门、连接平台桥等完整详细的加工制造详图。

（2）制作和安装的详细技术要求。

（3）组装和支撑的方法；结构支架、紧固件、门板及导轨构件等材质要求、防腐方案、结构受力计算书，节点详图。

（4）制造商的产品安装及使用说明书等。

5. 设计提资

（1）医疗平台

（a）医疗平台的规格尺寸：直径、池深度是多少？

（b）医疗平台起吊方式采用液压？还是电动葫芦？

（c）医疗平台结构及面板的材质（结构是选用 316 不锈钢还是玻璃钢，平台板是选用 PP 还是 HDPE 板）？

（d）医疗平台运行参数，升降的速度是多少？

（e）医疗平台运行起吊的重量及升降的行程是多少？

（f）医疗平台应能满足使用时人员及动物重量载荷、表面光滑不会伤害动物等要求（表 15–16、表 15–17）。

表15–16　医疗平台设计提资

参 数	白鲸医疗平台	海豚 A 医疗平台	海豚 B 医疗平台
尺寸	ϕ 8 m	ϕ 13 m	ϕ 13 m
行程	5.1 m	3.8 m	5.4 m
速度	0.1 m/s	0.1 m/s	0.1 m/s
荷载	26 kN	26 kN	26 kN
停泊位置	2 个停位	2 个停位	2 个停位
驱动形式	四台环链葫芦同步驱动	四台环链葫芦同步驱动	四台环链葫芦同步驱动
水下平台高度	1 m	1 m	1 m
平台面板	敷设 HEPE 板，板孔间距为 18 mm		

表15–17　连接平台桥设计提资

参数	白鲸区连接桥平台	海豚区连接桥平台
规格（长 × 宽）	800 mm × 3200 mm	800 mm × 3600 mm
行程	2m	2.5m
载重	1kN	1kN
侧面荷载	10kN	10kN
驱动	手动	手动

（2）推拉门设计提资（表 15–18）。

（a）推拉门的规格尺寸：长、宽、高（门在水下的深度）是多少？

（b）推拉门开关方式，推拉门是手推打开还是脚推打开？密封门是人工手动拉升还是电动葫芦拉升？

（c）推拉门板的型式：是格栅还是整板开孔？

（d）密封门应设计成可调节的水闸型构件，允许水从水下密封门顶部流过。

（e）推拉门应能满足动物撞击不会破裂、表面光滑不会伤害动物，并且推拉门的设计应确保在打开和关闭位置有固定卡位。

（f）提供带有框架、操作杆、开关位置限位插销、紧固件。制造商应负责其所设计的推拉门满足使用的要求。

表15-18　水下密封门及推拉门的设计提资

参数	推拉门	密封门
规格（长 × 宽）	2000 mm × 1500 mm	1500 mm × 2000 mm
行程	2m	3m
载重	自重	自重
侧面荷载	10kN	2.2kN
驱动	手动	电动

6. 材料

要求框架、紧固件及所有附件的材料适用于海水区域使用而不发生腐蚀。框架由316不锈钢或轻质纤维强化聚酯材料构成；门的材质和框架由复合非金属耐腐蚀材料构成；操纵轮可选择玻璃钢、塑料或316类不锈钢；未浸入海水的部分构配件：比如齿轮箱外壳，可能覆盖最小干膜厚度为0.4mm的环氧涂层；滑块由高密度聚乙烯或聚四氟乙烯构造；齿轮轴承和轴颈为青铜；附件密封为316类不锈钢或非金属材质。（表15-19 ~ 表15-21）。

表15-19　医疗平台部件设计材质要求

名称	数量	材质	紧固件材质	表面处理	生产厂
架体组件	1套	FRP	316L	焊接抛光	国产
环链葫芦	1套	–	–	–	IP65 美国 MC
导轨组件	1套	FRP	316L	焊接抛光	国产
导向轮组件	1套	FRP	316L	焊接抛光	国产
FRP 面板	1套	FRP	316L	–	国产

表15-20　推拉门部件设计材质要求

名称	数量	材 质	表面处理	生产厂
门体组件	1套	FRP	焊接抛光	国产
导轨组件	1套	FRP	焊接抛光	国产
滑轮组件	1套	尼龙 1010	–	国产

表15-21　密封门材质要求

名称	数量	材 质	表面处理	生产厂
门体组件	1套	FRP	焊接抛光	国产
隔热层	1套	涤纶纤维防火棉	-	国产
手动葫芦小车	1套	316L（配美国 MC）	焊接抛光	国产

二、安装

（1）这部分非标设备，设计及安装通常由承包商来完成。

（2）按承包商设计经业主审批认可的施工图纸结合现场实际情况来安装。

（3）所有的预埋预留或非预埋的化学锚栓在定位后需要经过专业公司防水打胶后方可进入下一步安装工作。

（4）安装前的测量导轨槽尺寸是否符合安装要求，导轨槽及周边必须完成防水施工。

（5）框架部分安装紧固前应精确的对齐、调节平整，以保证门板在一个平面上。

（6）密封门安装后需进行水密测试。

（7）医疗平台板的开孔需要根据设计升降速度来计算开孔的规格及数量。

第 9 节　篮式过滤器

一、概述

（1）在工艺管道仪表流程图（PID）上有标明的位置安装篮式过滤器。

（2）报审资料：篮式过滤制造商产品型录、产品参数（直径、流量）、材质、尺寸及设备图纸。

二、透明塑料 Y 型过滤器

（1）透明塑料 Y 型过滤器是安装在 PVC 管道上，管径规格 DN15 ~ DN50。

（2）Y 型过滤器由透明 PVC 制成，滤网是采用 1.5mm 孔径的非金属网。端头采用法兰或双由令连接。

三、螺旋盖篮式过滤器

（1）螺旋盖篮式过滤器是安装在 PVC 管道上，管径规格 DN75 ~ DN100。

（2）立式篮式过滤器两端带法兰接口，采用 PVC 材质带氟橡胶 O 型圈及带排水塞的螺旋盖板。

（3）滤网是采用 5 mm 孔径的 316 型不锈钢滤网。

四、透明盖篮式过滤器

（1）透明盖篮式过滤器适用于管径为 DN150 毫米及以上的管道。

（2）立式篮式过滤器是 PVC 材质，外衬玻璃钢，透明亚克力顶盖。两端采用法兰连接。

（3）封闭盖：顶部的打开应为带 T 型把手或扭式搭扣的易于检修的设计。

（4）滤篮：材质采用焊接的 316 型不锈钢滤篮或尼龙材质。开孔面积不得超过4:1。

（5）设计压力：能承受 $-1.0\ \text{kgf/cm}^2$ 至 $4.0\ \text{kgf/cm}^2$ 压力进行设计制造。

五、安装

（1）配有一体式篮式过滤器的泵前不需要安装篮式过滤器。

（2）管道的施工布局设计时须考虑篮式过滤器的安装、运营操作及维修时连接需要一定的距离。

（3）篮式过滤需要有一定安装高度（考虑篮式过滤加装设备基础）为了保证与泵顺利连接，设计时考虑为匹配篮式过滤器的安装需要调整进水管及泵混凝土基础的高度。

第 10 节　鼓风机

一、用途

1. 脱气塔鼓风机

风机用于脱气塔内部通风，在脱气塔内通过波纹板填料表面由上向下的水流与由下向上的气流充分的对流接触，增加空气中的氧与水在填料层的接触，风机通风的作用如下：

（1）增加水中的溶解氧；

（2）通过水气对流接触空气中的氧可以氧化水中部分的还原性物质；

（3）把水中挥发性的气体：O_3、NH_3、CO_2、CH_4、N_2 等排出系统，稳定 pH。

（4）通过水气对流接触可以把来自砂缸与蛋分的产水充分混合均匀调整水质。

2. 化盐池鼓风机

在化盐池底部设置空气曝气系统，化盐操作时先加水然后再启动循环泵及风机—曝气系统使化盐池内部的水处于空气搅拌及循环状态，盐从投料口中倒入化盐池内，风机空气搅拌及泵循环加速盐粒与水之间相对运动、增加摩擦、气水与盐颗粒的混合搅拌加快溶盐的速度，采用快速化盐系统化盐的速度比使用传统的泵循环法要快 5 倍以上，如：400 m^3 的化盐池溶解 80 吨的盐时仅需 3 小时所有的盐就全部溶解。

二、材料报审

报审材料如下：

（1）风机选型资料：根据设计要求对风机进行选型的资料。

（2）风机主要工艺参数有：鼓风量、出口静压、电压、电流、转速、噪音、类型、防腐性能和其他条件应该按照图纸所示。

（3）设备性能参数包括：

（a）风机厂商的名称和型号。

（b）成套设备的尺寸图。

（c）特性曲线表示出：风量、出口静压、效率和功率。

（d）完整的风机描述和材料清单，包括：外壳、转子、密封条和轴。

（e）电机支持数据：电压、功率、满负荷下的转速。

（f）风机的材质、防腐性能及质量保证书。

三、鼓风机

1. 类型

风机应该用辐射状的叶轮，采用耐蚀的材料，能在含盐分的空气中持续运转。

2. 结构

（1）螺旋外壳由玻璃钢材料制成，内表面是光滑的乙烯基酯抗腐蚀涂层。

（2）由玻璃钢材料制成的叶轮用乙烯基酯涂层全方位覆盖。

（3）空气入口和出口提供与风道连接的法兰。

（4）在螺旋外壳的最低点设置排水管。

（5）完成动态平衡和工厂测试。

3. 密封圈

应该采用抗氧化的材料如 EPDM。

4. 轴

由 SUS 316 型不锈钢构成。

四、电机

电机采用全封闭风冷式，50 赫兹、380 伏。电机功率小于 0.5 kW 的应为单相 220 伏，50 赫兹。电机在没有考虑使用保险系数的情况下，在各种压力条件下运行都不应该超过负荷。

五、安装要求

1. 设备基础

（1）风机机组应当安装在一个金属基础上，整体可以搬运。

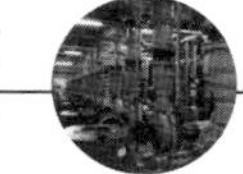

（2）各种组件在组装时应考虑方便维护保养及操作。

（3）V 型带调节：应提供带螺纹的 SUS316 不锈钢调节杆。

（4）外部涂层：所有的碳钢的金属部件应该采用富锌环氧涂料作防腐处理，然后再涂一层耐用的外部涂层。

2. 安装

（1）承包商应该按施工图纸上所示的位置及制造商的安装说明进行设备安装。

（2）按照厂商的建议进行测试。

（3）风机出口到化盐池水面以上部分管道采用 SUS316 不锈钢或热浸锌管道（因风管发热如果采用 UPVC 管会变形），水面以下管道采用 UPVC 管道。

第 11 节　板式换热器

一、概述

（1）板式换热器是维生系统保证水温稳定满足养殖要求的重要设备，板式换热器的材质必须能满足耐含臭氧海水腐蚀，板式换热器结合自动控制系统可以实现展池水温自动调节：二次侧水温高于设定值高值时一次侧热媒阀门关闭，冷媒阀门打开，对展池水降温，当水温在高值以下时，冷媒电动阀关闭，热媒阀门打开。展池升温过程控制也是类似。

（2）板式换热器接口法兰的设置需要与 PID 图纸对应的管道法兰规格相匹配。

二、材料报审

（1）设备产品型录及详尽的信息包括：

（a）进、出口温度；

（b）流量范围、压降；

（c）有效换热面积、尺寸；

（d）重量、进出口接头大小及型式、材料表。

（2）报批材料须包括设备机尺寸、材质耐腐说明、设备选型计算书。

（3）制造商产品型录。

三、规范，标准和测试

（1）必须按照非可燃性压力容器的标准来设计、装配以及测试。制造商必须持有固定式压力容器特种设备生产许可证。

（2）在装配完毕运送到现场之前，换热器必须通过不小于 8 kgf/cm^2 的静水压力测试。

四、保证

在设备交接前，制造商必须提供一个书面的保证，保证该设备无故障运行一年以上，如在一年内出现故障将承担所有的配件材料及维修费用。

五、技术要求

1. 板式换热器

深化设计施工图纸中应该表示出板式热交换的安装的位置、规格型号及数量，板式热交换器应适用于含有臭氧的海水，这些板式热交换器应符合以下规范和要求：

（1）板式换热器的板及框架，按照非可燃性压力容器的规范标记上 6.0 kgf/cm^2 的工作压力，在 130℃内工作温度，板式换热器板必须是无缝设计。

（2）耐压螺栓及螺母：耐压螺栓的长度应该满足预留的 15% 换热器板的需求。

（3）换热器板密封垫圈：

（a）密封圈制作材料要求达到“食品级”标准。

（b）要求使用无缝密封垫圈。

（c）密封圈必须采用耐海水及臭氧腐蚀的材料制作。

（4）吊装点：必须提供换热器的永久起吊点，方便设备安装及运输。

（5）盐水区域板式换热器的材料：

（a）框架：碳素钢

（b）换热器板：钛，1 级或者更好。

（c）连接杆：所有连接杆及螺丝扣为 316 不锈钢。

（d）螺母：低合金钢，热浸镀锌。

（e）密封垫圈：丁酯硬树脂橡胶或者是 EPDM 橡胶。

（f）防水板：铝或不锈钢

（g）上部和下部的顶梁：316 型不锈钢。

（h）盐水管嘴：实心钛或者钛内衬的碳素钢。

（i）冷却水管嘴：316 型实心不锈钢。

（j）压力损失应该小于 0.35 kgf/cm^2。

（6）淡水区域板式换热器的材料

（a）框架：碳素钢。

（b）换热器板：316 型不锈钢，或更好。

（c）连接杆：所有连接杆及螺丝扣为 304 型不锈钢。

（d）螺母：304 型不锈钢。

（e）密封垫圈：丁酯硬树脂橡胶或者是 EPDM 橡胶。

（f）防水板：铝或者不锈钢。

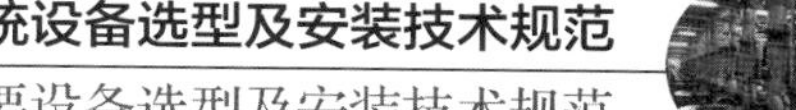

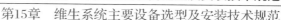

（g）上部和下部的顶梁：316 型不锈钢。

（h）连接管嘴：316 型实心不锈钢。

（i）压强损失应该小于 0.35 kgf/cm^2。

（7）涂层：所有的碳素钢表面必须加上防腐蚀的涂层，钛、铝以及不锈钢的表面不能上涂料。

（8）设备数据铭牌及产品身份牌。

在设备上固定一个永久的不锈钢数据铭牌，包含以下信息：

（a）制造商名称。

（b）模型编号。

（c）特有的序列号。

（d）管嘴的设计最大压降。

（e）管嘴的设计使用温度。

（f）清楚标记出每个管嘴的进出口类型以及流体类型。

（9）装运前的准备。

暴露在空气中的设备表面应该用方便拆除的保护膜来包裹保护，防止盐水淋浸和其他腐蚀性的物品侵害。

（10）安装

（a）严格按照制造商的推荐来进行安装。

（b）提供设备混凝土基础。

（c）按照规定安装标准插接件如：压力计、温度计。

（d）提交所要求的备用配件。

2. 管式热交换器

（1）用途：管式热交换器用于小展池的海水冷热交换处理。

（2）按照深化设计施工图纸上标注的管式热交换器设备的规格型号进行采购及安装。

（3）材料报审：

（a）提交制造商产品型录，以及相关参数包括进出口的温度、流速、压降、尺寸、重量、喷嘴大小和位置，以及材料表。

（b）在设备交接前，制造商必须提供一个书面的保证，保证该设备无故障运行一年以上，如在一年内出现故障将承担所有的配件材料及维修费用。

（4）管式换热器：

（a）将热交换器作为成套设备安装在机架上。

（b）外壳：用高壁厚的 CPVC 塑料或 SUS316 不锈钢制造。

（c）内管：处理海水用钛或者用 316L 型不锈钢。

（d）压强损失应该小于 35 kgf/cm^2。

（5）配件：

（a）冷热媒进水口：蝶阀、粗滤器、压力表、温度计、电动阀。

（b）冷热媒出水口：旋转式（或电磁）流量计。

（c）池水（工艺）进水口：蝶阀、粗滤器、温度传感器、压力表。

（d）池水（工艺）出水口：螺纹或法兰管口、电磁流量计、温度计。

（6）承包商安装：

（a）按照制造商推荐的安装要求进行安装。

（b）按照设计施工图纸提供固定托架和支撑。

第12节　维生系统臭氧设备

一、概述

臭氧机组按进气不同分为空气源臭氧机及氧气源臭氧机组（表15–22），工艺流程如下：

（1）氧气源臭氧机流程：空气——空气压缩机——冷干机——压缩空气贮罐——微热再生干燥器——制氧机——臭氧发生器——产生臭氧。

（2）空气源臭氧机：空气——空气再生干燥器——臭氧发生器——生产臭氧。

表15–22　臭氧设备特点

工艺	优点	缺点
空气源臭氧机	设备简单、投资少、维护费用低	臭氧机进气露点受天气影响较大，在梅雨季节空气湿度大，导致臭氧管经常“打火”，臭氧量不稳定，需增加空调及抽湿机等设备
氧气源臭氧机	臭氧量稳定，不受天气影响，适用于对臭氧依赖度高的维生系统	设备复杂、投资大、运行及维护费用高

维生系统臭氧设备包括：空气干燥器（或空压机、冷干机、再生干燥器、氧气制备系统）、臭氧发生器、臭氧监视器、臭氧破坏单元、文丘里注射器、蛋白分离器（臭氧接触器）、仪器仪表等组成的一个完整的系统。制造商都有至少五年以上臭氧设备的设计、制造、安装经验。

二、质量保证

（1）制造商的资格：制造商应具有至少五年以上臭氧设备制造经验。

（2）有3个以上国内外20 000 m^3 以上水体水族馆应用工程案例。

三、报审资料的提交

（1）制造商产品型录及相关参数：包括产量、流量、压力、总重量、功率、电压、制造商名字以及整装设备的型号和尺寸图。尺寸图应包括设备详细设计精确比例图，所有主要尺寸包括外廓长、宽、高度，用于吊装及安装的螺栓孔位置。提供装配总图及功能单元完整说明，控制线路图、电气接线图等。

（2）提交整套设备机组详细安装说明、产品描述和备件清单。

（a）承包商应提交设备布置图确认空间尺寸是否满足安装要求，便于与业主及制造商进行协调。

（b）保证与授权：臭氧设备供应商应提供所有配套组件、并作出安装指导及配合调试的书面保证。

（c）臭氧设备供应商应保证臭氧设备达到设计要求臭氧产量，并有臭氧监控器显示参数来判断。

（d）臭氧设备供应商应担保所有的设备工艺或材料无缺点，否则将承担因此而产生的维修费用或更换使用一年内有缺陷的设备。

（e）干燥空气制造部分设备：空气压缩机、冷干机等应有五年使用质保证书，相关设备应有制造商的标准使用年限保证单。

四、协调

（1）制造商臭氧部分自动化控制需要与承包商维生系统自动控制兼容；能根据水质ORP值自动控制系统实现对臭氧机进行启动、关停及调整臭氧量的大小等自动操作。

（2）ORP臭氧控制器是从ORP监控器提取信号用于调整臭氧气体控制阀：打开、关停及调整。ORP臭氧控制器也发信号给臭氧发生器使其在ORP高于设定值时设备关闭，低于设定值时设备启动。

五、安装

按照制造商的推荐方法、技术说明书及深化设计施工图纸进行设备安装。

臭氧机安装注意事项：

（1）臭氧机房需要满足干燥、恒温；需要配备空调及抽湿机。

（2）臭氧机房需要密封，并设置地漏及时排除地面积水。

（3）为了保持机房低湿环境，空气干燥器排气口用排气管接到室外，在干燥器再生时把大量水汽排到室外，避免水汽蒸发到机房空气中在干燥机运行中又重新被干燥机内的分子筛吸附。

（4）氧气源臭氧机组空压机排气口的温湿度较高，也需要接排气管排到室外。

（5）负压式臭氧机机房内需要安装防止海水倒流装置。

六、维生系统臭氧成套设备规格参数及选型

1. 臭氧机成套设备选型

采用负压式臭氧系统由负压式干燥机、负压式臭氧机、文丘里射流混合器、增压泵等组成，它具有以下特点：

（1）运行费用低。

负压式臭氧系统无需配置螺杆空压机、储气罐、冷干机、除油除水设备等，大幅降低了运行电费；以一套 300 克臭氧系统运行 1 年为例（以下相同），运行电费（工业用电按平均 1.0 元 / 度）：

（a）正压臭氧系统总功率：螺杆空压机 + 冷冻干燥机 + 制氧机 + 臭氧机 =20.8 kW，一年电费 20.8 × 24 × 365 × 1.0 = 182 208 元。

（b）负压臭氧系统总功率：负压干燥机 + 负压臭氧机 = 6.65 kW，一年电费 6.65 × 24 × 365 × 1.0 = 58 254 元。正压系统运行电费是负压系统的 3.12 倍（多 12.4 万元电费），运行几年，机器都已经赚到了。

（2）保养费用低。

负压式臭氧系统无需配置螺杆空压机、除油除水设备等，大幅降低了设备日常保养费用，具体如下：

（a）正压臭氧系统保养费用：螺杆空压机是每 2500 小时更换机油和三滤，每年需保养 3 ~ 4 次，每次费用约 2000 元，高效除油器和 3 个精密过滤器滤芯每年更换 1 次，费用约 1000 元，两项合计一年保养费用约为 8000 元。

（b）负压臭氧系统保养费用：整个系统里面只有 1 个粉尘过滤器需要保养，由于是过滤粉尘的，5 年更换 1 次滤芯即可，平均每年保养费用约为 40 元。

（3）机房占地面积小。

正压 300 克一套臭氧机房面积需要 30 m^2 左右；因负压系统只有 2 台设备，机房面积仅需 7 ~ 8 m^2，大幅节约了空间，另外空压机和冷干机排热量很大，还需要做导热风管 + 抽风机，将热量抽出排到户外（图 15–15）。

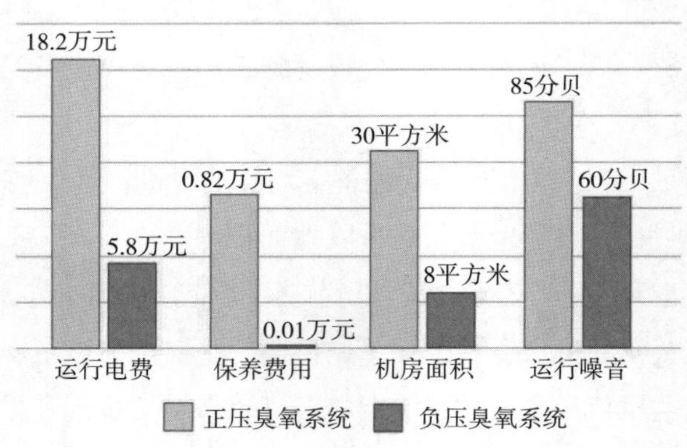

图15–15　正压与负压臭氧系统对比

（4）运行噪音低。

正压系统因为有螺杆空压机和冷冻干燥机，机房运行噪音可达 85 分贝，而负压系统没有这两个设备，机房运行噪音可低至 60 分贝；机房不需要做隔音处理或远离办公区域（游客参观区域）。

（5）系统运行更安全、可靠、故障率低。

（a）由于整个臭氧系统内呈负压（真空）状态，不存在臭氧泄漏的问题，运行及维修过程比较安全。

（b）正压系统气源是靠螺杆空压机提供，气源里面油和水汽会泄漏进入干燥机、制氧机，会影响到制氧机的纯度及臭氧机的产量，微量的油和水汽会对臭氧管放电室造成污染，导致臭氧浓度下降或电极损坏！

（c）负压臭氧系统气源为环境空气，不存在油和水汽的问题，所以运行更加可靠，故障非常率低。

2. 负压干燥机设备选型（表15-23）

表15-23　负压干燥机设备选型

型号	供气量	供气露点	电压	功率	输出接口	尺寸（mm^3）	质量
ADW-500-F	5 m^3/h	-70℃	220V	0.45 kW	DN15 内丝	680×590×1500	85 kg
ADW-700-F	7 m^3/h			0.45 kW	DN15 内丝	680×590×1500	95 kg
ADW-1000-F	10 m^3/h			0.55 kW	DN25 内丝	800×750×1500	125 kg
ADW-1500-F	15 m^3/h			0.65 kW	DN25 内丝	800×750×1900	145 kg
ADW-2000-F	20 m^3/h			0.65 kW	DN25 内丝	800×750×1900	155 kg

3. 负压臭氧机设备选型表（表15-24）

表15-24　负压臭氧机设备选型

型号	产量	电压	功率	冷却水量	接口	尺寸（mm^3）	质量
SOZ-YW-20G-F	20 g/h	220 V	0.5 kW	200 L/h	DN15 内丝	850×400×1250	58 kg
SOZ-YW-30G-F	30 g/h		0.75 kW	200 L/h	DN15 内丝		65 kg
SOZ-YW-50G-F	50 g/h		1.0 kW	300 L/h	DN15 内丝		75 kg
SOZ-YW-100G-F	100 g/h	3×380 V	2.0 kW	400 L/h	DN15 内丝	1000×500×1550	85 kg
SOZ-YW-150G-F	150 g/h		3.0 kW	600 L/h	DN15 内丝		95 kg
SOZ-YW-200G-F	200 g/h		4.0 kW	800 L/h	DN25 内丝	1100×800×1550	150 kg
SOZ-YW-300G-F	300 g/h		6.0 kW	1000 L/h	DN25 内丝		170 kg
SOZ-YW-400G-F	400 g/h		8.0 kW	1200 L/h	DN25 内丝	1200×800×1900	350 kg

4. BNP 负压干燥机工作原理及特点

负压式干燥机由干燥筒（两组干燥筒）、发热装置、电磁阀、真空泵、露点变送器、西门子PLC系统等组成，环境空气经负压吸入干燥筒深度干燥后输出，输出气体露点实时在线监控，A干燥筒饱和后系统自动切换为B干燥筒供气，A干燥筒由PLC系统精确控温再生（图15-16）。主要内部特点如下：

（1）西门子 PLC 系统控制，多重保护功能，分子筛精确控温再生。

（2）进口分子筛干燥剂，最低供气露点可达到 -80℃。

（3）日本原装进口 SMC 电磁阀，运行可靠。

（4）芬兰 Vaisala 进口露点变送器，运行稳定数据准确。

（5）负压启停机器，有负压时机器工作，无负压时停止并报警。

（6）露点数据在线记录储存，可用 U 盘导出数据查看。

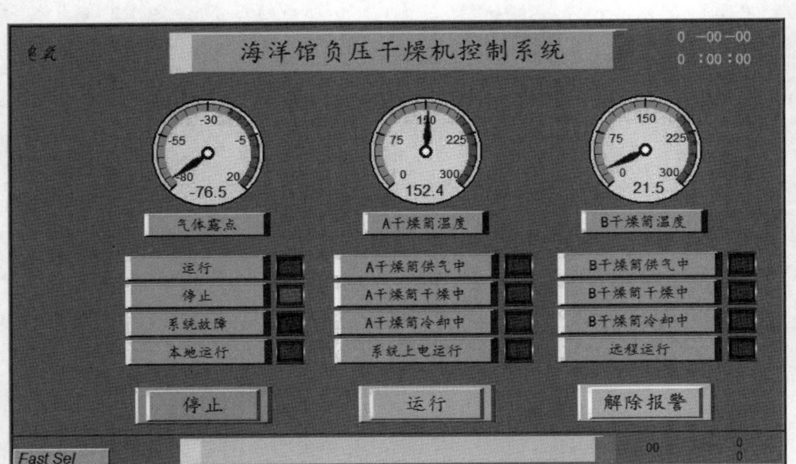

图15-16　负压干燥机

第 13 节　紫外线消毒器

一、概述

（1）按已批准了的深化设计施工图纸要求的数量、规格、型号提供及安装。

（2）制造商的资质要求：制造商应至少有 5 年以上同类产品的成功制造经验。

二、材料报审

（1）提交 UV 灯具制造商提供的文献及数据。

（2）自交付之日起，对所提供设备应提供两年以上质保。

（3）提交设备尺寸、处理能力、材料清单、使用环境、电气要求和建议安装方案。

（4）提交制造商产品型录。

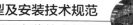

三、设计和性能

（1）设计：UV灯消毒器应用于海水设计，使用FRP、UPVC或高密度聚乙烯（HDPE）外壳。

（2）灭菌效果：经消毒后处理水杀菌率大于99.9%。

（3）紫外线强度：照射量90 000 μW/cm² 以上才能达到有效的消毒。

（4）水流量：当在90 000 μW/cm² 工作条件下灭菌器进出口压降不得大于0.35 kgf/cm²。

（5）压力：最大设计工作压力≥ 4 kgf/cm²；试验压力应不低于4 kgf/cm²。

（6）温度：环境空气温度为 -5 ～ 50℃，工艺水温的范围在5 ～ 40℃。

（7）紫外线照射水流模式设计：应确保通过紫外线杀菌灯时产生充分的湍流。

（8）灯泡寿命：灯泡寿命9 000小时，应不低于80% UV-C的输出。

（9）过热：为防止部件在无流动时过热破坏，组件不考虑流体降温；须安装自动超温电源切断开关。

（10）UV灯石英管表面清洁，工作一段时间后UV灯表面有有机污染物粘着，影响杀菌效果，需要有UV灯石英管外表面自动清洁装置。

（11）为了方便取样分析杀菌效果，在UV灯进出口设置取样阀。

四、配件及材质要求

（1）灯：该灯应使用内部的涂层，以减少日晒的影响。

（2）套管：灯套应为石英玻璃设计，用于紫外光线。

（3）外壳：外壳部件应选择UPVC、HDPE、PTFE、石英玻璃或316型不锈钢等耐腐蚀的材料制作。

（4）外部材料：外箱和硬件（不接触工艺水）应为不锈钢或塑料制成。

五、电器及仪表

（1）电源应220伏，50赫兹，单相。

（2）仪表及按钮：

（a）须为UV灯的工作指示提供单独的LED显示屏。

（b）应提供复位运行时间记录仪（到9 999小时）。

（c）自动清洗装置选择按钮开关。

（d）主电源指示灯。

六、安装

按照制造商的推荐方法、技术说明书及图纸进行设备安装。

七、紫外线杀菌器规格表（表 15–25）

表15–25 紫外线杀菌器规格

序号	型号	处理量	壳体	功率	接口	备注
1	CAT–UV–2T39–1	2 m^3/h	UPVC	39 kW × 1	63	
2	CAT–UV–4T39–2	4 m^3/h	UPVC	39 kW × 2	63	
3	CAT–UV–8T39–4	8 m^3/h	UPVC	39 kW × 4	63	
4	CAT–UV–20T39–5	20 m^3/h	UPVC	39 kW × 4	75	
5	CAT–UV–25T39–6	25 m^3/h	UPVC	39 kW × 6	75	
6	CAT–UV–25T80–3	25 m^3/h	UPVC	80 kW × 3	75	
7	CAT–UV–30T80–4	30 m^3/h	UPVC	80 kW × 4	75	
8	CAT–UV–35T80–5	35 m^3/h	UPVC	80 kW × 5	75	
9	CAT–UV–40T80–6	40 m^3/h	UPVC	80 kW × 6	90	
10	CAT–UV–50T80–7	50 m^3/h	UPVC	80 kW × 7	90	
11	CAT–UV–60T80–8	60 m^3/h	UPVC	80 kW × 8	110	
12	CAT–UV–70T155–5	70 m^3/h	UPVC	155 kW × 5	110	
13	CAT–UV–80T155–6	80 m^3/h	UPVC	155 kW × 6	110	
14	CAT–UV–90T155–7	90 m^3/h	UPVC	155 kW × 7	110	
15	CAT–UV–100T155–8	100 m^3/h	UPVC	155 kW × 8	110	

第 14 节 蛋白质分离器

一、概述

（1）蛋白质分离器的安装包括：基础制作、设备就位、工艺管道连接、喷淋管道连接、臭氧管道连接、射流泵及电磁阀电气接线等。

（2）蛋白质分离器的制造图纸应该显示设计的平面、立面、剖面及节点大样图。制造商根据设计图来进行蛋白质分离器的制作和安装。

（3）蛋白质分离器分两种类型：

（a）一体式：采用 UPVC、HDPE、FRP、PP 等材料制作罐身，顶部泡沫收集器采用丙烯酸塑料制作，运输时分开打包，现场再组装成整体。

（b）混凝土蛋白质分离器：方形或圆形的罐身采用钢筋混凝土制作，内部作 FRP 防腐处理，顶部采用 FRP 或丙烯酸塑料制作的泡沫收集器，适用于大型展池处理流量大的维生系统。

（4）质量保证。

蛋白质分离器是维生系统注入臭氧的设备之一，蛋白质分离器内臭氧的浓度高、腐蚀性强，要求蛋白质分离器内部的部件需要采用耐腐蚀的非金属材料制作，紧固件采用 SUS316 不锈钢材料。

二、材料报审

（1）报审资料：制造商产品型号名录、所有构件详细的深化设计图纸、提供构件规格尺寸、安装流程和固定的方法，以及电磁阀、流量计、射流泵、仪表等设备的安装位置。

（2）提交所有配件：包括泵、射流器、喷淋及阀门的规格型号及品牌。

（3）提交产品质量保证承诺书及免费维保年限。

三、设计和性能

（1）蛋白质分离器的工作原理与设计：蛋白质分离器是通过射流泵及射流器把吸入的空气及臭氧气体在蛋白质分离器内产生致密的气泡浮上去除水中的悬浮物，通过注入的臭氧可以氧化分解水中有机物、杀灭水中的细菌、病毒、藻类等达到净化水质的目的。制造商应根据实际情况结合多年的设计、安装、调试及售后维保经验来深化施工图设计。

（2）蛋白质分离器罐体可选用 UPVC、HDPE、FRP、PP 等材料制作。按照设计图纸的要求，罐体结构、尺寸、容积、罐体承受静压等需要通过处理水接触停留时间及承重荷载等计算确定。主体部分材料要求耐氧化腐蚀，在高臭氧浓度的情况下能长期使用。

（3）罐底部设计应有锚固预留开孔以便在设备就位后与基础连接固定。

（4）上部泡沫收集器按照设计制造详图所示用透明的丙烯酸塑料来制作。

（5）射流泵：为了确保蛋白质分离器性能达到设计要求，射流器及射流泵等外部设备及配件应由蛋白质分离器的供应商负责提供及安装。

（6）喷淋冲洗系统：成套的蛋白质分离器应包括泡沫收集器的喷淋系统，泡沫收集器内有两套喷淋管路，一套是海水喷淋器：采用海水对泡沫出口管内部进行喷淋，另一套是淡水喷淋器：用淡水对泡沫收集器泡沫出口管管外部的空腔进行喷淋，这一路喷淋水通过排污管排到污水管网。

（7）供应商根据用途选择喷淋器喷嘴。

（8）喷淋器阀门：喷淋器管线阀门由蛋白质分离器供应商来提供及安装。

（9）喷淋器定时器：为了让喷淋系统定时启动自动喷淋，需要安装时间继电器控制喷淋管道电磁阀的开关状态，时间继电器可以手动设定喷淋时间及周期。

四、安装

（1）蛋白质分离器设备基础制作需要结合以下因素综合考虑：蛋白质分离器高度、产水管出口管高度、脱气塔进水管标高、机房地面与顶板的净空距离、蛋白质分离器泡沫收集器顶部与楼顶板保持至少 500 mm 的管道安装空间等，然后确定蛋白质分离器设备基础的高度。

（2）蛋白质分离器定位及构件连接：

（a）组装连接：罐体内部管道及配件、泡沫收集器及外罩、面管、流量计、液位管、喷淋管道、臭氧射流器等组装连接后，微调设备及配件最后再紧固接头。

（b）加固顶端和中央截面的侧向支撑。

（c）从方便运行操作、方便维修、方便保养再结合射流泵、工艺进出水管、臭氧管道及喷淋管道等连接的角度调整蛋白分离器的安装方向。

（d）定位后将罐身底部与钢筋混凝土基础采用化学锚栓连接。

（3）按照设计图纸和制造商的建议连接进出水管道、喷淋管道及臭氧等管道。

五、维生系统蛋白质分离器规格与选型

1. 主要大型蛋白质分离器（图 15-17、图 15-18、表 15-26、表 15-27）

NPS 蛋白分离器的每一个部件的组合系统，都是经过 EMAUX 开发团队认真思考研发而成，他们对于产品的 技术参数细节相当关注。

图15-17　大型蛋白质分离器

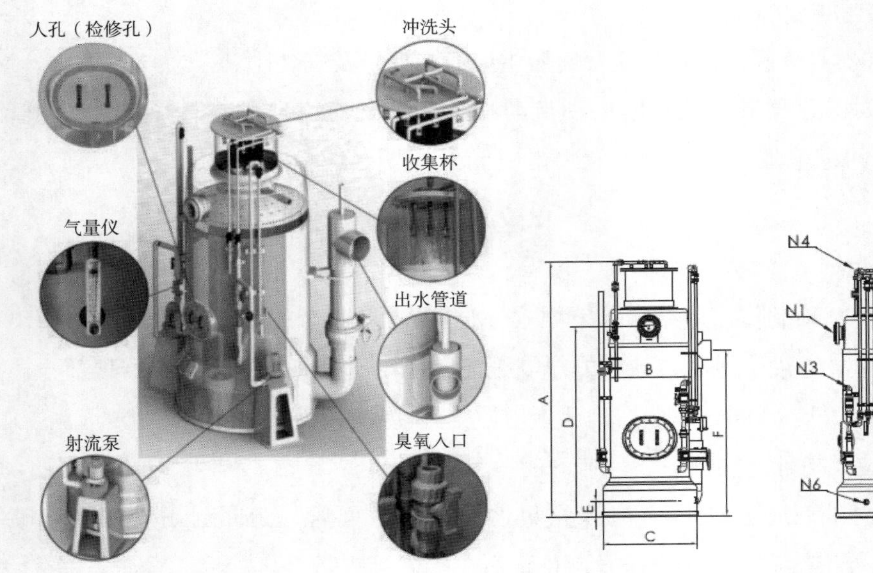

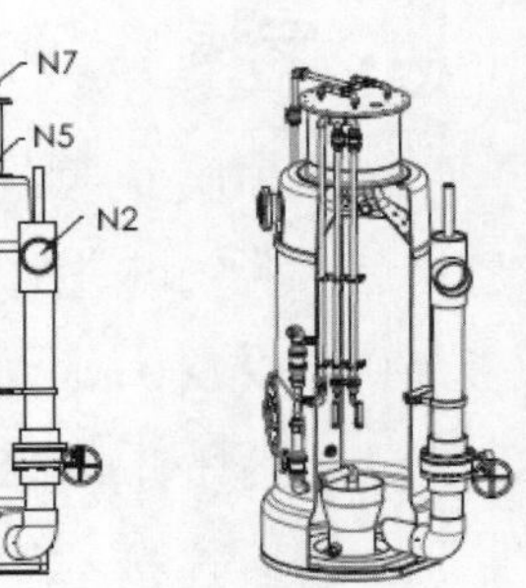

图15-18　蛋白质分离器结构

表15-26　蛋白质分离器参数

型号	15 min 滞留时间流量（m^3/h）	2 min 滞留时间流量（m^3/h）	文丘里工作压力（m）	射流泵型号	射流泵型号
NPS410	9.6	7.2	16.5	1585*1	SR10*1
NPS600	24	18	15.5	1584*1	SR10*1
NPS800	45.6	34.2	13.5	2081*1	SR10*1
NPS1000	74	55.5	16.5	2081*1	SR10*1
NPS1200	107.6	80.7	13.5	2081*2	SR10*2
NPS1400	152.4	114.3	16.5	2081*2	SR10*2
NPS1600	220	165	18.5	2081*2	SR10*2
NPS2000	460	345	16.5	2081*3	SR10*3

型号	尺寸 DIM A（mm）	尺寸 DIM B（mm）	尺寸 DIM C（mm）	尺寸 DIM D（mm）	尺寸 DIM E（mm）	出水口参考高度 F（mm）	进水口 Inlet N1（mm）	出水口 Outlet N1（mm）
NPS410	2200	410	500	1770	160	1280	63	90
NPS600	2718	600	720	2100	150	1760	90	110
NPS800	2992	800	940	2290	180	1900	110	160
NPS1000	3281	1000	1180	2425	200	2000	160	200
NPS1200	3442	1200	1380	2500	200	2000	160	200
NPS1400	3510	1400	1640	2570	230	2030	200	250
NPS1600	3834	1600	1870	2800	270	2200	200	315
NPS2000	4832	2000	2300	3780	285	3150	200*2	250*2

型号	射流泵出水口 N3（mm）	射流泵出水口 N6（mm）	冲洗进水口 N4（mm）	排污口 N5（mm）	冲洗管盖排气孔 N7（mm）
NPS410	50	63	20	50	50
NPS600	50	63	32	63	50
NPS800	63	63	32	63	63
NPS1000	63	63	32	63	63
NPS1200	63	63	32	63	63
NPS1400	63	63	32	63	63
NPS1600	63	63	32	90	63
NPS2000	63	63	32	90	63

表15-27　富尔斯特节能环保型蛋白质分离器规格选型表

名称	规格（mm）	处理水量（m^3/h）	进水口直径（mm）	出水口直径（mm）	配件	配置	进气量（g/m^3）	备注
蛋白质分离器	φ 2000*H3500	200	φ160	φ315	3台射流泵，3个射流器，进、出水管径 φ50 mm	FUERSITE 蛋白专用泵 3.3 kw / 射流器 MAZZEI	20 ~ 40	PP材质带自动清洗功能
蛋白质分离器	φ 1800*H3500	150	φ160	φ250	3台射流泵，3个射流器，进、出水管径 φ50 mm	FUERSITE 蛋白专用泵 3.3 kw / 射流器 MAZZEI	20 ~ 40	PP材质带自动清洗功能
蛋白质分离器	φ 1500*H3500	120	φ110	φ200	2台射流泵，2个射流器，进、出水管径 φ50 mm	FUERSITE 蛋白专用泵 2.2 kw / 射流器 MAZZEI	20 ~ 40	PP材质带自动清洗功能
蛋白质分离器	φ 1200*H3500	100	φ110	φ200	2台射流泵，2个射流器，进、出水管径 φ50 mm	FUERSITE 蛋白专用泵 1.5 kw / 射流器 MAZZEI	20 ~ 40	PP材质带自动清洗功能
蛋白质分离器	φ 1000*H3500	95	φ110	φ160	2台射流泵，2个射流器，进、出水管径 φ50 mm	FUERSITE 蛋白专用泵 1.5 kw / 射流器 MAZZEI	20 ~ 40	PP材质带自动清洗功能
蛋白质分离器	φ 900*H3500	65	φ90	φ160	1台射流泵，1个射流器，进、出水管径 φ50 mm	FUERSITE 蛋白专用泵 0.75 kw / 射流器 MAZZEI	20 ~ 40	PP材质带自动清洗功能
蛋白质分离器	φ 600*H3500	40	φ75	φ160	1台射流泵，1个射流器，进、出水管径 φ50 mm	FUERSITE 蛋白专用泵 0.37 kw / 射流器 MAZZEI	15 ~ 30	PP材质带自动清洗功能
蛋白质分离器	φ 400*H3500	15	φ50	φ63	1台射流泵，1个射流器，进、出水管径 φ50 mm	FUERSITE 蛋白专用泵 0.25 kw / 射流器 MAZZEI	15 ~ 30	PP材质带自动清洗功能

2. 小型蛋白质分离器（图 15-19、表 15-28 ～表 15-30）

图15-19　小型蛋白质分离器

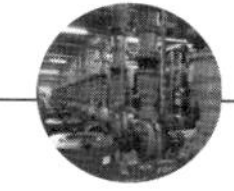

表15-28　小型蛋白质分离器技术参数1

型号	适用水体	电压 / 功率	最大流量	最大吸气量	仓身	建议供水量	占地尺寸
GL-50T	50T	AC220-240 V 180 W	25 T/H	2600 L/H	400 mm	25 T/H	750 mm × 750 mm × 2300 mm
GL-100T	100T	AC220-240 V 180 W*2	50 T/H	2600 L/H*2	500 mm	30 T/H	850 mm × 850 mm × 2400 mm
GL-150T	150T	AC220-240 V 180 W*2	50 T/H	2800 L/H*2	600 mm	40 T/H	950 mm × 950 mm × 2400 mm
GL-200T	200T	AC220-240 V 180 W*3	75 T/H	2800 L/H*3	800 mm	50 T/H	1200 mm × 1200 mm × 2400 mm
GL-300T	300T	AC220-240 V 180 W*4	100 T/H	2800 L/H*4	1000 mm	60 T/H	1400 mm × 1400 mm × 2400 mm

表15-29　小型蛋白质分离器技术参数2

型号	适用水体（L）	泵	电压 / 功率	最大流量	最大吸气量	最大水处理量	建议供水量	占地尺寸
GLN-0.5T	400 ~ 700	HP-1500	DC24 V, 12 W	1500 L/H	600 L/H	900 L/H	160 ~ 200 mm	190 mm × 180 mm × 450 mm
GLN-1.5T	500 ~ 1000	HP-2500	DC24 V, 25W	2500 L/H	900 L/H	1600 L/H	180 ~ 220 mm	240 mm × 210 mm × 560 mm
GLN-1.5T	800 ~ 2000	HP-4000	DC24 V, 35W	4000 L/H	1450 L/H	2600 L/H	200 ~ 230 mm	2950 mm × 260 mm × 600 mm
GLN-2.5T	1000 ~ 2600	HP-6000	DC24 V, 50 W	6000 L/H	1800 L/H	4200 L/H	210 ~ 240 mm	320 mm × 340 mm × 610 mm
GLN-3.5T	1500 ~ 3500	HP-8000	DC24 V, 68 W	8000 L/H	2200 L/H	5800 L/H	210 ~ 240 mm	400 mm × 350 mm × 680 mm

表15-30　内置蛋白质分离器规格

型号	水泵	流量	最大吸气量	试用水体	占地尺寸
A-130	HP-1500 针刷泵	1500 L/H	600 L/H	400 ~ 700	200 mm × 190 mm × 485 mm
A-170	HP-2500 针刷泵	2500 L/H	900 L/H	500 ~ 1000	230 mm × 210 mm × 530 mm
A-230	DC4000 针刷泵	4000 L/H	1450 L/H	8400 ~ 2000	285 mm × 260 mm × 600 mm
A-250	DC6000 针刷泵	6000 L/H	1800 L/H	10400 ~ 2600	320 mm × 340 mm × 610 mm
A-300	DC8000 针刷泵	8000 L/H	2200 L/H	1500 ~ 3000	400 mm × 350 mm × 680 mm

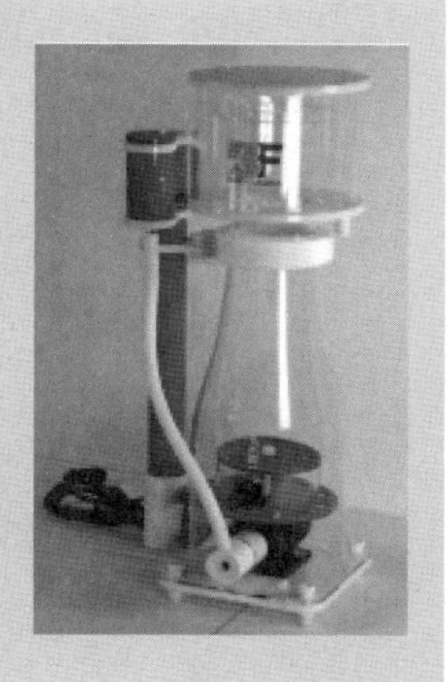

第 15 节　风冷热泵机组

一、概述

（1）维生系统冷热水机组建议选用四管的风冷热泵机组（冷进冷出、热进热出）为系统提供冷热媒，节约了空间及投资成本，风冷热泵机组按照深化设计施工图纸所示的参数配置及安装。

（2）风冷热泵机组可适用于淡水、海水介质中。

（3）制造商的资质：必须有 5 年以上风冷热泵机组设计、制造加工及安装行业经验，有三个以上同类项目成功安装的案例。

二、材料报审

（1）报审资料提交：风冷热泵机组产品型录、设备的选型参数、规格型号、详细的深化设计图、提供设备尺寸、构件和施工详图、安装和连接的方法、其他配件的图纸及技术资料。

（2）承包商对所提供的设备质量作出书面承诺，承诺按照深化设计图来进行设备的加工、制造及安装。保证产品三年无故障运行，如设备有损坏由供应商免费进行维修。

三、风冷热泵机组设计规范

（1）GB/T18430. 1–2007 蒸汽压缩循环冷水（热泵）机组工业用和类似用途的冷水（热泵）机组。

（2）GB/10870–2001《容积式和螺杆式冷水（热泵）机组性能试验方法》。

（3）JB/8654–1997《容积式和螺杆式冷水（热泵）机组安全要求》。

（4）JB/T6917–1993《制冷装量用压力容器》。

（5）GB150–89《钢制压力容器》。

（6）GB151–89《钢制壳管式换热器》。

四、维生系统风冷热泵机组选型计算

制冷 / 热量 = 冷冻 / 热水流量 ×4.18× 温差 × 系数

（1）冷冻 / 热水流量指设备工作时所需冷 / 热水流量，单位需换算为升 / 秒。

（2）温差指设备进出水之间的温差，单位为℃。

（3）4.18 为定量（水的比热容），单位为 kJ/kg · ℃。

（4）选择风冷式冷 / 热水机时需乘安全系数 1.3，选择水冷式冷 / 热水机则乘安全系数 1.1。

（5）根据计算的制冷 / 热量选择相应的机器型号。

（6）计算出制冷 / 热量的单位为 kJ/h，1 kW = 3 600 kJ/h。

一般习惯对冷 / 热水机要配多大用 P 来计算，但最主要的是知道额定制冷 / 热量，例如：风冷 / 热的 2.5 kW 时选择用 1P 的机器，依此类推。所以冷 / 热水机组的选用最重要的是求出额定制冷 / 热量。

五、冷 / 热水机制冷 / 热量的计算方式

（1）体积 (升) × 升温度数 ÷ 升温时间 (分) × 60 ÷ 0.86 (系数) = (W)

（2）体积 (立方米) × 升温度数 ÷ 升温时间 (时) ÷ 0.86 (系数) = (kW)

六、冷 / 热水机选型方法

（1）能量守恒法 $Q = W_{入} - W_{出}$。

Q：热负荷（kW）$W_{入}$：输入功率（kW）$W_{出}$ = 输出功率（kW）

则 $Q = W_{入} - W_{出}$

（2）时间温升法 $Q = Cp \cdot r \cdot V \cdot \Delta T/H$

Q：热负荷（kW）

Cp：定压比热（kJ/kg・℃）

r：密度（kg/m^3）

V：总水量 (m^3)

ΔT：水温差℃ $\Delta T = T_2 - T_1$

H：时间（h）

例：0.5 m^3 水一小时温度从 10℃升到 15℃，求热负荷是多少（kW）？

r =1 000 kg/m^3，Cp 水 =4.18kJ/kg・℃

则 $Q = Cp \cdot r \cdot V \cdot \Delta T/H = 4.18 \times 10^3 \times 0.5 \times 5/1$ kJ/h= 10 450 kJ/h = 2.9 kJ/s = 2.9 kW

（3）温差流量法 $Q = Cp \cdot r \cdot Vs \cdot \Delta T/H$

Q：热负荷（kW）

Cp：定压比热（kJ/kg.℃）

r：密度（kg/m^3）

Vs：水流量（m^3/h）

ΔT：水温差 $\Delta T = T_2$（出水温度）$- T_1$（进水温度）

（4）例：某设备需要降温，以水为载冷剂水流量为 1.5m^3/h，进水温度 10℃，出水温度为 20℃，计算所需制冷量。

$Q = Cp \cdot r \cdot Vs \cdot \Delta T = 4.18 \times 1000 \times 1.5 \times 10$ kJ/h = 62 700 kJ/h = 17.4 kJ/s = 17.4 kW

七、安装

1. 冷 / 热水机组各部件材质与防腐要求（表 15-31）

表15-31　各部件材质与防腐要求

部件名称	功能	材质	防腐处理
机架	支撑、保护系统	碳钢	外涂环氧漆
制冷系统连接管路	制冷系统工艺	铜	

续表

部件名称	功能	材质	防腐处理
工艺水系统连接管路	水系统工艺	不锈钢 316	
冷凝器	系统散热	铜管 + 碳钢外壳	外涂环氧漆
蒸发器	系统制冷	铜管 + 碳钢外壳	外涂环氧漆
压缩机	压缩冷媒	碳钢 = 铜	外涂环氧漆
过滤器	过滤冷媒	碳钢	外涂环氧漆
膨胀阀	节流	铜	

2. 主要材质

（1）与海水接触的管道、通道、部件采用 SUS316 材料。

（2）碳钢支架及外壳采用环氧防腐处理。

3. 安装

（1）风冷热泵机组按照深化设计施工图进行安装、安装前需要确认：安装现场空间是否满足要求、设备接口与现场接管的规格尺寸是否匹配，如果不匹配则需要加工转换接头来连接。

（2）当设备是安装在室外时则需要选择户外型的设备，需要考虑设备的防风、防雨、防漏电、防腐蚀等方面性能。

（3）确认风冷热泵机组的参数及电缆规格与报审资料是否相符。

（4）设备安装前有必要做混凝土设备基础、基础高度在 300 mm 以上，防止设备长期浸泡在积水中。

（5）户外型设备连接电源时电缆要求采用下进线由低往上接到设备内。防止上进线时有雨水流入设备内。

八、维生系统风冷热泵机组参数与选型（图 15-20、表 15-32 ~表 15-35）

图15-20　风冷热泵的设备外型

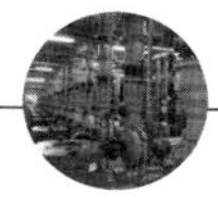

表15-32　风冷箱式冷水机规格1

参数	型号		BLD-01A	BLD-02A	BLD-03A	BLD-04A	BLD-05A	BLD-06A	BLD-08AD	BLD-10AD
制冷量	kW		2.94	5.67	8.39	10.9	13.95	16.9	21.8	28.01
	kcal/h*		2528	4872	7216	9374	11990	14530	18748	24089
总输入功率	kW		1.31	2.6	3.6	4.5	5.5	6.6	8.6	11
电源			1N-220V 50Hz			3N-380V-50Hz				
制冷剂	名称		R22							
	充注量	kg	0.8	1.8	2.7	3.5	4.3	5	3.5x2	4.3x2
	控制方法		毛细管							
压缩机	类型		全封闭回转式			全旋式或活塞式封闭涡旋式				
	功率	kw	0.75	1.5	2.25	3	3.75	4.5	3x2	3.75x2
冷却风量	m^3/h		1000	2000	3000	4000	5000	6000	8000	10000
冷冻水	水量	m^3/h	0.51	0.97	1.44	1.87	2.4	2.91	3.75	4.82
	水箱	m^3	0.028	0.038	0.038	0.065	0.065	0.11	0.11	0.188
	进出水管径		G1/2”	G1/2”	G1/2”	G1/2”	G1”	G1”	G1””	G1”
水泵	功率	kW	0.375	0.55	0.55	0.55	0.75	0.75	0.75	1.5
	压力	kPa	180	250	242	242	290	290	290	305
外形尺寸	长	mm	600	820	945	945	1035	1200	1470	1475
	宽	mm	400	460	550	550	610	650	710	715
	高	mm	940	1170	1370	1370	1385	1480	1700	1695
质量	kg		65	120	130	160	170	250	270	350

*　1 cal = 4.2 J，后同。

表15-33　风冷箱式冷水机规格2

参数	型号		BLD-12AD	BLD-15AD	BLD-20AD	BLD-25AD	BLD-30AD	BLD-40AD	BLD-50AD	BLD-60AD
制冷量	kW		33.79	44.15	59.08	71.72	87.2	113.58	135.49	181.68
	kcal/h		29059	37965	50805	61683	74992	97675	116521	156249
总输入功率	kW		13.3	7	22.8	27.7	33.7	42.8	51.1	68.8
电源			3N-380V/415V 50Hz/60Hz							
制冷剂	名称		R22							
	充注量	kg	5x2	6.5x2	8.5x2	10.5x2	12.5x2	17x2	20.5x2	24.9x2
	控制方法		毛细管或外平衡式热功力膨胀阀							
压缩机	类型		全封闭涡旋式或活塞式							
	功率	kW	4.5x2	5.5x2	7.5x2	9.4x2	11.3x2	15x2	18.8x2	22.5x2
冷却风量	m^3/h		12000	15000	20000	25000	30000	40000	48000	66000

续表

参数	型号		BLD-12AD	BLD-15AD	BLD-20AD	BLD-25AD	BLD-30AD	BLD-40AD	BLD-50AD	BLD-60AD
冷冻水	水量	m^3/h	5.81	7.6	10.16	12.34	15	19.53	23.3	30.52
	水箱	m^3	0.188	0.285	0.285	0.405	0.405	0.61	0.61	0.7
	进出水管径		G1-1/2”	G2”	G2”	G2-1/2”	G2-1/2”	G3”	G3”	G3”
水泵	功率	kW	1.5	1.5	2.2	2.2	4	4	4,	4
	压力	kPa	205	205	220	220	250	250	250	250
外形尺寸	长	mm	1460	1800	1960	2080	2080	2300	2300	3556
	宽	mm	800	890	940	1000	1000	1220	2200	2200
	高	mm	1780	1880	1960	2055	2055	2310	2210	2210
质量	kg		370	520	590	790	880	1100	1280	1420
备注	冷量是依据冰水入口温度12℃，出口温度7℃；冷却水进口温度30℃，出口温度35℃计算得出									

表15-34　风冷热泵机组规格1

参数	型号		BLD-01AH	BLD-02AH	BLD-03AH	BLD-04AH	BLD-05AH	BLD-06AH	BLD-08AH	BLD-10AH
制冷量	kW		2.94	5.67	8.39	10.9	13.95	16.9	21.8	28.01
	kcal/h		2528	4872	7216	9374	11990	14530	18748	24089
制冷热	kW		3.52	7.09	10.49	13.63	17.45	20.28	26.16	33.61
总输入功率	kW		1.31	2.6	3.6	4.5	5.5	6.6	8.6	11
电源			1N-220V 50Hz			3N-380V-50Hz				
制冷剂	名称		R22							
	充注量	kg	0.8	1.8	2.7	3.5	4.3	5	3.5x2	4.3x2
	控制方法		毛细管							
压缩机	类型		全封闭回转式			全旋式或活塞式封闭涡旋式				
	功率	kW	0.75	1.5	2.25	3	3.75	4.5	3x2	3.75x2
冷却风量	m^3/h		1000	2000	3000	4000	5000	6000	8000	10000
冷冻水	水量	m^3/h	0.51	0.97	1.44	1.87	2.4	2.91	3.75	4.82
	水箱	m^3	0.028	0.038	0.038	0.065	0.065	0.11	0.11	0.188
	进出水管径		G1/2”	G1/2”	G1/2”	G1/2”	G1”	G1”	G1” -1/2”	G1-1/2”
水泵	功率	kW	0.375	0.55	0.55	0.55	0.75	0.75	0.75	1.5
	压力	kPa	180	250	242	242	290	290	290	305
外形尺寸	长	mm	600	820	945	945	1035	1200	1470	1475
	宽	mm	400	460	550	550	610	650	710	715
	高	mm	940	1170	1370	1370	1385	1480	1700	1695
质量	kg		65	120	130	160	170	250	270	350

表15-35　风冷热泵机组规格表2

参数	型号		BLD-12AH	BLD-15AH	BLD-20AH	BLD-25AH	BLD-30AH	BLD-40AH	BLD-50AH	BLD-60AH
制冷量	kW		33.79	44.15	59.08	71.72	87.2	113.58	135.49	181.68
	kcal/h		29059	37965	50805	61683	74992	97675	116521	156249
制热量	kW		40.55	52.98	70.85	86.06	104.64	136.29	162.59	218.02
总输入功率	kW		13.3	7	22.8	27.7	33.7	42.8	51.1	68.8
电源			3N-380V/415V 50Hz/60Hz							
制冷剂	名称		R22							
	充注量	kg	5x2	6.5x2	8.5x2	10.5x2	12.5x2	17x2	20.5x2	24.9x2
	控制方法		毛细管或外平衡式热功力膨胀阀							
压缩机	类型		全封闭涡旋式或活塞式							
	功率	kW	4.5x2	5.5x2	7.5x2	9.4x2	11.3x2	15x2	18.8x2	22.5x2
冷却风量	m^3/h		12000	15000	20000	25000	30000	40000	48000	66000
冷冻水	水量	m^3/h	5.81	7.6	10.16	12.34	15	19.53	23.3	30.52
	水箱	m^3	0.188	0.285	0.285	0.405	0.405	0.61	0.61	0.7
	进出水管径		G1-1/2”	G2”	G2”	G2-1/2”	G2-1/2”	G3”	G3”	G3”
水泵	功率	kW	1.5	1.5	2.2	2.2	4	4	4,	4
	压力	kPa	205	205	220	220	250	250	250	250
外形尺寸	长	mm	1460	1800	1960	2080	2080	2300	2300	3556
	宽	mm	800	890	940	1000	1000	1220	2200	2200
	高	mm	1780	1880	1960	2055	2055	2310	2210	2210
质量	kg		370	520	590	790	880	1100	1280	1420
备注	冷量是依据冰水入口温度 12℃，出口温度 7℃；冷却水进口温度 30℃，出口温度 35℃计算得出									

第16章　维生系统仪表选型技术规范

一、概述

（1）在工艺管道仪表流程图纸（PID）上应该显示压力表、压力开关、温度计、流量计、传感器、ORP、pH 等仪表仪器的安装位置和测量范围。所有水质仪器采用 24 伏直流电。

（2）承包商应按照深化设计施工图纸的要求提供 120 伏交流电和 24 伏直流变压器的转换。

二、压力表

1. 用于测量各种管道内溶液的压力

（1）在所有 PID 流程图和标准节点大样图及以下指定的位置安装压力表。

（2）所有的泵进及出口、过滤器进水及出水管道、换热器进水及出水管道、射流器进及出口都需要安装压力表。在图中有 PI 的地方安装指定的压力表，真空压力表用 CG 标识，在管路及仪表布置图上有相应标示。

（3）使用中出现的最大压力不能超过表压表量程，超过最高量程时要更换更高量程的压力表。

2. 材料报审

报审资料：提供制造商压力表产品型录、各种类的压力表产品说明书、材质、规格、量程、精度、耐氧化腐蚀性能等项目的检测报告。

3. 压力仪表

（1）维生系统压力表主要用于在如下介质：淡水、海水、臭氧、空气、压缩空气管道。压力表分为真空压力表及普通正压压力表。

（2）压力表应有弹簧管和插口，所有海水、暴露和潮湿的金属部件应该采用 SUS 316 型不锈钢。

（3）维生系统压力仪表面板直径 80 mm，没有安装仪表面板的压力表直径应至少 80 mm 以上。

（4）隔膜密封式压力表应在图纸上表示，密封圈、O 型环、隔膜等材料应当采用聚四氟乙烯或氟橡胶等能在腐蚀、氧化的环境中使用的材料，所有暴露和潮湿的金属组件采用 316 型不锈钢。

（5）臭氧系统的压力表应采用复合弹簧管和插口，所有海水、暴露和潮湿的金属部件应该采用 SUS316 型不锈钢。

（6）类型一：真空压力表安装在所有泵吸入口。

（a）量程范围：真空度为 $-1\ \mathrm{kgf/cm^2}$ 到 $2\ \mathrm{kgf/cm^2}$。

（b）底部带阀杆的 SUS316 不锈钢表壳。

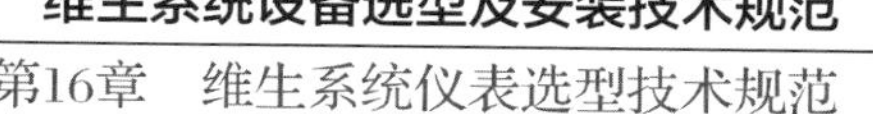

（c）直径（80 mm）用甘油填充表盘。

（d）SUS316 不锈钢波登管和连接。

（e）使 SUS316 不锈钢压力表旋塞直接连接。

（7）类型二：在所有泵出口和设备进、出水口位置。

（a）量程为 0.0 ～ 6.0 kgf/cm^2。

（b）底部或背部带阀杆的 SUS316 不锈钢表壳。

（c）直径 80 mm 甘油填充表盘。

（d）SUS316 不锈钢波登管和连接。

（e）与 SUS316 不锈钢压力表旋塞直接连接。

（8）类型三：位于所有大直径（直径 1 500 mm）的压力过滤器出水管道。

（a）量程为 0.0 ～ 6.0 kgf/cm^2。

（b）底部带阀杆的 SUS316 不锈钢表壳。

（c）表盘直径 80 ～ 110 mm 甘油填充表盘。

（d）SUS316 不锈钢波登管和连接。

（e）与 SUS316 不锈钢压力表旋塞直接连接。

（9）类型四：安装位置在低压臭氧气体的供气管道（正压臭氧机送气压力不超过 2 kgf/cm^2，负压臭氧机送气管道没有压力）及臭氧射流器进水端。

（a）量程为真空度 –0.33 ～ 2.0 kgf/cm^2。

（b）底部带阀杆的 SUS316 不锈钢表壳。

（c）表盘直径 80 ～ 110 mm 甘油填充表盘。

（d）SUS316 不锈钢连接和波纹管或驱动舱。

（e）与 SUS316 不锈钢压力表旋塞直接连接。

4. 安装

（1）直接安装：SUS316 型不锈钢压力表盘与接口螺纹连接。

（2）间接安装：如果压力表旋塞不能直接安装，承包商应提供额外的安装接口或支架。

三、温度计

承包商根据已批准的深化设计施工图及技术要求对温度计进行选型，在施工图中所示的位置进行安装；常见温度计安装的位置是热交换器工艺水的出、入口管道。温度传感器和变送器按设计要求与维生系统自动控制系统相连接。承包商需要与自动控制系统协调温度计套管、热电偶及温度传感器的安装。

温度计若有暴露潮湿环境的应采用可浸没于海水中的等级，金属组件采用 SUS316 不锈钢。

温度计采购时应配套在管道连接所使用的 T 型管，维生系统的热交换器进、出口都应该安装温度计，并且在图纸中表示。

1. 温度计

（1）读数圆柱；可调节到任何角度；按刻度最多 1℃设 1 个刻度；精度 0.5%。

（2）温度计量程。

（a）展池水是从 0℃到 50℃。

（b）热水是从 0℃到 115℃。

（c）冷却水是从 –15℃到 50℃。

2. 温度计套管

直接浸没式传感器采用 316 不锈钢温度计套管。

3. 安装

在已批准的工艺管道仪表流程图（PID）中标明的位置安装温度计。

四、液位传感器和信号传输器

1. 液位传感器

（1）在工艺管道仪表流程图（PID）上注明的位置安装液位传感器。超声波液位传感器精度应当能够检测到最低 0.5m 的水位高度。

（2）超声波传感器水位应提供 4 ~ 20 毫安输出信号。

（3）液位传感器应提供一个 50 mm 的安装基座，液位传感器的精度为 ±0.25%。

（4）浸没式压力传感器是在测量液位和水位控制时使用，应该在图纸中表示出来。

（5）承包商应该提供一个 24 伏直流外部电源，按设计及制造商的安装要求进行液位变送器的安装。

（6）传输器应采用非金属外壳。传输器应当包括 4 ~ 20 毫安中继器。中继器的信号独立连接 ACS。

（7）液面传感器和控制器应发送信号给自动控制系统用于液位调整。

（8）传感头连接材料报审需提交主要数据和产品信息。

（9）液位传感器和控制器。

（a）传感器：按制造商提供的说明书进行安装。非接触式传感器有效测量范围为 0.3 米到 10 米（视展池的深度进行选择）。建议在 DN100 或更小点的 PVC 管（PVC 管要垂直插入池内，在 PVC 管下端不同的位置打若干小孔，便于水流动）内读取水位。安装在室外和盐水环境中应有抗腐蚀外壳。

（b）控制器：通过装配微处理器可以检测到水位的变化，控制器技术要求：

①分辨率应为 0.1% 或 2mm，以较高者为准。

②继电器额定为 5 安、220 伏。

③安装在室外及海洋馆海水区域时外壳需要作耐腐蚀处理。

④适用温度范围为 – 10℃至 50℃范围内。

⑤控制器应带有备用电池以防止停电时记忆丧失。

2. 安装

（1）根据制造商要求在液位传感器附近安装液位变送器，便于校正及观察。

（2）液位传感器不能安装在阳光直射的地方。

（3）根据制造商提供的说明书进行安装（通常由供应商负责安装或指导现场安装）。

（4）从传感器到发射器采用屏蔽电缆，电缆置于 DN15 ~ DN20 挠性金属线管内。

（5）仪表接地电缆应和电气设备其他电缆线分开。

（6）液位传感器需要提供 24 伏电源以满足自动控制系统的电压要求。

五、ORP 传感器、电磁流量计传感器

（1）在工艺管道仪表流程图（PID）上注明的位置安装 ORP 传感器，每个 ORP 传感器位置应提供 ORP 变送器，变送器应提供非金属外壳，变送器应当包括 4 ~ 20 毫安中继器；中继器的信号独立连接到 ACS。

（2）供应商应提供传感器安装要求的组件。承包商负责安装 ORP 传感器信号电缆。

（3）电磁流量计传感器、变送器：

（a）在工艺管道仪表流程图（PID）上注明的位置安装插入式电磁流量计的传感器。

（b）每个流量计传感器位置应提供流量计变送器。

（c）传感器外壳应该是耐腐蚀非金属材质。

（d）变送器应当包括 4 ~ 20 毫安中继器。

（e）中继器的信号独立连接到 ACS。

六、温度传感器、传输器

（1）在工艺管道仪表流程图（PID）上注明的位置安装温度传感器。每个温度传感器位置应提供温度变送器。变送器应提供非金属外壳。变送器应当包括 4 ~ 20 毫安中继器。

（2）供应商应提供传感器安装要求的组件。承包商负责安装温度传感器信号电缆。

（3）温度传感器和变送器。

（a）热阻传感器，塑料罩密封，适合管道安装。

①范围：–10℃至 85℃。

②输出量：根据温度控制器需要。

③电缆长度：根据特殊设备要求。

（b）温度显示仪表与温度传感器连接在线监测显示。

①外壳：塑料壳，可以从外壳看到 LED 显示的温度。

②输入：数字式或者来自温度传感器 4 ~ 20 毫安信号输入。

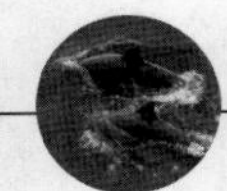

③电流输出：信号以4 ~ 20毫安输出至控制系统。

④继电器：2个继电器，单刀双掷，额定5Amp250VAC。

⑤功率需求：12至24VAC、按要求提供变压器。

（4）pH传感器、变送器

（a）在工艺管道仪表流程图（PID）上注明的位置安装pH传感器。每个pH传感器位置应提供pH变送器。pH计应包括相应的安装附件、支柱或其他固定设备，4 ~ 20 mA输出和两个继电器。

（b）供应商应提供传感器安装要求的组件。承包商负责安装传感器信号电缆。

七、电磁流量计

1. 概述

（1）电磁流量计是由流量传感器及变送器组成，它得安装在管道的最低点或管道垂直段，一定要在满管的情况下使用，安装位置要求流量计前面5倍直径长的管道是直管，流量计后面3倍直径长的管道必须是直管，这样才能保证电磁流量计使用对精度的要求。

（2）电磁流量计的结构主要由磁路系统、测量导管、电极、外壳、衬里和转换器等部分组成。

（3）阀门和管件的布置，应能保证在流量传感器前的直管段尽可能长。在过滤器出口，流量传感器应安装在管道的中心处，以允许传感器读取正向和逆向的流量。

（4）与自动控制系统（ACS）部分连接。

（5）流量计的电源为24V直流电源。流量计可以是通过自动控制系统（ACS）的回路供电或由就近的24V直流变压器驱动。

（6）为了确保电磁流量计与自动控制系统ACS顺利对接，需向ACS分包制造商提供电磁流量计样本、尺寸、电源供应、安装配件以及管道特殊件等信息。

2. 电磁流量计的安装

（1）设计：插入式金属电磁流量计无活动部件，可读取双向的水流量。

（2）技术参数：

（a）适用于读取最小传导率为20 μS/cm的水流量。

（b）流速范围从0.05 m/s到10 m/s。

（c）水温范围从0℃至85℃。

（d）额定最大水压在30℃时超过10 kgf/cm^2。

（3）材料

（a）机箱：PBT塑料

（b）传感器体/电绝缘体：聚丙烯塑料（臭氧的上游）或聚偏二氟乙烯（臭氧的下游）

（c）电极：316L不锈钢

（d）SUS316L不锈钢合金部件

3. 热丝攻型电磁流量计（可选的）

（1）在工艺管道仪表流程图（PID）指定位置安装插入式金属电磁流量计空间受到限制时，承包商按照说明安装一个热丝攻型电磁流量计。

（2）设计：金属电磁流量计测量管内有活动部件和阻力部件，可精确地读取双向的最小 20 μS/cm 的传导水流量。

（3）技术参数：

（a）适用于读取最小传导率为 20 μS/cm 的水流量。

（b）流速范围从 0.05m/s 到 10 m/s。

（c）水温范围从 0℃至 85℃。

（d）最大水压在 30℃时超过 10 kgf/cm^2。

（4）适用于海水装置的材料。

（a）SUS316L 不锈钢外壳。

（b）SUS316 电极。

（c）SUS316L 不锈钢合金部件。

（d）聚偏二氟乙烯电极绝缘体（臭氧的下游）或聚丙烯（臭氧的上游）。

八、数字式流量监控器

1. 概述

（1）数字式流量监控器用于接收流量传感器的峰值电流信号，并传送信号到自动控制系统，模拟和数字显示器显示局部流速。装置带有外键和输出校准。背光式液晶屏幕显示装置信息、流速等。外壳采用 ABS 材料抗腐蚀，同时需要防水密封外壳。

（2）技术参数：

（a）与流量传感器相配的输入信号。

（b）温度范围从 −10 ℃到 55℃。

（c）指示器精确度为全量程的 ±0.5%。

（d）输出量的精确度为全量程的 ±0.1%。

（3）信号输出：4 mA 到 20 mA。

（4）警报继电器：2 个单刀双掷继电器：5A@ 最大 125VAC，3A@ 最大 250VAC 或 5A@ 最大 30VDC。

（5）电源需求：12VAC 到 24VAC 或 12VDC 到 24VDC，未经调解最大 10W。

（6）提供管路与设备原理图上标示出流量一致的监控器。

（7）流量指示器安装配件还包括标准的机壳前盖和固定架。

2. 安装配件

（1）聚氯乙烯塑料管 200 mm 或更小：制造商需提供聚氯乙烯钳式传感器安装配件。

（2）聚氯乙烯塑料管 200 mm 和 315 mm：制造商需提供粘连式聚氯乙烯配件。

（3）纤维增强塑料管 315 mm 或更小：制造商需提供传感器配件的粘连式螺纹。

（4）其他管道情况：供应定制的非金属的螺纹接头或制造商需提供适配器配件。

3. 监控器外壳和柄座

外壳：提供带监控器非金属的抗腐蚀的外壳及防水的机壳前盖。所有外部配线连接均由防水连接器制成。

4. 外壳支架

如零件详图和安装信息所示，承包商提供并安装必要组件。按要求提供玻璃钢支柱、不锈钢硬件、夹卡面板及安装所用不锈钢管吊卡等夹具把监控器安装在合适的位置。

5. 安装

（1）制造商推荐安装方法；如随机包装盒内的图纸及说明书所示。

（2）流量监控器安装位置要求便于目视读数。不要将监控器正面安装在阳光直射到的地方。

（3）在自动控制系统安装控制软件之前，需验证所有流量测定和相关设备的安装正确，并进行调校。

九、气流旋转式流量计

1. 概述

如果用来测量臭氧气体，需要根据臭氧浓度进行选型。

2. 材料报审

报审资料提交：制造商产品型录、供货商的说明书、尺寸、材质、安装距离、安装位置及管道的特性信息等。

3. 气流旋转式流量计

（1）类型：在工艺管道仪表流程图（PID）上应当注明流量计的品牌及型号。

（2）材料：

（a）管道材质：臭氧区域用玻璃或 LXT–PVC、空气区域用丙烯酸塑料。

（b）浮板：聚四氟乙烯、PVDF、玻璃、316SS 类型等。

（c）密封条：聚四氟乙烯或者氟化橡胶。

（d）升降导轨：不锈钢框架用聚碳酸酯保护涂层。

（e）连接头：具有抗臭氧氧化的能力。在空气区域为不锈钢或者塑料。

（3）比例：公制的气体流量单位。

（4）安装。

按制造商推荐的方案、图纸及说明书进行安装，气体流量显示器要安装在方便查看的地方，有足够的检查及维修空间。当气体流量显示器、传送器安装在室外时，应当调整其安装位置避免阳光直射。

十、氧化还原电位监测

1. 概述

（1）制造商应提供必要的玻璃钢安装支柱、支架和硬件。外壳密封防水并且具有耐腐蚀性。

（2）承包商应与 ACS 协调通过氧化还原电位传感器显示、监测氧化还原电位信号反馈到自控系统，ACS 根据氧化还原电位控制调节臭氧机的臭氧量。

（3）报审材料：制造商的产品型录、主要的数据和产品信息。

2. 氧化还原电位传感器

（1）在工艺管道仪表流程图（PID）所示的位置安装氧化还原电位传感器。

（a）图纸上标示有“湿螺丝攻”的地方安装嵌入式传感器。

（b）图纸没有标明“湿螺丝攻”的地方同轴安装标准螺纹式氧化还原电位传感器。

（2）能读取从 –999 到 +999 毫伏或更大范围的氧化还原电位（ORP）。24 小时的氧化还原电位测量偏差应小于 2 毫伏。

（3）完全密封的前级放大器。

（4）应带有恒温传感器以自动弥补测量过程中温度变化对氧化还原电位的影响。工作温度范围应在 0 ℃到 30℃ 之间。

（5）传感器应由制造商检验确认可用于安装在水流速度 2 米 / 秒或更大的水管上。

3. 氧化还原电位监控器

（1）在每个氧化还原电位传感器将传感器信号转换为标准的 24 伏、4 ~ 20 毫安的电流。

（2）氧化还原电位监控器要求防水密封、用于设置和输出的外部键盘应具有防水及防腐蚀的外壳。

（3）参数：

（a）显示范围：最小 –1000 到 +1000 毫伏。

（b）温度范围：最小 –10 ℃到 50℃。

（c）显示精度：全刻度的 ±0.2%。

（d）输出精度：±0.1%。

（e）类比输出：4 ~ 20 毫安。

（f）报警继电器：2 个单刀双掷继电器：5 安最大 125 伏交流电，3 安最大 250 伏交流电或 5 安最大 30 伏直流电。

（g）外壳材料：ABS 塑料。

（h）电源要求：12 至 24 伏交流电或 12 到 24 伏直流电，未经调节的，最大功率 10 瓦。

（4）氧化还原电位传感器安装附件

（a）PVC 管：提供螺纹三通或 PVC“鞍座”配件。

（b）PE 管：提供带有螺纹接头的 PE 管。

（5）氧化还原电位校准设备

供应商应有用于传感器校准的方案、说明和校准仪器并移交给业主。

4. 安装

（1）按照工艺管道仪表流程图（PID）所示的位置和制造商的要求安装传感器。

（2）确定安装的朝向以便于维修及查看，且不允许出现气露现象（即至少与水平向上呈 15 度，但不能垂直）。理想的定位应是与垂直线呈 30 度。不要反向安装。

（3）根据制造商的建议在每个传感器 2 米以内安装氧化还原电位发射器，安装位置要求便于校准及显示器数据的读取。不宜安装在阳光直射的地方。否则需要在放大器上方安装遮阳罩。

（4）从传感器到发射器间的信号线需采用屏蔽线，导线宜采用直径 DN15 ~ DN20 挠性金属导管。接地线应和其他电气设备电缆线分开。

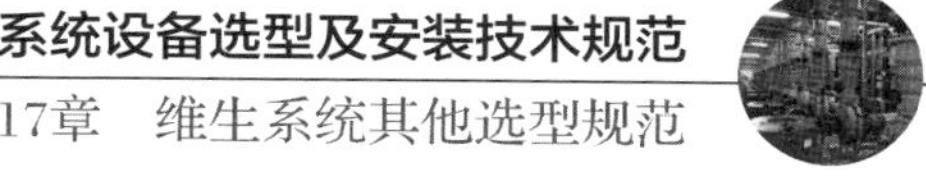

第17章　维生系统其他选型规范

第1节　水族馆养殖用盐

一、概述

（1）海洋生物人工饲养均需要海水，海水品质的好与坏直接影响到海洋生物的生存、生长与繁殖。

（2）海洋生物养殖用盐按加工处理的程度可以分为粗海盐及经过精加工的海兽盐及鱼类用盐。

（3）在我国沿海地区的海水因均有不同程度地受到江河湖水的有机物及重金属污染，这些海水晒盐所含有机物、重金属含量偏高，不宜用于海洋馆鱼类的养殖使用，只能用于对水质要求低一些的鳍足类海洋动物用盐。

二、养殖用盐的技术要求

（1）饲养用盐外观指标：白色晶体或微黄色、青白色晶体、不能有外来杂质，质量比较好的盐是白色的晶体。

（a）鱼类用盐质量要求达到GB/T5462–2003精制工业盐优级以上；

（b）鲸豚类用盐质量要求精制工业盐一级以上；

（c）鳍足类用盐质量要求达到日晒工业盐一级以上。

（2）目前成品盐国家标准中没有规定必须做COD及BOD的检测。这两项指标对水族馆来说是很重要的，原料盐的COD、BOD有机物浓度高氨氮浓度也会偏高，化盐后展池水体会变成绿色。

三、材料报审

（1）提交制造商产品型录、成品信息、国家认可的机构出具的检测报告及货物样板。

（2）供应商对所供的养殖用盐质量负责，交货时需要取样送检确认品质有无差异，检验费用由供应商支付。

四、养殖用盐的技术参数

1. 工业盐理化指标（GB/T5462-2015，表 17-1）

表17-1 工业盐理化指标（GB/T5462-2015）

<table>
<tr><th rowspan="4">项目</th><th colspan="9">指标</th></tr>
<tr><th colspan="6">精制工业盐</th><th colspan="3" rowspan="2">日晒工业盐</th></tr>
<tr><th colspan="3">工业干盐</th><th colspan="3">工业湿盐</th></tr>
<tr><th>优级</th><th>一级</th><th>二级</th><th>优级</th><th>一级</th><th>二级</th><th>优级</th><th>一级</th><th>二级</th></tr>
<tr><td>氯化钠 % ≥</td><td>99.1</td><td>98.5</td><td>97.5</td><td>96.0</td><td>95.0</td><td>93.3</td><td>96.2</td><td>94.8</td><td>92.0</td></tr>
<tr><td>水分 % ≤</td><td>0.30</td><td>0.50</td><td>0.80</td><td>3.0</td><td>3.5</td><td>4．0</td><td>2.8</td><td>3.8</td><td>6.0</td></tr>
<tr><td>钙镁离子合计 % ≤</td><td>0.25</td><td>0.40</td><td>0.60</td><td>0.30</td><td>0.50</td><td>0.7</td><td>0.30</td><td>0.50</td><td>0.60</td></tr>
<tr><td>硫酸根离子 % ≤</td><td>0.30</td><td>0.50</td><td>0.90</td><td>0.50</td><td>0.70</td><td>1.0</td><td>0.50</td><td>0.70</td><td>1.0</td></tr>
</table>

养殖人工海水中的亚硝酸盐要求低于 0.1 mg/L，高了会向氨氮转化，间接导致水产动物中毒。

2. 维生系统养殖海水水质标准（表 17-2）

表17-2 养殖海水水质标准（推荐）

参数	单位	维生系统供水水质标准（推荐）
BOD5	ppm	≤ 5.0
CODMn	ppm	≤ 7.0
TSS	ppm	≤ 1.0
浊度	NTU	≤ 0.05
NH_3	ppm	≤ 0.1
NO_2^-	ppm	≤ 0.3
NO_3^-	ppm	≤ 200
pH	ppm	7.5 ~ 8.2
盐度	%	3.2 ~ 3.5

3. 海水养殖盐的其他指标

（1）控制养殖盐中硝酸盐、磷酸盐的含量。

（2）养殖盐中重金属不能超标。

（3）钙镁离子需要达到平衡；因为在淡水中钙镁离子是 3:1，在海水中钙镁离子是 1:3，通常未经调配的海盐钙镁离子及微量元素是达不到理想的平衡状态，为此需要添加钙镁离子进行调配。

（4）养殖盐溶解后 pH 需要在 7.5 ~ 8.5 之间。

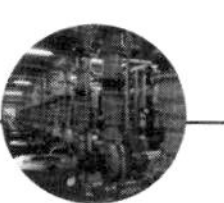

五、养殖海盐包装运输要求

（1）鱼类专用盐及海兽专用盐的包装分两类，一类是大包装，1 吨 / 包，二类是小包装，25kg/包或 50kg/ 包，不管采用哪一类包装，必须套上 PE 膜内包装袋，防止运输及贮存过程受潮变质。

（2）包装袋外表需要标注有相关信息包括：名称、规格、型号、净重、贮存方法、使用方法、生产日期、保质期、质量执行标准。

（3）养殖海盐在运输、搬运及贮存过程中，除了需要防雨、防虫，还要防止包装破损。

（4）不得放在阳光下曝晒防止内部微量元素、维生素等添加剂在高温下变质分解。

（5）应在阴凉、干燥、密闭的仓库内存放。

六、进场检验

海盐进场时需要取样与预留样板比对，除了制造商出具的自检报告外同时还需要有国家认可资质的第三方检测机构出具的检测报告，确认是否符合要求，确认合格后才允许进场（图 17–1）。

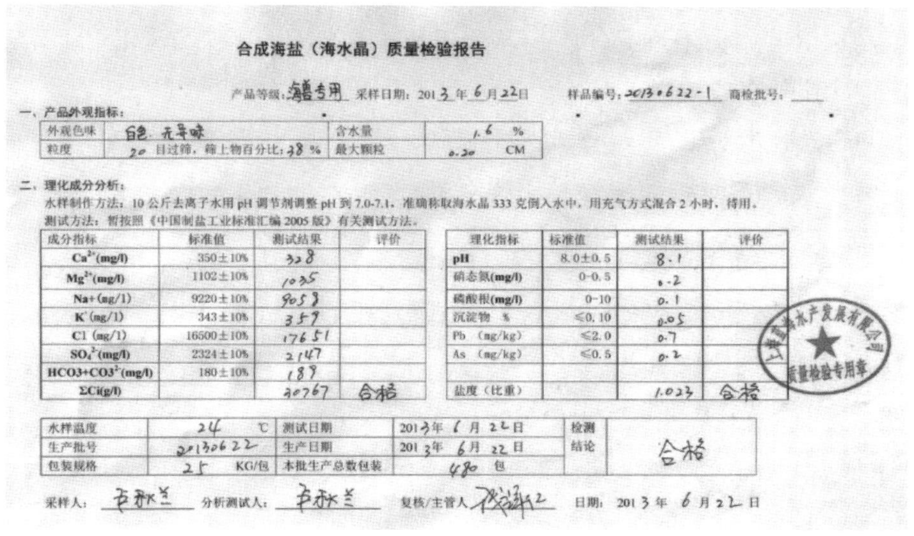

合成海盐（海水晶）质量检验报告

产品等级：鳍专用　采样日期：2013 年 6 月 22 日　样品编号：20130622-1　商检批号：

一、产品外观指标：

外观色味	白色 无异味	含水量	1.6 %
粒度	20 目过筛，筛上物百分比：38 %	最大颗粒	0.20 CM

二、理化成分分析：

水样制作方法：10 公斤去离子水用 pH 调节剂调整 pH 到 7.0-7.1，准确称取海水晶 333 克倒入水中，用充气方式混合 2 小时，待用。

测试方法：暂按照《中国制盐工业标准汇编 2005 版》有关测试方法。

成分指标	标准值	测试结果	评价
Ca^{2+}(mg/l)	350±10%	328	
Mg^{2+}(mg/l)	1102±10%	1035	
Na+(mg/1)	9220±10%	9058	
K^{+}(mg/1)	343±10%	359	
Cl (mg/1)	16500±10%	17651	
SO_4^{2-}(mg/l)	2324±10%	2147	
$HCO3+CO3^{2-}$(mg/l)	180±10%	189	
ΣCi(g/l)		30767	合格

理化指标	标准值	测试结果	评价
pH	8.0±0.5	8.1	
硝态氮(mg/l)	0-0.5	0.2	
磷酸根(mg/l)	0-10	0.1	
沉淀物 %	≤0.10	0.05	
Pb (mg/kg)	≤2.0	0.7	
As (mg/kg)	≤0.5	0.2	
盐度（比重）		1.023	合格

水样温度	24 ℃	测试日期	2013年 6 月 22 日	检测结论	合格
生产批号	20130622	生产日期	2013年 6 月 22 日		
包装规格	25 KG/包	本批生产总数包装	480 包		

采样人：王秋兰　分析测试人：王秋兰　复核/主管人：[illegible]　日期：2013 年 6 月 22 日

质量检验专用章

图17–1　供应商出具的自检报告

第 2 节　维生系统成套设备

一、概述

1. 维生系统成套设备

大型维生系统设备安装是通过分别采购单体设备如：砂过滤器、泵、臭氧设备、蛋白质分离器、接触氧化罐、阀门、管件、仪表仪器、桶槽等材料设备到现场后按深化设计工艺管道仪表流程图（PID 图）进行设备安装。

但是对于微小型维生系统来说，展池水体容量小、设备、管件等规格小，安装所需配件品种多、

零碎的工作多、工作量大、导致安装成本高，同时现场安装不紧凑，影响美观。如果小系统设备由专业公司按照深化设计工艺管道仪表流程图（PID 图）进行工厂化生产组装成一个紧凑的设备单元，货到现场定位后只要对单元设备进行管道及电源接线就完成安装。

2. 成套设备的报审

报审资料提交：成套设备单元的图纸包括平面图、立面图、剖面图、装配图，并在图中标注设备及部件名称。

成套设备的产品参数：包括系统处理能力、泵流量、扬程、处理能力、材质、尺寸等。

二、成套设备技术要求

1. 设备材质

（1）底座选用非金属材质如 PVC、FRP、PP 等塑料或非金属组成。

（2）设备、管道支架采用 PVC 板或 FRP 方通或型材，紧固件采用 SUS316 不锈钢。

（3）泵需要选用耐海水腐蚀的材质，一般采用塑料或 FRP 泵需要与深化设计工艺管道仪表流程图（PID）要求相符合。

（4）桶槽可以选择用 FRP、PVC、PP 等材质制作。

（5）填料选型需要与填料选型规范要求相符。

2. 成套设备的产品参数

成套设备的产品参数包括：泵流量、扬程、系统处理能力、循环时间、尺寸等，需要与设计、送审图纸及设备清单一致。

三、成套设备组成单元

成套设备单元包括：袋式过滤器；臭氧机组与蛋白质分离器；脱气塔；多介质过滤器；板 / 管式换热器；生物过滤系统；UV 紫外线杀菌灯等。

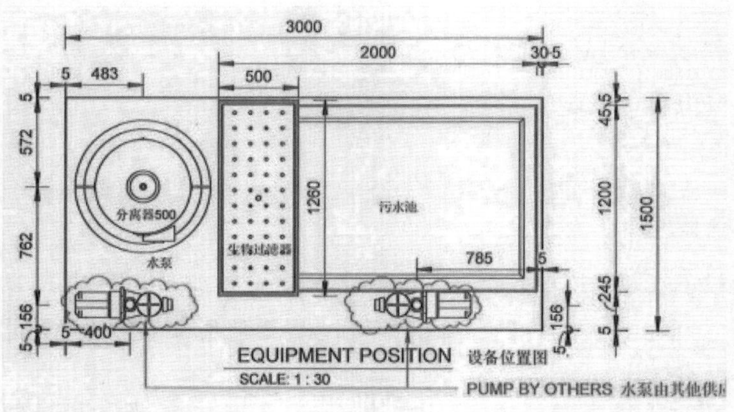

图17–2　博洋水族维生系统成套单元设备平面布置图

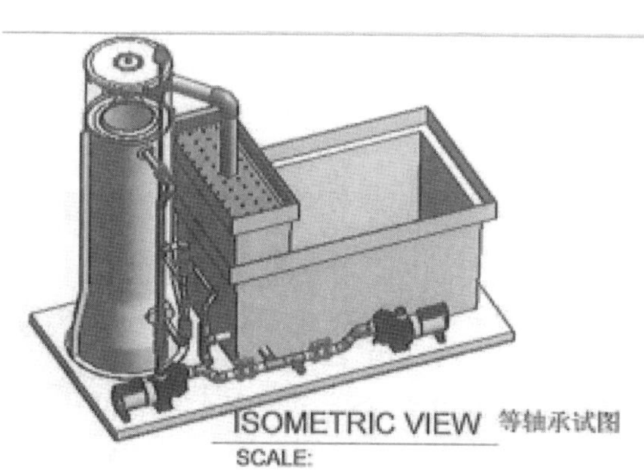

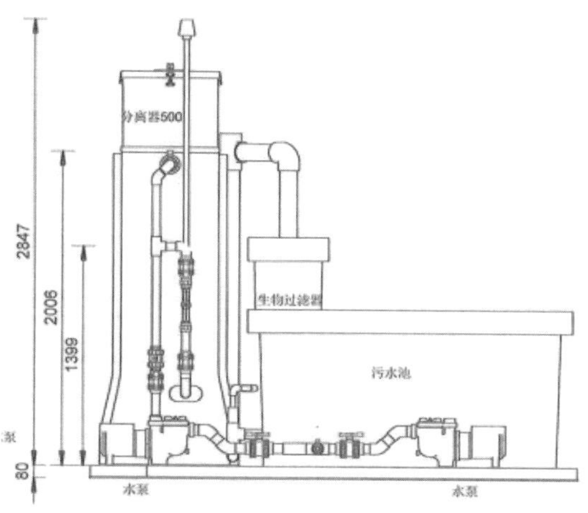

图17-3　博洋水族维生系统成套单元设备立面布置图

四、成套设备安装要求

（1）成套设备单元要求制造商在工厂制作安装完成后通水、通电测试，对成套设备单元各组成的单体设备进行通电测试，符合设计要求后再发货到现场。

（2）成套设备单元到现场后就位固定，然后成套设备与工艺管道连接、电气部分电缆接线，安装就完成了。

（3）安装完成后通水对整套系统进行测试（图 17-4）。

图17-4　小系统的设备单元

第 3 节　维生系统亚克力玻璃安装技术规范

一、概述

1. 展缸亚克力玻璃的安装

海洋馆展缸内安装亚克力板材需要的辅件及材料：

（1）安装辅件包括氯丁橡胶垫片、聚乙烯泡沫、亚克力安装块、填充条、保护块及符合板材所需数量的帽形圈。

（2）玻璃纤维增强塑料（FRP）夹片和螺栓。

（3）符合现场板材的化学拼接要求的速干无收缩灌浆料。

（4）高品质的硅酮密封胶——按所示选择灰色。

（5）亚克力安装槽口防水材料为环氧涂料。

（6）环氧树脂涂料与密封胶的兼容性测试。

2. 设计要求

（1）提供亚克力板材厚度和安装固定系统的工程受力计算书。

（2）亚克力板材的安全系数应根据 ASME–PVHO–1 标准的最新版本所允许的最小物理性能来确定，适用于整体浇铸应不低于 11.25，对复合贴板应不少于 12.8。

（3）火灾危险性分类：按照 ASTM–E84 测试选择 III 级。

（4）图纸上标注板材标识号、可见的横向和纵向视觉尺寸和水深。

（5）板材设计应符合国际统一建筑法规和其他所有关于抗震设计和水压晃动激增影响的规定要求，展示缸满水时的最低设计标准应考虑在 L/360 大跨度方向时板材允许的最大挠度。当板材由 3 面或悬臂支撑且顶边高于地板饰面的 6′ ～ 0″ 以下时，设计板材在长跨度方向允许的最大挠度 不能超过 L/600。

（6）长时间内，应无法凭视觉感知到偏转挠曲的存在，且偏转挠曲不得损害反射、折射或衍射。

3. 材料报审

（1）产品数据：提供每一类指定类型产品数据。

（2）施工图：

（a）提交亚克力板材及其配套安装材料的安装施工图纸（包括立面及细部剖面）。

（b）明确标注所有板材的全部尺寸。

（3）样品：

（a）密封胶：各种类型的密封剂或填隙化合物样板提交（提供 12 英寸长各种颜色的样品）。

（b）亚克力板材：提交 2 个板材的样品，尺寸为 300 mm × 300 mm，对每块样品板的厚度均有要求，样品包括一件拼接样品。

（c）原料样板、原料厂商相关资料、进口合同、检测报告书及报关单等。

（4）质量控制材料的提交：

（a）设计数据：

①提供由结构工程师签字的装配计算，以供确定是否满足结构受力设计要求及抗震设计。

②在收到通知后的 14 天之内向建筑师提供误差在最终计算结果的正负 1/2 英寸内的厚度板材供确认。

③在施工图中提供所有板材的初始及长期挠度，并指出最大挠度的节点。

（b）测试报告：

①提供每类接缝密封处的测试报告，证明其符合规定的要求。

②接缝密封胶生产商：提交材料以表明亚克力和密封胶的兼容性测试。包括密封性能的测试结果并推荐实现粘接所需要的底漆及基材。

③施工前的现场测试报告：提交测试报告，表明适用于连接基质的产品和连接方法。

（c）资质认证：

①接缝密封胶生产商：提供施工使用的密封胶、底漆、清洁剂的产品符合国家或当地有关挥发性有机化合物适用规范的产品认证。同时提交符合特定要求并适合使用的测试认证。不接受无制造商认证的密封胶作为水族馆密封的材料。

②亚克力板材制造商：提供书面保证，制造商保证该项目设计选用的亚克力板材的厚度能承受水压和地震荷载。提交符合 ASMEPVHO-1 要求的证明文件。

③制造商的说明：提交亚克力板材制造商的安装和维护说明。

4. 质量保证

（1）来源限定：安装施工方必须按照合同约定使用业主已确认品牌的亚克力板材，所有亚克力无论是整体浇铸板还是复合板，都必须符合高质量的要求。

（2）资格：

（a）制造商和安装单位应在最近 5 年内有至少 3 个类似规模项目。需提供完成项目的名称、地址、建筑师及发包人名称以及其他所需的信息。

（b）制造商应在板材卸货、安装及密封剂使用时提供技术指导。

5. 施工前的现场测试

在安装连接密封剂之前，应按以下方法在现场对基质粘接进行测试：

（a）根据指示确定需测试的连接位置，如没有确定位置，则根据建筑师的指示确定。

（b）对每种类型的密封胶和确定的连接基材进行现场测试。

（c）测试过程中，密封胶生产商的技术代表需在场。

（d）测试方法：按照如下方法对连接密封胶进行手拉测试：

①在 1250mm 长度内安装连接密封胶，在连接准备及连接密封胶安装过程均采用相同的材料及方法。测试前，保证密封胶完全固化。

②从连接的一边向另一边以水平方向在连接侧面用刀进行 2 次垂直切割，切割长度约为 50 mm，在 50 mm 的切割线顶部与水平切割相交。从顶部开始每 25 mm 做一个记号。

③密封胶 25 mm 记号之上用手指握住 50 mm 的密封胶；用力向下以大于 90 度角撕拉，沿密封胶侧放置标尺。以密封胶生产商的推荐距离将密封胶拉出以测试粘接能力，但不应超出指定的最大拉力；在该位置上保持 10 秒钟。

④报告需表明连接处的密封胶在拉伸时是否可以与连接基板保持粘接。包括对测试每类

产品和连接基板时所采用的拉伸数据。

（e）现场测试结果的评价：在测试中成功粘接且表明符合要求的密封胶将被认定为符合标准。不得使用在测试中无法与连接基板成功粘接的密封胶。

6. 包装、运输、贮存和安装前确认

（1）货物运至施工现场指定地点所需要的合适包装，以防止货物在运输过程中损坏或变质。货物应装在适于长途海运、陆路运输的坚固木箱内，能适应气候变化，并为抗震、防止强光、腐蚀及其他损坏而采取必要保护措施，从而保护货物能够经受多次搬运、装卸、远洋和内陆的长途运输。

（2）如果单件包装箱的重量在2吨或2吨以上，应在包装箱两侧标注“重心”和“起吊点”以便装卸和搬运。根据货物的特点和运输的不同要求，应在每件包装箱上清楚地标注“小心轻放”“此端朝上，请勿倒置”“保持干燥”等字样和其他适当的标记。

（3）每件包装应附有详细装箱单、质量证书等相关技术资料。

（4）使用的木质包装应当进行除害处理。除害处理方法和专用标识应当符合国家市场监督管理总局关于检疫除害处理方法和专用标识的规定。

（5）在使用木质包装的情况下制造商应提交包含以下内容的书面声明：①确认所用木质包装已进行除害处理；②指明所用木质包装除害处理方法。

（6）存储和保护：在运输送达作业场地、存储及操作过程中，应按照制造商的要求保护亚克力板材，以防亚克力板材边缘的损坏，防止材料受潮，包括防止压力、温度变化且避免直接阳光照射和其他原因的损坏。

（7）环境要求：在亚克力板安装过程中进行气候控制，如有需要，应安装临时通风或温控设备。

（8）实地测量：在安装前进行场地测量。在进行防水之前进行安装槽口确认。如有必要，可在缺少实地测量的情况下进行工厂制作，采用公差进行协调，保证亚克力板材单元的适用性。在施工图绘制时标明记录的测量数值。

7. 保养和安全指导

（1）用温和的肥皂、清洁剂和大量微温的水清洗面板。使用干净柔软的布轻轻擦拭。用清水冲刷再用湿布或麂皮吸干，油脂、油或其他顽固污渍可用亚克力板专用清洁剂来清除。在使用这类清洁剂后用清水冲刷再用布或麂皮吸干。不能使用酒精、丙酮、汽油、苯、四氯化碳或漆稀释剂来清洁面板。

（2）防火：由于面板属于可燃材料，因此须避免面板接触明火、高温或高热灯。

（3）可通过定期使用棉布擦拭维护来避免面板和密封材料在迎水一侧有机物的滋生。

（4）面板不能暴露在溶剂、化学品、研磨剂、胶带、明火、气雾、喷雾、油漆、火花、蒸汽、热的液体、固体、高热灯等环境中。由于面板具有高度透明性（在某些情况下或距离外看不见），须采取合理的措施避免人员碰撞到面板上。

8. 质量保证

（1）质量保证期限自验收合格之日起延续至 10 年。

（2）由授权的亚克力板材制造商、安装施工队、承包商进行书面保证的会签，保证亚克力安装工作的质量完好，无缺陷，且符合合同文件的要求。在项目验收合格后的 10 年期间，应对缺陷地方进行维修或更换，质量保证应包括切割、移除和更换亚克力玻璃或密封剂造成渗漏所导致的损坏。

（3）不合格项包括以下情况：

（a）结构缺陷

（b）明显泛黄、发白或变色

（c）抗冲击力丧失或耐磨性减弱

（d）通过亚克力和密封胶发生渗水

（e）密封胶粘接性失效

（f）亚克力表面或拼接处产生裂缝

（g）挠曲变形

（h）不能满足其他特定的性能需求

（i）在拼接处出现空隙、“气泡”，或者和拼接处有分裂痕迹

二、板材

1. 材料要求

（1）物理指标

（a）所有水族馆亚克力板成品都应经过充分的 80℃的热处理以确保聚合完全并减少内在的冗余材料应力。冗余单体（有机玻璃及丙烯酸乙酯）应少于 1.6%。

（b）隧道的标称设计面板厚度在弹性模量设定在 22 500 kgf/cm^2 时应大于 6 个相对曲度。

（c）圆柱的标称设计面板厚度应等于或低于 15 kgf/cm^2。

（d）黏结的标称设计面板厚度的最大主应力不应大于 50 kgf/cm^2，单块面板不大于 70 kgf/cm^2。

（e）所有面板的厚度计算和保证只与静态水压荷载相关。如果存在其他荷载或考虑面板的支撑和厚度应由买家的结构工程师确定。

（2）光学性能

（a）面板的两侧均应做抛光处理，且要尽量减少表面的不规则包括波纹、包块、拱起和小窝等。

（b）面板应该干净、无色、少有薄雾且根据 ASTM-D1003 有最少 92% 的透光率。

（c）面板不允许有明显降低结构性能或作为观察窗影响观看效果的夹杂物存在。包括气泡、空洞或任何外来杂质。任何尺寸的 3 毫米以下（类似的毛发 / 毛发大小）的夹杂物都不应考虑在内。大尺寸板材大于 6 毫米，小尺寸板材大于 1 毫米的夹杂物应被视为不可接受（不合格）。卖方应在工厂检验报告中通知买方 3 ～ 6 mm 夹杂物的数量和位置。

（d）作为观赏使用的面板不应有大的变形（表 17-3）。

表17-3　面板变形要求（室温20摄氏度）

尺寸名称	尺寸	允许误差
面板长宽	4 米以下	± 5 mm
	8 米以下	± 7 mm
	8 米以上	± 12 mm
面板厚度	100 mm 以下	± 4 mm
	150 mm 以下	–5 ～ +15 mm
	200 mm 以下	–8 ～ +20 mm
	300 mm 以下或以上	–10 ～ +25 mm
圆缸半径	以内外加划定的厚度容差	± 10 mm

（3）亚克力板材

（a）无论是采用单片整体浇铸或复合层贴板，亚克力原料必须是高品质的 PMMA，亚克力板材都必须清澈透明，雾度不得超过 0.5% 和总透光率不得低于 92%，不允许有修补痕迹、杂质及气泡。

（b）密封胶：由亚克力制造商推荐由相关部门认可的密封胶。

（c）连接打断器：由密封胶制造商推荐。

（d）垫片：氯丁橡胶硬度按亚克力板材制造商要求确定。

（e）砂浆：水泥基础，非金属，无收缩，由亚克力板材制造商推荐。

（f）亚克力玻璃安装前必须先做好高质量的槽口防水，在接下来使用中任何漏水、渗水现象都不允许发生，防水施工方案及材料须提交报审（表 17–4）。

表17-4　亚克力玻璃板材性能指标

内容	测定方	标准数值	单位
比重	ASTM–D792	1.19	
拉力	ASTM–D638	760	kgf/cm^2
伸长率	ASTM–D638	2–7	%
弹性横量	ASTM–D638	3.0X10（4）	kgf/cm^2
弯曲力	ASTM–D790	1200	kgf/cm^2
弯曲模量	ASTM–D790	3.0X10（4）	kgf/cm^2
剪力	ASTM–D732	630	kgf/cm^2
抗压力	ASTM–D695	1260	kgf/cm^2
抗冲击力	ASTM–D256	有凹口 2–4	kgf/cm/cm
恰贝实验法	ASTM–D256	无凹口 20	kgf/cm/cm
横向变形系数		0.38–0.35	

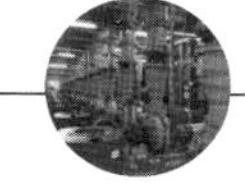

续表

内容	测定方	标准数值	单位
洛氏硬度	ASTM-D785（MSCALE）	100	
吸水性	ASTM-D570	0.3	%
饱和吸水性		2.1	%
总的透光性	ASTM-D1003	>92	%
折光率	Sodium D	1.49	
表面电阻率		>10 (16)	ohm
导热系数	ASTM-C177	0.162	kcal/m hr. ℃
比热		0.35	Cal/g ℃
最高服务温度		80	℃
热成型温度		135–175	℃
压力下变形温度	ASTM-D648	100	℃
线性延展系数		7.0X10（–5）	cm/cm ℃
热收缩	160℃ 30min	2	%
可燃性	ASTM-D635	33	Mm/min

2. 生产

（1）层压板或整体注塑的釉面单元，不允许有可能会降低其结构性能或有损其光学特性或外观的夹杂物。

（2）抛光表面：表面的不规则性应降到最小，包括波纹度、脊线、凹处和突起。

（3）倒角边缘：除在现场接头的连接外，制造商应防止在运输和安装过程中产生碎裂。

（4）夹杂物的误差允许范围：

（a）亚克力板材应无显著降低其结构性能或毁损其光学外观的夹杂物。此类夹杂物包括空洞、沙粒、发丝等或任何其他形式的异物。

①任何超过 3 mm 的夹杂物都不允许存在。

②对于夹杂物的数量限制，每 2.3 m^2 范围内只允许出现 1 个。在此区域内从底部到板材净开口处 2 000 mm 高（视线水平）的位置，夹杂物的粒径尺寸应控制在 3 mm 内，且每 5 m^2 范围内只允许出现一个。

（b）板材之间的拼接应由发包人认可，且必须符合以下要求：

①拼接区域内的夹杂物大尺寸及范围数量：粒径 3 mm；长度在 1.5 m 范围内只允许出现 1 个。

②在现场化学拼接中超过允许限制的夹杂物应由发包人代表单独进行分辨、确认是否可以接受。

③拼接的物理特性应符合上文“亚克力板材”中具体描述的标准。

（c）挠曲强度：根据 ASTM D790 确定的最终强度应为 7 000 PSI。

（d）单体残留：根据 ASME PVHO-1，甲基丙烯酸甲酯应少于 1.6%，丙烯酸乙酯应少于 1.6%。

（5）安装误差允许范围：

（a）厚度：以任何测量点为基准，亚克力板材厚度的误差范围为 –0.00 mm ~ +12 mm。

（b）整性：以板材长度计 ±6 mm。

（c）缘倒角宽度：通常不超过板材厚度的 1/8 或 20 mm，以较小的距离为准。在以密封胶进行连接的边缘，最大不得超过 3mm。边缘处的倒角不得采用现场化学拼接。

（d）倒角宽度：以板材厚度计不得超过 0.0125× 板厚，不得超过 20 mm。

（e）在亚克力水平表面上进行随意测量时，扭曲变形不应超过其长度的 0.002。

（6）板材运输前的光学性能：

（a）检查：在板材运输至项目场地前，由发包人方组织。

（b）验收标准：要求网格板线上的图案界定清晰，且在 1/4 的网格板方块界线中无扭曲或碎裂，此平面可被接受。

3. 执行

（1）检查

（a）检查开口以验收亚克力板材；检查内容如下：

①在混凝土池壁或混凝土板上进行连接与湿水测试，测试前先确定混凝土养护期满并干燥。

②检查已进行防水处理，且安装槽口的裂缝已注入环氧树脂处理。

③把安装混凝土槽口表面处理平滑，无任何会影响安装效果的如裂隙、空洞、凸出物、涂层或其他不符合要求的情况出现。

④混凝土槽口的尺寸及平整度处于容许的误差之内。

（b）对检查不符合标准要求的项须全部整改至符合要求，才能进行亚克力安装工作。

（2）准备

（a）清洁安装槽口，移除影响工作的凸出物和其他物质；按照产品制造商推荐的方式进行安装。

（b）修补安装区域槽口表面缺陷，为密封胶施工做好准备，根据制造商的要求，采用环氧树脂进行修补。

（c）安装槽口防水，按照图纸要求采用三布五涂，面层至少两层环氧树脂覆盖，并保证表面平整，无裂隙和针孔，并保证无杂物或水的残留。在安装亚克力材料前，所有的环氧树脂均需经过至少 3 天以上的固化时间。

（d）在每个槽口的内外两侧均需设立安装的脚手架。

（e）需遵循亚克力制造商、密封胶制造商，以及其他材料制造商提供的建议，如有更为严格的标准，则应以更为严格的标准为依据。

（f）保护亚克力板材使其边缘不能在运输和安装过程中遭受损坏。如亚克力受到损坏或有瑕疵，应丢弃处理。

4. 安装

（1）在板材安装过程中，应当全程监督包括：拆包、移动、放置板材，应遵守制造商的要求。

（2）在需要使用密封胶进行表面连接粘接时，应按照密封胶基材测试要求选择表面底漆。

（3）在支承凹槽中采用背面涂层的亚克力材料以防止从支承区域的内侧可见。

（4）按照板材制造商的建议，采用氯丁橡胶支承垫，将板材放入开口处。

（5）根据安装要求准备搅拌砂浆，然后将其放入安装槽口。根据亚克力制造商的要求，提供连续的氯丁橡胶支承垫，以在小于 10 m^2 的开口面积内代替砂浆。

（a）在窗体的两侧尽量提供足够的空间保证浇灌混凝土砂浆的施工。

（b）在窗体确认完全水密封后，在干侧安装密封胶。槽口保护砂浆在窗体处或其他位置防止污染，需要打胶密封。

（c）在窗台和斜面下边缘、门窗侧壁和窗头处按要求涂抹砂浆。

（6）根据密封胶和亚克力板材制造商的推荐，采用可压缩填充棒或同样效果的备用材料，以防止密封胶与连接的背部表面粘连，同时为了保证效果需控制密封胶的深度。

（7）按照建造前的密封胶基底测试要求，在需要粘接密封胶的表面涂抹底漆。

（8）在窗体内侧混合并涂抹密封胶。把密封胶用力压入釉面槽渠，防止空隙的出现，保证亚克力密封胶和槽口表面的完全“浸润”或连接。使用工具对密封胶表面进行抛光。确定窗体的水密封后，方可安装干面的密封胶。

5. 现场质量控制

测试

（a）在迎水面密封胶固化后（至少 1 周时间，或以密封胶制造商所推荐的最少时间为准）且在所有的相关工作全部完成后，将水缸加水进行渗漏测试。

（b）验证亚克力玻璃板材的初始挠曲符合板材干面在最大挠曲点刚性试验标准的规范要求。板材制造商需对超出规定的过度挠曲进行修正。

（c）观察是否有渗漏。

（d）如果出现渗漏，则放空缸体并进行维修。

①安装者：负责修复安装出现的渗漏情况。

②制造商：负责修复亚克力玻璃板材挠曲产生的任何问题。

（e）修复完成，安装养护期结束后重新进行漏水测试，将缸体满水，并保持最少 1 月的时间，观察是否有缓慢的渗透。如若再出现渗漏，则在放空缸体水之前通知业主，向业主提交修复方法，取得业主同意后实施。

（f）漏水测试是否结束，应报业主批准。对于 1 个月的连续水体测试亚克力干侧或槽口处不应出现可见的潮湿渗漏。干侧密封胶应在水体测试合格后才可进行安装。

6. 保护

保护板材不受其他专业施工、气候、直接阳光照射、腐蚀及其他有害因素影响导致损坏。在工程基本竣工后，按照对亚克力玻璃进行遮阳覆盖保护或以亚克力制造商批准的塑料附膜对亚克力板材进行保护，并辅以 3 ~ 5 mm 胶合门板或多孔塑料薄膜进行覆盖。

第 4 节　水族馆、海洋世界主题包装设计及施工技术规范

一、主题包装定义

1. 什么是主题包装

水族馆、海洋馆为了强化体验感，达到高标准的展示效果。依据场景设置的主题故事线氛围，结合水族馆多专业的配合，利用包装材料通过设计、生产、现场施工安装最终实现出主题故事线氛围。主要包装材料包括：FRP、TCP、GRC 等。

2. 为什么要做主题包装

主题包装是为了让游客实现沉浸式体验，根据 IP 的主题故事，营造出和故事背景一致的环境。主题包装场景有强烈故事感、历史感、体验感，所以常规装饰材料很难实现这一需求。需要通过包装专业介入，从设计到施工专业系统工程。

展池水下主题包装设计有别于常规装饰设计，涉及专业领域跨度较大，包括：维生系统专业、亚克力专业、建筑专业、灯光专业、生物专业（海洋、淡水、陆地）、运营维保等。

二、主题包装设计流程（图 17-5、图 17-6）

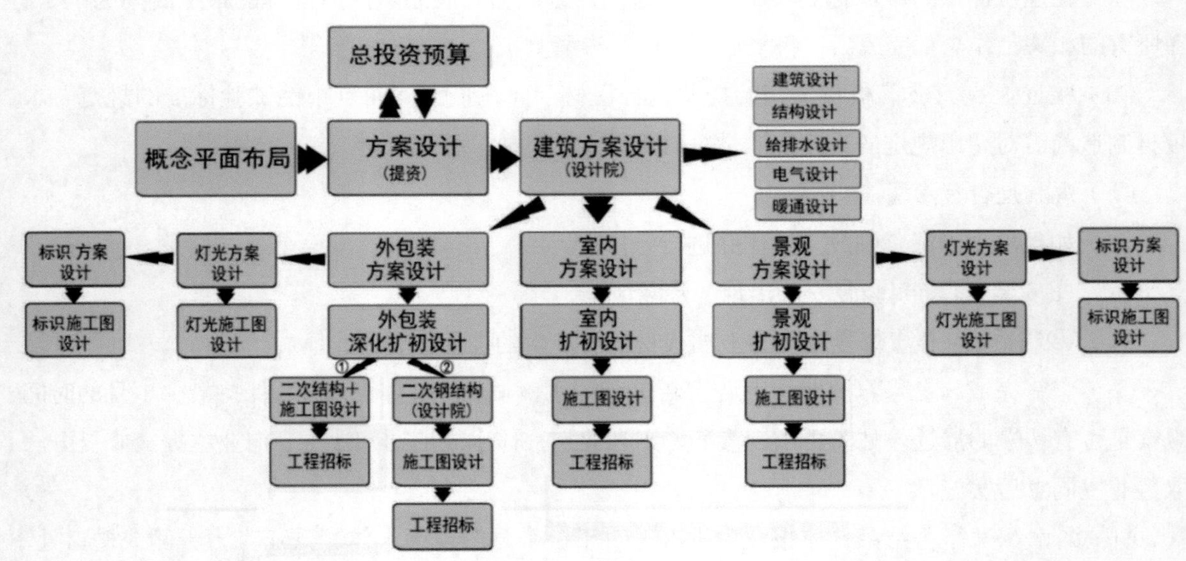

图17-5　场馆室内外包装与景观包装设计流程

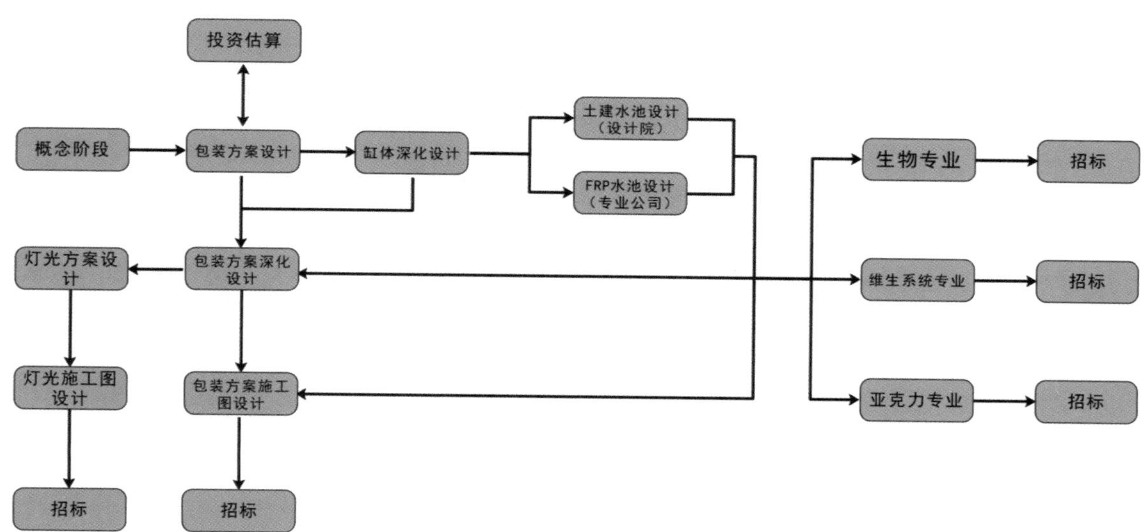

图17-6　水下展池（缸体内）包装设计流程

三、主题包装造景施工工艺

1. 主题包装材料工艺说明

（1）FRP/GRP 玻璃纤维加强树脂，俗称玻璃钢，英文：Glass fiber reinforced polymer。

工艺流程：

深化设计——做小稿模型——做 1 ：1 模种——翻模具——翻制 FRP 产品——产品打磨修补——底漆——主题漆——现场安装——产品、颜色修补——保护漆。

（2）TCP 主题水泥直塑，英文：Themed cement plaster。

工艺流程：

深化设计——做小稿模型——做 1：1 样板——包装主结构沉台施工——造型 TCP 钢筋造型焊接——钢筋网绑扎——基层抹灰（人工、机器喷浆）——面层雕刻——底漆——主题漆——保护漆。

（3）GRC/GFRC 玻璃纤维加强水泥，英文：GLASS FIBER REINFORCED CONCRETE。

工艺流程：

深化设计——做小稿模型——做 1 ：1 模种——翻模具——翻制 GRC 产品——产品打磨修补——底漆——主题漆——现场安装——产品、颜色修补——保护漆。

2. 展池包装施工注意事项

1）展池水下包装内部不能有空腔。

2）所有涉及动物展示的水池，禁止使用金属材料。

3）包装主结构、二次结构加固不能破坏缸体防水层。

4）大型水下生物展池中，包装尺寸及位置要考虑生物习性，边角设计避免锋利，防止刮伤生物。

四、海洋馆主题公园包装造景案例——珠海长隆海洋王国

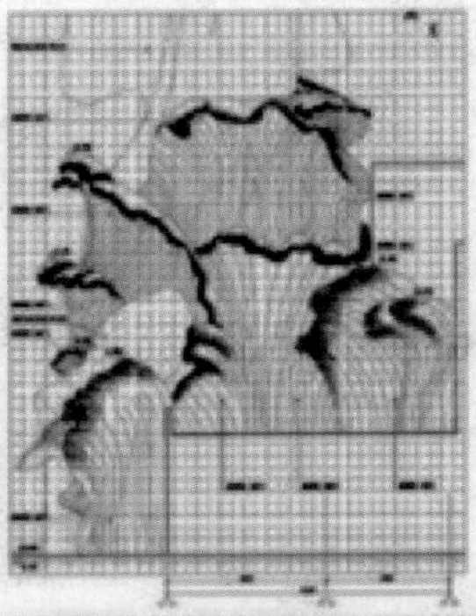

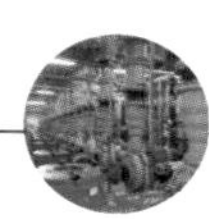

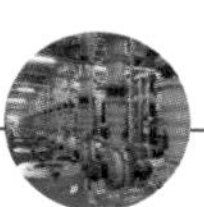

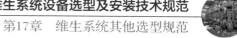

以上方案由深圳天筑主题景观艺术有限公司提供

五、海树海洋馆造景珊瑚

1. 人造珊瑚

产品名称	图片	图片	图片
仿真珊瑚（环保树脂）			
仿真珊瑚（组合）			
仿真珊瑚（组合）			
缸体效果			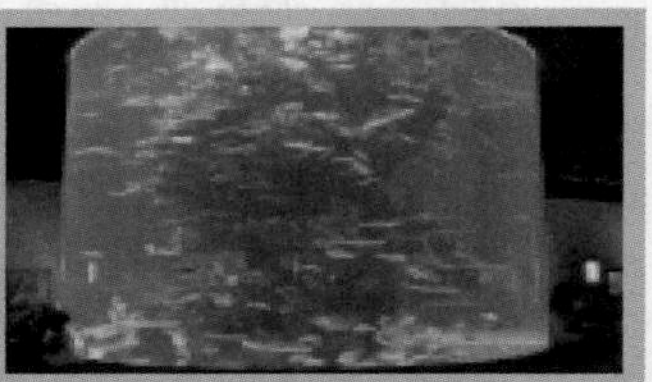
缸体效果		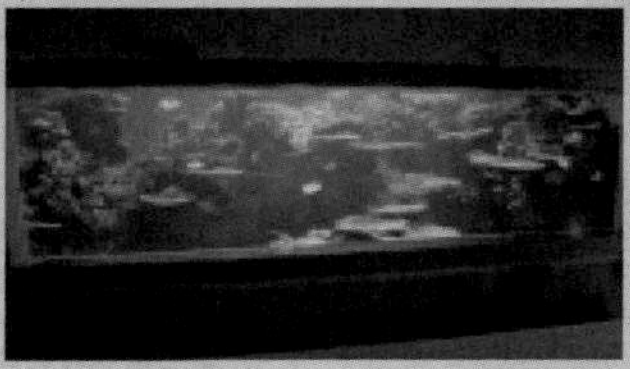	
仿真海草			

2. 珊瑚缸造景

3. 雨林缸造景

以上人造珊瑚及造景方案由厦门海树提供

附录1：技术标案例主要内容

一、概述

（略）

二、工程质量保证措施

（略）

三、管理与组织

（略）

四、施工方案（技术标）

（一）采购过程管理

（1）采购前依据合同清单及技术要求编制采购方案；必须严格按照规范要求提交样品和样板。采购经理负责就现场交货事宜与业主进行协调保证及时验收和入库。

（2）方案中针对材料、设备的采购的追踪、出厂检验、运输、清关、进场验收和储存提出要求。我们将尽可能多的采用能满足规范和询价要求的本地材料。对于重要项次，我们将尽可能利用国内的分销商和当地服务机构，以便在试车过程中和后续运行提供及时的服务。

（3）如果必须采用国外供应商的产品，我们将雇佣专业代理商进行采购并由总公司提供技术支持。

（4）材料到场后，我们的现场工程师应对材料进行检验是否符合技术要求，材料管理员应进行清点。如果存在短缺，损坏或不符问题，应立刻报告。现场经理组织有关人员找出解决方法想并关闭问题。所有材料应存放在仓库内并在安装前发放给施工队。

（5）目标：确保工厂对材料、设备的交货满足项目的需要；监控交货期及延期预警，并采取措施；发货前检验及发货状况汇报。

（6）职责：采购工程师负责所有的采购催交工作，包括设备的运输，供应商提供的文件及证书等。

（7）方法：采购工程师为项目提供催交服务是整个项目材料管理的一部分。这一工作贯穿从订单的完成到现场收到合格的设备及材料的现场催交全过程。为满足项目的要求，采购工程师需要被分派到项目中去催进工作进度。

（8）采购检验：对于重要设备和材料，公司将会利用专业的检测中介机构为项目提供检测服务，并将派出检测协调员以监督和协调检测中介机构完成工作

（9）物流和运输：公司将使用物流中介公司为项目提供运输服务，由采购部门来监督并协调运输中介的工作。

（10）现场采购：现场采购服务作为整个项目的采购活动的一部分，当现场施工材料短缺时在现场实施采购。现场采购主要指零星材料和应急材料的采购工作，其主要目的是为了加快项目采购的响应速度，并确保此部分材料的品质能够满足项目的需求。现场采购由公司派驻项目现场的采购工程师负责，并向项目经理和采购部经理汇报工作。

（二）主要施工机械、设备及检测设备

表A1-1　主要施工机械设备表

序号	设备名称	规格型号	数量	制造年份	备注
1	电焊机	DX-2005	1	2019	良好
2	气焊割设备	国产	1	2020	良好
3	切割机	J3G-4003	1	2020	良好
4	手拉葫芦	1-3 吨	1	2020	良好
5	吊车	8 ~ 16T	1	租赁	良好
6	手磨机	国产	1	2020	良好
7	开孔机	国产	1	2020	良好
8	墙体钻孔机	国产	1	2020	良好
9	PE 电熔焊机	国产	1	2020	良好

（三）材料设备的技术特性（例）

1. 水泵

◆ 泵壳：不锈钢 304。

◆ 泵轮：不锈钢 304。

◆ 泵轴：不锈钢 304

◆ 轴承箱：铸铁或球墨铸铁

◆ 电机：绝缘等级 IP55、四级电机

参数满足技术规范要求。

2. 砂滤器

◆ 材质：纤维玻璃钢材质制作，内部湿面涂两层密封树脂，表层由 90% 的树脂和 10% 的玻璃混合，所有金属部件采用 304 型不锈钢；

◆ 压力：最低工作压力 2.5 kg/cm^2，最小测试压力 5.0 kg/cm^2；

3. 臭氧接触反应罐

◆ 材质：纤维玻璃钢材质制作，内部湿面涂两层密封树脂，表层由 90% 的树脂和 10% 的玻璃混合，所有金属部件采用 304 型不锈钢；

◆ 压力：最低工作压力 2.5 kg/cm^2，最小测试压力 5.0 kg/cm^2；

4. 臭氧机

◆ 材质：壳体为 304 不锈钢材质；

◆ 环境条件：环境温度 18 ～ 30℃；

◆ 能力：>100 g/h

5. 制冷机组

◆ 材质：钛合金换热板，最小厚度 0.5 mm；EPDM 垫片；管口在冷水和热水侧采用 304 型不锈钢，工艺水侧采用钛合金；拉杆、螺母、螺栓等连接件采用热浸锌材质；碳钢涂环氧树脂盖板；

6. 温度计

◆ SUS316 材质温度探头，丝接插入式安装；

◆ 具体量程后续深化确定；

7. HDPE 管配件

产品描述

本次投标选用 1.0 Mpa PE 管 SDR17 管材，HDPE 管使用范围为所有室外管道（除脱气塔顶部部份管道）。

8. PVC 管配件

产品描述

本项目维生系统工程设计要求采用 UPVC 给水塑料管胶粘（阀门处法兰连接），工作压力 1.0 Mpa u-PVC，根据技术规范要求，所有室内管道采用 PVC 管。

9. 阀门

◆ 手动蝶阀：对夹式，UPVC 阀体，304 阀杆，三元乙丙或丁腈橡胶密封，压力等级：1.0 MPa。

◆ 电动蝶阀：对夹式，UPVC 阀体，304 阀杆，三元乙丙或丁腈橡胶密封，压力等级：1.0 MPa，驱动为 220V 电源驱动，防水等级 IP65。

◆ 止回阀：SUS304 阀体，三元乙丙或丁腈橡胶密封，压力等级 1.0 MPa。

◆ PVC 球阀：双由令球阀，EPDM 或氟橡胶密封，压力等级 1.0 MPa。

10. PE 转 PVC 法兰

◆ 使用位置为不同材质连接处，采用 PE 法兰头配 PE 包裹钢法兰与 PVC 法兰连接。

11. 橡胶软接头

◆ 水泵进出口设计要求安装可曲绕橡胶管，我司建议选用异径橡胶钢丝软接头，压力等级 1.0 MPa，具有承压好，使用方便等优点。

12. 格栅及填料

◆ 脱气塔填料底板格栅应采用乙烯基玻璃钢格栅，格栅厚度、通水率应由设计确认，本次投标使用尺寸 38 mm * 38 mm * 38 mm 格栅。

◆ 其他回水坑、溢流槽等臭氧浓度较低处采用邻苯基玻璃钢格栅，格栅厚度、通水率应由设计确认，本次投标使用尺寸 25 mm * 25 mm * 25 mm 格栅。

◆ 格栅安装时，土建单位应该按图纸预留相应安装垭口。

◆ 砂缸填料：粒径 0.22 ~ 0.50 mm 石英砂，粒径 0.5 ~ 0.7 mm 石英砂，1 ~ 2 mm 石英砂，4 ~ 8 mm 石英砂，15 ~ 30 mm 卵石；细沙均匀系数小于 1.5，比重 2.65。

◆ 脱气塔填料：PVC 波纹板填料，45° 角斜装，比表面积 110 ~ 120 ft^2/ft^3 ；

13. 篮式过滤器

◆ 篮式过滤器应采用立式过滤器，PVC 材质外衬玻璃钢或 PP、PE 材质均可，顶盖有透明亚克力观察口，法兰连接，316 L / 尼龙或其它非金属滤网，连接螺栓为热镀锌材质，滤篮开孔面积不得超过 4 : 1（管道横截面的孔洞面积）压力 1.0 MPa。

（四）部分施工方案阐述

1. 穿墙套管安装方案

我司在其他主题公园有过类似施工经验，采用直埋方式

2. 设备安装

（1）水泵安装：水泵安装方式严格按照设备安装规范执行，水泵的吊装、定位安装、地脚螺栓预埋及地脚螺栓孔一次灌浆。我司水泵基础放线后，由土建单位浇筑基础并预留地脚螺栓孔，基础浇筑应保证符合规范的水平度。

水泵装置初步对准时应进行以下步骤：

确保地基螺栓是旋紧的。

确保外壳和脚底板是紧的。

使用驱动机脚下的金属垫片，确定泵和电机轴的对准是平行且成角的。

水泵管道接管时应注意法兰螺栓扭矩，具体如表 A1-2 所示。

表A1-2 法兰尺寸与螺栓扭矩

法兰尺寸	螺栓扭矩
38 毫米	12 ~ 16 Nm
51 毫米	24 ~ 33 Nm
76 毫米	31 ~ 41 Nm
102 毫米	37 ~ 49 Nm
>152 毫米	47 ~ 68 Nm

（2）砂缸安装：砂缸安装严格按照设备安装规范执行，砂缸的吊装、定位安装，我司设备基础浇筑完成保养 7 天左右强度达到要求后才能安装。

其他设备安装：设备安装严格按照设备安装规范执行，我司在投标报价中包含设备的吊装、定位安装及设备基础浇筑。

（3）设备单机调试：所有设备单机调试由我司负责。

3. 池底集水坑安装方案

原设计无池底集水坑安装方案，我司根据多年主题公园施工经验，建议按以下方案施工，具体需要甲方确认是否可行。格栅安装时回水坑要预留安装垭口。

五、施工方法与技术措施

本工程施工范围广、室外管网多，我公司计划首先进行管道支架的预制工作；然后进行设备就位、管线的安装施工工作。在施工中采用几个系统同时作业的方式缩短工期、确保工期。

（一）PVC 管道施工方法

1. 施工流程

施工准备——管道支架预制——管道安装——管道压力测试——管道清理

2. 施工工艺

该 PVC 管的采购及安装将按照设计图纸及招标技术规格书的规定执行，同时按照如下施工工艺进行施工：

（1）管口切割后应将粗糙部分磨平并将管内、外擦拭干净，结合端应切成斜角（倒角），以防止结合溶剂往直管内推挤。

（2）管端擦拭干净后，应以管外径 1/2 宽之天然毛刷均匀涂抹清洁剂于配管结合处，反复约 5 ~ 15 秒。涂抹长度与插管配件深度相同，管件也要涂抹，以渗透及软化管件，以利溶合。天冷时涂抹次数相对增加。

（3）在清洁剂干前，涂冷胶于配件插管处，再涂于直管端。

（4）直管完全插入配件插管之深度，并旋转 1/4 圈。

（5）紧握结合处 10 ~ 15 秒，6″以上管应保持 1 ~ 3 分钟，确定不会移动，拭去周围多余溶剂。

（6）阳光直射下，温度 5℃以下及 32℃以上均不适于接合。

（7）接合后，须放置的干燥时间，以确保粘着效果，另须再放置足够之复原时间，使接合处复原，才可试压（水或气）。

（8）接合完成之管路须以干燥空气冲吹，将灰尘、屑粒等带出达洁净之目的，维生管道系统于管路完成后，再以自来水做管路冲洗。

3. 管道支架间距

管道支承件的间距，立管管径为 50 mm 的，不得大于 1.2 m；管径大于或等于 75 mm 的，不得大于 2 m；横管直线管段支承件间距宜符合表 A1–3 的规定。

表A1–3 管道支架间距

管径（mm）	40	50	75	90	110	125	160
间距（m）	0.40	0.50	0.75	0.90	1.1	1.25	1.6

4. VC 管与配件使用胶合剂施工说明

U–PVC 管件使用之冷胶接合法，快速、经济且无需维修，近年来大受工程界、工业界等之欢迎。以下说明可提供多项指示与建议，以为安装管路系统时的准则。

（1）冷胶、清洁剂之储存：

➢ 罐盖应密合，避免挥发。

➢ 避免伤晒、勿近火源、热源且不可直接光热。

➢ 避免眼部、皮肤、衣物接触。

➢ 使用时应戴上手套。

➢ 勿以鼻嗅。

➢ 使用时，现场应保持空气流通。

➢ 有保存期限，不可稀释使用。

➢ 配合天然纤维结构的刷子或其它合适之涂器夹使用，效果更佳。

➢ 施工指示 U–PVC 压力管系统。

➢ 安装配备与材料：切割工具、碎布 / 如棉布、砂纸、刷子、冷胶、清洁剂、工具箱。

（2）安装前准备工作：

➢ 将管子和配件（三通、弯头等）放置在同一温度下，使用手锯或电动锯（锯片最好是 16 ~ 18 齿 / 英寸）和固定辅助的架子。将管子端面切整齐，管子端切成斜角，防止接合时，溶

剂往直管内端挤，以致效果不理想。另外，附有轮子的切管器也是可以用来切 U–PVC 管。

➢ U–PVC 管可用电动带锯机或圆形锯切割，严禁使用砂轮切割机。

➢ 使用锉刀或倒角的工具将管端倒角并清除毛边，再用干净的布将管子里外及配件插口的灰屑、油污拭净。

➢ 将管子和配件试插，管子应可插入配件的 1/3 ~ 3/4 深，接下来使用清洁涂在 PVC 管子表面和配件的插口，溶剂会渗透软化并溶蚀擦过的部位（溶蚀表面大约 4/1000 ~ 5/1000 左右），同时也兼清洁的作用。

➢ 使用毛刷将清洁剂（清洁剂功用在于渗透、软化管件接合理，以利溶合）涂在配件的插管口，然后再涂管子表面，管子表面涂清洁剂的长度要和配件的插管口深度一致，上清洁剂的时间没有严格规定，视需要可重复上剂，但是在上剂后不可擦拭。

（3）涂清洁剂：

➢ 使用约管外径 1/2 宽的刷子，均匀涂抹清洁剂于配件接头处内部，反复约 5 ~ 15 秒。勿以碎布取代刷子，否则皮肤重复触，会引起过敏，水泡。

➢ 涂抹直管外部，其涂抹部份必须确定，至少应与插管配件深度相同。

➢ 管件交互涂抹。天冷时，涂抹次数须增加，确保清洁剂的软化效果。管件涂抹后须保持清洁，以利上冷胶，大尺寸管件涂抹次数相对增加。

（4）涂冷胶：于清洁剂干前，进行以下步骤。

➢ 确定直管末端上冷胶的长度，至少应与插管配件深度相同。

➢ 涂冷胶于配件插管处。

➢ 再涂于直管处。大尺寸管件涂抹次数相对增加。

5. 塑料管材粘接

（1）断料后端面要和轴线垂直，偏差较大的要进行修整或重新断料。

（2）要粘接的管子前端外侧要进行倒角处理，倒角以圆弧倒角最为理想，倒角的轴向和径向范围都要保持在 1 ~ 2 mm 之间，倒角时千万注意不要让碎屑进入管内，倒角工具可以使用手锉。

（3）标记粘接长度，要测量管件承槽的深度，并做好记录，因为粘接方式中，承插安装到位非常关键。

（4）用厂商提供的清洗剂或丙酮清洗承口和插口。

（5）粘接剂的涂布：粘接剂的涂布一定要均匀，承件（管件）与插件（直管）的涂布比例是 3 ： 7。

（6）插入与固定：按要求涂布粘接剂后，迅速进行插接操作，并且按照标记插接到位。为防止松脱，要固定保持一分钟以上。DN65 及以下管道可以手持插入，DN80 及以上管道使用机械插入。管道承插过程不得用锤子击打。

（7）承插接口粘结后，应将挤出的胶粘剂擦净。静置固化。

（8）刚粘接好的管子不要马上搬动，以免接合部位承受负荷，影响结合部位的强度。

（9）插接操作提倡直接沿直线插入，而不宜采用扭转的方式。

6. 粘接注意事项

（1）胶粘剂和清洁剂的瓶盖应随用随开，不用时应随即盖紧，严禁非操作人员使用。

（2）管道、管件集中粘接的预制场所，严禁明火，场内通风。

（3）不得在露水较大的湿环境进行粘接，温度不宜低于 -10℃；当施工环境温度低于 -10℃时，应采用防寒防冻措施。

（4）粘接时，操作人员应站于上风处，且宜配带防护手套、眼镜、口罩等。

7. PVC 管道安装

（1）管道安装尽量采用地面预制的方式，以减少空中作业。

（2）根据图纸选用相应品种规格的 PVC 管。

（3）安装前必须检查管内有无杂物，发现杂物必须及时清理。

（4）管道安装的坐标位置要准确，变径管、及弯管、三通的位置、朝向要准确。

（5）固定要牢固，并在管道和支架之间衬垫四氟板条。

（6）在最终连接之前，一定要将管口及时封堵。

（7）管道分支末端 DN50 及一下采用成品 PVC 管帽粘结进行封堵；DN75 及以上采用法兰与盲板进行封堵。

（8）管道安装要平直，并行的管道间距要一致。

8. PVC 管道试压与验收

（1）试压分段。PVC 给水管道试压段的长度视具体情况而定。对于无节点连接的管道，试压管长度不宜大于 1.5km；有节点的管道，试压段长度不宜大于 1km。

（2）管道充水。管道充水时应缓慢地进行，充水的同时应排出管道内的空气。管道充满水后，在无压情况下至少保持 12h。

（3）试压方法。硬聚乙烯给水管道水压试验有严密性试验和强度试验两项内容。

严密性试验 管道充水 12h 后，将管内水压加到 0.6MPa，并保持 2h，检查各部位是否有渗漏或其它不正常现象。试验时为保持管内压力可向管内补水。严密试验时，若在 2h 中无渗漏现象为合格。

强度试验。严密性试验合格后，进行强度试验，管内试验压力为设计工作压力的 1.5 倍，但不低于 0.6 Mpa，保持试验压力 2h，当压降 0.02 Mpa 时，向管内补水，记录为保持试验压力所增补水量的总值，若漏水量不超过规范允许漏水量时，则认为试验管段承受了强度试验。

（二）PE 管道施工焊接方法

1. 机具准备及辅助工具

热熔机、电源箱、扳手、吊带、简易吊架、管道滑架、干净毛巾等

2. 人员

焊接人员必须是持证焊工操，并在加工厂做焊接试件，合格后方可焊接 .

3. 工艺流程

焊机检查——管道放入机架——管道调平——铣刀处理管口——清理管口——加热板加热加压——取出加热板——加压——冷却

4. 操作概述

聚乙烯属于部分结晶的热塑性塑料。熔接主要是利用热塑性塑料随温度的变化而呈现出不同的物态变化，将待焊接的管端进行加热，并施加一定的压力，使两个端面聚乙烯材料的分子重新分布和结晶，形成为一个整体。熔接基本过程是对聚乙烯管道连接面加热至熔融状态，然后在压力的作用下连接在一起。

（1）熔接必要的条件：

A. 导致塑料熔融流动的熔接温度。

B. 熔接压力。

C. 压力及温度的作用时间。

（2）熔接过程的步骤：

连接表面的准备：连接表面必须是干燥、无尘、无油，且应除掉表面氧化层。

加热连接表面：保证连接面有充足的熔体

连接施压：压力要适中。

保压冷却：为了使分子充分扩散，达到一定的熔接强度，压力应保持到接头固化到一定程度。

5. 焊接准备

焊接准备主要是检查焊机状况是否满足工作要求。如检查机具各部位的紧固件有无脱落或松动；检查整机电器线路；检查液压箱内液压油是否充足，确认电源与机具输入要求相匹配；加热板是否符合要求（涂层是否损伤）；铣刀和油泵开关等的试运行等。

然后将与管材规格一致的卡瓦装入机架；设定加热板温度，加热前，应用软纸或布蘸酒精擦拭加热板表面，但应注意不要划伤 PTFE 防粘层。

6. 焊接

焊接应按照焊接工艺卡各项参数进行操作。必要时，应根据天气、环境温度等变化。

对其作适当调整。主要步骤如下：

（1）用干净的布清除两管端口的污物。

（2）将管材置于机架卡瓦内，使两端伸出的长度相当（在满足铣削和加热的要求情况下应尽可能短，通常为 25 ~ 30 mm，若为大口径管道，伸出长度应相应加大如 DN1400 管的伸出长度应为 150 ~ 250 mm）。若必要，管材机架以外的部分用支撑物托起，使管材轴线与机架中心线处于同一高度，然后用卡瓦紧固好

（3）测量拖拉力（滑动夹持组的摩擦阻力），这个压力应叠加到工艺参数压力上，得到实际使用压力。

（4）置入铣刀，先打开铣刀电源开关，然后缓慢合拢两管材焊接端，并加以适当的压力，直到两端均有连续的切屑出现后，撤掉压力，略等片刻，再退开活动夹持组

（5）取出铣刀，合拢两管端，检查两端对齐情况。管材两端的错位量不应超过管壁厚的10% 或 1 mm 中的较大值。通过调整管材直线度和松紧卡瓦可在一定程度上进行错位量的矫正；合拢时管材两端面间隙应符合 dn ≤ 250 mm 时，不超过 0.3 mm；当 250 < dn ≤ 400 mm 时，不超过 0.5 mm；当 400 < dn ≤ 630 mm 时，不超过 1.0 mm；当 dn > 630 时，不超过管道外径的0.2%。如不满足上述要求，应再次铣削，直到满足上述要求。

（6）检查加热板温度是否达到设定值。

（7）加热板温度达到设定值后，放入机架，施加规定的压力，直到两边最小卷边达到规定宽度。

将压力减小到规定值（使管端面与加热板之间刚好保持接触），继续加热至规定的时间。

（9）时间达到后，退开活动夹持组，迅速取出加热板，然后合拢两管端，其切换时间应尽可能短，不能超过规定值。

（10）将压力上升至规定值，保压冷却。冷却到规定的时间后，卸压，松开卡瓦，取出连接完成的管材。

（三）工程重点难点分析及管控措施

1. 重难点分析及新技术新工艺

（1）管径粗大、管件种类繁多、涵洞、地沟管线粘接和焊接质量尤其重要，这些都给施工增加了难度。依靠提高工人技能、严格过程控制、增加辅助设施来保证粘接和焊接质量。

（2）标高的定位、复核、支架的预制安装是重点

本项目因工期紧张，需要在没有工作面的前提下进行管线的定位、标高的测定、支架的预制工作，一旦工作面提供后将进行支架的安装、管道、设备的安装，定位的准确、标高的准确尤为重要。

（3）管道的压力试验是难点

管径多、管线短、与设备连接多，鉴于这些情况如采用多点试压势必影响进度，我公司将采用多点联通，局部调整的方式进行。

2. 技术措施

（1）公司成立工程领导协调小组，具有多年工程经验的人任项目经理，工程部经理任组长，全面策划、领导、指挥本工程施工管理工作，为项目提供强大的支撑力。

（2）本工程组建选派经验丰富、具有复合知识结构的管理人员组成项目经理部。项目经理部作为公司派出的机构行使综合组织与协调功能，全权负责本项目全过程、全面的施工管理工作。严格履行职责，实现统一计划协调、统一现场管理、统一组织指挥、统一全面管理、统一资金收付、统一对外联络。项目经理部管理人员在 5 人左右，我公司派驻现场的主要管理人员的综合情况为：

项目经理：有丰富的施工经历，曾成功的组织过多个大型海洋馆的建设，特点是精力充沛，协调与沟通能力好，具有丰富的管理、指挥、协调等方面经验。

项目技术负责人：担任过大型同类工程的技术负责人，他们的特点是知识面宽，施工经验丰富，实践与理论结合能力强，能够为甲方提供从工程设计到施工全方位服务与控制，在各专业施工方面具有较强的技术管理和综合协调能力。

六、施工进度、施工工期保证措施

（一）充分做好项目前期准备工作

接到中标通知书后即刻安排人员进行前期各项准备工作，提前策划和计划后期的工作，使临建和报批报审及设备采购等工作同步进行。

（二）预制等工作提前启动，争取时间

充分利用准备期的时间，首先完成各种管网的系统深化设计，提前启动管网大批量预制，包括工厂预制。一旦现场具备安装条件即可全面展开工作，赢得时间，消减人员使用的波峰，平抑抢工时间线。

（三）具体化工期保证措施

重点对施工项目进度里程碑进行控制，采取组织措施、技术措施、经济措施和信息管理措施等。按照 P（计划）D（执行）C（检查）A（纠偏）循环模式进行进度控制：

根据施工进度计划横道图，确定工程施工进度里程碑和关键路径。

按照里程碑节点倒推，结合实际情况编制月、周、日作业计划和设备材料的采购进场计划。计划中考虑施工现场作业条件；劳动力、机械等资源 条件；相关设备材料采购订货周期，材料报批报审时间，提前进场时间；采取的施工技术方案对进度的影响等因素。

签发施工任务书：编制好作业计划以后，将每项具体任务通过签发施工任务书的方式使其进一步落实。

做好施工进度记录：填好施工进度统计表，在计划任务完成的过程中，各级施工进度计划的执行者都要跟踪做好施工记录，记载计划中的每项工作开始日期、工作进度和完成日期。

做好施工中的资源调配工作：监督检查施工准备工作；督促各部门按计划供应资金、劳动力、施工机具、运输车辆、材料等，并对临时出现问题采取调配措施；及时发现和处理施工中各种事故和意外事件；调节各薄、弱环节；定期召开现场调度会议，贯彻施工项目主管人员的决策，发布调度令。

跟踪检查施工实际进度：进度控制工程师要经常到现场察看施工项目的实际进度情况，从而保证经常地、定期地准确掌握施工项目的实际进度。

对比实际进度与计划进度：将收集的资料整理和统计成具有与计划进度可比性的数据后，用施工项目实际进度与计划进度的比较方法进行比较。

根据实际进度检查结果进行纠偏：如实际进度与计划进度发生偏离，分析产生的原因和对工期的影响程度，根据分析的原因采取必要的组织措施、技术措施、经济措施或信息管理措施，修改原计划，不断地如此循环，保证每一个进度里程碑的按时完成，直至工程竣工验收。

（四）本项目施工进度表

本项目施工进度见表 A1–4。

表A1–4　施工进度

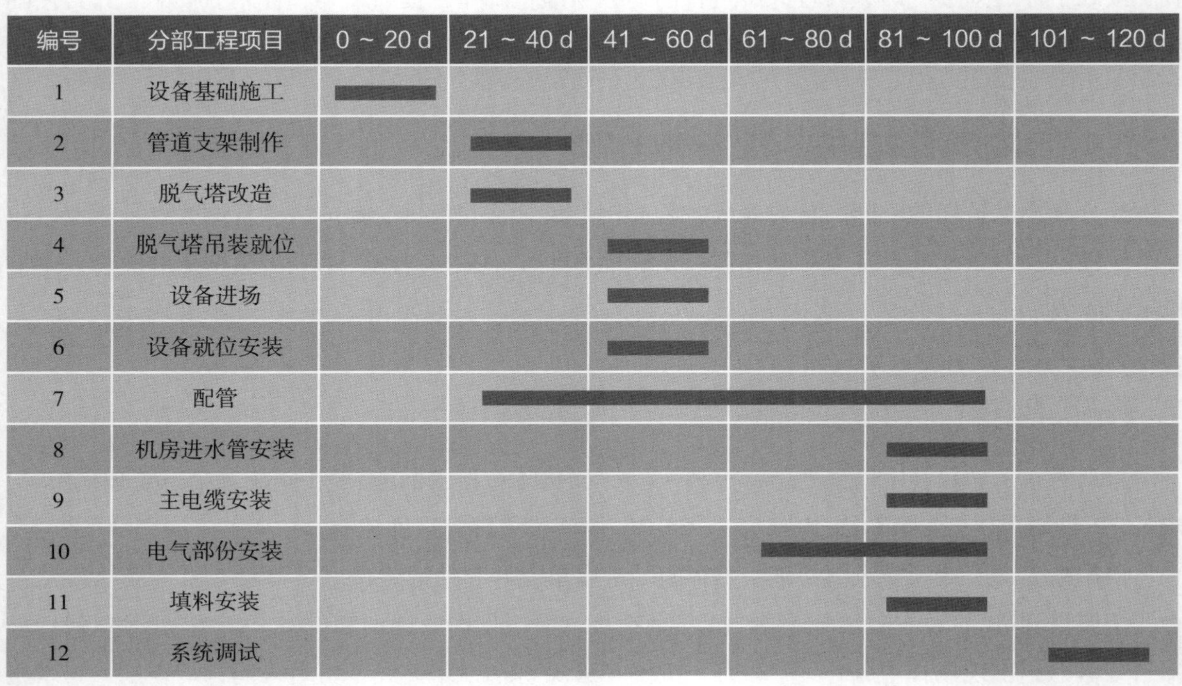

编号	分部工程项目	0 ~ 20 d	21 ~ 40 d	41 ~ 60 d	61 ~ 80 d	81 ~ 100 d	101 ~ 120 d
1	设备基础施工	■					
2	管道支架制作		■				
3	脱气塔改造		■				
4	脱气塔吊装就位			■			
5	设备进场			■			
6	设备就位安装			■			
7	配管		■	■	■	■	
8	机房进水管安装					■	
9	主电缆安装					■	
10	电气部份安装				■	■	
11	填料安装					■	
12	系统调试						■

（五）与土建密切配合

本工程设计到土建浇筑、支模工作，管道安装和浇筑、支模之间有交叉作业，控制好人力资源交叉作业提高效率

（六）对抢工等工期变化的应对措施

在施工过程中，可能由于业主或监理的特殊需求更改原来的施工计划，或者计划工程师监控到某项工作偏离了施工计划，特别是对原计划里程碑或关键节点有较大偏离，我们将立即启动以下应急措施：

进行原因分析，找到影响工期的主要因素，采取有效的控制措施。

增加施工人员，我公司将按照工程需要的 1.5 倍准备施工人员，如项目需要，马上会有更多的施工人员参与到本项目中来。

增加施工机具，我公司在总部及各个区域均设有机具库房，如项目需要在三天内将会有大量机具运至现场，以满足工程需要。

延长工作时间，如需赶工我公司将实行轮班制度，即每天分两班轮流施工，利用有限的施工场地和条件加快施工进度。

极协调材料供应商，加强设备和材料的供货保证。

赶工的同时我们将增加更多的施工管理人员（施工员、安全员、质检员），采取更加有效的安全、质量管理措施，以保证赶工期间的安全和质量

（七）设备材料采购进场计划

我公司采取集中和地域化采购的方式，在保证质量的前提下，尽量缩短供货周期，并与供货商签订有长期合作关系和维保协议，最大限度的方便业主的使用和维护，达到双方共赢的目标。

1. 采购策略

公司采购部将会对中国当地的分包商进行资格审查、可用资源、单价及总价权衡来进行选择。

公司采购部将与客户紧密沟通，除非制造商提出非常充分的理由才可由代理商供货。否则优选考虑在项目执行地附近的供应商以便降低成本。

2. 采购过程管理

严重格按照合同清单规格及材质要求进行采购。确保设备材料满足工艺及设计要求。

采购方案中应对长项物资和其它专门材料 / 设备的采购，追踪，出厂检验，清关，进场验收和储存提出要求。我们将尽可能多的采用能满足规范和询价要求的本地材料。对于重要项次，我们将尽可能利用国内的分销商和当地服务机构，以便在试车过程中和工厂运行后提供及时的服务。施工前，应编制详细的材料分配计划。

材料到场后，我们的现场工程师应对材料进行检验是否符合技术要求，材料管理员应进行清点。如果存在短缺，损坏或不符问题，应立刻报告。现场经理组织有关人员找出解决方法想并关闭问题。所有材料应存放在仓库内并在安装前发放给施工队。

确保工厂对材料、设备的交货满足项目的需要；监控交货期及延期预警，并采取措施；发货前检验及发货状况汇报。

采购工程师负责所有的采购催交工作，包括设备的运输，供应商提供的文件及证书等。

采购工程师为项目提供催交服务是整个项目材料管理的一部分。这一工作贯穿从订单的完成到现场收到合格的设备及材料的现场催交全过程。

为满足项目的要求，采购工程师需要被分派到项目中去催进工作进度。

3. 采购检验

对于重要设备和材料，公司将会利用专业的检测中介机构为项目提供检测服务，并将派出检测协调员以监督和协调检测中介机构完成工作物流和运输公司将使用物流中介公司为项目提供运输服务，并将任命一个物流协调员来监督并协调运输中介的工作。

4. 现场采购

现场采购服务作为整个项目的采购活动的一部分，当现场施工材料短缺时在现场实施采购。现场采购主要指零星材料和应急材料的采购工作，其主要目的是为了加快项目采购的响应速度，并确保此部分材料的品质能够满足项目的需求。现场采购由公司派驻项目现场的采购工程师负责，并向项目经理和采购部经理汇报工作。

（八）施工人员配置计划

施工人员配置计划见表 A1–5。

表 A1–5　人员配置

工段	基础	支架制作	设备进场	设备安装	管道安装	填料安装	调试	试运行
人数（人）	5	5	5	6	6	6	3	2

七、应急措施措施

（略）

八、安全保证措施及应急处理

（略）

九、成品保护方案

（略）

十、技术规格一览表

技术规格见表 A1–6。

表A1-6　技术规格

序号	项目名称	项目特征描述	计量单位	工程量
1	砂缸送水泵	1. 名称：砂缸送水泵 2. 型号：200 m^3/h*15 mh	台	3
2	射流泵（包括射流器）	1. 名称：射流泵（包括射流器） 2. 型号：25 m^3/h*30 mh	台	1
3	臭氧机	1. 名称：臭氧机 2. 型号：100 g/h 带干燥器	台	1
4	恒温机组	1. 名称：恒温机组 2. 型号：25 P	台	2
5	砂缸 DN2000	1. 名称：SF 砂缸 2. 材质、规格：DN2000	台	4
6	接触反应罐	1. 名称：接触反应罐 2. 材质、规格：100 m^3/h	台	1
7	脱气塔改造	1. 脱气塔改造 2. 内容：加档水板、填料槽、碳钢 + 防腐处理	套	2
8	游泳池自动投药桶	1. 名称：游泳池自动投药桶	台	1
9	蓝式过滤器 200 m^3/h	1. 名称：蓝式过滤器 2. 型号：200 m^3/h	台	2
10	在线余氯计	1. 名称：在线余氯计（带泵 / 电动阀门控制功能）	式	1

十一、质保期内承诺书

（略）

附录2：施工组织方案的编写（案例）

施 工 组 织 设 计

建设单位名称：

组织设计名称：

组织设计编号：

文 本 号：

XXXXXXX 有限公司

2015 年 X 月

第 1 章 工程概况

1.1 工程简介

本工程为 XXX 维生系统工程。主要组织对 XXX 店主池、白鲸池、小展池、检疫池的蛋白质去沫器、过滤砂缸、水泵、板式热交换器、臭氧设备及附属设备等维生系统水处理设备、阀门仪表和管路等的安装。为确保工程进度、安装质量与安全，特制订本施工组织设计。

1.2 工期、质量要求

工期要求：按照招标文件要求，本工程计划工期：20X 年 B 月 V 日（以发包人书面通知的开工日期之日计）至 20Y 年 C 月 Z 日。总工期包括：系统功能深化设计完善、预埋件安装指导、设备、管道及填料采购供应、安装、调试、培训及移交等内容。

质量要求：质量合格率达 100%，满足发包人在本合同中所提要求及国家及当地工程验收质量标准要求，确保“绿岛杯”、“绿色三星”，争创“鲁班奖”。

1.3 工程承包范围及主要分包范围

工程承包范围：XX 项目维生系统工程包深化设计、包安装施工等直至交钥匙。

主要分包范围：承包人完成以下维生系统工程的施工图设计、预埋、制作及安装等工作。

承包人负责从冷、热交换器机组二次侧管道安装为界至末端所有设备及管道的安装工作，冷、热交换器水温自动控制系统；

承包人负责配合相关单位提供设备机房进水主管的供水阀门定位工作，负责从机房进水主管的供水阀门到用水点管道及阀门，以及工艺排水至地沟或集水井之间的工作；还有水池的试漏进水、排水配管工作；

承包人负责从维生系统的主电源柜下端口到各控制柜（含控制柜）、就地盘电缆及配管等动力系统，确保实现动力供电运行及控制的功能；提供在维生系统所有需要的线管、线槽、电线及随行电缆等满足设备所需功能的一切电线电缆，用于安装有关的维生设备及实现其功能要求的有关功能。

具体分包范围详见合同附件四“工作界面划分表”所述。

1.4 施工系统概述和施工的重点及难点简要分析

1.4.1 施工系统概述

维生系统工程主要施工区域为地下二层至裙房二层共 5 个楼面，其中各种水池包括 1 个主池及 1 个暂养池、1 个白鲸池及 5 个暂养池，地下一层至一层小展池（共 35 个小展池，其中 15 个

FRP 水池、5 个亚克力玻璃水池、10 个混凝土结构水池）、地下二层检疫池（共 30 个，FRP 水池），其他混凝土构造物有脱气塔、脱氯池。维生系统工程主要施工内容是水池及其他构造物内管道安装及维生系统设备机房施工。维生设备机房内主要设备有水泵、过滤砂缸、板式热交换器、蛋白去沫器、臭氧设备及附属设备等。

1.4.2　施工的重点及难点简要分析

（1）本工程有各种大型设备，吊装难度大。

本工程有各种大型维生系统设备等，这些设备主要分布在地下室至地上二层的设备机房。大型设备的吊装，对吊装方案编制、吊装设施设置、操作过程协调以及吊装安全技术措施等要求高，安全管理尤为关键，必须高度重视，严格落实。因此，我司将选择专业的吊装作业队来实施。对地下机房的设备吊装，应集中连续作业。为此，我司将对设备的供货计划、进场路线、吊装设施、吊装程序做细致的安排，确保万无一失。

（2）噪音控制要求高，本工程有一个白鲸池和一个白鲸暂养池。大量噪音会引起动物拒食、消瘦甚至因继发疾病而导致死亡，因此应尽量控制白鲸池区域的维生系统设备所产生的持久噪音，尽可能避免白鲸池周围产生巨大声响。

本工程虽然主要的设备集中在地下室，但是楼层及设备层中的维生系统设备和水泵的运行，也有可能通过结构及管道将机械噪音传到各房间。白鲸池附近也存在一定量的维生系统设备运行，需要做好设备的噪音控制。

对策：采购时，对设备噪声的性能参数加强技术控制；对机房内的机电转动设备采用隔音、减震措施；对管线与转动设备间采取柔性连接技术措施；对系统管线、支吊架采取隔音减震技术措施。

（3）工程地址处于 A 省 B 市，物流运输相对其他内陆地区更困难。对材料采购等需要考虑增加订货采购周期。

（4）工地靠近海边，雨季、台风季节从每年的 6 月份开始，10 月份结束。5 月至 7 月是前汛期，以雷阵雨为主，长晴间雨，雨过天晴，日射强烈。8 月至 10 月是后汛期，以台风为主。因此在施工期间需注意落实好雨季和台风的施工措施和夏季的施工措施。

1.5　主要施工条件

目前主要施工条件满足三通一平，土建施工进度为地下一层楼板浇筑和主池池壁浇筑。我司在 4 月至 6 月现场配合预埋工作，预计至 6 月底地下二层可具备维生系统主池大管道施工的工作面。

第 2 章　主要实物量及货币工作量

本工程货币工作量为 X 元人民币。主要实物量见下表。

序号	材料名称及规格	单位	数量	备注
1	FRP 水泵（玻璃钢水泵）	台	58	
2	塑料水泵	台	150	
3	热交换器	台	60	
4	卧式过滤器	台	38	
5	立式活性炭过滤器	台	2	
6	立式砂滤器	台	49	
7	蛋白去沫器	台	56	
8	钙加药装置	台	2	
9	造浪设备、造浪泵	组	2	
10	臭氧发生器等附属设备	台	11	
11	不锈钢管道（316SS）	米	500	
12	UPVC 管道（美标）	米	6000	
13	HDPE 管材	米	7000	
14	DN50 ~ DN300 电动蝶阀（塑料 / 不锈钢）	个	29	
15	DN50 ~ DN630 蝶阀（塑料 / 不锈钢）	个	678	
16	DN50 ~ DN350 止回阀（塑料 / 不锈钢）	个	169	
17	38*38 FRP 格栅	平方	180	
18	管道支架（型钢）	公斤	320 00	
19	检疫池维生设备	套	20	
20	供电柜	台	44	

第 3 章　施工部署及总进度计划

3.1　项目组织机构（略）

3.2　施工部署（略）

3.3　资源配置计划（略）

3.4　合同履约管理（略）

3.5　施工总进度计划

3.5.1 主要节点控制

序号	关键控制点	节点要求
1	进场	201X 年 4 月 20 日
2	深化设计	201X 年 7 月 15 日
3	材料报审	201X 年 8 月 15 日
4	（主池）管道、设备施工	201Y 年 1 月 26 日
5	（主池）水池试水	201Y 年 2 月 27 日
6	（白鲸池）管道、设备施工	201Y 年 2 月 19 日
7	（白鲸池）水池试水	201Y 年 3 月 20 日
8	（小系统）管道、设备施工	201Y 年 5 月 18 日
9	系统调试及联动调试	201Y 年 8 月 27 日
10	竣工验收	201Y 年 8 月 28 日

3.5.2 总进度计划

XXX 维生系统工程计划在总工期约 486 天内完成，总进度计划见附件 1。

3.5.3 工期保证措施

3.5.3.1 计划编制方式

为科学合理安排施工先后次序与充分说明工程进度状况，项目部在多年施工实践中总结出应实施多级计划编制体系。即：

一级总体控制计划：表述各专业工程的阶段目标，是提示业主、设计、监理及总包高层管理人员进行工程总体部署的表达方式；绘制双代号网络图表达，可实现对各专业工程计划进行实时监控、动态关联。

二级进度控制计划：以专业工程的阶段目标为指导，分解形成该专业工程的具体实施步骤，以达到满足一级总控计划的要求，便于业主、监理与总包管理人员对该专业工程进度的总体控制。绘制横道图表达。

三级进度控制计划：是指专业工程进行的流水施工计划，供总包与分包基层管理人员具体控制每一分项工程在各个流水段的工序工期，它是对二级控制计划的进一步分解，根据实际工程进度提前 1–2 个工作周提供该计划。

周、日作业计划：是以文本格式表述的当周（当日）操作计划，项目部随工程例会发布并总结，采取日保周、周保月、月保阶段的控制手段，使计划阶段目标考核实际分解至每一周、每一日。

3.5.3.2 二级控制进度计划编制说明

施工保障计划

此计划是完成专业工程计划与总控计划的关键，其牵涉到参与工程的各个单位，内容包括：

（1）方案计划：此计划要求的是拟编制的施工组织设计或施工方案的最迟提供期限。“方案先行、样板引路”是保证工期和质量的法宝，通过方案和样板制订出合理的工序，有效的施工方法和质量控制标准。

（2）物资及大型施工机械进场计划：此计划要求的是分项工程所必须的材料、设备以及重大技术措施所需物资的最迟进场期限。对于特殊制作加工的材料和设备应充分考虑其加工周期和供应周期。

（3）施工机械与临时设施退场计划：为保证下道工序的忙插入，对设备制定的最迟退场或拆除期限。为保证此项计划，应根据设备的技术指标编制细致可行的退场拆除方案，在现场内提前创造条件。

（4）质量验收计划：分部工程验收是保证下一分部工程尽快插入的关键，本工程由于工期紧张，分部验收必须及时，土方验槽、结构验收必须分段进行。此项验收计划需要质量监督部门，政府专业主管部门积极配合。

3.5.3.3　施工进度保障措施

（1）建立完善的计划保证体系

建立完善的计划体系是掌握施工管理主动权、控制施工生产局面，保证工程进度的关键一环。本项目的计划体系将以日、周、月、年和总控计划构成的工期计划为主线，并由此派生出一系列技术保障计划、商务保障计划、物资保障计划、质量检验与控制计划、安全防护计划及后勤保障计划，在各项工作中作到未雨绸缪，使进度管理形成了层次分明、深入全面、贯彻始终的特色。

（2）采用科学的三级网络编制施工总控计划

本工程的进度管理将采用三级网络计划进行管理，一级网络根据工程总工期控制工程各阶段里程碑目标；二级网络根据各阶段分项工程的工期目标控制分解成分部的目标；三级网络控制指导每日主要工序生产，利用三级网络计划控制日计划和月计划。通过对关键线路施工编制标准工序，建立计划统计数据库，利用项目管理信息系统对工期进行全方位管理。

（3）制定派生计划

工程的进度管理是一个综合的系统工程，涵概了技术、资源、商务、质量检验、安全检查等多方面的因素，因此根据总控工期、阶段工期和分项工程的工程量制定出技术保障、商务合同、物资采购、设备订货、劳动力资源、机械设备资源等派生计划，是进度管理的重要组成部分，按照最迟完成或最迟准备的插入时间原则，制定各类派生保障计划，做到施工有条不紊、有备而来、有章可循。

3.5.3.4　技术工艺的保障

（1）编制有针对性的施工组织设计、施工方案和技术交底

“方案先行，样板引路”是项目部施工管理的特色，本工程根据不同施工阶段保证的质量节点，制定详细的、有针对性和操作性的施工方案，从而实现在管理层和操作层对施工工艺、质量标准的熟悉和掌握，使工程施工有条不紊的按期保质地完成。施工方案覆盖面要全面，内容要详细，配以图表，图文并茂，做到生动、形象，调动操作层学习施工方案的积极性。

（2）广泛采用新技术、新材料、新工艺

先进的施工工艺、材料和技术是进度计划成功的保证。项目部将针对工程特点和难点采用先进的施工技术和材料，提高施工速度，缩短施工工期，从而保证工期目标和总体工期目标。

3.5.3.5　项目部管理的保障

工作程序、管理制度、配套计划构成了完善的计划管理体系。完善工作程序，建立管理制度是进度计划管理的重要工作内容。

（1）建立例会制度保证各项计划的落实。

建立如下的会议制度。每周召开项目部、业主、监理三方例会，分析工程进展形势，互通信息，协调各方关系，制定工作对策。通过例会制度，使施工各方信息交流渠通畅，问题解决及时。每周三召开项目部内部工作会议，下达工作指令，协调各施工队工作任务。

建立工期奖罚制度，工序交接检制度，施工样板制，材料堆放申请制度，总平面管理制度，日作业计划和材料日进场平衡制度。

（2）根据不同阶段加强现场平面布置图管理

根据管道、设备施工的不同阶段的特点和需求设计现场平面布置图，平面图涉及现场循环道路的布置、各阶段大型机械的布置、各阶段材料堆场等方面的布置。各阶段的现场平面布置图和物资采购、设备订货、资源配备等辅助计划相配合，对现场进行宏观调控，在施工紧张的情况下，保持现场秩序井然。现场秩序井然是施工顺利进行和保证工期的重要保证之一。

（3）加强业主、监理、设计方的合作与协调

通过在现场业主、监理以及专业分包商之间建立协调机制，加强现场内部各工种之间配合与协调，使现场发生的技术问题、洽商变更、质量问题以及施工报验等能够及时快捷地解决。

3.5.3.6　采取的技术措施

（1）投入精良的机械设备配套和技术熟练满足等级施工要求的工人投入施工，根据施工进度备足材料，项目部安排专人负责现场与施工员的联络，确保施工物资及时供给，确保进度计划的落实。

（2）合同组织每段每层施工流水作业，分工明确，仔细考虑施工顺序，用合理的流水节拍、工序衔接和穿插，关键线路的施工进度落实到位，发现滞后及时调整，缩短总的施工工期。

（3）采取经济手段充分调动工作人员的积极性。加强劳动纪律，提高工作效益，关键线路工序，实行两班制或三班制进行施工，节假日、采取补贴手段稳定队伍，确保季节性施工不减员。

（4）虚心接受有关单位的监督，及时邀请建设单位、监理公司、设计院参加隐蔽工程验收，及时填写各项技术资料，实测实量，真实可靠，做到一次交验合格，缩短交接间歇时间。

第4章　主要施工方法和技术措施

4.1　维生系统专业施工执行的主要施工验收规范和标准

《建筑工程施工质量验收统一标准》（GB50300-2013）

《建筑电气工程施工质量验收规范》（GB50303-2002）

《给水排水管道工程施工及验收规范》(GB50268-2008)
《建筑给水排水及采暖工程施工质量验收规范》(GB50242-2002)
《工业设备及管道绝热工程施工规范》(GB50126-2008)
《现场设备、工业管道焊接工程施工规范》(GB50236-2011)
《机械设备安装工程施工及验收通用规范》(GB50231-2009)
《压缩机、风机、泵安装工程施工及验收规范》(GB50275-2010)
企业主要技术标准:
《离心泵安装工艺》(ZA-1.11-2012)
《管道系统吹扫清洗施工工艺》(ZD-3.01-2005)

4.2 维生系统专业施工方案编制计划

施工组织设计编制计划于开工日期起两周内完成。(预计为6月底)
大型设备吊装方案计划于大型设备进场前一个月内完成。(预计为2015年10月)
设备调试方案计划于调试开始前一个月内完成。(预计为2016年7月)
其他施工方案根据现场要求配合施工进度编制。

4.3 维生系统专业施工方法

4.3.1 管道专业工艺流程

4.3.2 管道预留预埋

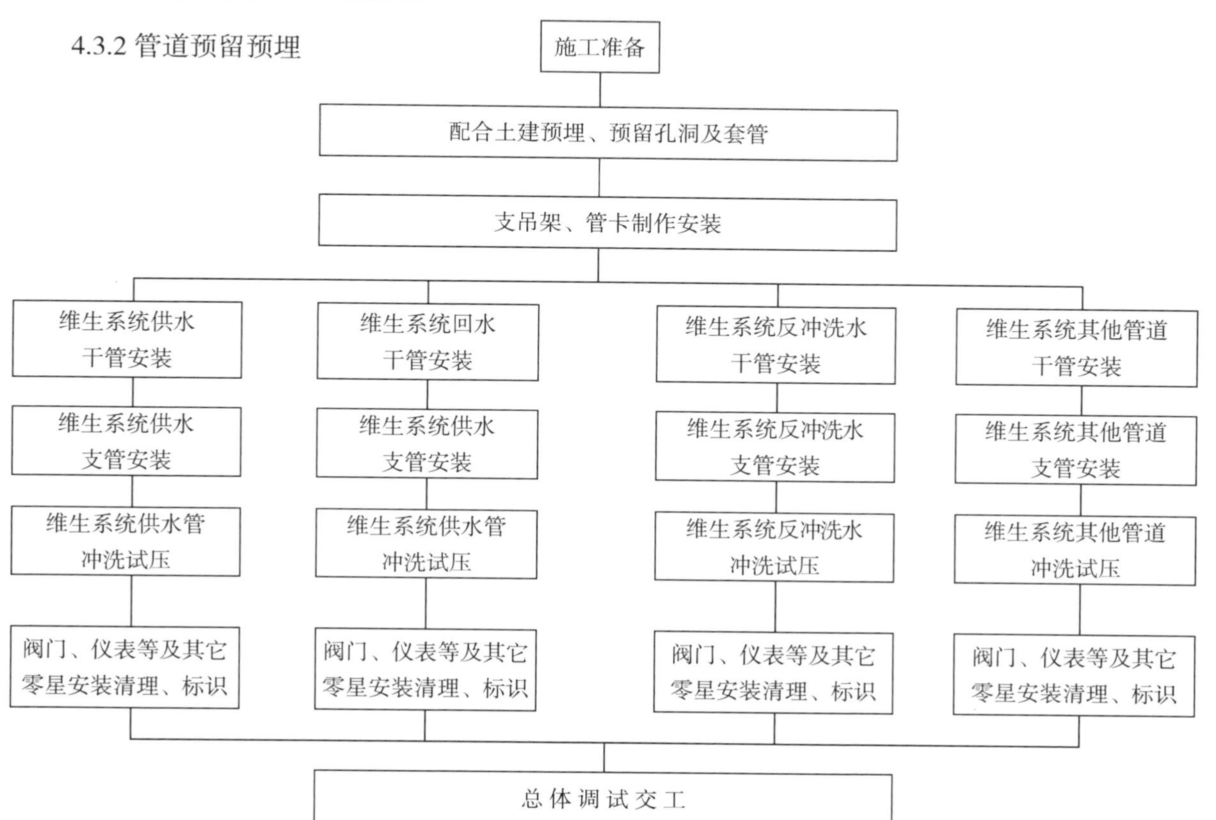

4.3.2.1 预留孔洞及预埋铁件

在混凝土楼板、梁、墙上预留孔、洞、槽和预埋件时应有专人按设计图纸将管道及设备的位置、标高尺寸测定，标好孔洞的部位，将预制好的模盒、预埋铁件在绑扎钢筋前按标记固定牢，盒内塞入纸团等物，在浇注混凝土过程中应有专人配合校对，看管模盒、埋件等，以免移位。锤、錾子剔凿孔洞时，用力要适度，严禁用大锤操作。

4.3.2.2 套管安装

（1）钢套管：根据所穿物体的厚度及管径尺寸确定套管规格、长度，下料后套管内刷防锈漆一道，用于穿楼板套管应在适当部位焊好支撑铁。管道安装时，把预制好的套管穿好，套管上端应高出地面 20mm，下端与楼板平。预埋上下层套管时，中心线需垂直、对齐。

（2）防水套管：根据构筑物及不同介质的管道，按照设计或施工安装图册中的要求进行预制加工，将预制加工好的套管在浇注混凝土前按设计要求部位固定好，校对坐标、标高，平正合格后的内塞临时填充物一次浇注，待管道安装完毕后把填料塞紧捣实。

4.3.3 维生系统管道安装通用部分

4.3.3.1 管道安装前应具备的条件：

（1）与管道安装有关的建筑物等结构工程已基本施工完，与管道连接的设备就位。管、管件、阀门等质量符合要求。管道内部清理干净。

（2）管道安装应符合以下基本要求：

工程使用的管材、管件及设备的材质、规格和质量必须符合要求，且质保资料齐全，按有关规定做好：PE-100 给水管、U-PVC 给水管等见证取样送检复试工作。安装前必须清除内部污垢、杂物，安装中断或完工的敞口处应临时封堵，以免堵塞；管道安装应符合施工图纸、施工验收规范、规程、规定和质量检验评定标准的要求；管道连接应严密、固定牢固；立管安装要垂直。

4.3.3.2 管道吊、支架的安装

（1）管道吊架的安装总体规则：严格按照 MWH 设计规范、国家相关技术及甲方 LSS 安装技术的要求。一般管道按照规范布置。大口径 PE 或 PVC 管道的支架形式采用不锈钢材质管托、混凝土托板等。

（2）按设计标高计算出管道两端的管底标高，按设计坡度进行放坡，用坡度线作为支架安装的基准线，确保管道安装坡度符合要求。

（3）立管管卡安装：当层高≤ 5 m 时，每层安装一个，距地 1.5 ～ 1.8 m，同一房间内，除有特殊要求外，应分别装在同一高度上。

4.3.3.3 各系统主控阀门的水压试验 .

试验数量及要求：100% 逐个进行编号、试验，并填写试验单；

4.3.3.4 阀门、水表附配件等安装工艺

阀门在安装前，要检查阀门的产品合格证和自身严密性，试验合格后，对主干管的阀门，要每个进行试压，且不允许安装在混凝土或砖墙内。

4.3.3.5 维生系统管道安装质量管理

（1）工艺流程：材料准备→预制加工→管道支架安装→管道安装→管卡件固定→管道试压→管道冲洗→通水试验。

（2）管道正式安装前，对图纸再进行认真的审查，现场复查所有相关预埋，保证管道安装的质量符合设计、施工规范要求，满足其使用功能。

（3）对班长、工人进行专项技术交底：内容包括现场安装状况、安装工艺要求。

（4）管道安装要随时校核预留甩口的高度、方向是否正确，支管甩口均加好临时封堵，安装完后用线坠吊直找正。阀门安装高度、朝向应便于操作和修理。

（5）管道安装时，要保证位置、标高符合图纸设计，管道下料要准确，切割时采用专用工具切割，保证切口没有毛刺。

（6）管道安装完毕后，应及时进行水压试验，做好水压试验记录。铺设的给水管道做好单项水压试验。管道系统安装完后进行综合水压试验。水压试验要求：

A. 本工程给水管试验压力按照设计要求强度试验为 0.7 MPa。

B. 管道升压时，管道内的气体应排除，当无异常现象时，再继续升压；水压升至试验压力并经过 48 小时保压时间后，按现行的塑料管水压试验要求进行检验。

C. 水压试验合格后，及时请甲方、监理进行验收，并做好水压试验记录。

D. 为确保管道系统内充满水，将管道系统内空气排空，然后注水启动试压泵，试压泵操作人员不得离岗，认真观察压力表升压动态，当发现弹簧压力计表针摆动、不稳，且升压较慢时，应重新排气后再升压；升压过程中，分级升压，每升一级应按排专人巡视管道系统检查管身及接口，管道系统压力升至接近试验压力时，停泵稳定几分钟，再慢慢升至试验压力 0.7 MPa 停泵，关闭试压泵出口阀。

E. 给水管道系统恒压 3h，压降不大于 0.05 MPa 为强度试验合格。

（7）强度试验合格后，开启试压泵出水阀或就近的泄水阀，使管道系统降压 0.4 MPa 时关阀，保持恒压 120 min，进行严密性试验。在严密性试验时，进行全面检查，所有接口均无渗漏，且压降不大于 0.03 MPa 为严密性试验合格。

（8）管道试压合格后进行冲洗消毒。管道冲洗口和排水口应选择适当位置，并能保证将系统内的杂物冲洗干净为宜，排水管截面不应小于被冲洗管截面的 60%，排水管应接到排水井或排水沟内。管道在使用前应同主池一起通过加注臭氧进行循环。

4.3.3.6 维生系统管道安装质量控制项目

4.3.3.6.1 主控项目

（1）维生系统管道的水压试验必须符合设计要求（0.7 mPa）。

检验方法：维生系统管道应在试验压力下稳压 3 h，压力降不得超过 0.02 MPa，然后在工作压力的 1.15 倍状态下稳压 8 h，压力降不得超过 0.03 MPa，同时检查各连接处不得渗漏。

（2）维生系统管道交付使用前必须进行通水试验并做好记录。

检验方法：观察阀门、接头、法兰是否漏水。

（3）维生系统管道在交付使用前必须冲洗干净并消毒，并委托有关部门取样检验，符合国家《养殖用水标准》方可移交。

检验方法：检查有关部门提供的检测报告。

4.3.3.6.2　一般项目要求

（1）维生系统管道与排水管的水平净距不得小于 1m。维生系统管道与排水管道平行敷设时，两管间的最小水平净距不得小于 0.5m；交叉铺设时，垂直净距不得小于 0.15m。维生系统管道应铺在排水管上面，若维生系统管道必须铺在排水管的下面时，给水管应加套管，其长度不得小于排水管管径的 3 倍。

检验方法：尺量检查。

（2）管道及管件焊接的焊缝表面质量应符合下列要求：

a. 焊缝外形尺寸应符合图纸和工艺文件的规定，焊缝高度不得低于母材表面，焊缝与母材应圆滑过渡。

b. 焊缝及热影响区表面应无裂纹、未熔合、未焊透、夹渣、弧坑和气孔等缺陷。

检验方法：观察检查。

（3）维生系统管道水平管道应有 2‰～ 5‰的坡度坡向泄水装置。

检验方法：水平尺和尺量检查。

（4）维生系统管道和阀门安装的允许偏差应符合表 a、规定。

（5）维生系统管道管道的支架、托架安装应平整牢固，其间距应符合规范的规定。

检验方法：观察、尺量及手扳检查。

表a　管道和阀门安装的允许偏差和检验方法

项次	项目		允许偏差（mm）	检验方法
1	水平管道纵横方向弯曲	每米 全长 25m 以上	1.5 ≯ 25	用水平尺、直尺、拉线和尺量检查
2	立管垂直度	每米 5m 以上	3 ≯ 8	吊线和尺量检查

4.3.4　维生系统 UPVC 管道安装（略）

4.3.5　（略）

4.3.6

4.3.6.1　工艺流程方框图（见图 4.3–1）

4.3.6.2　工艺过程

（1）审核熟悉图纸及设计文件

熟悉施工图，认真阅读审核设计技术文件及需执行的施工验收规范，根据工程项目涉及的钢种、规格、焊接方法编制焊接工艺评定计划。若本公司已储备，并能覆盖和符合设计要求的工艺评定，则可以免去重复做工艺评定。

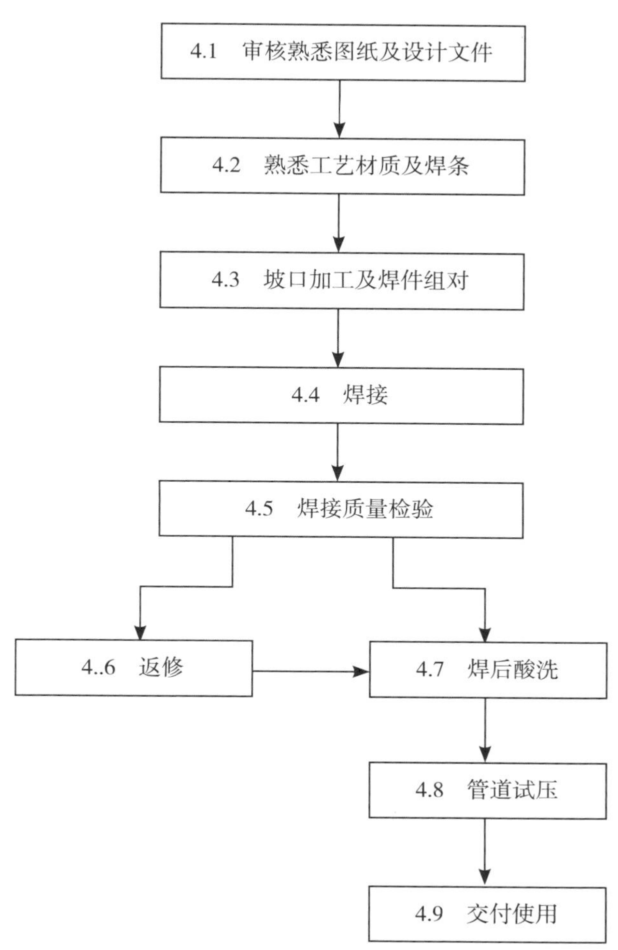

图4 工艺流程方框图

（2）材料准备

一般规定；不锈钢复合钢和焊接材料应具有出厂质量证明文件。

当材料有下列情况之一时，不得使用：

质量证明文件特性数据不符合产品标准及订货技术条件或对其有异议；

实物标识与质量文件标识不符；

要求复验的材料未经复验或复验不合格。

不锈钢复合钢钢材

不锈钢复合钢板应符合 GB/T8165 或 JB4733 的要求。

不锈钢复合钢板质量证明文件应包括钢号、炉批号、规格、化学成分、力学性能、供货状态、标准号及合同中规定的附加技术条件。

不锈钢复合钢板经验收合格后应作上标识，按不同材质、规格分别放置，且复层不得与碳素钢及低合金钢接触。

进口不锈钢复合钢板应符合合同规定的标准和技术条件。

焊接材料

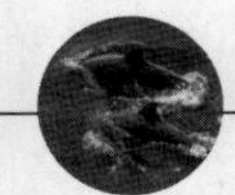

不锈钢复合钢所使用的焊接材料质量证明文件应包括标准号、牌号、规格、批号、熔敷金属的化学成分、力学性能应符合相应的标准和技术规定。

焊丝应具有出厂合格证，焊接用钢丝其检验项目和技术指标应符合 GB1300 ，焊接用不锈钢丝其检验项目和技术指标应符合 GB4242。

焊条应具有出厂合格证，其检验项目和技术指标应符合 GB5117 碳钢焊条、GB5118 低合金钢焊条、GB983 不锈钢焊条的规定。

进口焊材或未列入国家标准的焊接材料应有检验合格证，并符合合同规定的技术标准要求。

焊条的采购、验收、贮存、保管应符合 JB3223 的规定。

焊材应专人保管、发放、回收，并做好记录。

焊接材料选用原则

基层焊接材料选用

（1）相同强度等级的碳素钢、低合金钢相焊的焊接材料应保证焊缝金属的力学性能高于或等于相应母材标准规定下限值。

（2）不同强度等级的碳素钢、低合金钢相焊的焊接材料应保证焊缝金属的抗拉强度高于或等于强度较低一侧母材标准规定下限值，且不超过强度较高一侧母材标准的上限值。

（3）铬钼耐热钢相同钢号相焊的焊接材料除应保证焊缝金属的力学性能高于或等于相应母材标准规定下限值外，且应保证焊缝金属中的铬、钼含量不低于母材标准规定的下限值。

5.2　复层焊接材料选用

（1）复层钢材选用焊接材料应保证焊缝金属的耐腐蚀性能、当有力学性能要求时，还应保证力学性能，并按下列原则选用；

（2）奥氏体不锈钢焊接材料应保证熔敷金属的主要合金元素的含量不低于复层材料标准规定的下限值。

（3）对于有防晶间腐蚀要求的焊接接头应采用熔敷金属中含有稳定的 Nb、Ti 或保证熔敷金属中含碳量小于或等于 0.04%的焊条含碳量小于或等于 0.03%的焊丝。

（4）奥氏体不锈钢的焊条电弧焊宜采用钛钙型酸性焊条。

（5）异种奥氏体不锈钢的焊接材料应保证熔敷金属中 Gr、Ni 含量不低于合金含量较低一侧复层材料标准规定的下限值。

（6）马氏体或铁素体不锈钢的焊接材料可选用与复层材料金相组织相同的焊接材料，也可选用奥氏体焊接材料。

（7）奥氏体与铁素体或马氏体异种不锈钢的焊接材料，其熔敷金属中 Gr、Ni 含量宜不低于奥氏体一侧标准规定值的下限值。

（8）奥氏体—铁素体双相不锈钢的焊接材料除设计文件另有规定外，熔敷金属铁素体相比例宜控制在 35% ~ 60%范围。

表4.3-2 同种复层材质过渡层及复层焊接材料

复层材质	过渡层焊接		复层焊接				备注
	焊条型号	焊条牌号	焊条型号	焊条牌号	焊丝钢号	焊剂牌号	
06Gr19Ni10	E309-16、E309-15 E309L-16、E310-16 E310-15	A302、A307 A062、A402 A407	E308-16 E308-15	A102 A107	H08Gr21Ni10	HJ260 SJ601	—
022Gr19Ni10	E309L-16	A062	E308L-16	A002	H03Gr21Ni10	HJ260、 SJ601	—
06Gr18Ni11Ti	E309-16、E309-15 E309L-16、E310-16 E310-15	A302、A307 A062、A402 A407	E347-16 E347-15	A132 A137	H08Gr19Ni10 Ti H08Gr20Ni10Nb	HJ260 SJ601	—
06Gr17Ni- 12Mo2	E309Mo-16、 E309MoL-16	A312、A042	E316-16	A202	H08Gr19Ni Mo2	HJ260、 SJ601	—
022Gr17Ni- 12Mo2	E309MoL-16	A042	E316L-16	A022	H03Gr19Ni Mo2	HJ2、 SJ601	—
06Gr13Al	E309-16、E309-15 E310-16、E310-15 ENiGrFe-13	A302、A307 A402、A407 ----	E309-16 E308-15 ENiGrFe-13	A302 A102	—	—	奥氏体焊条
	E430-16 E430-15	G302 G307	E430-16 E430-15	G302 G307	—	—	同组织焊条
06Gr13	E309-16、E309-15 E310-16、E310-15 ENiGrFe-13	A302、A307 A402、A407 ----	E309-16 E308-16 ENiGrFe-13	A302 A102	—	—	奥氏体焊条
	E430-16 E430-15	G302 G307	E410-15 E410-16	G202 G207	—		同组织焊条
2205	E2209-17	—	E2209-17		ER2209	—	熔敷金属含 N 0.08% ~ 0.20%

注：2205 表示双相不锈钢的合金成分，含铬量约 22%，含镍量约 22%。

（4）常用不锈复合钢异种复层材质过渡层焊接材料可按表 4.3-3 选用；

表4.3-3 异种复层材质过渡层及复层焊接材料

复层材质		过渡层焊接		复层焊接			
		焊条型号	焊条牌号	焊条型号	焊条牌号	焊丝钢号	焊剂牌号
06Gr19Ni10	022Gr19Ni10 06Gr18Ni11Ti 06Gr17Ni12Mo2 022Gr17Ni12Mo2	E309-16、 E309-15 E309L-16	A302、 A307 A062	E308-16 E308-15	A102 A107	H08Gr21Ni10	HJ260 SJ601

续表

复层材质		过渡层焊接		复层焊接			
		焊条型号	焊条牌号	焊条型号	焊条牌号	焊丝钢号	焊剂牌号
022Gr19Ni10	06Gr18Ni11Ti	E309L-16	A062	E308L-16、 E347-16 E347 — 15	A002、 A132 A137	H03Gr21Ni10、 H08Gr19Ni10Ti H08Gr20Ni10Nb	HJ260 SJ601
	06Gr17Ni12Mo2	E309L-16 E309MoL-16 E309Mo-16	A062、 A042 A312	E316-16 E308L-16	A202 A002	H08Gr19Ni10 Ti H08Gr20Ni10Nb H08Gr19Ni12 Mo2	HJ260 SJ601
	022Gr17Ni12Mo2	E309L-16 E309Mo-16	A062、 A042	E308L-16 E316L-16	A002 A022	H03Gr21Ni10 H03Gr19Ni12 Mo2	HJ260 SJ601
06Gr18Ni10Ti	06Gr17Ni12Mo2	E309L-16 E309Mo-16	A062、 A312	E347-16、 E347 — 15 E316-16	A132、 A137 A202	H08Gr19Ni10Ti H08Gr19Ni12 Mo2 H08Gr20Ni10Nb	HJ260 SJ601
	022Gr17Ni12Mo2	E309L-16 E309MoL-16	A062、 A042	E347-16 E308L-16、	A132、 A022	H08Gr19Ni10Ti H08Gr19Ni12 Mo2	HJ260、 SJ601
06Gr17Ni- 12Mo2	022Gr17Ni12Mo2	E309 Mo L-16、 E309Mo-16	A042 A312	E316-16 E316L-16	A202 A022	H08Gr19Ni12 Mo2 H03Gr19Ni12 Mo2	HJ260、 SJ601
06Gr13 06Gr13Al	022Gr19Ni10 06Gr17Ni12Mo2 022Gr17Ni12Mo2 06Gr19Ni10 06Gr18Ni10Ti	E309-16、 E309-15 E309L-16	A302、 A307 A062	E309-16 E309-15 E308-16 E308-15	A302 A307 A102 A107	H08Gr21Ni10	HJ260 SJ601

（5）焊接设备提供

1 氩弧焊机应配备性能良好引弧装置以及预先通气和滞后断气装置。

2 选用与焊接电源相适应的气冷式或水冷式焊枪。

3 配备经校验合格的氩气流量表具。

4 逆变焊机应装备齐全、性能良好。

5 焊机上必须配备经校验合格的电流、电压表。

6 焊机实行定机定人管理，焊工应做好焊机的日常维护保养工作。

7 主要施工机具见表 4.3–4。

表4.3–4　主要施工机具表

序号	机具名称	数　量
1	逆变焊机、弧焊变压器	根据实际需求而定
2	氩弧焊机	
3	气体流量计	
4	高温烘箱（500℃）	
5	低温烘箱（300℃）	
6	焊条保温筒	

（6）焊工资格要求

6.1 从事本工艺规程焊接作业的焊工必须按如下要求，分别经过考试合格，并取得相应项目的焊工合格证。

6.2 从事锅炉压力容器、压力管道焊接的焊工须按 TSG Z6002 — 2010《特种设备焊接操作人员考核细则》要求，经相应项目考试合格后，方能在有效期内承担合格范围内的焊接施工任务。

6.3 从事现场工业管道焊接的焊工经相应项目考试合格后，方能在有效期内承担合格范围内的焊接施工任务。

6.4 焊工应按焊接作业指导书或工艺卡的规定及焊接技术措施进行施焊。

（7）焊接环境监控

7.1 焊接周围环境条件应符合下列规定，否则应采取有效的防护措施。

（1）环境温度应能保证焊件焊接所需的足够温度和焊工技能不受影响；

（2）焊条电弧焊、氧乙炔焊风速＜ 8 m/s；氩弧焊风速＜ 2 m/s；

（3）焊接电弧 1m 范围内的相对湿度＜ 90%；

（4）雨、雪天气，焊工及焊件无保护措施时，不应进行焊接。

（8）坡口加工及焊件

8.1 焊件的坡口加工

8.1.1 焊件的坡口形式和尺寸，应符合设计规定，当设计无明确规定时，可参照 GB50236-2011《现场设备、工业管道焊接工程施工规范附录 C》中的规定。不锈钢复合钢的坡口制定应有利于减少过渡层焊缝金属的稀释。

8.1.2 不锈钢复合钢材的切割和坡口加工一般宜采用冷加工方法。

8.1.3 剪床剪切不锈钢复合钢时复层朝上。

8.1.4 热加工法切割和加工坡口时，尽量采用等离子切割方法，对影响焊接质量的切割表面层应用冷加工方法去除。

8.1.5 等离子切割和坡口时复层朝上，从复层侧开始切割；采用气割时，复层朝下，从基层侧开始切割。

8.1.6 热加工法切割和加工坡口时，应避免将切割熔渣溅落在覆层表面上。

8.1.7 加工后应进行外观检查，其表面不得有引起质量问题的缺陷。

8.1..8 若设计要求对坡口表面进行无损检测时，应经检验合格后方能组对。

8.1.9 坡口加工后应进行外观检查，其表面不得有裂纹，分层等缺陷。

8.2 焊件的组对

8.2.1 焊前应将坡口及其边缘内外表面不小于 20mm 范围内的油、污、锈、毛刺等清除干净。

8.2.2 焊件不得进行强行组对。

8.2.3 组对时应以复层为基准，复层等厚度时对口的错边量不应大于复层厚度的 50%，且不大于 2 mm。

（9）焊接

9.1 预热

9.1.1　不锈复合钢的基层焊前需预热应按照基层材料之预热要求选取。

9.1.2　复层为铁素体或马氏体不锈钢，且采用与复层金相组织相同的焊接材料焊接时，复层应进行预热。

9.1.3　当基层或复层需预热时，施焊过渡层也应预热。基层和复层均需要预热时，过渡层焊缝应按预热温度较高材料选取。

9.2　工艺措施

9.2.1　焊接方法根据材质、规格可分别采用手工钨极氩弧焊、焊条电弧焊，或两者共用。

9.2.2　焊接应先焊基层，后焊过渡层和复层，且焊接基层时不得将基层金属沉积在复层上。当条件受到限制时，也可先焊复层，后焊过渡层和基层，在这种情况下基层的焊接应选用与过渡层相同的焊接材料。

9.2.3　当接管为单一不锈钢材料时，应采用过渡层焊接材料作为填充金属，过渡层焊缝应同时熔合基层焊缝、基层母材和复层母材，且应覆盖基层焊缝和基层母材。

9.3　定位及焊接

9.3.1　焊接定位焊时，其焊接材料、焊接工艺、焊工资格、预热温度等均与正式施焊时相同。

9.3.2　定位焊应直接焊在坡口内，其焊缝长度、厚度和间距，应能保证焊缝在正式焊接过程中不致开裂。

9.3.3　定位焊缝应既保证焊透又保证熔合良好，无超标焊接缺陷。如发现裂纹等超标缺陷时应及时消除，然后重新进行点焊。

9.3.4　为保证底层焊道成形良好，减少应力集中，应将定位焊两端打磨成缓坡。

9.3.5　氩弧焊焊接时，应保证熔池得到有效保护，焊丝高温端应在氩气保护区，添加焊丝时要避免焊丝与钨电极间产生碰撞。

9.3.6　焊接时严禁在非焊接区引弧和熄弧，焊接过程中应注意起弧和收弧处的质量，收弧时应将弧坑填满。

9.3.7　每焊完一焊道，应将焊渣、飞溅物等清理干净再进行下道工序焊接，若工艺上有特殊要求需中断，则应根据工艺要求采取措施，防止产生焊接缺陷如裂纹等，再焊接前必须仔细检查已焊焊缝，确认无裂纹后方可按原工艺要求继续焊接。

9.3.8　每一焊口必须按规定的施工记录表式作好施焊记录。

（10）焊接质量检验

10.1　焊口焊完后，应先对焊缝进行外观检查，外观检验应在强度试验，严密性试验之前进行。

10.2　当焊缝的外观检查存在有导致渗漏等质量疑问时或质检人员认为必要时，可进行着色检验。经着色检验的焊缝，其不合格部位必须进行返修，返修后的焊缝还需按原规定的方法和要求进行外观检验，必要时再作着色检验，直至合格。

10.3　焊缝的外观质量应符合设计规定的要求，当设计无明确规定时应满足下面要求：

10.3.1　焊缝高度不得低于母材，焊缝与母材应平滑过渡。

10.3.2　焊缝咬边深度不超过 0.5 mm，其它缺陷应在允许范围之内。

10.3.3　焊缝及其热影响区表面无裂纹，夹渣，弧坑和气孔。

（11）焊缝返修

11.1　焊缝返修应由合格焊工担任。

11.2　进行焊后热处理的焊接接头，其返修应在热处理前进行。

11.3　对不合格的焊缝，应进行质量分析后方可进行返修，返修的焊接要求与正式焊接要求相同，必要时可制定返修焊接工艺，同一部位的返修次数不宜超二次，返修应作好记录。

4.3.7　主要维生系统设备安装的方法

本维生系统工程主要设备包含 1 个酒店主池（大型水池）和 1 个暂养池以及其配套维生系统设备（脱气塔、臭氧机房）、1 个白鲸池（大型水池）和 2 个暂养池及其配套维生系统设备、27 个失落的世界小型展池及其配套维生系统设备、20 个检疫池（FRP 小池）及其配套维生系统设备。

维生系统的一般流程图如下：

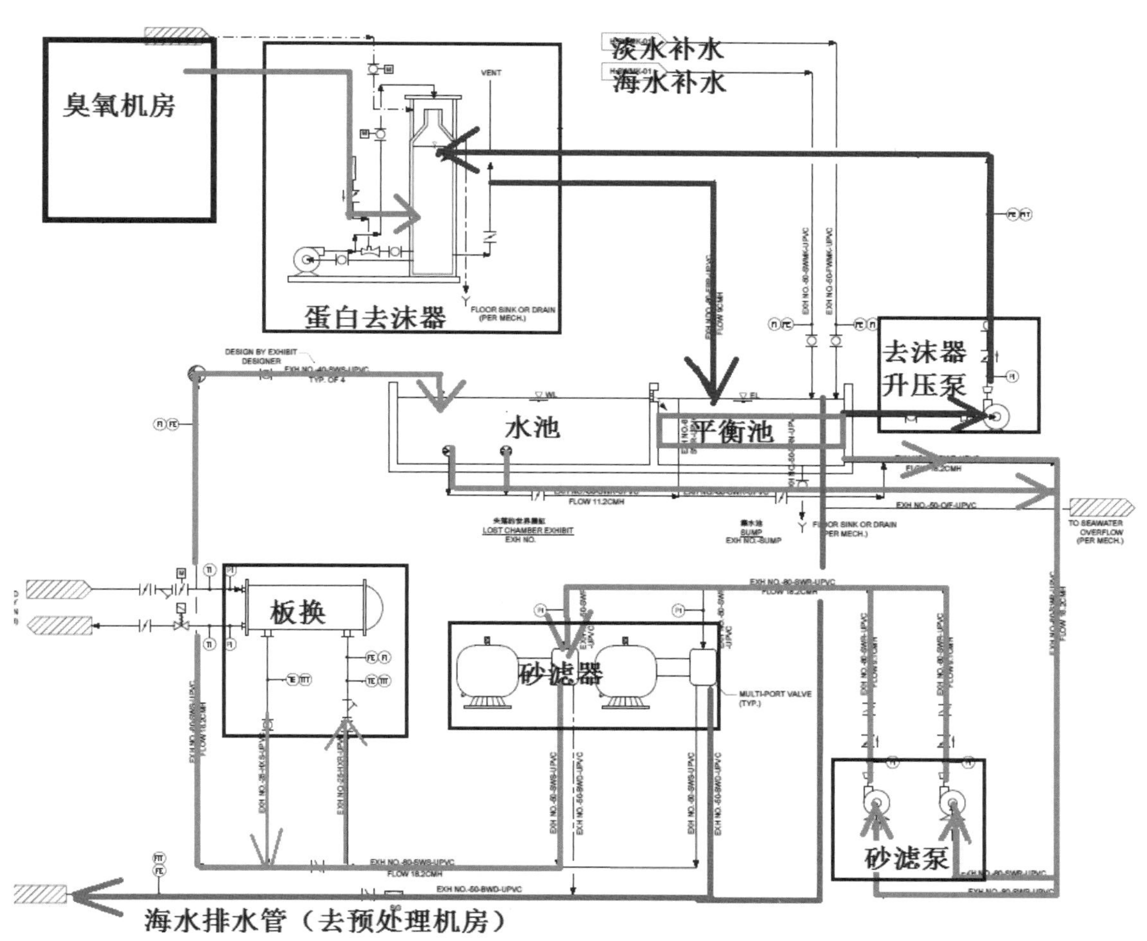

一个完整的维生系统包括物理、化学、生物一系列的水处理工艺。简单来说，一般分两条相对独立的工艺管线，一路是“水泵→砂滤器→板换”的物理工艺管线（其中砂滤器有一条自己的反冲洗管线），另一路是“水泵→蛋白去沫器”的化学工艺管线。这两条路线根据具体情况可以合并到一条管线中，也可以独立分开。另外，酒店主池还有一个脱气塔，用来降低水中的二氧化碳含量。

1）过滤砂缸安装（略）

2）水泵安装（略）

3）换热器安装（略）

4）蛋白去沫器的安装（略）

5）小型砂缸过滤设备的安装（略）

6）臭氧设备的安装（略）

4.3.7　电气工程

本工程电气系统从区域配电柜（箱）输出端到 LSS 主电源柜及主电柜到各控制柜、盘、箱、电缆、桥架、支架及相应管线；设备等电位连接。

4.3.7.1　配电柜、箱安装

配电箱安装包括 LSS 主电源柜、设备控制箱安装。本工程使用的配电柜、箱均为户外防水型配电箱。

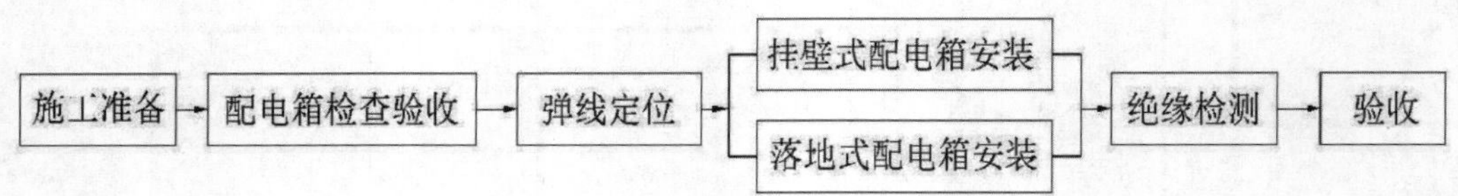

● 施工准备

配电箱安装所需机具满足施工需要、材料充足、人员配备齐全，专业技术人员对班组作业进行技术交底。

● 配电箱检查验收

安装前，要按设计图纸检查其箱号、箱内回路号，并对照安装设计说明进行检查，满足规范及设计要求。

● 弹线定位

根据设计要求现场找出配电箱位置，并按照箱的外形尺寸进行弹线定位。

● 挂壁式配电箱的安装

a）在同一建筑物内，同类箱的高度应一致，允许偏差为 10 mm。

b）安装配电箱所需的木砖及铁件等尽可能预埋。根据施工图所示安装位置、安装高度及箱体外形尺寸，准确找出膨胀螺栓的位置，用冲击钻在固定点钻孔，其孔径、深度应和膨胀螺栓胀管相适应，孔洞应垂直于墙面。将膨胀螺栓安装入墙后，进行箱体的固定。

c）配电箱带有器件的铁制盘面和装有器件的门及电器的金属外壳均应有明显可靠的 PE 线接地。PE 线不允许利用盒、箱体串接。

d）配电箱上配线需排列整齐，并绑扎成束，在活动部位应该两端固定。盘面引出及引进的导线应留有适当余量，以便于检修。保护地线压接在明显的地方。

e）零母线在配电箱上应用端子板分路，零线端子板分支路排列位置，应与熔断器相对应。

f）配电箱上的母线应套上有黄（A 相），绿（B 相），红（C 相），蓝（N 线）等颜色色带，双色线为保护地线（黄 / 绿，也称 PE 线）。

● 落地配电柜的安装

落地配电柜基础槽钢预埋铁都应在浇捣砼时埋入。基础槽钢的外形尺寸可根据产品样本确定，与结构轴线的尺寸可根据施工平面布置图来确定。本工程属于潮湿地区，宜在地面砌筑高为200mm的混凝土基础。基础槽钢的制作和固定采用焊接。施工时应注意焊接变形引起的基础槽钢外形尺寸及水平度的变化，焊接后应进行复测，可采用水平尺检查，在基础槽钢上用电钻钻孔，将配电柜固定在基础槽钢上，然后将配电柜找正，使垂直度满足规范要求。

● 绝缘测定

a）配电箱（柜）在进行受电和送电前，用500V兆欧表对线路进行绝缘摇测。摇测项目包括相线与相线之间、相线与地线之间、相线与零线之间。进行摇测同时做好记录，作为技术资料存档。

b）安装完毕后进行质量检查，检查器具的接地（PE）保护措施和其它安全要求必须符合施工规范规定。其规定如下：位置正确，部件齐全，箱体开孔合适，切口整齐。零线经汇流排（零线端子）连接，无绞接现象；油漆完整，盘内外清洁，箱盖、开关灵活，回路编号齐全，接线整齐，PE线安装明显、牢固。连接牢固紧密，不伤线芯。压板连接时压紧无松动；螺栓连接时，在同一端子上导线不超过两根，防松垫圈等配件齐全。

c）电气设备、器件和非金属部件的接地（PE）导线敷设应符合以下规定：连接紧密、牢固，接地（PE）线截面选择正确，需防腐的部分涂漆均匀无遗漏，不污染设备和建筑物，线路走向合理，色标准确。

4.3.7.2 电缆桥架的安装

本工程电缆桥架采用钢制镀锌防水型桥架

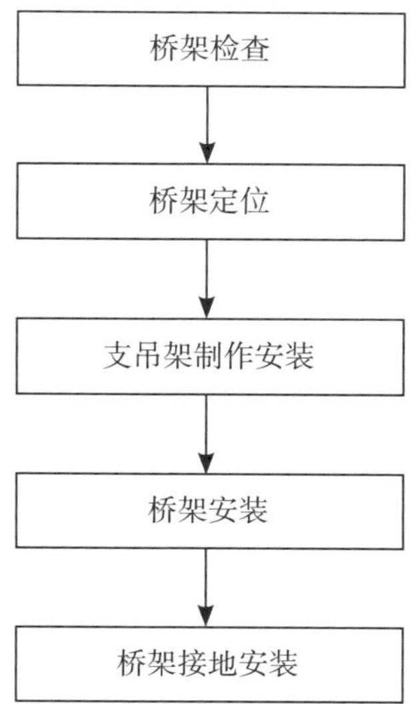

● 桥架检查

安装前检查桥架、支吊架质量，无凹凸变形，桥架配件完整齐备。

● 桥架定位

根据施工图纸设计标高及桥架规格进行定位并依照测量尺寸制作支架，支架进行工厂化生产，表面热镀锌处理。

● 支架制作安装

桥架连接螺栓、螺母、垫片规格为 M8 mm × 20 mm。沿梁、板底吊装或靠墙安装，在无吊顶的公共场所结合结构构件并考虑建筑美观及检修方便，采用靠墙、柱支架安装或屋架下弦构件上安装。吊架立柱底版与混凝土采用 M12 mm × 110 mm 的膨胀螺丝连接，数量为 2 ~ 4 只，靠墙安装支架托臂底版与混凝土固定采用 M12 mm × 110 mm 膨胀螺栓固定，数量为 2 只。支架间距 1.5 m。在直线段和非直线段连接处、过建筑物变形缝处和弯曲半径大于 300 mm 的非直线段中部应增设支吊架，支吊架安装应保证桥架水平度或垂直度符合要求。桥架生产商还需提供荷载曲线图。

● 桥架安装（略）

● 桥架接地安装（略）

● 管路连接（略）

a）施工程序

暗管敷设的施工程序为：

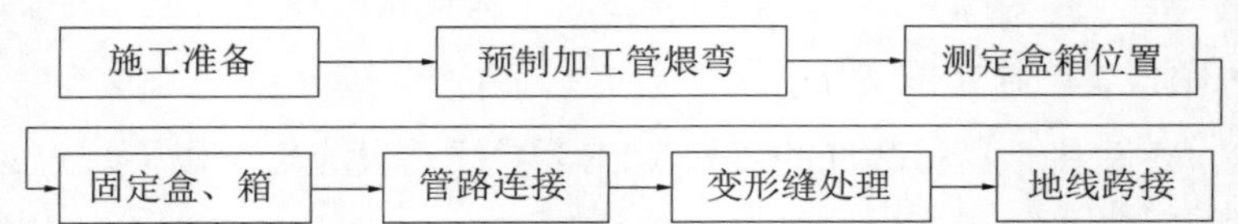

b）暗管敷设的基本要求为：敷设于潮湿场所的管路，管口、管子连接处应作密封处理；管路应沿最近的路线敷设并尽量减少弯曲，埋入墙或混凝土内的管子，离表面的净距离不应小于 15mm，疏散照明及消防报警回路离墙表面距离不应小于 30mm；埋入地下的电线管路不宜穿过设备基础；暗配管埋设混凝土内弯曲半径为管径的 10 倍。

c）随墙（砌体）配管：配合装饰单位工程砌墙立管时，管子外保护层不小于 15mm，管口向上者应封好，以防水泥砂浆或其它杂物堵塞管子。往上引管有吊顶时，管上端应煨成 90° 弯进入吊顶内，由顶板向下引管不宜过长，以达到开关盒上口为准，等砌好隔墙，先固定盒后接短管。

d）暗管敷设完毕后，在自检合格的基础上，应及时通知业主及监理代表检查验收，并认真如实填写隐蔽工程验收记录。

● 明管敷设

a）明管敷设的施工程序

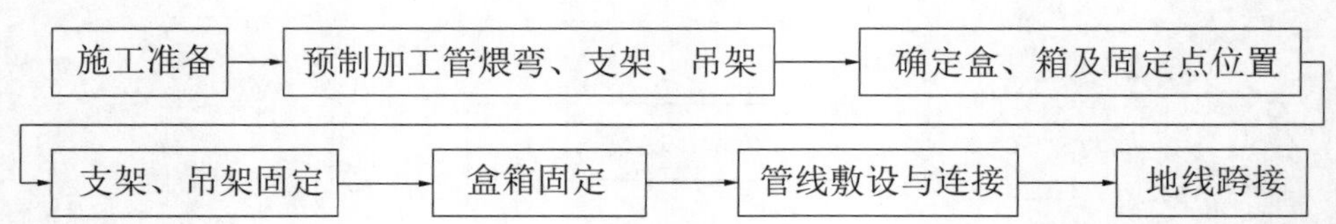

b）管弯、支架、吊架预制加工：明配管或埋砖墙内配管弯曲半径不小于管外径 6 倍。埋入混凝土的配管弯曲半径不小于管外径的 10 倍。

c）测定盒、箱及固定点位置：根据施工图纸首先测出盒、箱与出线口的正确位置，然后按测出的位置，把管路的垂直、水平走向拉出直线，按照规定的固定点间距尺寸要求，确定支架，吊

架的具体位置。固定点的距离应均匀，管卡与终端、转弯中点、电气器具或接线盒边缘的距离为150 mm ～ 500 mm；中间的管卡最大距离按照施工质量验收规范的要求执行。

d）支、吊架的固定方法：根据本工程的结构特点，支吊架的固定主要采用胀管法（即在混凝土顶板打孔，用膨胀螺栓固定）和抱箍法（即在遇到钢结构梁柱时，用抱箍将支吊架固定）。

e）变形缝处理：穿越变形缝的钢管采用柔性连接。

f）镀锌钢管应采用 4 mm^2 的双色铜芯软电线作跨接线。

- 管内穿线

a）管内穿线施工程序：

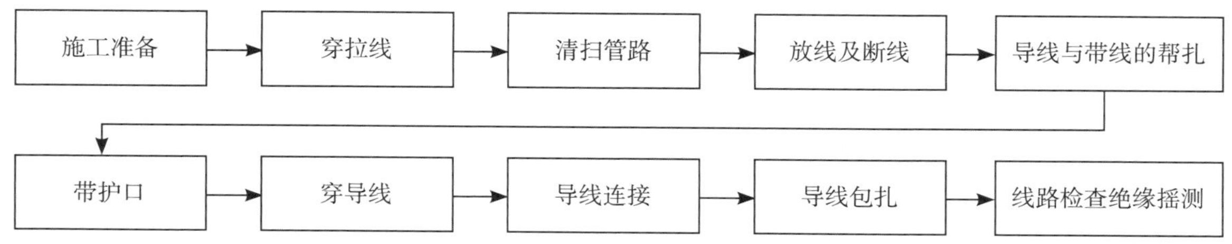

b）选择导线：各回路的导线应严格按照设计图纸选择型号规格，相线、零线及保护地线应加以区分，用黄、绿、红导线分别作 A、B、C 相线，黄绿双色线作接地线，兰线作零线。

c）穿带线：（略）

d）清扫管路：

e）放线及断线

放线：放线前应根据设计图对导线的规格、型号进行核对，放线时导线应置于放线架或放线车上，不能将导线在地上随意拖拉，更不能野蛮使力，以防损坏绝缘层或拉断线芯。

断线：剪断导线时，导线的预留长度按以下情况予以考虑：接线盒、开关盒、插销盒及灯头盒内导线的预留长度为 15cm；配电箱内导线的预留长度为配电箱箱体周长的 1/2；干线在分支处，可不剪断导线而直接作分支接头。

f）导线与带线的绑扎：

当导线根数较少时，可将导线前端的绝缘层削去，然后将线芯直接插入带线的盘圈内并折回压实，绑扎牢固；当导线根数较多或导线截面较大时，可将导线前端的绝缘层削去，然后将线芯斜错排列在带线上，用绑线缠绕绑扎牢固。

g）施工事项

在穿线前，应检查钢管（电线管）各个管口的护口是否齐全，如有遗漏和破损，均应补齐和更换。穿线时应注意以下事项：

同一交流回路的导线必须穿在同一管内。

不同回路，不同电压和交流与直流的导线，不得穿入同一管内。

导线在变形缝处，补偿装置应活动自如，导线应留有一定的余量。

h）导线连接

导线连接应满足以下要求：导线接头不能增加电阻值；受力导线不能降低原机械强度；不能降低原绝缘强度。为了满足上述要求，在导线做电气连接时，必须先削掉绝缘再进行连接，多股线需搪锡或压接，包缠绳丝。

i）导线包扎

首先用橡胶绝缘带从导线接头处始端的完好绝缘层开始，缠绕 1 ~ 2 个绝缘带宽度，再以半幅宽度重叠进行缠绕。在包扎过程中应尽可能地收紧绝缘带（一般将橡胶绝缘带拉长 2 倍后再进行缠绕）。而后在绝缘层上缠绕 1 圈 ~ 2 圈后进行回缠，最后用黑胶布包扎，包扎时要搭接好，以半幅宽度边压边进行缠绕。目前导线连接并头一般采用安全帽并头工艺。

j）线路检查及绝缘摇测：

线路检查：接、焊、包全部完成后，应进行自检和互检；检查导线接、焊、包是否符合设计要求及有关施工验收规范及质量验收标准的规定，不符合规定的应立即纠正，检查无误后方可进行绝缘摇测。

绝缘摇测：导线线路的绝缘摇测一般选用 500 V。填写“绝缘电阻测试记录”。摇动速度应保持在 120 r/min 左右，读数应采用一分钟后的读数为宜。

k）质量标准（略）

4.3.7.4　电缆敷设

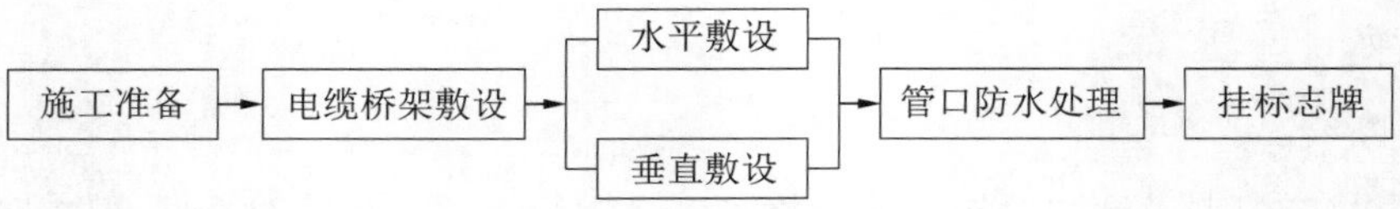

● 施工准备

a）施工前应对电缆进行详细检查，规格、型号、截面、电压等级均须符合要求，外观无扭曲、坏损等现象。

b）电缆敷设前进行绝缘测定。本工程为 1kV 以下电缆，用 1kV 摇表摇测线间及对地的绝缘电阻不低于 10 MΩ。摇测完毕，应将芯线对地放电。

c）电缆测试完毕，电缆端部应用橡皮包布密封后再用胶布包好。

d）电缆敷设机具的配备：采用机械放电缆时，应将机械安装在适当位置，并将钢丝绳和滑轮安装好。人力放电缆时将滚轮提前安装好。

e）临时联络指挥系统的设置

线路较短或室外的电缆敷设，可用无线电对讲机联络，手持扩音喇叭指挥。

电缆敷设，可用无线电对讲机作为定向联络，简易电话作为全线联络，手持扩音喇叭指挥（或采用多功能扩大机，它是指挥放电缆的专用设备）。

f）在桥架上多根电缆敷设时，应根据现场实际情况，事先将电缆的排列用表或图的方式画出来，以防电缆交叉和混乱。

g）电缆的搬运及支架架设；

电缆短距离搬运，一般采用滚动电缆轴的方法。滚动时应按电缆轴上箭头指示方向滚动。如

无箭头时，可按电缆缠绕方向滚动，切不可反缠绕方向滚动，以免电缆松弛。

电缆支架的架设地点的选择，以敷设方便为原则，一般应在电缆起止点附近为宜。架设时，应注意电缆轴的转动方向，电缆引出端应在电缆轴的上方。如下图：

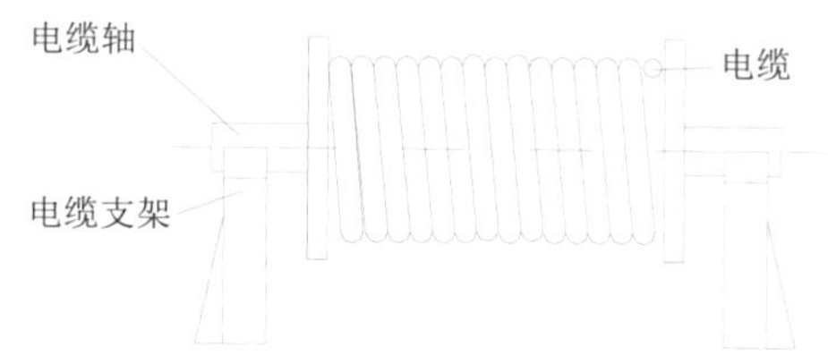

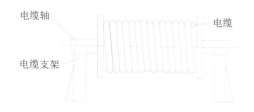

- 电缆敷设

a）水平敷设

敷设方法可用人力或机械牵引。如下图：

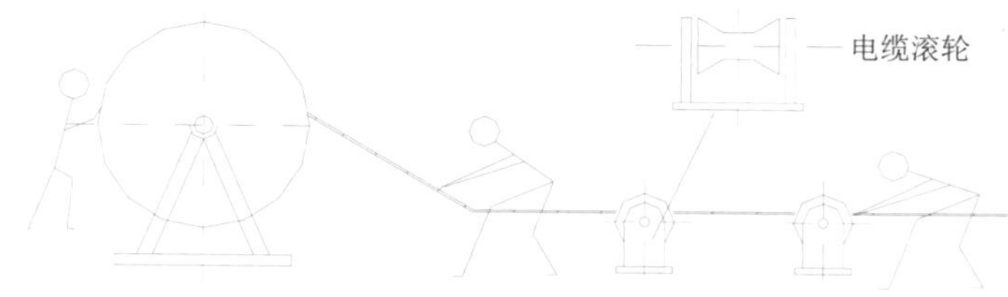

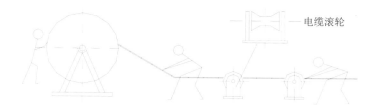

电缆沿桥架或线槽敷设时，应单层敷设，排列整齐，不得有交叉。拐弯处应以最大截面电缆允许弯曲半径为准。电缆严禁绞拧、护层断裂和表面严重划伤。

不同等级电压的电缆应分层敷设，截面积大的电缆放在下层，电缆跨越建筑物变形缝处，应留有伸缩余量。线槽内电线或电缆的总截面积（包括外护层）不超过线槽内截面积的40%～50%。控制、信号线路电线或电缆的总截面积不超过线槽内截面积的50%，

电缆转弯和分支应有序叠放，排列整齐。

预分支电缆的敷设时，须注意以下事项：主电缆顶端盖上一个用PVC材料制成的帽做防水处理，再用热缩管加强。垂直干线的预分支组装式分支电缆，须按以下步骤：

（1）将电缆盘放在放线架上。

（2）提升用的绳索通过卷扬机与电缆相连接。

（3）提升的电缆网套到达顶时，将网套挂在事先安装好的挂钩上。

（4）应立即对分支电缆中间进行固定。

（5）进行接线。

（6）确认分支电缆的分支部是否能安全通过贯通孔洞。须派人看护。

（7）敷设分支电缆时，禁止对分支线施加拉力。

（8）单芯分支电缆禁止使用铁质夹具。

b）垂直敷设

垂直敷设，有条件时最好自上而下敷设。敷设时，同截面电缆应先敷设底层，后敷设高层，

应特别注意，在电缆轴附近应采取防滑措施。

自下而上敷设时，小截面电缆可用滑轮大绳人力牵引敷设。大截面电缆宜用机械牵引敷设。

沿桥架或线槽敷设时，每层至少加装两道卡固支架。敷设时，应放一根立即卡固一根。

- 挂标志牌

标志牌规格应一致，并有防腐功能，挂装应牢固。

标志牌上应注明回路编号、电缆编号、规格、型号及电压等级和敷设日期。

沿桥架敷设电缆在其两端、拐弯处、交叉处应挂标志牌，直线段应适当增设标志牌，每 2m 挂一标志牌，施工完毕做好成品保护。

4.3.7.5　低压电缆头制作安装

本工程内均为 1kv 以下低压电缆，电缆规格型号较多，以 1kv 以下室内聚氯乙烯绝缘聚氯乙烯护套为例说明电力电缆终端电缆头制作。其工艺流程如下：

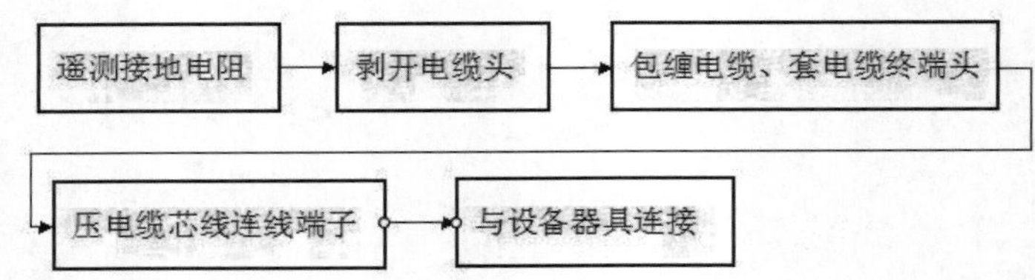

（1）摇测电缆绝缘（略）

（2）压电缆芯线接线端子

a）将线芯插入接线端子内，用压线钳子压紧接线端子，压接应在两道以上。

b）根据不同的相位，使用黄、绿双色塑料带分别包缠电缆各芯线至接线端子的压接部位。

c）将做好终端头的电缆固定在预先做好的电缆头支架上，并将芯线分开。

d）根据接线端子的型号，选用螺栓将电缆接线端子压接在设备上，注意应使螺栓由上向下或从内到外穿，平垫和弹簧应安装齐全。

4.3.7.6　设备等电位连接

在 T T 制式的供电系统中，所有电器设备不带电的金属外壳，包括金属的电线保护管，均通过“PE”（黄绿双色线）专用保护线通过机房环绕的 40*4 镀锌扁钢与接地极可靠连接。

4.3.7.7　电气设备接线及试运转

- 接线前，应对电机进行绝缘测试，拆除电机接线盒内连接片。用兆欧表测量各相绕组间以及对外壳的绝缘电阻。常温下绝缘电阻不应低于0.5MΩ，如不符合应进行干燥处理。
- 引入电机接线盒的导线应有保护。并应用专用接地夹头与配管接地螺栓用铜芯导线可靠连接。
- 引入导线色标应符合，A相—黄色，B相—绿色，C相—红色，PE线—黄/绿，N线或零线相色的要求。
- 导线与电动机接线柱连接应符合下列要求：

a）截面 2.5 mm^2 以下的多股铜芯线必须制作成与接线柱螺栓直径相符的环形圈并经搪锡处理

后或匹配的线端子压接后与接线柱连接。

b）截面大于 2.5 mm^2 的多股铜芯线应采用与导线规格相一致的压接型或锡焊型线端子过渡连接。

c）接线端子非接触面部分应作绝缘处理。接触面应涂以电力复合脂。

d）仔细核对设计图纸与电机铭牌的接法是否一致。依次将 A、B、C 三相电源线和 PE 保护线接入电机的 U、V、W 接线柱和 PE 线专用接线柱。

- 电机试运转应具备的条件：

a）建筑工程结束，现场清扫整理完毕。

b）电机和设备安装完毕。质检合格、灌浆养护期已到。

c）与电机有关的动力柜、控制柜、线路安装完毕。质检合格，且具备受电条件。

d）电机的保护、控制、测量、回路调试完毕，且经模拟动作正确无误。

e）电机的绝缘电阻测试符合规范要求。

- 电机试运转步骤与要求：

a）拆除联轴器的螺栓，使电机与机械分离（不可拆除的或不需拆除的例外）盘车应灵活，无阻卡现象。

b）有固定转向要求的电机或拖动有固定转向要求机械的电机必须采用测定手段，使电机与电源相序一致。实际旋转方向应符合要求。

c）动力柜受电，合上电机回路电源，启动电机，测量电源电压不应低于额定电压的 90%；启动和空负荷运转时的三相电流应基本平衡。

d）试运转过程中应监视电机的温升不得超过电机绝缘等级所规定的限值。

e）电机空负荷试运转时间为 2h，应记录电机的空负荷电流值。

f）空负荷试运转结束，应恢复联轴器的连接。

第 5 章　保证工程质量的措施（略）

第 6 章　保证施工、职业健康安全及环境的措施（略）

第 7 章　施工准备工作计划（略）

第 8 章　劳动力需用计划及峰值图（略）

第 9 章　主要材料（包括技措用料）、施工机具、计量器具需用计划

9.1 主要施工机具一览表

序号	名 称	型 号	单位	数量	备注
1	电焊机	XB330	台	3	
2	气割设备	Φ13 mm	套	3	
3	台 钻	DN15–DN80	台	4	
4	电动绞丝机		台	1	
5	电动试压泵		台	1	
6	手动试压泵		台	1	
7	砂轮切割机		台	10	
8	HDPE 焊机	DN110–DN630	台	6	

9.2 主要计量器具清单

序号	名 称	型 号	单位	数量	备注
1	阀门测试平台		台	1	
2	水准仪	DS1		1	
3	精密水平尺	0.10/1000 l=300 mm	只	3	
4	试压压力表	1.6 MPa_100	只	10	1.5 级
5	试压压力表	2.5 MPa_100	只	10	1.5 级
6	温度计		只	5	
7	兆欧表		只	5	

第 10 章　施工用大临设施及施工（总平面图）、平面布置（略）

第 11 章　降低成本措施及主要技术经济指标（略）